Probiotics
Novel Technology & Applications

益生菌新技术与应用

刘振民 主编

化学工业出版社
·北京·

内容简介

本书由乳业生物技术国家重点实验室、光明乳业研究院多年从事益生菌科研和应用的专家、学者编写而成。本书共分八章，内容包括概述、益生菌分子遗传学与基因工程、益生菌系统生物学、用于递送载体的工程化乳酸菌和双歧杆菌、益生菌在乳品中的应用、益生菌微生态制剂、益生菌在其他方面的应用、益生菌的使用规范和有关法规。

本书具有较强的理论性、实用性，可供从事益生菌研究的科技人员、相关产品开发人员阅读参考，也可供高等学校食品科学、生物技术、生物医药等相关专业师生学习参考。

图书在版编目（CIP）数据

益生菌新技术与应用/刘振民主编．—北京：化学工业出版社，2022.6（2023.8重印）

ISBN 978-7-122-40857-0

Ⅰ.①益…　Ⅱ.①刘…　Ⅲ.①乳酸细菌-研究　Ⅳ.①Q939.11

中国版本图书馆CIP数据核字（2022）第034410号

责任编辑：董　琳　　文字编辑：张春娥
责任校对：张茜越　　装帧设计：张　辉

出版发行：化学工业出版社（北京市东城区青年湖南街13号　邮政编码100011）
印　　装：北京科印技术咨询服务有限公司数码印刷分部
787mm×1092mm　1/16　印张20　字数444千字　2023年8月北京第1版第2次印刷

购书咨询：010-64518888　　售后服务：010-64518899
网　　址：http://www.cip.com.cn
凡购买本书，如有缺损质量问题，本社销售中心负责调换。

定　　价：138.00元

《益生菌新技术与应用》编写人员

主　　编： 刘振民

编写人员： 刘振民　李　楠　焦晶凯　洪　青

孙颜君　腾军伟　任　婧　陈　臣

前言

益生菌是大自然赋予人类的宝贵财富。

人类对益生菌的认识真正质的飞跃是从20世纪90年代至本世纪，通过大量的动物实验和临床干预试验，获得了对益生菌更全面、更客观的认识。微生物有个体特征，对个人而言是一个特定的标签。不同微生物对健康的影响与不同疾病有关的肠道微生物发生的特定变化有关。这为使用益生菌提供了机会，即预防和缓解某些疾病，也使得益生菌发酵乳、益生菌制剂蓬勃发展。

本书内容包括概述益生菌分子遗传学与基因工程、益生菌系统生物学、用于递送载体的工程化乳酸菌和双歧杆菌、益生菌在乳品中的应用、益生菌微生态制剂、益生菌在其他方面的应用、益生菌的使用规范和有关法规。本书介绍了益生菌近二十年来发展的新技术、新成果、新观点、新应用，反映益生菌应用科技的发展现状和趋势，也加入了本书编者在上述领域的研究结果，增补了一些经典的图表和案例，更加直观、形象；同时也关注益生菌的产业化，更加注重操作性和可行性。

本书得到上海领军人才（编号：2015087）、上海科委项目（编号：19DZ2281400、17391901100）、“十三五”重点研发项目（编号：2018YFC1604200、2019YFF0217600）、国家百千万人才工程人才项目、乳业生物技术国家重点实验室、光明乳业股份有限公司资助出版。

本书由乳业生物技术国家重点实验室、光明乳业研究院多年从事益生菌应用科技的专家、学者编写而成。全书由刘振民统稿。本书编写过程中查阅了大量的国内外书籍和文献，理论和实践并重，希望可以帮助相关研究人员、教师、学生和生产工作者详细了解和系统学习益生菌相关的知识、应用技术、质量管理及相关法规，同时希望有助于中国乳制品行业的健康持续发展。在此，衷心感谢为本书写作付出大量心血和汗水的朋友和同事们。

限于编者的水平和能力，书中难免有不妥及疏漏之处，敬请读者批评指正。

编者

2022年4月

目录

第一章

概　　述

联合国粮食及农业组织（Food and Agriculture Organization of the United Nations，FAO）和世界卫生组织（World Health Organization，WHO）给出的益生菌的定义为"活的微生物，摄入足够数量的菌可以促进宿主的健康"。近年来，随着生物技术的发展，益生菌的研究越来越引起微生物学家、免疫学家、营养学家的关注和重视，益生菌的定义日趋完善，形成了目前较为共识的定义，即：益生菌是有生理活性的活菌，当被机体经过口服或其他给药方式摄入适当数量后，能够定植于宿主并改善宿主微生态平衡，从而发挥有益作用。

益生菌的三个核心特征是：足够数量、活菌状态、有益的健康功能。2014年，由国际益生菌与益生元科学联合会（International Scientific Association for Probiotics and Prebiotics，ISAPP）发布的关于益生菌的共识中突出强调了益生菌的这三个核心特征。益生菌的定义也得到欧洲食品与饲料菌种协会（European Food and Feed Cultures Association，EFFCA）、加拿大卫生部（Health Canada）、世界胃肠病学组织（World Gastroenterology Organisation，WGO）和欧洲食品安全局（European Food Safety Authority，EFSA）等相关组织和机构的认可。2018年我国修订的《益生菌类保健食品申报与审评规定（征求意见稿）》已采纳这一概念。益生菌的功效发挥应以活菌为先决条件，虽然不排除灭菌型产品的健康功效源于死菌或其代谢产物。

益生菌有多种功能特性，包括改善消化功能、减少腹泻症状、增强肠道上皮细胞的屏障功能、调节免疫、降低血清胆固醇、减少龋齿发生、缓解儿童中的特异性皮炎症状以及缓解乳糖不耐受和降低其他代谢性疾病发生的风险等。近年来，益生菌凭借其安全、可靠、性能优良等特点在食品以及某些疾病的预防、治疗和重症修复过程中受到越来越多的关注。

乳品中常用的益生菌主要存在于乳酸菌属（*Lactobacillus*）和双歧杆菌属（*Bifidobacteria*）。传统上，乳酸菌是与乳制品、植物、肉品、酒精饮料和包括人类在内的生物有联系的。在食品、医药等领域应用较多的益生菌主要存在于7个属，包括乳杆菌属、链球菌属、肠球菌属、乳酸菌属、片球菌属、明串珠菌属和双歧杆菌属。此外，一些具有益生作用的特定酵母菌、霉菌（如红曲霉）、有些藻类（螺旋藻和小球藻等）、部分芽孢杆菌（*Bacillus*）也属于广义上的益生菌。随着肠道菌群的认知，将来也会出现新一代益生菌。

第一节　益生菌新技术

近年来，随着现代生物技术的不断发展，新技术在益生菌中的研究和应用也日益增多，推动了益生菌产业的高质量发展。益生菌精准鉴定和特征分析技术、遗传改造技术、代谢调控技术、微生态技术和高菌数增殖技术等新技术在益生菌领域的兴起和不断发展，为益生菌相关科技、产品创新与产业发展提供了新的思路和发展机遇。

一、益生菌精准鉴定和特征分析技术

由于乳酸菌在食品发酵工业中作为食品和药品资源长期应用，人们已经能够根据乳酸菌的代谢特征、生长性状、工业生产能力、在末端产物中的存活能力以及作用靶位等特征对乳酸菌进行鉴别和分类。

在过去的几十年，大量的益生菌由于其出色的改善胃肠道和免疫功能等特性被应用到一系列食品及保健品中，对这些益生菌在菌株水平上进行可靠的鉴定十分重要。

益生菌的功能性和安全性在菌株水平表现出差异。国内外相关法规和指南均要求在菌株水平对益生菌进行特征分析。国际乳品联合会（IDF）指南《B462/2013 益生菌株水平鉴定》对常见的益生菌株水平鉴定方法进行了整体分析。

2017 年，国际营养与特殊膳食用食品法典委员会（CCNFSDU）、国际乳品联合会（IDF）和国际益生菌协会（IPA）联合启动《食品用益生菌评价指南》修订项目，对益生菌的评价标准等进行全面修订。益生菌菌株水平鉴定通常在菌种水平鉴定的基础上开展，通常采用全基因组测序（WGS）、脉冲场凝胶电泳（PFGE）和核糖体分型（Ribotyping）等基因分析技术。益生菌菌株特征分析主要包括菌株功能性和安全性研究，功能性评价主要针对菌株的有益构成、量效关系等，安全性评价主要从菌种产毒性、致病性和耐药性等方面进行研究分析。

目前食品行业企业益生菌应用产品需求日益增长，益生菌表型分析技术和基因型分析新技术发展迅速，推动益生菌菌株鉴定和特征分析技术的研究和标准化进程，对促进益生菌在食品行业更加安全和广泛的应用具有重要意义。

二、益生菌遗传改造技术

尽管围绕转基因食物的争论仍将长期持续下去，但是对于通过基因手段进行遗传改造获得特殊性能的益生菌，从而不断拓宽益生菌应用，最终推动功能食品创新，毫无疑问早已成为行业共识。

Fleischmann 等 1995 年完成第一个细菌流感嗜血杆菌（*Haemophilus influenzae* Rd）的基因组测序。Bolotin 等 2001 年完成了第一株乳酸菌——广泛应用于实验室的、食品级的乳酸乳球菌乳酸亚种 IL1403（*Lactobacillus lactis* subsp. *lactis* IL1403）的基因组测序。

近年来，低成本的测序方法已经促进了益生菌基因测序的迅速发展。获得的大量的测序数据可以进行比较基因组研究，促进了益生菌进化趋势的确定、相互作用、分子机制以及泛基因组的基础研究和分析。泛基因组包含特定菌群的整套基因，包含菌群所有菌株的核心基因、菌群内至少两个菌株但不是所有菌株共有的可变基因以及仅由一个菌株编码的特定基因。泛基因组水平的比较分析正开始揭示种、属和株的基因组差异，这可以进一步了解菌株的适应性。

益生菌通过遗传转化，从而获得新的优良特性，已经成为当前的研究热点。微生物学和分子生物学的最新研究进展为益生菌遗传改造技术的发展提供了重要支撑。近年来，许多研究者在益生菌遗传改造工具、遗传转化方法和基因编辑技术上取得了一系列的显著进步，包括来自乳酸菌或双歧杆菌的天然质粒的发现以及食品级载体的构建、染色体上目的基因的定点整合或敲除技术、基于 CRISPR-Cas 系统的基因编辑技术不断完善等，都为益生菌遗传改造新技术的开发和应用提供了有利条件。

合成生物学是基于系统生物学的遗传工程和工程学原理，进行人工生物系统的工程化改造和设计，从 DNA 分子、基因片段、基因调控网络与信号转导途径到细胞的人工设计与合成，从最基本的要素开始一步步建立人工生物系统，是生命科学和生物技术领域的发展新方向之一。

三、益生菌代谢调控技术

微生物对环境适应的最引人注意的事例是在乳环境中某些乳酸菌的基因组进化。乳品用乳酸菌有大量的与代谢和转运体系有关的假基因，它们在营养丰富的环境中不发挥作用。营养丰富的环境提供了主要的碳源乳糖、主要氨基酸来源的酪蛋白以及多数的维生素和矿物质。瑞士乳杆菌 DPC 4571（*Lactobacillus helveticus* DPC 4571），它是广泛用于干酪生产的发酵剂和辅助发酵剂的一株来自瑞士干酪的分离菌株，它的基因组序列的最重要特征是：需要外部供应氨基酸和辅因子，这与肠道密切相关的嗜酸乳杆菌和约氏乳杆菌的特性类似；有较高的肽活力，在干酪基质中可以快速裂解的特性，在干酪成熟中起关键作用。另外其含有的不同寻常的高数量的插入序列也表明水平基因转移在乳酸菌起源过程中起重要作用，这对其在牛乳中生长有特定作用。另外一株瑞士乳杆菌 CNRZ32 的序列描述了更多的蛋白分解酶系统的更多关键组成，这扩展了对该系统的认知。转录组学工具有助于定义乳酸菌和乳环境之间的关系。芯片技术证实了与生长在复杂培养基相比，在牛乳中生长的瑞士乳杆菌 CNRZ32 的蛋白质分解系统几种组件的过表达，包括了已描述的基因（pepE，pepN，pepR，pepO2，pepO，pepX）以及利用比较基因组学鉴定的基因（prtH2 和 opp 操作子）。通过转录组分析嗜酸乳杆菌 NCFM 在牛乳中生长情况，确定蛋白质分解体系中存在相似组件的表达，寡肽转运调控过程中也存在组件调节。

比较基因组学已鉴定多个在乳品发酵微生物编码的多个特征，解释了发酵和代谢特性对产品质量的影响。27 株嗜热链球菌的对比分析区分了 15 个不同的 eps 基因簇和 67 个糖基转移酶，导致特定重复单元的杂多糖的产生。在不同发酵条件下这些基因簇的特性可以便于筛选适合质构特性的、用在发酵酸奶产品的嗜热链球菌。

基因组测序、基因组分析、组学技术（蛋白质组、转录组、代谢组学等技术）已经被用来构建基因组水平的代谢模型，这有助于阐明许多细胞水平的生物化学路径。动力学模型也使用到酶动力学、转运体系生物化学研究，也运用到通量研究和代谢物的测定。使用高通量技术的代谢指纹分析与基因组数据相结合可以进一步方便地提取相关的生物信息。这些技术已经被用来研究柠檬酸的代谢以及后续的风味化合物的产生。这些模型的最新和未来的发展是用于混合的发酵剂体系以及复杂的生态体系；也被用于人体胃肠道的肠道菌群的研究中。阐明多种属微生物群的生理学知识面临巨大的挑战，需要系统进化、宏基因组、宏功能基因组等方面的数据。

系统生物学是利用基因、蛋白质和生物化学反应的整合信息和相互作用的网络来研究微生物。进一步说，系统生物学是用于破译益生菌代谢的另一个强大的工具。

乳酸菌和双歧杆菌具有十分悠久的食用历史，是经美国食品药品监督管理局（FDA）批准的一般认为安全（GRAS）的微生物，非常适合通过代谢调控改造后作为细胞工厂或生物疫苗载体，来生产特定代谢产物，或产生有益人体健康的活性。目前，对于乳酸菌代谢调控的研究热点主要集中在以下几个方面：

① 通过引入或敲除目的基因来大量合成和积累目标代谢产物；

② 通过异源基因或基因簇的表达来提高底物利用率和生产效率；

③ 通过代谢途径重构来解除生产过程的限制或合成新的代谢产物。

这其中涉及益生菌遗传背景的解析、代谢网络的构建、代谢调控工具的完善等，是一项精密而复杂的系统工程。

四、益生菌微生态技术

目前的研究表明，益生菌或发酵乳品对健康具有积极的促进作用，如发酵乳制品可以改善肠道微生物菌群结构，产生有益健康的代谢产物，这些健康益处与肠道微生态密切相关。

消化道是一个存在有多种酶、胆汁和极端 pH 值的厌氧环境。空腹状态和饮食状态下消化道的生理 pH 值见表 1-1。

表 1-1　空腹状态和饮食状态下消化道的生理 pH 值

消化道位点	空腹状态	饮食状态
胃	1.4～2.1	3.0～7.0
十二指肠	4.9～6.4	5.1～5.2
空肠	4.4～6.5	5.2～6.2
回肠	6.5～8.0	6.8～8.0

与一部分可以在实验室培养和操作的微生物相比，人体微生物群是由大量的、不能培养的细菌种属组成。人类微生物组计划已经开始揭示出共栖的微生物与其人类宿主之间的有趣的共生关系。人体微生物群与人体的共进化也发展了一种机制，获得难得的营养物质并成为人体代谢产物的固有的一部分，通过与宿主上皮细胞的相互作用调节免疫

功能。人体与微生物维持着一种从依附到有益的关系，胃中菌数为 $10\sim10^3$CFU/mL，小肠末端的菌数为 $10^4\sim10^7$CFU/mL，结肠中最大菌数在 $10^{11}\sim10^{12}$CFU/mL。人体微生物主要由四个门组成，即厚壁菌门、拟杆菌门、放线菌门、变形菌门。人体肠道微生物群的分子-系统学分析显示的乳杆菌的序列表示变化为 0.03%～47%，这与使用方法的类型、分析手段、序列的数目以及样品区域有关。

人体微生物组计划（HMP）主要的目标之一是通过比较分析确立人类微生物群的成员与健康或疾病的关联，如肥胖引发的糖尿病。通过人体微生物组计划的菌株分析支持了泛基因组的发展，迄今为止多数肥胖和健康相关微生物的研究仅揭示了目水平的比较和基因表达，这几乎不能揭示乳酸菌个体的作用。可以期望随着微生物组研究变得更加深入，这些将有助于了解菌株特异性进化和针对提升人体健康的特定途径的健康机制。

蛋白质组学有助于阐明隐含的应对环境刺激出现的细胞反应（在应激条件下的生长、饥饿等）的代谢和分子过程；研究在调节蛋白质功能和生物反应过程中后转录修饰的作用；研究宿主-益生菌/病原菌相互作用相关的毒力因子和表面蛋白。蛋白质组学也便于了解在复杂生态系统，如生物膜和胃肠道（宏蛋白质组学）中的微生物群体的生存方式。

近年来，研究者使用基于 16S rDNA /ITS 的扩增子测序、宏基因组测序、宏转录组测序等技术，揭示肠道微生态的核心功能微生物及其动态变化。随着以 PCR-DGGE 技术和高通量测序技术为代表的现代分子微生态技术的广泛使用，人们对肠道微生态中微生物的种类和功能的认识发生了质的飞跃。

消化道中绝大多数微生物是厌氧的，如何在体外模拟肠道菌群和人体消化道之间的相互作用是制约本领域研究的瓶颈问题。国外研究者开发了厌氧肠道芯片，可模拟人体生理状态，实现肠道上皮与复杂菌群的稳定共培养，为研究益生菌与人体消化道健康的关系提供了新技术。此外，肠道微生物采集胶囊也已经研发成功，对研究益生菌在肠道内的作用机制提供了新方法。

全基因组测序、单细胞测序、宏基因组学、转录组学、蛋白质组学及代谢组学等技术，可以从菌种的 DNA-RNA-蛋白质-代谢产物等不同水平，深入揭示菌株遗传信息、进化关系、生理特性、代谢网络、功能机制及其工业应用潜力。培养组学和合成生物学等技术也为筛选和开发具有特定功能的新一代益生菌提供了方法学支撑。多组学数据库的不断扩大及整合多组学数据的新算法开发，将有助于研究人员在现有数据基础上进行深入挖掘，为益生菌机制层面的研究提供助力。

五、益生菌高菌数增殖和稳定保护技术

益生菌为当摄入充足的数量时，对宿主产生功能性健康益处的活的微生物，益生菌数量是发挥功效的重要保障。建议益生菌摄入量为 $10^8\sim10^9$CFU/d。

目前用于发酵乳品的菌株主要是传统发酵剂保加利亚乳杆菌和嗜热链球菌，以双歧杆菌、鼠李糖乳杆菌、植物乳杆菌等为代表的益生菌由于多数在乳中生长缓慢、难以凝乳、难以达到高活菌数，多是以外添加的形式应用于乳品，通常不直接参与

发酵，同时其活力受限，成本较高，因此，急需对益生菌在乳中的增殖技术进行探索，开发益生菌高菌数增殖技术，并进行产业化应用。这就要求：需做到加工过程中保持益生菌的益生特性，并改善它们在胃肠道中的存活率和稳定性。由于益生菌活性与配料的水分活度、产品保藏的温度及时间紧密相关，为此，益生菌产品在货架期内维持有效剂量、保证菌株活性是产品研发需解决的问题。目前，益生菌产品的保护技术主要包括喷雾干燥、冷冻干燥和包埋等，其中，微胶囊包埋技术是一种广泛使用的能有效保护益生菌活性和抵抗不良环境影响的技术手段。

第二节　益生菌的应用、法规和市场情况

一、益生菌的应用

目前在全世界食品中益生菌主要应用于发酵乳制品、配方奶粉、发酵果蔬制品、膳食补充剂（固体饮料、胶囊、片剂、滴剂等）、焙烤类产品、糖果、巧克力等。在我国食品中益生菌主要应用于发酵乳制品（酸奶、活性乳酸菌饮料和奶酪）、益生菌类保健食品、固体饮料，也在特殊医学用途配方食品、婴幼儿配方食品中使用。益生菌在畜牧、水产养殖业以及其他发酵食品中也有相当的应用潜力。

1. 益生菌与发酵乳

发酵乳历史悠久，大约公元前 4000 年，从人类开始饮用牛乳时就有了发酵的乳。世界上最古老的游牧民族之一，中亚细亚的雅利安人经常饮用以马奶或牛奶为原料发酵制成的含酒饮料；另外，古巴比伦时代的阿姆鲁人用家畜乳制成的发酵乳作为日常的食品和医疗品。这种发酵乳类似现在的酸奶。公元前 200 年，印度、古埃及、美索不达米亚等地已开始制作酸性干酪。酵母发酵剂及乳酸菌发酵的开菲乳（Kefir）、乳酒（Koumiss）和嗜酸菌乳（Acidophillus-yeast milk）均是酒精饮料，有乳酸味，含少量酒精，因二氧化碳产生具有泡沫特征。该产品主要在苏联和东欧地区进行生产。公元 1000 年，德国家庭内自制酸奶。1008 年德国建厂生产酸奶。1908 年日本已开始生产酸奶。

我国人民利用乳及乳制品的历史悠久。早在数千年以前，乳已不仅作为食品而且作为祭神、礼贡及治病的物品。两千多年以前的汉文帝时代就有奶子酒的记载。晋朝时已有乳酪。追溯到 100 多年前，清朝时代在北京城内就有俄国人开过酸奶铺子。1911 年上海可的牛奶公司也开始生产酸奶。

20 世纪俄罗斯诺贝尔奖获得者梅契尼科夫认为，保加利亚牧民的长寿与他们日常食用的发酵乳制品有关。凡称为世界长寿村的地方，食物中一定有供经常食用的发酵乳。在高加索地区，长寿者谈及长寿的秘诀：第一要注意吃的东西；第二要有规则的生活和劳动；第三要有好的自然环境与生活。

发酵乳制品是益生菌的良好载体。常见益生菌为嗜酸乳杆菌、双歧杆菌和干酪乳杆菌等。当前，许多益生菌已经被商业化开发出来，包括乳双歧杆菌 HN019、嗜酸乳杆菌 NCFM、乳双歧杆菌 BI-07 、动物双歧杆菌乳双歧亚种 BB-12、鼠李糖乳杆菌 GG

(LGG)、嗜酸乳杆菌 LA-5、罗伊乳杆菌 RC-14 和鼠李糖乳杆菌 GR-1、干酪乳杆菌代田株、植物乳杆菌 ST-Ⅲ等。

各种益生菌的代谢产物也是影响其益生特性的重要因素。影响发酵乳中益生菌数量的因素包括产品的最终酸度、可供利用的营养成分、溶解氧和包装的透氧性等。实际生产中，除了需要考虑益生菌对于人体的有益作用外，还需考虑益生菌在实际生产的载体中的增殖能力、菌种在冷冻或者干燥保藏过程中的活力、菌种对于胃肠道中胃酸和胆汁盐的耐受性，此外还需要考虑发酵时间、质地、风味、糖耐受性和后酸等，随着目前长保质期产品的流行，在较长保质期内菌种的数量也是要考虑的因素。乳品厂商通常测定乳酸菌和其他益生菌在 2～6℃冷藏 28d 后菌种的数量。益生菌和传统乳酸菌的生长关系也应重视，例如，某些德氏保加利亚乳杆菌亚种会抑制一些益生菌种生长，尤其是长时间发酵工艺中，益生菌受到其他菌种的抑制作用尤其明显。

2016 年中国酸奶行业市场规模达到 1010.17 亿元，市场首次突破千亿元。2017 年酸奶销售额首次超过牛奶，约为 1192 亿元，同比增长 18%。2021 年中国酸奶行业市场规模约 2000 亿元。

2. 益生菌、益生元、合生元

益生元是一种可选择性的组分，使得促使宿主健康的胃肠道微生物组成或活力发生特定变化。低聚果糖、低聚半乳糖和乳果糖等寡糖既不被宿主吸收，也不被胆汁、消化酶降解，到达小肠和结肠，再被乳杆菌和双歧杆菌代谢。这些细菌碳水化合物发酵的代谢终产物是短链脂肪酸，主要是乙酸、丙酸和丁酸。这些短链脂肪酸可以被宿主细胞用作另外一种能量来源。另外，益生元可以对肠道上皮细胞提供营养，促进细胞的生长，但控制增殖和分化。合生元是益生菌和益生元的适当组合，可以促进人体的健康。

要证实某种化合物作为潜在益生元对肠道菌群具有选择性的刺激生长或活力，从而对宿主的健康或舒适感产生促进作用，需要对粪便样品在厌氧条件下进行处理，再进行多种类群细菌数量的分析，如总好氧细菌、厌氧菌，拟杆菌（*Bacteroides*）、双歧杆菌（*Bifidobacteria*）、梭菌（*Clostridia*）、大肠菌群（*Enterobacteria*）、优杆菌（*Eubacteria*）和乳杆菌（*Lactobacillus*）。已经发展建立起来的以分子生物学为基础的微生物学方法对于阐明益生元的特性更简便一些。要监测益生元对菌群活力的刺激作用，则需要分析经过刺激后，菌群产生的有机酸、各种气体和酶的类型。然而，由于缺乏针对特定种类细菌有效的生物标识分子，对特定菌群代谢产物的分析还具有相当的难度。

作为一种功能性食品的成分，对益生元效果最终也是最有力的证据则需要通过被公认的方法，以合适的营养干预试验、针对特定应用对象（如人、畜或宠物）的体内试验，以获得合理的数据。

近年来，有研究报道灭活益生菌也可对人体健康发挥作用，而相应的益生菌菌株发挥功能作用的物质基础也逐渐被识别，进而衍生出后生元/类生元的概念。后生元/类生元是益生菌经灭活处理后仍能发挥作用的代谢产物或菌体成分，其具有发挥调节机体免疫力、保护肠道屏障及调节肠道菌群等健康功能。研究表明，后生元/类生元对胃肠道生理环境和生产加工条件具有更强的耐受力和稳定性。益生菌代谢产物的分离鉴定及功能学评价是后生元/类生元能否市场化的关键。

微生态制剂是在微生态学理论指导下，调整肠道微生态失调、保持微生态平衡、提高宿主健康水平或促进有益菌生长及其代谢产物分泌的一类制剂，包括益生菌、益生元或合生元微生态制剂。微生态制剂多种多样，按菌活力划分可分为活菌制剂、死菌制剂、细菌代谢物制剂等；按微生物的种类可将其分为芽孢杆菌制剂、乳酸杆菌制剂、酵母类制剂及复合制剂；按照制剂类型可分为胶囊制剂、片剂、颗粒剂、微胶囊剂和液体制剂（乳饮料、口服液）等。

二、益生菌的法规

近年来，越来越多的产品开始在其产品标签、广告和市场营销等方面，对益生菌的特殊功能进行宣传。为规范这类产品，以保证食品安全性和保障消费者权益，很多国家制定了相应的法律法规。

联合国粮食及农业组织与世界卫生组织（FAO/WHO）联合工作组于2002年发表了《食品益生菌评价指南》（以下简称《评价指南》），其中对益生菌的定义包括两大要素：限定只包括活菌，一切不是活菌的制剂都不能称为益生菌制剂，突出了微生物活菌的重要性，以区别于其他产品；摄入适当数量，对宿主健康产生有益作用，即摄入数量不够也可能不能表现出稳定的临床效果。《评价指南》还指出，一般而言益生菌效应有株特异性。菌株的鉴别有助于确定其特定保健功能，也有利于准确地进行监测和流行病学研究。此外，该定义还突出了活菌数量与效果密切相关，指出了益生菌发挥作用的关键和本质。

国际食品法典委员会（Codex Alimentarius Commission，CAC）将健康声明定义为任何宣称、暗指或暗示某个食品或成分与健康之间存在某种关联的表述，包括营养功能声明、其他功能声明和减少疾病风险声明三类。对于健康声明的使用，CAC认为应以相关科学证据为基础，且数据应经过公认的科学审查，审查结果必须证明现有证据强度足以证实这种声明所描述的效果，即该食品或成分与健康之间确实存在联系。同时，随着知识的更新，应对相应的科学证据进行重审。对于益生菌的健康声明及标识而言，同样需要符合上述一般规定。

尽管对于益生菌健康效应的研究已经拓展到诸如免疫系统、神经系统等，但目前无论是健康效应证据等级，还是各国承认的食品中益生菌的健康声明，都仍主要集中于消化系统，且即便是消化系统健康效应的研究结果，也并非符合所有国家或地区健康声明法规要求的证据强度。而且健康效应的产生通常由多个菌株在一定条件下的组合产生，并有菌种含量和食用量的要求，因此对于食品中益生菌健康声明的使用和管理，应充分考虑现有科学证据的多样性和复杂性。

亚洲国家人口众多，各国经济发展差距较大。发展较好的国家通常有信心制定更为灵活的规范和要求，将益生菌类产品作为食品而非药品进行售卖。各国与益生菌相关条例制定多由政府相关部门参加，而日本是唯一一个工业协会在益生菌类产品审核和认证方面起主要作用的国家。

在20世纪初期和中期，日本的发酵乳蓬勃发展，知名的公司包括雅乐多（Yakult）、协和发酵（Kyowa Hakko）、藤泽（Fujizawa）和日本田边乳品（Tanabe）等。日本功能性食品生产厂商都按照“特殊健康食品（food for specialized health use，FOSHU）”申请体系，向厚生劳动省（Ministry of Health，Labor and Welfare ，MHLW）申请认证。FOSHU 体系始于 1984 年，是日本政府收集采纳了很多学者、专家、行业以及政府研究机构的建议而制定的。制定该评价系统起因是随着日本人口老龄化，政府医疗系统压力较大，政府提出预防重于治疗的观念，即可以在人们未生病时就合理地摄入功能性的食品，来提高免疫力、增强体质等。因此，FOSHU 系统得到认可，并于 1991 年加入了《健康改善法》第 26 条和《食品卫生法》第 11 条。日本是第一个提出功能性食品概念的国家，而益生菌仅仅是种类繁多的功能性食品的其中一种。至 2019 年年底，通过 FOSHU 系统总共注册了 680 种功能性食品。

我国于 2010 年和 2011 年发布《可用于食品的菌种名单》和《可用于婴幼儿食品的菌种名单》，并在随后几年以公告形式对名单进行了增补。《益生菌类保健食品申报与审评规定（征求意见稿）》于 2019 年 3 月 20 日至 4 月 20 日向社会各界广泛征求意见，该规定目的为规范申报与审评工作，确保益生菌类保健食品的安全性、保健功能及质量可控性。

三、益生菌类产品的市场情况

据统计，2017 年全球益生菌产品市场规模约 360 亿美元（约合人民币 2474 亿元）。其中，中国的益生菌市场规模约人民币 455 亿元，预计 2022 年将增长至人民币 896 亿元。

我国益生菌产业在 20 世纪 90 年代初才开始起步，与发达国家相比起步较晚，其研究与应用水平还存在一定差距。在我国益生菌原料市场中，美国杜邦为最大的企业；其次是丹麦科汉森；我国本土企业市场占比较小，竞争力较弱。国内厂商主要有北京科拓恒通、江苏微康生物、河北一然生物和上海润盈生物四家公司。

益生菌产品主要包括益生菌食品、益生菌膳食补充剂和益生菌原料三大类，其市场占比分别为 86%、9%和 5%。我国益生菌产品中，食品是最大的市场，在益生菌食品领域，又以乳制品为主要细分市场。我国益生菌乳制品消费规模占益生菌整体市场的 78%，是益生菌产业重要增长动力。低温酸奶和乳酸菌饮料是益生菌乳制品领域的另外两个不断增长的细分市场，未来也有较大的发展潜力。添加益生菌的婴幼儿产品、软饮料、运动营养和谷物类产品紧随其后。大部分消费者认知的益生菌的益处包括“助消化”“助吸收”和“增加免疫力”。

我国在益生菌的安全性、功效性甚至产业化特性研究上均已达到国际上的菌株研究水平。益生菌在产业化应用前应该清楚菌株的种属甚至基因构成、基础生理生化特征、菌株相关文献和专利技术、菌株放大培养（产业化）等情况，然后应依次进行菌株适应性、安全性和益生特性等评估，选择有充分科研证据的益生菌剂量或组合应用于商业化产品生产。

益生菌产业将朝着普及化、精细化、精准化的方向发展，需要做的工作包括以下几个方面。

① 进一步挖掘我国菌种资源，形成自主知识产权，深入基础研究，阐明功效机制，

加强临床试验验证。乳业发达国家研究起步早，已形成较完善的菌株筛选体系和评价标准。我们仍需加强开发自主知识产权优良菌株，建立面向中国人群筛选评定标准。

② 加强技术革新和产业化能力，提升益生菌的制备技术，实现高菌数增殖、提高活力保持水平。如采用更先进的加工工艺；建立益生菌良好生产规范，保障高菌数和活力；基于量化指标，建立高品质产品合格评定体系。

③ 注重益生菌规范、标准和政策制定，强化市场管理。现行标准还需要完善，要能更好地满足发酵乳制品多元化和功能化的需求。

④ 加大科普宣传，提升消费者对益生菌的认知。

吸收现代的益生菌科技成果，加强循证学方法论证，基于生物活性效应分子以及生物活性评价，增加临床研究数据，新型发酵乳、益生菌制剂等将为人类健康做出更多贡献。

参考文献

[1] Veiga P, Suez J, Derrien M, et al. Moving from probiotics to precision probiotics. Nature Microbiology, 2020, 5 (7): 878-880.

[2] Jansson J K, Baker E S. A multi-omic future for microbiome studies. Nature Microbiology, 2016, 1 (5): 16049.

[3] Nai C, Meyer V. From axenic to mixed cultures: technological advances accelerating a paradigm shift in microbiology. Trends in Microbiology, 2017, 26 (6): 538-554.

[4] Mays Z J, Nair N U. Synthetic biology in probiotic lactic acid bacteria: at the frontier of living therapeutics. Current Opinion in Biotechnology, 2018, 53: 224-231.

[5] 姚粟．益生菌株水平鉴定和特征分析技术研究［A］//中国食品科学技术学会．第十五届益生菌与健康国际研讨会摘要集．中国食品科学技术学会，2020：2.

[6] 游春苹，鄢明辉，邢倩倩，等．生物技术在乳品中的研究和应用进展．生物产业技术，2019，(04)：55-62.

[7] 中国食品科学技术学会益生菌分会．益生菌科学研究十大热点及行业发展建议．中国食品学报，2020，20 (09)：337-344.

[8] 马爱进，韩盼盼，刘杨柳，等．微生物健康产业发展态势与对策建议．食品科学，2020，41 (17)：307-314.

[9] 陈潇，吕涵阳，张婧，等．益生菌在食品中应用及健康声明管理现状和分析．中国食品卫生杂志，2020，32 (4)：401-408.

第二章

益生菌分子遗传学与基因工程

分子遗传学（molecular genetics，MG）是指在分子的水平上运用遗传工程技术研究微生物基因的结构与功能，它是遗传学的分支学科。经典遗传学主要的研究对象为基因在亲代和子代之间的传递问题；而分子遗传学则主要研究基因的本质，通过引入外源DNA或其他人工修饰，对微生物基因组进行编辑，改变了生物基因组本身的结构和特性。

随着微生物基因组学等多组学的发展，人们对于益生菌分子遗传学的认知也在不断扩展。对于乳酸菌遗传多样性和分子生物学的研究，已经达到了相当的高度，主要是从水平基因转移（horizontal gene transfer）和可移动遗传元件（mobile genetic elements）角度，进行分子遗传机理解析和基因工程改造。大量的重要工业菌株被发掘，包括来自不同来源的分离株，如植物、肠道、天然发酵食品等。这些分离株具备优良的表型，如抵御环境压力、形成特殊风味、产生细菌素、底物高效利用和噬菌体抗性等，适用于工业化开发。

目前，公认的乳酸菌定义是：不产生芽孢、非需氧、具有一定氧耐受性的革兰阳性细菌，能够发酵不同种类的糖，并且以乳酸为主要终产物。在系统发育上，只有乳杆菌目的细菌能称为乳酸菌。双歧杆菌属于放线菌门，同样具有益生特性。然而，它们的代谢方式具有独特性和明显的区别，与乳酸菌没有遗传相关性，如图2-1所示。

在属水平上，双歧杆菌属和乳杆菌属是主要的益生菌，有超过200个种被证实具有益生功效。根据基因组数据，益生功能具有菌株特异性，与这些细菌独特的生态位相关。目前，乳杆菌进化的主要趋势是基因组退化，主要分为两类，一类是栖息地的普适性，另一类是栖息地的专一性。而双歧杆菌在进化上正在经历着基因获取。菌株与宿主的共进化，带来了更多的益生特性，并且驱动着益生菌的进化。

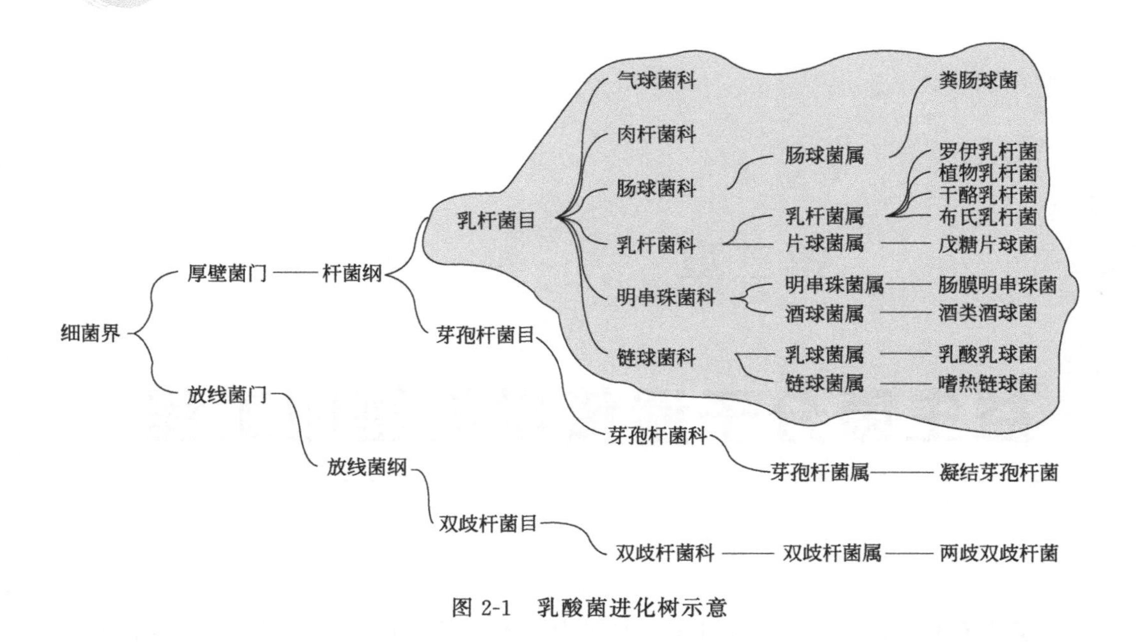

图 2-1 乳酸菌进化树示意

第一节 遗传多样性与进化

近年来，许多研究详细阐述了乳酸菌适应环境变化的进化过程，主要是在基因组层面上发生大量改变，暗示着乳酸菌对于栖息环境的积极适应。然而，针对环境变化引起的适应性进化，并非都具有共同的特征。研究表明，同种乳酸菌基因组变化的程度并非仅仅为了适应某种特定环境而生存，而是产生了更多的表型以适应更广泛的环境。近年来的全基因组测序结果揭示了乳酸菌基因组功能的复杂性，以及它们对环境的适应性进化。

一、遗传多样性

1. 乳酸菌基因组

乳酸菌的基因组具有以下几个特征：

① 全基因组的长度在 1.7～3.4Mb 之间，植物乳杆菌基因组普遍较大，在 3.2～3.4Mb 之间；

② 不同种之间基因数目从 1600～3200 个不等，同时所有乳酸菌都含有假基因，但数量不等。基因数目差异表明乳酸菌处于一个动态的进化过程中；

③ G+C 含量通常为 50%左右，最高为双歧杆菌，部分菌株达到 60%以上，最低为唾液乳杆菌 UCC118，不到 33%；

④ 乳酸菌胞内大多含有数量不等的质粒，这些质粒编码着与宿主在极端环境下生存有关的基因，如细菌素基因等。已完成测序的乳酸菌中，乳酸乳球菌 SK11 中有 5 个不同种类的质粒，而德氏乳杆菌和嗜热链球菌中大部分菌株则没有发现质粒；

⑤ 部分乳酸菌基因组中含有一定量的插入序列以及原噬菌体序列。

乳酸菌基因组测序概况见表 2-1。

表 2-1 乳酸菌基因组测序概况

菌株	基因组/Mb	G+C 含量/%	ORFs	插入序列	质粒/kb
乳杆菌属(*Lactobacillus*)					
嗜酸乳杆菌 NCFM	1.99	34.7	1864		
短乳杆菌 ATCC367	2.29	46.2	2221		
干酪乳杆菌 BL23	2.6	46.0		5	
干酪乳杆菌 LC2W	3.04	46.4	3121		3.84
格氏乳杆菌 ATCC33323	1.95	35	1803	3	
瑞士乳杆菌 CNRZ32	2.2	37.1			
约氏乳杆菌 NCC533	1.99	34.6	1857	6	
植物乳杆菌 WCFS1	3.31	44.5	3050	2	2.4
植物乳杆菌 ST-Ⅲ	3.25	44.58	3013		5.36
罗伊乳杆菌 ATCC55730	2.0				
鼠李糖乳杆菌 HN001	2.4	46.4		5	
清酒乳杆菌 23K	1.9	41.2			
唾液乳杆菌 UCC118	1.83	32.9			
保加利亚乳杆菌 ATCC11842	1.86	49.7	3223		
片球菌属(*Pediococcus*)					
戊糖片球菌 ATCC25745	1.83	32.9			
明串珠菌属(*Leuconostoc*)					
肠膜明串珠菌 ATCC8293	2.04	37.7			
酒球菌属(*Oenococcus*)					
酒类酒球菌 PSU-1	1.78	37.8	1865		
乳球菌属(*Lactococcus*)					
乳酸乳球菌 MG1363	2.6	37.1	2500	8	1.9
乳酸乳球菌 IL1403	2.37	35.5	2310	6	
链球菌属(*Streptococcus*)					
嗜热链球菌 LMG18311	1.80	39.1	1889		
双歧杆菌属(*Bifidobacterium*)					
乳双歧杆菌 DN-173010	1.94	60.5			
短双歧杆菌 UCC2003	2.42	58.7		5	
长双歧杆菌 NCC2705	2.26	60.1	1730	5	3.6

2. 乳酸菌基因组进化

研究表明，基因组进化与微环境、栖息地及生态位等环境因素密切相关。因而可以推测，具有较大基因组的乳酸菌，能够更好地适应生态环境，因为它们具有更强的代谢能力和压力耐受性。具有较小基因组的乳酸菌则大多数生活在某些特定或相对静止的环境中，它们无须应对剧烈的环境变化，基因组往往被压缩。

有报道称，大量假基因、插入序列（IS）和较低的 G+C 含量是基因组退化的主要特征。事实上，这些变化都是乳酸菌在进化过程中对环境的生理适应。许多乳酸菌都经历了巨大的基因组退化，可能归结于从自由生存到宿主依赖型生活方式所带来的选择压力缺失。

有证据显示，益生菌的基因组大小与环境分布存在着关联性。目前检测到的乳杆菌的基因组最小化都与其适应特定生态环境相关，如胃肠道。许多乳杆菌定植于动物胃肠道，它们与宿主之间存在着共进化的关系。因此，乳酸菌和双歧杆菌与宿主的这种选择性关联，导致其在共进化过程中丢失了大量基因组信息。

基因组最小化和代谢简化是乳酸菌基因组进化过程中的主要趋势。然而，研究者仍然经常检测到大量的重复基因和新基因的获取。这些基因重复和获取在一些栖息地十分专一的乳酸菌中被发现，如在奶酪中存在的瑞士乳杆菌，拥有许多基因编码不同种类的肽酶或蛋白酶，研究者认为这种现象是通过水平转移（HGT）发生的。基因丢失、水平转移、基因上调以及大量突变，这些变化在乳酸菌基因组上普遍存在。

3. 乳杆菌遗传多样性

作为乳酸菌中最大的一个属，乳杆菌属的遗传多样性甚至比某些纲还要复杂。通过乳杆菌泛基因组研究发现，大约有 14000 个与蛋白质编码相关的基因。然而，乳杆菌的基因组又是相对较小的，比较基因组发现许多乳酸菌丢失了大量的祖先基因，这与它们生活在营养丰富的环境（乳制品、胃肠道和发酵食品）密切相关。显然，这种生活方式导致了普遍的代谢简化，因而在糖代谢途径、维生素和氨基酸生物合成途径中发生了大量的遗传变化。一方面，乳杆菌丢失了与血红素、钼辅酶、泛酸盐等辅因子生物合成相关的基因；另一方面，烟酰胺单核苷酸转运体等运输元件大量存在。乳杆菌转运系统中最多的是氨基酸运输，接下来依次是糖、阳/阴离子和肽转运。在进化过程中，乳杆菌丢失了大量的运输载体，占基因组的 13%～18%，比其他物种运输载体的平均数目还要多。

一些乳杆菌在基因组简化的过程中，进化出特定的环境或宿主适应性。由于瑞士乳杆菌通常生活在蛋白质丰富的奶酪环境中，其基因组中包含多个编码肽酶或蛋白酶的基因（研究者认为来源于基因水平转移），而许多与胃肠道存活相关的基因则逐渐退化，并且基因组越小，这种特征越明显。另外，生活在多种复杂环境中的乳酸菌，表现出广泛的碳源利用能力。因此，在乳杆菌中检测到的大量不同类型的运输载体显然与其适应富含不同营养物质的环境相关，并由此导致了许多生物合成途径的衰退。

基因获取或丢失以及基因组退化是物种适应环境变化所产生的重要进化方式。对菌株生存非必要的功能基因，通常都会丢失。菌株适应环境不仅依赖于特定基因的存在与否，还可以是基因的突变。通过对等位基因的进化分析，有助于我们理解乳杆菌种内或种间的进化关系，还能够将种属的进化相关性与环境因素结合起来。全基因组分析将乳杆菌分为两支。一支是适应环境范围较广的乳杆菌，具有较大的基因组，植物乳杆菌（*Lactobacillus plantarum*），约 3.3Mb；副干酪乳杆菌（*Lactobacillus paracasei*），约 3.1Mb；干酪乳杆菌（*Lactobacillus casei*），约 2.9Mb。另一支是适应环境范围较专一的乳杆菌，具有较小的基因组，平均基因组大小为 1.3～2.0Mb，如格氏乳杆菌（*Lactobacillus gasseri*）、约氏乳杆菌（*Lactobacillus johnsonii*）、瑞士乳杆菌（*Lactobacil-*

lus helveticus）和清酒乳杆菌（*Lactobacillus sakei*）。

乳杆菌进化最主要的特点之一在于获得新基因和祖先基因退化的程度。在基因组较小的乳杆菌中，发现了较高程度的基因退化。瑞士乳杆菌中一大部分基因都变成了假基因，这些假基因由于移码突变、无义突变、碱基缺失或删减，丢失了原有功能。如瑞士乳杆菌中的胆盐水解酶基因，就因为上述突变而导致了基因失活；二肽或三肽转运蛋白则是由于移码突变，丧失了功能。瑞士乳杆菌和德氏乳杆菌保加利亚亚种（*Lactobacillus delbrueckii* subsp. *bulgaricus*）专门用于乳制品发酵，约氏乳杆菌和格氏乳杆菌通常来源于脊椎动物的胃肠道，卷曲乳杆菌（*Lactobacillus crispatus*）、惰性乳杆菌（*Lactobacillus iners*）和詹氏乳杆菌（*Lactobacillus jensenii*）主要从女性阴道中分离得到，这些菌种含有较小基因组，并且明显具有较高的基因组退化速率。这些基因组的专一化导致其物种的环境分布范围较窄。

植物乳杆菌和干酪乳杆菌的分布范围则较广。事实上，与专一性进化的乳杆菌相比，许多乳杆菌具有较大的基因组和不同的进化特性。例如，植物乳杆菌和干酪乳杆菌丢失了一些祖先基因，但是其通过复制和水平转移获得了多个新基因，从而抵消了基因丢失，并且保持了种间多样性。许多乳杆菌都存在种间差异，但是在环境分布更广、基因组更大的乳杆菌中，种间差异更为明显。如基因组较大的乳杆菌具有更为丰富的糖基水解酶体系，因而能够进行更多种类型的糖酵解代谢，其生存范围也更广。

二、水平基因转移

乳酸菌通过基因组的改变来适应生态环境的变化，主要与自然发生的水平基因转移过程相关，包括转化、接合和转导（图 2-2）。

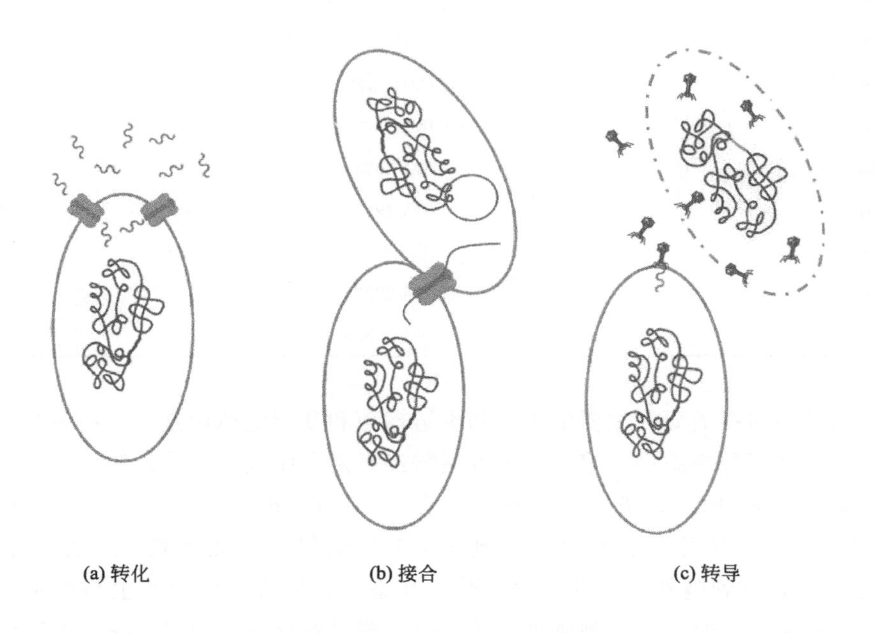

图 2-2 乳酸菌的三种水平基因转移方式

1. 转化

在自然界中，细胞存在一种天然的感受态。在这种状态下，细菌细胞能够通过一种特定的DNA摄取机制，将外源DNA摄入胞内。一旦进入胞内，这些DNA能够稳定存在，通常作为质粒，或者整合到染色体上。这一过程，称为转化。

在一些细菌，如链球菌属（*Streptococcus*）及芽孢杆菌属（*Bacillus*）中，利用感受态蛋白（competence protein）就可以轻而易举地摄入DNA分子，然而乳酸菌的转化很难发生。这种情况在1982年明尼苏达大学Larry McKay教授改进的原生质转化法中得到应用后得以改善。在此之前，转导法一直在益生菌研究中广泛采用。而当发明电转化方法后，这些方法都被大幅替代。电转化法通过在细胞膜上形成孔洞，允许DNA由此进入细胞质。现如今，在益生菌中通过电转化感受态细胞的方式引入DNA得到了进一步发展（表2-2）。

表2-2 乳杆菌和片球菌的质粒转化效率 单位：CFU/μg DNA

菌种	菌株	pIL253(Ery)	pNZ7021(Cm)
植物乳杆菌(*Lactobacillus plantarum*)	LMG9211	0	500
植物乳杆菌	DSM20205	0	1
植物乳杆菌	NC8	140	0
罗伊乳杆菌(*Lactobacillus reuteri*)	DSM20016	>1500	>1500
果囊乳杆菌(*Lactobacillus ingluviei*)	DSM15946	1	60
乳酸片球菌(*Pediococcus acidilactici*)	NRRL B-639	120	400
乳酸片球菌	NRRL B-41522	50	>1500
乳酸片球菌	NRRL B-41195	80	900
乳酸片球菌	NRRL B-23864	0	0
乳酸片球菌	ATCC 25742	100	30
乳酸片球菌	NCIMB 701851	0	0
乳酸片球菌	NCIMB 702925	1	20
乳酸片球菌	DSM 20238	1	5
乳酸片球菌	DSM 19927	15	150
乳酸片球菌	DSM 1056	1100	>1500
戊糖片球菌(*Pediococcus pentosaceus*)	DSM 20206	3	3500
戊糖片球菌	DSM 20333	80	1

关于感受态最初的研究主要集中在肺炎链球菌和变形链球菌这两株会发生自发转化的菌株中。在这两种细胞中，感受态的发展需经过两个阶段。在早期阶段，关于感受态的形成主要与*comABCDE*五个相关基因有关。根据Prudhomme等在2006年的研究以及Perry等在2009年的试验结果，发现由*comC*编码的一段活性肽，在成熟后通过ABC转运系统转移到胞外，负责诱发感受态状态。这种活性肽的产生与细胞生长环境的压力信号有关，同时也与细胞密度相关。这一成熟的肽段通过对*comD*基因编码的组氨酸激酶作用，使得磷酸化调节因子编码基因*comE*可以调节*comABCDE*以及*comX*

基因。而 *comX* 基因编码 RNA 聚合酶的核心部分，可以识别后期与感受态状态有关的基因启动子区域。而后期的基因才是对转化事件起主要作用的基因，它们与外源 DNA 的摄入相关，与保护单链 DNA 及与宿主细胞基因组同源重组密切相关。

作为酸奶与干酪发酵的主要菌株，嗜热链球菌在食品工业中的地位举足轻重。基于此，科学家们着力在其中寻找天然 DNA 转移系统，通过引入食品级的修饰，期望以此来改善工业发酵剂的特性。在工业化生产的乳酸菌中，天然感受态首先在酸奶发酵菌种嗜热链球菌中建立起来。

通过形成群体感应复合体 ComRS，来调控 DNA 摄入机制。通过这种方法，将编码胞外蛋白酶 PrtP 的基因转化至蛋白酶阴性的菌株，并对组氨酸营养缺陷型菌株起到了有效补充。

Hols 等通过比较基因组学的研究发现，在嗜热链球菌（*Streptococcus thermophilus*）中存在 *comX* 基因及其他与获得感受态状态密切相关的基因。尽管在许多年前就发现了乳酸乳球菌（*Lactococcus lactis*）中感受态相关基因的存在，但直到近年来才发现，适量过表达 *comX* 基因确实能够导致 DNA 内吞能力的增强。Blomqvist 等的研究发现，在嗜热链球菌菌株 LMG18311 中存在一种快速有效的自发转化体系。他们进行了 *comX* 基因的过表达，从而诱发感受态后期。这一过表达发生在特殊培养条件（Todd-Hewitt 培养基）的对数期早期。在 LMG18311 中，*comX* 基因和 *comEC* 基因对于转化十分重要，同时，*comEC* 基因的表达需要 *comX* 基因的参与。在 2009 年关于 LMD-9 菌株的研究中，这一发现也得以证实，敲除 *comX* 基因和 *comEC* 基因的突变株无法完成转化。在最新的一些研究中，Fontaince 提出了在某种明确的培养基中关于感受态状态发展的模型。*comS* 基因编码的小肽产生、成熟并经由 AmiA3 底物结合蛋白分泌，通过 Ami 转运系统被运输并与其激活的调控因子相作用，这一被激活的调控因子与 *comX* 和 *comS* 的操纵子序列相结合。

类似地，过表达 σ 因子能够诱导清酒乳杆菌（*Lactobacillus sakei*）中感受态相关基因的表达，尽管在实验条件下并没有观察到 DNA 转化的发生。为了评估这类基因在乳酸菌系统进化中的保守性，研究人员考察了乳杆菌基因组中与 DNA 摄入机制相关的基因元件的完整性，并得出结论，实验菌株都保存了完整的基因编码元件，尽管在某些菌株中个别基因存在少量突变。尽管上述实验结果还需进一步验证，调控机理也不是很清晰，但是目前的实验结果显示，天然感受态的表型的确能够在不同乳酸菌中被激活。DNA 摄入机制的研究，将有助于工程化乳酸菌在食品工业中的应用。

2. 接合

接合又称为接合作用、细菌接合，指的是两个细菌之间发生的一种遗传物质交换现象。在接合现象发生时，DNA 通过两个细胞直接接合或者通过类似于桥一样的通道接合，并且发生从供体到受体中的基因转移，这也属于基因自发转移的一种。这种现象是在 1946 年被 Joshua Lederberg 和 Edward Tatum 发现的，1979 年，在对乳球菌的质粒转移中被正式提出。这使得在某种菌株内的特性可以通过完全自发的方式转移到另一株菌株。乳球菌的商业价值很大程度体现在其质粒的特性上，因此，这也提供了一种获得优良特性遗传工程选择性菌株的方式。在乳球菌的质粒上存在很多特性，如乳糖的摄入及代谢相关特性、蛋白酶及肽酶产物、信号肽摄入、噬菌体抗性（包括限制性修饰系统、噬菌体排斥等）、重金属抗性、柠檬酸代谢等。大多数的抗性基因都位于可移动的遗传元件上，因而在细菌之间抗生素抗性转移过程中，接合被认为是最主要的DNA转移方式。

接合质粒以及整合型接合元件（ICEs），能够在细胞复制和分化过程中进行扩增，代代相传。这些接合型移动遗传元件（MGEs），通常与oriT（接合质粒转移原点）依赖型的接合转移有关，能够进入适当的受体细胞，参与染色体整合和剪切以及质粒复制等特定功能。除了上述常规功能，接合型MGEs还能编码一系列辅助基因（类似于"货船"），将表型传递给宿主细胞。由于辅助基因中包含许多重要的工业特性，乳酸菌中的接合型MGEs受到了广泛的关注。例如，在乳酸乳球菌中，编码与乳糖利用、胞外蛋白酶、多糖合成相关的基因，通常存在于接合质粒上。而与细菌素合成、蔗糖和棉子糖利用等相关的基因，往往存在于ICEs上。这些元件的可移动性，导致了优良特性得以在同一菌株中进行整合，或是改变菌株与环境相互作用的能力。然而，MGEs也会带来负面影响，如细菌对抗生素的抗性。这一点在许多链球菌（如嗜热链球菌）中尤为明显。虽然接合型MGEs的转移似乎受到菌株特异型受体的限制，传播范围应当有限，然而有报道显示ICEs的转移能够突破菌种的界限。因此，有研究者推测，接合质粒和ICE的作用方式在不同菌种之间是可变的，并且在细菌的进化过程中起到重要作用。其中，接合质粒的遗传可塑性比ICE更高，受到的宿主限制也更多。

接合试验常常在体外开展，大多时候采用滤膜接合法。然而这些体外试验不能真正模拟自然发生的接合条件，因此无法与采用体内模型的试验结果进行对比。2009年，Toomey等采用紫花苜蓿发芽植物以及动物瘤胃等体内模型，证实了乳酸菌中抗性决定因子的接合转移。在此之前，乳酸菌体内的转移只在无菌大鼠的肠道内被证实过。Feld等报道了在植物乳杆菌中红霉素抗性基因在体外及体内模式下都能发生转移。无菌大鼠的试验表明，肠道的条件比通过滤膜进行抗生素抗性转移更有效。

像接合转移这样，质粒从一种细菌中转移到另一种细菌中的过程虽然也是遗传工程的一种形式，但因其是自发的过程，并未引入现代生物技术，因此，它并未受转基因食品（genetic modified foods，GM Foods）的限制约束。由于转基因食品在食品工业中的敏感性，尤其在欧洲，像这样的自发遗传重组技术十分具有应用价值。

综合考虑，接合型MGEs通常编码重要的工业特性。基因组学和特定功能预测程序的快速发展，使得发现新的接合质粒和ICEs成为可能。为了更好地利用这一方法对工业菌株进行改良，需要进一步解析接合转移的作用机制，以及对于宿主识别的限制。同时，还需加深对Ⅱ型内含子的理解，深入阐明其对调控接合型MGEs转移效率的影响。

3. 转导

转导是指一个细胞的基因组片段或是质粒DNA通过噬菌体的感染转移到另一个细胞中。噬菌体是一类病毒，能够通过侵染细胞，影响宿主的复制、转录和翻译等机制。由于噬菌体污染是乳制品工厂发酵失败的主要因素之一，因而对噬菌体侵染乳酸菌的研究由来已久。大多数侵染乳酸菌的噬菌体属于长尾病毒科，其他还包括肌尾噬菌体科和短尾噬菌体科等，它们各自具有特殊的噬菌体尾部特征。在长尾病毒科中，乳制品环境中最常见的噬菌体是P335、936和C2，研究人员建立了泛病毒基因组，识别到两种主要的组装模式，分别依赖于结合性尾部（cos噬菌体）或头部（pac噬菌体）进行组装。质粒或染色体上与糖发酵、蛋白降解或抗生素抗性相关的基因，能够通过噬菌体转导在不同乳酸菌之间转移。在乳酸乳球菌中，发现了高频率的质粒转导，源于其天然质粒不断缩小，其尺寸与噬菌体头部十分契合。通过噬菌体对新宿主进行侵染，可以成功地将细菌DNA转移至遗传操作困难的微生物（如德氏乳杆菌），甚至是不同种的乳酸菌中。然而，噬菌体编码的受体结合蛋白（RBPs），以及噬菌体基板与细胞壁多糖或宿主表面的蛋白受体之间的特异性结合，赋予了噬菌体的宿主特异性。在噬菌体936体内，已经发现了5种RBPs，意味着噬菌体与宿主之间的识别受到严格限制，因而能够避免噬菌体的过多侵染。然而，这一观点也受到质疑，有证据显示，通过某一特定噬菌体的质粒转导能够导致质粒在乳酸乳球菌和嗜热链球菌之间转移。

与转化和接合相比，转导方面的研究更多地集中在关于乳酸菌的基因转移方面。据报道，在德氏乳杆菌乳酸菌亚种以及德氏乳杆菌保加利亚亚种内，可以发生通过pac型噬菌体介导的高通量的质粒转导。Ammann等报道了通过cos型质粒介导，使得嗜热链球菌与乳酸乳球菌中发生跨种转导。这一现象表明嗜热链球菌与乳酸乳球菌所感染的噬菌体具有高度相似性。

在乳酸菌中探寻有效的噬菌体转导方法，为菌株间的基因组交换提供了新的思路。通过这种方法，能够充分利用物种的天然多样性，对工业发酵剂菌株进行改良。尤其是具有广宿主特异性的噬菌体，应用潜力巨大。

第二节 遗传工程

一旦细菌得到分离和培养，接下来重要的工作之一就是进行遗传改造。引入外源DNA可以表达新的基因或代谢途径，对菌体代谢进行修饰或调控。通过遗传工程，可以引入、改进或者去除某些益生菌的代谢表型。

如果说传统遗传工程技术已经给益生菌研究带来了巨大的商业应用价值，那么现代生物学技术则取得了更为重要的成就。最近十多年来，益生菌分子生物学研究取得了长足的进步。随着益生菌各类表达调控元件的分离，相继开发了一批适用于益生菌的克隆载体、表达载体、整合载体。乳酸菌作为重要的食品发酵菌株和益生菌，具有悠久的使用历史，然而对于乳酸菌的遗传操作受到严格的法律法规限制。出于安全考虑，对于菌株的遗传改造必须使用食品级克隆系统，该系统仅含有来自同源宿主或GRAS（公认安全）微生物的DNA，并且不依赖于抗生素筛选标记，因此需要合理设计和应用来源于乳酸菌的天然质粒，构建食品级新型遗传工具。

一、质粒的多样性

质粒在不同的乳酸菌种属间广泛存在，主要包括11个属：双歧杆菌属 *Bifidobac-*

terium、短杆菌属 *Brevibacterium*、肠球菌属 *Enterococcus*、乳杆菌属 *Lactobacillus*、乳球菌属 *Lactococcus*、明串珠菌属 *Leuconostoc*、酒球菌属 *Oenococcus*、片球菌属 *Pediococcus*、链球菌属 *Streptococcus*、四联球菌属 *Tetragenococcus*、魏斯菌属 *Weissella*。乳酸菌质粒的种类极其丰富，大小从 0.87kb 到超过 250kb，拷贝数从每个细胞 1 个到超过 100 个，给宿主带来了不同的表型。

1. 乳杆菌属质粒

乳杆菌是乳酸菌中最大的属，总共超过 100 个种。它们广泛分布于各种天然栖息地，如口腔、生殖道、肠道、发酵食品和酒等。至今，已有 22 种乳酸菌被证实含有质粒。乳杆菌质粒大小为 1.81～242.96kb，拷贝数从每个细胞 1 个到 10 个不等。

研究发现，植物乳杆菌含有乳杆菌中最大的质粒。植物乳杆菌通常存活在植物和动物的消化道内，被广泛用于发酵食品（如泡菜等）。研究者还将其作为益生菌来维持和调控人体的肠道菌群。植物乳杆菌 16 拥有多达 10 个质粒（pLp16A～pLp16L），大小为 6.46～74.08kb。该菌株还具有广谱抗菌活性，能够作为生物防腐剂，用于改善食品的保质期。

目前，研究者从植物乳杆菌中分离到至少 56 个质粒，并完成了测序。尽管大多数质粒属于隐性质粒，但是有些质粒编码一些重要特性，如抗生素抗性、胞外多糖生物合成、氯离子或钾离子运输、噬菌体抗性以及细菌素合成等。

研究者还从唾液乳杆菌（*Lactobacillus salivarius*）、嗜酸乳杆菌（*Lactobacillus acidophilus*）、仓鼠乳杆菌（*Lactobacillus hamster*）、肠乳杆菌（*Lactobacillus intestinalis*）、卡利克斯乳杆菌（*Lactobacillus kalixensis*）、果囊乳杆菌（*Lactobacillus ingluviei*）和马乳杆菌（*Lactobacillus equi*）中，分离到大小为 120～490kb 的巨形质粒，包括 pMP118（242.44kb）、pHN3（242.96kb）、pWW1（194.77kb）等。研究结果显示，来自唾液链球菌 UCC118 的 pMP118 质粒，与鼠李糖、山梨醇和核糖利用相关。并且，该质粒还可能与宿主定植和益生特性相关。

在过去 20 年间，研究者开发了大量来源于乳杆菌天然质粒的载体。最常用的表达系统是来源于清酒乳杆菌的 pSIP 表达载体，该质粒依赖抗菌肽 sakacin A 或 sakacin P 调控系统以及群体感应机制。pSIP 载体已用于在乳杆菌中表达大量的异源蛋白，如 β-葡萄糖醛酸酶、氨基肽酶、淀粉酶、β-半乳糖苷酶等。然而，由于使用红霉素抗性作为筛选标记，pSIP 系统目前还无法用于食品工业。

2. 乳球菌属质粒

乳球菌属在食品发酵工业中广泛应用。乳酸乳球菌是该菌属中分子遗传学研究最为透彻的菌种之一。该菌种在自然环境中普遍存在，也是发酵乳制品中最常用的发酵剂菌种之一，主要用于奶酪、酸奶油和发酵乳等。

乳酸乳球菌携带有多种质粒。大多数菌株都含有 4～7 个质粒，大小为 0.87kb 到超过 80kb。研究发现，在 150 株乳球菌发酵剂（90 株乳酸乳球菌乳脂亚种、30 株乳酸乳球菌乳酸亚种、30 株乳酸乳球菌双乙酰亚种）中，平均每个菌株含有 7 个质粒，这个数目比非乳制品菌株中的质粒数要高得多。

乳酸乳球菌质粒通常与一些基本功能有关，包括细菌素合成、镉耐受性、抗生素抗性以及一些重要的工业特性，如利用柠檬酸、酪蛋白和乳糖；运输小肽、乳清酸和阳离子；适应环境压力、合成胞外多糖、抗噬菌体、叶酸生物合成、蛋白裂解、接合转移等。

3. 片球菌属质粒

片球菌属具有同型乳酸发酵的特性，通常存在于植物和水果表面、发酵食品等天然栖息地，广泛用于食品发酵和生物防腐等领域。

戊糖片球菌（*Pediococcus pentosaceus*）、乳酸片球菌（*Pediococcus acidilactici*）等片球菌中含有许多不同类型的质粒，大小为1.82～190kb不等。这些质粒与棉子糖和蔗糖利用、抗生素耐受性以及细菌素合成密切相关。

目前，已经有许多片球菌质粒完成了测序。pEOC01来源于乳酸片球菌NCIMB6990，大小为11.661kb，编码多个抗生素（如克林霉素、红霉素和链霉素）的抗性基因。其中，链霉素抗性基因*aadE*与来自革兰阴性菌空肠弯曲杆菌的*aadE*基因完全一致。该研究表明，乳酸菌抗性基因能够通过水平转移传递给肠道致病菌。

戊糖片球菌能够产生一种抗李斯特菌的Ⅱa类细菌素——片球菌素PA-1/AcH，控制其生物合成的操纵子存在于质粒上，包括pSRQ11（9.4kb）、pSMB74（8.9kb）、pATO77（3.509kb）、pS34（3.509kb）、pWHE92（3.510kb）以及pMD136（19.5kb）等。除片球菌外，其他乳酸菌也能合成片球菌素PA-1/AcH，如植物乳杆菌WHE92、植物乳杆菌DDEN11007、植物乳杆菌Acr2和屎肠球菌Acr4等。植物乳杆菌423能够合成植物乳杆菌素423，其质粒pPLA4上含有编码细菌素合成的操纵子。该操纵子结构与乳酸片球菌中负责合成片球菌素PA-1/AcH的操纵子非常类似，*plaC*和*plaD*基因与*pedC*和*pedD*基本一致。另外，凝结芽孢杆菌I_4能够产生抗李斯特菌的细菌素——凝结素，其操纵子也与片球菌素操纵子高度相似。上述结果表明，不同的乳酸菌之间存在着依赖于质粒的水平基因转移。

在许多菌株中，编码片球菌素的质粒在大小和结构上都是相近的，如小片球菌的pATO77质粒、戊糖片球菌的pS34质粒和植物乳杆菌的pWHE92质粒等。结构基因、免疫蛋白和分泌系统等相关基因紧密结合在一起，其启动子序列也是完全一致的。片球菌素能够作为筛选标记，因而含有其编码基因和合成功能的载体能够开发成为食品级克隆载体。

4. 肠球菌属质粒

肠球菌是一类能够适应严苛自然环境的革兰阳性菌，主要分布于土壤、水、植物等中。许多菌株被用来制作食物，主要利用它们的蛋白质和脂肪水解能力，来改善食物（如奶酪和香肠）的口感和风味等。然而，有些肠球菌是条件致病菌，携带毒性基因和具抗生素耐药性，能够引起人和动物的严重感染。

肠球菌同样含有大量质粒，其中部分质粒编码抗生素耐药基因（红霉素、四环素、庆大霉素、替考拉宁等）、细菌素（肠球菌素1071A、1071B、I、J、Q和细菌素51、乳球菌素）以及一些毒性因子，如聚集蛋白、表面排斥蛋白、细胞壁锚定蛋白、溶血素等。上述重要特征使得肠球菌能够适应不同的环境条件。

最新研究发现，来源于屎肠球菌的pAR6质粒含有一种热休克启动子P_{hsp}，能够调

控质粒上 α-晶体蛋白的表达。该启动子成功用于构建乳杆菌 pAR1801 载体，能够在植物乳杆菌和乳酸乳球菌中进行复制。

5. 嗜热链球菌质粒

嗜热链球菌是链球菌属中唯一应用于食品发酵的菌种，广泛用于酸奶发酵，常与保加利亚乳杆菌联合使用，在全世界范围内已有数千年的历史。

与保加利亚乳杆菌类似，嗜热链球菌很少含有质粒。大多数嗜热链球菌质粒属于隐性质粒，似乎与其表型并不相关。研究者发现许多质粒与编码小的热休克蛋白相关，如 pER341、pCI65st、pND103、pSt04、pER1-1 等。这些小的热休克蛋白受到高温和低 pH 值的诱导，其表达对于提高菌株耐热和耐酸具有重要作用。因此，Somkuti 等对 pER341 质粒上的热休克蛋白基因启动子进行研究，并将其用于乳酸菌中异源基因的温控型表达。

另外，研究者还在 pCI65st、pSt08、pSt0 和 pER35 等嗜热链球菌质粒上发现了一些限制性修饰系统。

6. 双歧杆菌属质粒

双歧杆菌的某些表型特征与乳酸菌类似，然而在遗传进化上，双歧杆菌属于放线菌门的分支，具有独特的果糖-6-磷酸磷酸酮醇酶糖代谢途径。许多双歧杆菌天然定植于人体的消化道和生殖道，能够通过合成短链脂肪酸、抑制致病菌和调节免疫功能，对人体产生有益的功效。不少菌株被开发成益生菌，用于食品工业。因此，研究者对于双歧杆菌属进行了大量的科学研究。

目前，经过对 31 种双歧杆菌的研究，人们已经从 9 种双歧杆菌中检测到质粒，包括星状双歧杆菌（*Bifidobacterium asteroids*）、短双歧杆菌（*Bifidobacterium breve*）、两歧双歧杆菌（*Bifidobacterium bifidum*）、链状双歧杆菌（*Bifidobacterium catenulatum*）、印度双歧杆菌（*Bifidobacterium indicum*）、长双歧杆菌（*Bifidobacterium longum*）、亚麻短杆菌（*Brevibacterium linens*）、假长双歧杆菌球形亚种（*Bifidobacterium pseudolongum* subsp. *globosum*）和假链状双歧杆菌（*Bifidobacterium pseudocatenulatum*）。大多数双歧杆菌质粒呈环状，大小为 1.847～10.22kb。pSP02 质粒的复制原点被用于构建第一代克隆载体，并能够在许多双歧杆菌中复制。

7. 质粒介导的功能和表型特征

(1) 与乳糖发酵有关的质粒

明尼苏达大学 L. L. Mckay 领导的研究小组观察到乳球菌乳糖发酵能力的自发丧失或吖啶黄诱导下丧失与菌株中存在的质粒有关。

乳球菌依赖磷酸转移酶体系通过 PEP 途径代谢乳糖。乳糖以乳糖-6-磷酸进入细胞，在磷酸-β-半乳糖苷酶的作用下降解为半乳糖-6-磷酸和葡萄糖。葡萄糖进一步通过 EMP 途径代谢，而半乳糖-6-磷酸在裂解为两个丙糖磷酸分子前首先转化为塔格糖二磷酸，然后进入正常的葡萄糖降解途径。

乳球菌的乳糖发酵能力和蛋白酶活力与相对较大的质粒（17～50kbp）有关。编码这些特性的基因可能存在于相似的质粒或几个质粒上。研究最多的与乳球菌乳糖发酵和蛋白酶相关的质粒是乳酸乳球菌乳酸亚种 NCDO712 的 pLP712。

虽然在多数乳球菌中，乳糖的代谢通过质粒编码的 PEP 磷酸转移酶途径进行，在乳杆菌中则不同，除了 PEP 磷酸转移酶体系，也经常存在乳糖通透酶途径。在该途径中，乳糖完整地进入细胞，在 β-半乳糖苷酶的作用下降解。乳杆菌中乳糖代谢与质粒的相关性不如乳球菌中普遍。无论如何，也发现了几个质粒编码乳糖发酵代谢途径的例子。

同型发酵的乳杆菌干酪乳杆菌存在与 PEP 途径有关的乳糖磷酸酶转运体系的质粒。在干酪乳杆菌 64H 中乳糖的代谢由 35kbp 的质粒 pLZ64 控制，相关的基因模块在大肠杆菌中克隆。瑞士乳杆菌的质粒 pLY101（68.2kbp）含有 6-磷酸-β-半乳糖苷酶的基因，乳糖代谢的其他基因存在于宿主菌株的染色体上。在该属的一些菌株中 *N*-乙酰-D-葡糖胺的利用是基因编码的特性。嗜酸乳杆菌 TK8912 中 6-磷酸-β-半乳糖苷酶基因和塔格糖二磷酸途径关键性酶的基因分别由两个不同的质粒（pLA102 和 pLA101）编码。

在干酪乳杆菌的一些菌株中，β-半乳糖苷酶的基因是质粒相关的，给出质粒编码乳糖通透酶途径的例子。植物乳杆菌 C3.8 的 β-半乳糖苷酶基因也位于质粒上。根据杂交试验结果，这种基因也出现在其他的植物乳杆菌中。

在肠膜明串珠菌肠膜亚种中 β-半乳糖苷酶基因与 47.3kbp 的质粒有关。在乳酸明串珠菌乳糖利用更详细的研究中，β-半乳糖苷酶基因和乳糖通透酶基因与相似的质粒有关。无论如何，它们没有形成一个操纵子。相反，β-半乳糖苷酶是由两个部分重叠的基因 *LacL* 和 *LacM* 编码的。β-半乳糖苷酶基因的分子结构和序列几乎与特定质粒编码的干酪乳杆菌 β-半乳糖苷酶的基因是相同的。

（2）与风味产生有关的质粒

丁二酮是乳制品中一种重要的风味化合物。在乳品发酵剂中丁二酮是由乳酸乳球菌乳酸亚种丁二酮变种和明串珠菌发酵柠檬酸而生成。柠檬酸透性酶是该途径的主要酶类，介导了细胞摄入的柠檬酸。

乳球菌的柠檬酸透性酶基因与较小的质粒有关。最近在一些明串珠菌中柠檬酸透性酶基因也与质粒有关。通过分子水平上的分析乳球菌和柠檬酸透性酶基因表现了高度的同源性，表明这两个属是相对最近的质粒转移者。

（3）编码细菌素产生和抗性的质粒

细菌素是细菌分泌的抑制其他菌株或种属细菌的蛋白质类或肽类物质。乳酸菌产生的几种细菌素对革兰阳性菌有作用（其他属的细菌、梭状杆菌、李斯特菌等）。Klaenhammer（1993）将细菌素分为四大类，第一类由所谓的羊毛硫抗生素组成，含非常规的氨基酸（羊毛硫氨基酸和其衍生物）。这类细菌素包括 Nisin、乳球菌细菌素，应用相当广泛。其他类包括热稳定的特定肽类（Ⅱ类）、热敏感的蛋白质（Ⅲ类）和复杂的细菌素（Ⅳ类），第四类细菌素主要由蛋白质和其他化学组分（脂类和碳水化合物）组成。

（4）质粒介导的噬菌体抗性

噬菌体抗性的增加与质粒相联系，尤其在乳球菌中。不同种属的三种基本的噬菌体抗性机理是噬菌体的吸附抑制、限制/修饰体系、流产感染或噬菌体发展的胞内抑制。已知编码这些机理的有十多种乳球菌质粒。

乳酸乳球菌乳酸亚种丁二酮变种 DRC3 的 65kb 的接合质粒 pNP40 表现出对细菌素乳链球菌肽的抗性，同时保护菌株免受裂解性噬菌体 c2 的攻击。这种保护作用是阻碍噬菌体的抑制和存在至少两种噬菌体流产感染的机理。最近的研究表明，pNP40 编码一种在感染的早期基于噬菌体进入抑制的新的、未特性化的噬菌体防御机理。

乳酸乳球菌乳酸亚种 ME2 属噬菌体抗性菌株，含有 46kb 的质粒 pTR2030 可以编码 R/M 体系和流产感染机理。pTR2030 相联系的 R/M 体系称为 LlaI，已经进行了亚克隆并在分子水平上进行分析。

(5) 产黏

黏性或者产生胞外多糖是乳球菌的特性，这些乳球菌可以赋予斯勘第纳发酵乳特定的形体和组织状态。一些菌株中的 27～47kb 的质粒与产黏有关。质粒的遗传学分析表明在胞外多糖的产生中至少包括了 14 种基因。

黏性变异体也存在于其他种属的乳酸菌中。在一些干酪乳杆菌中产黏特性与 7～30kb 的质粒有关。

(6) 抗生素的抗性

乳球菌中没有检测到抗生素抗性的质粒。在乳杆菌中发现介导抗生素抗性的质粒。Vescovo 等检测了 20 株嗜酸乳杆菌和 16 株 *Lactobacillus reuteri* 的抗生素抗性和质粒的存在。质粒清除试验表明耐药性与质粒有关，但将质粒与特定抗生素的抗性联系起来尚不可能。分离于猪肠道的 *Lactobacillus reuteri* 中检测到红霉素的抗性质粒。11kb 的质粒 pLUL631 中的红霉素抗性区已经克隆，并在 *E. coli* 和乳酸乳球菌中表达。

在乳球菌中分离出没有抗生素抗性的质粒。Sinha 报道在特定的乳酸乳球菌乳酸亚种中 5.5MDa (8.9kb) 的质粒抑制了链霉素抗性变异体的产生。

编码功能特性代谢型质粒普遍存在。乳酸菌的分解代谢、合成途径与其他微生物一样是染色体编码的。其中碳水化合物的代谢或蛋白质的分解可能与质粒和染色体基因均有联系。例如虽然乳球菌的蛋白酶是质粒编码的，而蛋白质分解体系的其他途径（肽酶、肽类转运体系）是染色体编码的。

二、食品级载体系统的基本要素

益生菌是一类在食品中应用最广泛的、重要的工业菌株类型之一。对于益生菌的分子遗传学来讲，由于在商业应用中的重要性，通常主要的研究热点集中在乳酸菌及双歧杆菌。与大肠杆菌、芽孢杆菌、酵母菌相比，乳酸菌分子遗传学的研究起步相对较晚，对其基因转录和翻译的调控以及蛋白质分泌的机制还不甚了解。随着益生菌各类表达调控元件的分离，相继开发出一批适用于乳酸菌的克隆载体、表达载体和整合载体，而乳酸菌食品级高效表达系统的构建及应用则是该领域研究的前沿和热点。

食品级载体通常用于遗传改造 GRAS 重组菌株，来满足工业化生产的需求。尽管任何遗传操作都会产生转基因生物（GMO），然而食品级的遗传修饰并没有想象中的那么可怕。引入宿主本身或亲缘关系相近菌种的 DNA，已经被欧盟排除在转基因微生物指导文件（CCA-219，1990）外。此类微生物甚至已被美国食品及药物管理局（FDA）批准为 GRAS 微生物，欧洲食品安全管理局（EFSA）也认为其是安全的。

由于乳酸菌应用的特殊性，这就要求其载体系统必须具有十分安全的特性。采用的选择标记、染色体组成型或控制基因表达范围，都必须满足食品级载体系统的几个基本条件。

1. 克隆表达载体本身具有安全性

食品级克隆表达载体与宿主菌一样具有安全性，并具有高度的可鉴定性、稳定性和通用性。因此，表达系统必须建立在乳酸菌 DNA 或者在食品工业有悠久应用历史的微生物 DNA 的基础之上。同时，必须采用先进的现代分类学方法鉴定，用适当的分子生物学技术（包括序列分析、PCR 扩增、DNA-DNA 杂交技术）确定基因构建体的遗传组成。食品级载体系统应该具有通用性，所以要建立在小片段的、易于遗传操作的、不会影响宿主健康的 DNA 序列基础之上。

2. 载体本身能与食品共存，无抗生素抗性标记

作为食品级的载体，不得含有非食品级功能性 DNA 片段。为了选择适合的转化子并在基因改造后维持一定的选择压力，传统的乳酸菌载体都带有一个或多个编码特定抗生素（如红霉素、氯霉素等）抗性的基因。虽然这种选择压力对于筛选载体方便、有效，但将抗生素抗性基因投放到环境或人和动物体内，由于抗性因子的转移，将带来生物安全性的严重后果。为了防止使用抗生素抗性标记所引起的危害，最有效的办法是用对人体安全的食品级标记替代抗生素抗性标记以建立食品级选择性标记的载体。诱导物同样必须是食品级的，如乳糖、蔗糖、嘌呤、嘧啶、乳链菌肽等可被人食用的物质。同时，也不能使用有害化合物（如重金属）作为载体系统的选择压力，即使载体系统对此化合物有抗性。

3. 可在工业范围或食品生产中应用

所有的食品级载体系统都必须有效、快捷、低成本的应用于工业环境或食品生产。比如对于热诱导载体系统，需要在大规模发酵中实现和维持合适的温度；对于以特定的糖作为选择标记的载体系统，需要在特定的时间以特定的浓度加入特定的糖，这些都是在工业生产中可以实现的。

4. 表达宿主必须具有安全性

表达宿主必须是安全的、遗传背景清晰并且表型稳定的食品级微生物，如乳球菌、乳杆菌及其他已在食品工业中得到长期和广泛应用的菌株。必须用先进的分类方法去鉴定宿主菌，用适当的分子生物学技术，如 DNA 序列分析、PCR 扩增、DNA 杂交等手段去确认表达宿主的遗传组成。此外，食品级载体系统的宿主菌在生产状况下，在食品中和进入人体胃肠消化道后必须是足够稳定的。

三、食品级的选择标记

在向菌株引入特定载体时，具有一个良好的选择标记十分重要。最常见的选择标记就是抗生素抗性基因，可以通过在选择培养基中添加相应的抗生素，实现在目标宿主中筛选质粒的目的。这种方法在实验室中操作简单，表型清晰，然而抗生素抗性基因的存在会加速环境细菌族群的抗生素耐受性。对于复杂的肠道菌群来说，各种有益菌与病原菌并存，存在一定的问题。因而食品级载体通常是利用来源于GRAS微生物的DNA构建的，并且需要食品级选择性标记来进行筛选和维持质粒在宿主中的稳定存在。这些选择性标记不可以是抗生素抗性标记，否则在食品中无法使用。目前，已经构建了一系列的乳酸菌食品级选择性标记。

1. 细菌素抗性标记

乳酸菌中最先使用的是细菌素免疫标记，这是一类非常有效的选择性标记，可以对Nisin或Lacticin F等产生抗性。

Nisin是由乳酸乳球菌产生的一种小分子抗菌肽，由34个氨基酸组成，分子量为3510。Nisin对人体无毒副作用，进入消化道后被其中的蛋白酶作用而失活，不会影响肠道的菌群平衡。FAO/WHO于1969年接受Nisin作为一种食品添加剂，现在，Nisin已作为一种天然防腐剂在食品工业中广泛使用。Nisin的以上特性决定了它可以作为一种食品级诱导物在食品级表达系统中诱导异源蛋白的表达。Nisin作为筛选标记筛选乳酸乳球菌转化子是研究最早的乳酸菌食品级抗性标记。

在Nisin自动调节过程中，Nisin通过一个典型的双组分调节系统诱导了生物合成基因簇的转录，包括组氨酸蛋白激酶NisK和反应调节蛋白NisR。当Nisin诱导了NisK，NisK发生自动磷酸化，并且进一步将磷基团转移到细胞内的反应调节蛋白NisR。NisR起到激活转录启动子nisA/F的作用，并且诱导基因表达。

食品级载体pLEB690，就是以Nisin抗性基因为筛选标记进行构建的，该抗性基因来自乳酸乳球菌TML0。约氏乳杆菌VPI11088产生的Lacticin F，被用来筛选含有lafI免疫标记的发酵乳杆菌NCDO1750重组转化子。lafI在不同种的宿主中都起作用，意味着它能够作为乳酸菌食品级筛选标记，在乳酸菌遗传改造中广泛应用。

2. 免疫性筛选标记

美国北卡罗来纳州立大学的Allison等利用约氏乳杆菌VPI11088的lafI作为标记基因成功应用于多种乳杆菌。lafI是Lactacin F系统的免疫因子。Lactacin F是由约氏乳杆菌VPI11088产生的一种细菌素，该细菌素是由lafA和lafX两种肽构成的双成分细菌素。Lactacin F对多种乳杆菌、歧异肉食杆菌和粪肠球菌都有抑制作用，其作用原理是基于两个肽分子可在敏感细胞的细胞膜上形成一个中空的孔道，使细胞内的离子释放到细胞外导致细胞死亡。laf操纵子由lafA、lafX和ORFZ（lafI）三部分组成，定位在约氏乳杆菌VPI11088染色体上一2.3kb、*Eco*RⅠ酶切片段上。NCK64是VPI11088的移码突变菌株（$lafA^-$、$lafX^+$），利用温度敏感型复制子pSA3通过同源重组获得ORFZ失活菌株NCK800（$lafA^-$、$lafX^+$、$ORFZ^-$），该菌株表现Lactacin F敏感性。重组质粒pTRK434克隆有ORFZ基因，转化NCK800和其他Lactacin F敏感菌株，转化子表现为对Lactacin F的免疫性。利用pTRK434转化发酵乳杆菌NCDO1750，转化子对Lactacin F的敏感性比非转化子细胞下降了64倍，表明了lafI作为筛选标记基因的有效性。另外，试验显示，瑞士乳杆菌*Lactobacillus helveticus*、德氏乳杆菌*Lactobacillus delbrueckii*、嗜酸乳杆菌*Lactobacillus acidophilus*、格氏乳杆菌*Lactobacillus gasseri*、母鸡乳杆菌*Lactobacillus gallinarum*、约氏乳杆菌*Lactobacillus johnsonii*及罗伊乳杆菌*Lactobacillus reuteri*等敏感菌株均可作为受体菌株，这意味着以lafI作为筛选标记基因在乳杆菌中将有广泛的应用。

芬兰赫尔辛基大学应用化学与微生物学部构建的载体 pLEB590 是完全以乳酸乳球菌 DNA 构建的，含有 pSH71 复制子以及组成型启动子 P45，并以 Nisin 免疫基因 *nisI* 为标记基因。利用该载体成功地转化了乳酸乳球菌 MG1614 及其他带有隐蔽质粒的工业菌株，乳酸菌食品级载体 pLEB590 的构建过程如图 2-3 所示。

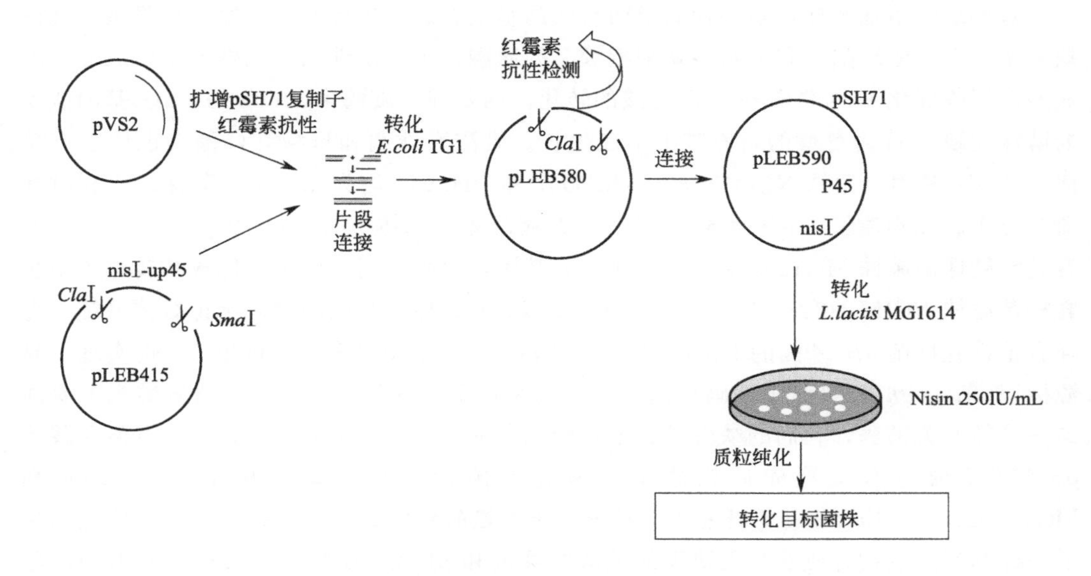

图 2-3 乳酸菌食品级载体 pLEB590 的构建过程

Nisin—乳酸链球菌肽

爱尔兰微生物与国家食品生物技术中心获得一个 60.2kb 的乳球菌质粒 pMRCO1。该质粒编码的属羊毛硫型细菌素的乳链球菌素 3147（lantibiotic lacticin 3147）有免疫作用，进一步研究将其定位在 12.6kb、含有 10 个基因的基因簇上，通过删除试验及在乳酸乳球菌 MG1363 中的表达试验，确定了起免疫作用的基因为 *itnI*，该基因编码 116 个氨基酸的蛋白质，同其他细菌素免疫蛋白无同源性。通过对 *itnI* 和抗性基因筛选效果的比较性试验证明，*itnI* 可作为一个有效的食品级筛选标记。免疫性标记基因大都只有几百个碱基，而且免疫性菌株和敏感菌株界限分明，这为它的应用带来了很多方便，更为重要的是，lafI 可应用于多种乳杆菌。开发乳杆菌筛选标记、构建乳杆菌载体应用于一些肠道乳杆菌及益生菌是很有意义的。

3. 热休克蛋白筛选标记

利用 shsp 作为标记构建质粒、转化，能够得到高的筛选效率。Geis 从嗜热链球菌菌株 St4 中分离到一个 3.2kb 的质粒，该质粒带有两个开放阅读框：*repA* 和 *shsp*。*shsp* 的基因产物是一种热休克蛋白，与一些嗜热链球菌产生的小的热休克蛋白具有高度同源性。德国乳品研究中心的 Hassan 等进一步研究发现，消除该质粒的嗜热链球菌菌株对热和酸的抵抗能力明显降低。另外，将该基因克隆转化嗜热链球菌 St11，该菌株获得了 60℃和 pH3.5 条件下的生长能力，证实了该基因确实编码小的热休克蛋白。

利用 *shsp* 和 em^r 作为标记基因构建重组质粒，转化后对转化子进行比较分析发现，*shsp* 作为标记基因和 em^r 作为标记基因有同样高的筛选效率。此外，*shsp* 基因只有480bp，带给载体的压力小，且在嗜热链球菌和乳酸乳球菌中都可应用，因此具有较好应用前景。

4. 营养缺陷型筛选标记

营养缺陷型筛选标记是一种简单而有效的筛选方法，主要有天冬氨酸缺陷型、乳糖缺陷型、丙氨酸缺陷型和苏氨酸缺陷型等。丙氨酸是革兰阳性菌细胞壁的结构成分。丙氨酸消旋酶催化 D-丙氨酸和 L-丙氨酸的转化。丙氨酸消旋酶由 *alr* 编码，*alr* 基因缺失的菌株在缺乏 D-丙氨酸的培养基上不能生长。乳酸乳球菌和植物乳杆菌染色体上有单拷贝的 *alr* 基因，菌株 NCIMB8826、MD007 和 PH3960 均为 *alr* 失活菌株。比利时和荷兰合作研究构建了以 *alr* 为标记基因的克隆载体。载体 pGIP011 和 pGIP012 上克隆有乳酸乳球菌菌株 MG1363 染色体上的 *alr* 基因，分别利用这两个载体成功转化了植物乳杆菌菌株 NCIMB8826 和 MD007，构建了以 *alr* 为标记基因的异源标记载体系统。克隆有植物乳杆菌 *alr* 基因的 PGIP013 被成功转入乳酸乳球菌菌株 PH3960，也实现了异源标记。*hom-thrB* 操纵子编码高丝氨酸脱氢酶和高丝氨酸激酶，是由精氨酸到苏氨酸这一途径的关键酶，它们的缺失导致苏氨酸营养缺陷。SØREN 和 Jacob 利用整合载体 pSMA507 通过双交换先后构建了乳酸乳球菌营养缺陷型菌株 MG1614Δ*thr* 和 MG1363Δ*thr*。Glentiing 等开发了一种依赖于苏氨酸营养缺陷型的筛选体系。他们构建了一株苏氨酸生物合成酶基因缺失的乳酸乳球菌和 pJAG5 质粒。该质粒含有编码高丝氨酸脱氢酶-高丝氨酸激酶的基因，作为筛选标记。研究者还以该质粒为基础构建了衍生质粒 pJAG8，在人肾纤维原细胞中成功地表达了绿色荧光蛋白，这为疫苗载体的开发奠定了基础。

中国农业大学的王春凤等以胸苷酸合成酶基因取代了穿梭质粒（大肠杆菌和乳酸菌）pW425e 上的红霉素抗性基因，获得了重组载体；同时筛选了 *thyA* 缺陷的嗜酸乳杆菌 DOMLaS107 作为受体菌株，构建了以 *thyA* 为筛选标记的嗜酸乳杆菌食品级载体/受体系统。日本功能性食品研究院的 Yasuko Sasaki 通过在添加 TMP（甲氧苄啶）的培养基上连续传代 50～100 代获得了嗜热链球菌胸苷缺陷突变株，同时克隆了嗜热链球菌和保加利亚乳杆菌的胸苷酸合成酶基因 *thyA*，以其作为筛选标记构建了克隆载体 pBSt1 和 pBLb1，成功转化了突变株 TM1-1。另外，研究者还以保加利亚乳杆菌的 *thyA* 为标记基因，构建了嗜热链球菌的整合系统，并将淀粉酶基因 *amyA* 整合到嗜热链球菌的染色体上。

5. 糖类利用筛选标记

乳糖是所有乳酸菌都能利用的糖类，乳酸菌乳糖操纵子的研究已经较为深入。MacCormick 将完整的乳糖操纵子整合到不含质粒的乳酸乳球菌 MG5276 的染色体上，通过双交换使 *lacF* 基因失活，产生 Lac^- 表型。当将克隆有 *lacF* 基因的质粒导入 *LacF* 缺陷株时就恢复了 Lac^+ 表型。以乳糖为唯一碳源，*lacF* 基因就可起到筛选标记的作用。另外，有报道有研究者以磷酸化-β-半乳糖苷酶基因为标记基因构建了干酪乳杆菌、乳酸乳球菌和瑞士乳杆菌克隆载体。

食品级载体 pNZ2122/pNZ2123 中，包含来源于含有强启动子的乳球菌乳糖操纵子（*lacA*），以及编码可溶性载体酶 IIALac 的 *lacF* 基因，被用作乳酸乳球菌 NZ3000 中的筛选标记，可以通过乳糖显色平板，很容易地挑选出目标转化子。

干酪乳杆菌 ATCC393 和植物乳杆菌 NCDO1193 无法发酵 D-木糖，荷兰的 Posno 等把可发酵木糖的戊糖乳杆菌 MD353 染色体上的 *xyl* 基因簇克隆到大肠杆菌和乳杆菌的穿梭载体 pLP3537 上，得到重组质粒 pLP3537-*xyl*，通过引入戊糖乳杆菌的 D-木糖异构酶基因、D-木酮糖激酶基因以及 D-木糖代谢调控蛋白，成功地使宿主菌株获得了代谢木糖的能力。

6. 金属抗性筛选标记

还有一种重要的筛选标记是重金属（如镉或铜）抗性。这种抗性标记在筛选过程中非常有效，但是重金属具有毒性，显然无法用于发酵食品。然而，在发酵过程中并非一定要保持筛选压力，因为具有镉抗性的载体遵循 θ 复制机制，在宿主中相对比较稳定。

pND302 质粒来源于乳酸乳球菌 M71，是一个编码镉抗性（cd^R）的 8.8kb 的质粒。大多数商业化的乳球菌对于镉具有敏感性，因此 cd^R 是一个很好的筛选标记。

该抗性决定子由 *cadA* 和 *cadC* 两部分组成。*cadA* 编码镉特异性酶，可以使镉离子由细胞内释放到细胞外，避免胞内镉离子浓度高而死亡；*cadC* 编码转录调节蛋白。在此基础上开发的载体 pND919 第一个应用到嗜热链球菌的食品级表达中。pND306 是从乳酸乳球菌乳酸亚种中分离出来的质粒，编码铜抗性。

以盐为诱导物的表达系统也较为常用。Sanders 等分离了一个氯化盐诱导型乳酸乳球菌启动子，并采用缺失作图、核苷酸序列分析和引物延伸鉴定了这个盐诱导启动子，并用该启动子成功表达了乳酸乳球菌 Cre 重组酶。利用乳酸菌发酵产乳酸，发展了 pH 值诱导的表达系统。从乳酸乳球菌中分离到受 pH 值调节的启动子。该启动子（P170）受低 pH 值、低温等因子的正向调节。Madsen 等对其进行了缺失突变，结果使 P170 的 pH 诱导作用提高了 150 倍。此外，嘌呤、细菌素、抗金属离子和噬菌体等作为选择标记在乳酸菌的食品级表达系统中也有一定程度的应用。食品级载体的应用见表 2-3。

表 2-3 食品级载体的应用

宿主	应用	基因/酶	来源	质粒类型
乳酸乳球菌(*Lactococcus lactis*)	奶酪成熟	PepN、PepC、PepX 和 PepI 肽酶	瑞士乳杆菌	嘌呤营养缺陷型，复制载体
乳酸乳球菌(*Lactococcus lactis*)	奶酪成熟	PepI、PepL、PepW 和 PepG 肽酶	德氏乳杆菌	整合载体
干酪乳杆菌(*Lactococcus casei*)	奶酪制作	*pepI* 基因	瑞士乳杆菌	乳糖缺陷型，复制载体
乳酸乳球菌(*Lactococcus lactis*)NZ3900	植物甜蛋白，替代食品和饮料中的糖	植物甜蛋白 Mabinlin Ⅱ	马槟榔(植物)	*lacF* 基因，复制载体
乳酸乳球菌(*Lactococcus lactis*)	抑制奶酪中李斯特菌生长	片球菌素 PA-1	乳酸片球菌	片球菌素免疫，复制载体

续表

宿主	应用	基因/酶	来源	质粒类型
乳酸乳球菌(*Lactococcus lactis*)	生产双乙酰	*ilvBN* 基因	乳酸乳球菌	整合载体
植物乳杆菌(*Lactococcus plantarum*)	碳水化合物转化	L-阿拉伯糖异构酶和D-半乳糖异构酶	罗伊乳杆菌DSMZ 17509	营养缺陷型,复制载体
柠檬明串珠菌(*Leuconostoc citreum*)	作为生产非黏性发酵食品的发酵剂	敲除右旋糖酐蔗糖酶基因	—	定点插入失活
乳酸乳球菌(*Lactococcus lactis*)	生产透明质酸	透明质酸生物合成操纵子	兽疫链球菌	*lacF* 基因,整合载体
副干酪乳杆菌(*Lactococcus paracasei*)	生产轮状病毒抗体	促集聚因子基因(*apf*)	卷曲乳杆菌	整合载体
干酪乳杆菌(*Lactococcus casei*)	治疗乳糜泄	脯氨酰内肽酶	黄色黏球菌	整合载体
乳酸乳球菌(*Lactococcus lactis*)	治疗炎症	白介素10	人	*thyA* 缺陷型,整合载体

四、食品级克隆系统

乳酸菌的食品级克隆系统通常依赖于可复制的质粒。构建食品级载体，目前主要使用细菌素免疫基因作为筛选标记，并且需要去除抗性基因标记。食品级载体的复制子完全来源于乳酸菌DNA。

乳酸菌的食品级克隆系统也包括整合型质粒。构建食品级的多拷贝整合系统，是对乳酸菌进行整合表达的最佳方法之一。这类质粒通常具有以下特征：

① 一般含有来源于pWV01的复制子；

② 以营养缺陷型作为筛选标记；

③ 有一段多克隆位点区域；

④ 有一段来源于乳酸菌或双歧杆菌的染色体序列。

对于益生菌染色体上基因的整合或敲除，主要是通过依赖于attP/整合酶系统的定点同源重组或依赖于自杀质粒或温度敏感型质粒的同源重组。

近年来，CRISPR-Cas9系统的开发，结合单链DNA重组技术，能够对益生菌进行基因组无痕编辑，引入新的特性，而不带来抗生素抗性。这也是食品级克隆系统新的研究方向。

在过去近半个世纪中，大量的益生菌质粒被发现、修饰以及转化为基因工程菌株载体。表2-4列举了来源于乳酸菌的代表性克隆载体。

这些载体在一种乳酸菌中发现，又在另一种乳酸菌中进行复制，这说明了乳酸菌的种系相似性。而乳酸菌的质粒至今无法在双歧杆菌中复制，反之亦然，则说明了这两类细菌在进化上的分离现象。表2-5列举了常见的食品级克隆载体。

表 2-4 来源于乳酸菌的代表性克隆载体

载体	宿主来源	特性	大小/kb
pTRK159	嗜酸乳杆菌 (*Lactobacillus acidophilus*)	pPM4 复制子;氯霉素抗性、红霉素抗性、四环素抗性	10.3
pAZ20	干酪乳杆菌 (*Lactococcus casei*)	pNCDO151 复制子;氯霉素抗性、氨苄青霉素抗性	8.3
pJK355	弯曲乳杆菌 (*Lactobacillus curvatus*)	滚环复制;pLC2 复制子;氯霉素抗性	3.2
pDOJ4	德氏乳杆菌 (*Lactobacillus delbrueckii*)	θ复制;lacZ;氯霉素抗性	13.3
pCAT	植物乳杆菌 (*Lactococcus plantarum*)	pCAT 复制子;氯霉素抗性	8.5
pRV566	清酒乳杆菌 (*Lactobacillus sakei*)	θ复制;pRV 复制子;红霉素抗性、氨苄青霉素抗性	7.3
pGK12	乳酸乳球菌 (*Lactococcus lactis*)	滚环复制;pWV01 复制子;氯霉素抗性、红霉素抗性	4.4
PCI431	乳明串珠菌 (*Leuconostoc lactis*)	滚环复制;pCI411 复制子;氯霉素抗性	5.8
pFBYC051	肠膜明串珠菌 (*Leuconostoc mesenteroides*)	θ复制;pTXL1;氨苄青霉素抗性、红霉素抗性	5.6
pND913	嗜热链球菌 (*Streptococcus thermophilus*)	滚环复制;pND103 复制子;红霉素抗性、氨苄青霉素抗性	6.4
pUCB825	嗜盐四联球菌 (*Tetragenococcus halophilus*)	θ复制;pUCL287 复制子;红霉素抗性	6.9
pDOJHR	长双歧杆菌 (*Bifidobacterium longum*)	θ复制;p15A 复制子;氯霉素抗性	8.6

表 2-5 常见的食品级克隆载体

食品级载体	目标宿主	特性
pLP3537-xyl	乳杆菌、大肠杆菌	D-木糖代谢
pGIP 系列	乳杆菌、肠球菌	淀粉代谢
pLPEW1	乳杆菌、大肠杆菌	菊粉代谢
pTRK434	乳杆菌	莴苣苦素代谢
pRAF800	乳球菌、片球菌	蜜二糖代谢
pLEB590	乳球菌、乳杆菌	乳链菌肽免疫(*nisI*)
pVS40,pFM011,pFK012	乳球菌、乳杆菌	乳链菌肽抗性(*nsr*)
pAH90	乳球菌	镉抗性(*cadA*)
pDBORO	乳球菌	5-氟乳清酸敏感性

续表

食品级载体	目标宿主	特性
pSMB74	片球菌	片球菌素抗性
pSt04，pHRM1	链球菌	热、酸抗性
pOC13	乳杆菌、乳球菌、明串珠菌	纤维素代谢
pJAG5	乳酸乳球菌苏氨酸突变株	苏氨酸互补
pFG1	乳酸乳球菌嘌呤突变株	嘌呤互补
pFG200	乳酸乳球菌嘧啶合成(*pyrF*)琥珀型突变株	琥珀抑制基因(*supD*)
pNZ7120	乳杆菌/乳球菌丙氨酸消旋酶(*alr*)突变株	D-丙氨酸互补
pNZ2104 系列	乳酸乳球菌染色体缺失 *lacF* 基因	*lacF* 基因互补
pLEB600	干酪乳杆菌染色体缺失 *lacG* 基因	*lacG* 基因互补
pPR602	嗜热链球菌胸苷酸合成酶(*thyA*)突变株	*thyA* 基因互补
pFG1	乳酸乳球菌嘌呤合成基因含无义密码子	赭石突变抑制基因(*supB*)

五、食品级基因表达系统

质粒的发现以及各种体内及体外基因转移系统，尤其是电转化系统的出现，使得载体构建以及重组 DNA 技术在益生菌中得以广泛开展。很多基于乳酸菌中隐性质粒的克隆载体被构建出来，同时，很多整合载体以及表达载体也大量涌现。食品级的表达系统也需要满足食品级载体系统所必备的若干条件，包括要求食品级的宿主菌能用于食品、没有抗生素抗性基因、没有有害化合物产生以及能适用于大规模工业生产和医药食品工业等。

1. NICE 表达系统

乳酸菌食品级高效表达乳链球菌素 NICE（Nisin-controlled expression，NICE）系统是一个乳酸菌中应用广、可控性强的表达系统。基于 Nisin 生物合成的自动调节机制，deRuyter 等在 1996 年构建了 NICE 系统。寄主菌株首先被改造表达调控的关键元素加 nisK 以及 nisR 基因，而克隆载体带有 Nisin 结构基因 nisA 的启动子，这控制着外源插入基因的表达。当一个基因被克隆到一个质粒的 PnisA 基因下游并转化到含 nisRK 基因的菌中，克隆基因的表达可以因 Nisin 的加入而被激活。Nisin 首先诱导 PnisA 的转录，接着启动基因表达。通过双组分调节系统，表达基因的产物会在细胞中累积，也可以被分泌到细胞外，这依赖于构建过程中一个信号序列的存在与否。许多报道证明了 NICE 系统在 LAB 中表达异源蛋白的多功能性和高效性，其诱导效率可超过 1000 倍以上。由于 NICE 系统的诱导剂、宿主菌和载体都是食品级的，具有良好的安全性，因此，在食品研究中有着良好的前景。

2. 乳糖诱导的表达系统

乳酸乳球菌的乳糖诱导表达系统很具有代表性。其 LacA 启动子不受乳糖分解代谢物阻遏，而是受到自我调节的 LacR 阻遏物的控制。LacA 强启动子是由乳糖在细胞内的分解代谢物转变成了中间代谢物 6-磷酸塔格糖使 LacR 阻遏物激活而造成的。把大肠杆菌 T7RNA 聚合酶基因连接在 LacA 启动子后，该基因的表达受到乳糖的调节。分别把报告基因 luxAB 连接在 LacA 和 LacR 的启动子后面，并在乳酸乳球菌中表达，在分别以葡萄糖和乳糖为碳源的培养基中生长，2 种启动子的活性分别提高了 5 倍和 7 倍。这个表达系统被成功地用于破伤风毒素的表达，其表达量达到细胞总蛋白质的 22%。把无启动子的 cat-86（氯霉素乙酰转移酶，CAT）基因连接在 LacA 启动子下，并增加了该启动子两侧的核苷酸序列，其表达受到 LacR 阻遏物的调节。由于在含有乳糖的培养基中生长，生成的中间代谢产物 6-磷酸塔格糖抑制了 LacR 阻遏物的活性，基因表达成倍提高。

3. 温控表达系统

由于对乳酸杆菌温和噬菌体 Φrlt 全基因序列的测定，发现了一个与溶源转变有关的调控区。它由转录方向相反的 2 个基因启动子（P1、P2）组成，分别控制基因 *rro*（编码一个阻遏物）和 *tec*（编码 Cro 的拓扑异构体）的表达。P2 的表达受到 Rro 阻遏，加入丝裂霉素可以缓解这种阻遏。通过设计一个热不稳定性的 Rro 的阻遏变异体 Rro12，使该系统的热诱导得到表达，当把允许生长温度从 24℃提高到 42℃时，使控制的表达提高了 500 倍左右。因为该诱导系统能诱导许多热休克蛋白的表达，故不宜在工业上大规模利用，但为 37℃温控条件表达系统的构建提供了前景。

4. PA170 表达系统

将转座子 Tn917-LTV1 插入序列插入乳酸球菌染色体上无启动子的 lacZ 的前面，产生了大量能表达 β-半乳糖苷酶的重组子，表达量最高的是 PA170 启动子。在不同的条件下，都能产生大量的 β-半乳糖苷酶。该启动子受低 pH 值、低温等因子的正调节。细胞生长在 pH5.2 产生的 β-半乳糖苷酶要比在 pH7.0 生长时产生的酶多，在 15℃时产生的酶比在 30℃时产生的多，在稳定期产生的酶多。把来源于 PA170 的片段整合到多克隆载体上，并导入乳酸乳球菌，在不同的条件下产生的酶量变化在 8～50 倍不等。

5. pH 诱导的表达系统

乳酸菌最主要的特征之一是产生乳酸。pH 诱导的表达系统是根据乳酸菌的产酸特点发展而来的。乳酸菌的依赖性启动子常会对其他的环境因子产生应答。例如：谷氨酸依赖性酸胁迫阻抗下，gad 启动子可以使编码氨基丁酰谷氨酸逆向转运体和谷氨酸脱羧酶 gadCB 的操纵子进行表达。在此基础上研究出了 pH 诱导表达系统。在 0.5 mol/L 的 NaCl 存在下，这种诱导的表达系统活性可以提高到 1000 倍以上。

表 2-6 列举了近年来发展的常用表达载体，包含了用于在细胞表面表达以及分泌蛋白表达的专用载体。早期的遗传工程更多地集中于乳酸乳球菌的研究，因为其显著的商业价值以及良好的遗传可操作性。同时，这也催生了乳酸乳球菌实验室菌株的发展壮大。这些实验室菌株大多质粒已被改良，从而具有更好的性能，以便于研究质粒编码特性。

表 2-6 乳酸菌异源基因表达载体

载体	目标宿主	特性
胞内表达		
pMG1363，pUK500，pNZ9530，pNZ8008	含 *nisRK* 的乳球菌、明串珠菌、乳杆菌、链球菌	*nisA* 启动子；乳链菌肽诱导
pMSP3535，pNZ9520	链球菌、乳球菌	*nisA* 启动子；含 *nisRK* 基因；乳链菌肽诱导
pRBE4	乳杆菌	*xylA* 启动子；木糖诱导
pNZ2119，pNZ2118	乳球菌	*lac* 启动子；乳糖诱导
pLEB604	乳杆菌	*pepR* 组成型启动子
pTRK391	乳球菌	φ31 启动子；噬菌体侵染诱导
pSOD4	乳球菌	*sodA* 启动子；通气诱导
pNZ544，pNZ554	乳球菌	*prtP* 和 *prtM* 启动子；低肽诱导
pLET1	含有 pIL227 的乳球菌	T7 启动子；乳糖诱导
pTREX 系列	乳球菌	pLET1 及广宿主复制子(pAMβ1)
pGM4	乳杆菌	*sppIP* 启动子；信息素肽 IP673 诱导
pKRV3	乳杆菌	*sapIP* 启动子；诱导肽 IP 诱导
分泌表达		
pNZ8110	含有 *nisRK* 的乳球菌	*nisA* 启动子；乳链菌肽诱导；*usp45* 信号肽
pL2MIL2	含有 pILPol 的乳球菌	T7 启动子；*usp45* 信号肽
pNZ123	乳球菌	*dnaJ* 启动子；高温诱导；*usp45* 信号肽
pLET2	含有 pIL227 的乳球菌	T7 启动子；乳糖诱导；*usp45* 信号肽
细胞表面锚定		
pLET4	含有 pIL227 的乳球菌	T7 启动子；乳糖诱导；细胞壁伴随的 *prtP* 模块；*usp45* 信号肽
pSVac	乳球菌	T7 启动子；细胞壁结合的 *acmA* 模块

六、代谢工程

代谢工程（metabolic engineering）又称途径工程，一般定义为通过对某些特定生化反应的修饰来定向改善菌株的特性，或是利用重组 DNA 技术来创造新的化合物。它是指利用基因工程或是分子生物学手段，改变生物体内催化化学反应的酶，来改变生物体内的代谢路径。代谢工程技术目前以微生物应用为主，通过改变工业微生物的代谢途径，生产所需要的化学物质，如抗生素等。这一概念由美国学者 Bailey 于 1991 年首先提出。代谢工程定义为：用重组 DNA 技术来操纵细胞的酶运输和调节功能，从而改进细胞的活性。Stephanopouls 等认为，代谢工程是一种提高菌体生物量或代谢物产量的理性设计方法。Cameron 等的定义则精炼一些，即利用重组 DNA 技术有目的地改造代谢过程。

乳酸菌是一类具有重要工业价值且公认安全的微生物，通常被用作发酵剂菌株和益生菌，也被开发成为高效的生物催化体系，生产具有高附加值和健康功效的物质（表 2-7）。随着菌株全基因组测序的完成以及遗传工具和转化体系的逐步完善，乳酸菌菌株的开发不再仅仅依赖于天然筛选，代谢工程的研究正变得如火如荼。

表 2-7　乳酸菌发酵生产的主要工业产品

产物	工业应用	微生物	底物	产量/(g/L)	生产率/[g/(L·h)]	转化率（产物/底物）
乳酸	食品、化妆品、生物塑料(PLA)、溶剂	嗜淀粉乳杆菌(*Lactobacillus amylophilus*)	玉米淀粉	55	20	100g/g
		干酪乳杆菌	大麦淀粉	162		87g/g
		粪肠球菌	蔗糖	144.2	5.2	97%
		短乳杆菌	玉米芯水解物	39.1	0.82	70g/g
		副干酪乳杆菌	葡萄糖	95	5.6	95g/g
		德氏乳杆菌	糖蜜	166	4.15	95g/g
甘露醇	食品	发酵乳杆菌	果糖+葡萄糖	83	16	93.6mol/mol
		肠膜明串珠菌	果糖+葡萄糖		26.2	96.6mol/mol
		中间乳杆菌(*Lactobacillus intermedius*)	果糖	202	2.2	67mol/mol
			果糖+菊粉	228	2.1	0.57g/g
1,3-丙二醇	溶剂、制冷剂、纤维(PTT)	食二酸乳杆菌(*Lactobacillus diolivorans*)	甘油+葡萄糖	92	0.66	60mol/mol
			甘油+纤维素水解	75	0.36	54mol/mol
		罗伊乳杆菌	甘油	46	0.66	
3-羟基丙醛	杀菌剂	罗伊乳杆菌	甘油	17.5	11.7	94.4mol/mol
3-羟基丙酸	丙烯酸、塑料	罗伊乳杆菌	甘油	23.6		约 100%
γ-氨基丁酸	制药、生物可降解纤维	短乳杆菌	谷氨酸	1.9		
		植物乳杆菌	谷氨酸（来自木薯粉）	80.5	2.68	69g/g
乙醇	生物燃料	植物乳杆菌	葡萄糖	6.8		55g/g
		乳酸乳球菌	乳糖	41		38g/g

续表

产物	工业应用	微生物	底物	产量/(g/L)	生产率/[g/(L·h)]	转化率(产物/底物)
丁醇	生物燃料、溶剂	短乳杆菌	葡萄糖	0.3	0.004	0.033g/g
1,3-丙二醇	溶剂、制冷剂、纤维(PTT)	面包乳杆菌(*Lactobacillus panis*)	酒糟水	12.85		84g/g
2,3-丁二醇	生物燃料、溶剂	乳酸乳球菌	葡萄糖	6.7	0.08	82g/g
			乳糖	51		47g/g
琥珀酸	聚合物、树脂、溶剂	植物乳杆菌	葡萄糖	6.6	0.14	31g/g
双乙酰	增香剂	乳酸乳球菌	葡萄糖	8.2	0.58	87g/g
乙偶姻	增香剂、化合物骨架	乳酸乳球菌	乳糖	27	0.64	42g/g

1. 中心碳代谢和乳酸生产

除了广泛用于食品工业，乳酸菌最重要的工业用途就是用于发酵生产乳酸（一种碳水化合物代谢的主要产物）。乳酸是一种重要的工业产品，在食品和非食品（如化妆品、药品和化学试剂等）中具有悠久的使用历史。更重要的是，在过去十多年间，随着聚乳酸（PLA，一种具有生物可降解性能的热塑性聚酯，广泛用于包装材料、薄膜、纤维、医用填充物、药物传递支架等）市场的迅速扩充，对于乳酸的需求不断增长。2016 年，全球乳酸和 PLA 的市场规模分别达到 20.8 亿美元和 12.9 亿美元，并且随着包装、个人护理、纺织等市场的发展，乳酸和 PLA 的市场需求在未来还将迅速扩大。与传统的石化方法相比，微生物发酵法的优势在于能够生产光学纯度的乳酸，对于 PLA 合成具有重要意义。

乳酸菌通常在微有氧的条件下，发酵代谢糖类物质，并通过底物水平磷酸化产生 ATP。在许多同型发酵乳酸菌（如链球菌、乳球菌、肠球菌、片球菌和一些乳杆菌）中，乳酸是主要的代谢产物，主要是通过糖酵解途径（EMP），由 1mol 的葡萄糖产生 2mol 的丙酮酸，进而在乳酸脱氢酶（LDH）的作用下，经过还原反应产生 2mol 的乳酸。Andersen 等研究发现，磷酸果糖激酶是 EMP 途径的关键酶，其活性的降低或升高能够导致 EMP 代谢流量和乳酸产量的降低或升高。De Felipe 等研究发现，在碳源受限、低生长速率以及氧浓度变化等条件下，同型发酵乳酸菌会转变为异型发酵，产生混合酸，并且在有氧情况下，NADH 氧化酶（Nox）活力的升高会竞争性地消耗胞内的 NADH，从而将同型发酵转变为异型发酵。同样利用 1mol 的糖，异型发酵乳酸菌（明串珠菌、魏氏菌和某些乳杆菌）除了通过磷酸酮醇酶（PK）途径产生 1mol 的乳酸外，还能产生 1mol 的乙醇/乙酸和 CO_2，如图 2-4 所示。

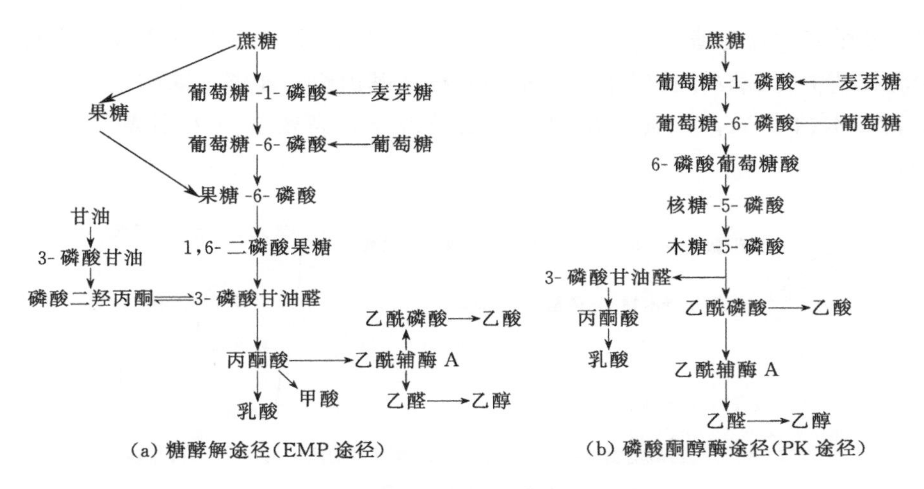

图 2-4 乳酸菌不同碳源的中心碳代谢途径

（1） 生产 L-乳酸和 D-乳酸

同型发酵乳酸（主要是乳杆菌）通常用于工业乳酸的生产。Mazzoli 等报道了不同的乳酸菌能够利用各种底物进行乳酸的生产。生产光学纯度的乳酸，依赖于菌体内 LDH 的类型。而乳酸消旋酶能够进行 L-乳酸和 D-乳酸的相互转化。干酪乳杆菌、副干酪乳杆菌、鼠李糖乳杆菌等产生的是 L-乳酸，德氏乳杆菌、棒状乳杆菌（*Lactobacillus coryniformis*）、詹氏乳杆菌和小牛乳杆菌（*Lactobacillus vitulinus*）等产生的是 D-乳酸，而戊糖乳杆菌、植物乳杆菌、短乳杆菌、清酒乳杆菌和嗜酸乳杆菌能够产生 DL-乳酸。在以往，L-乳酸是具有商业用途的主要乳酸类型。而近年来，由 L-乳酸和 D-乳酸两种单体构成的构象复合型 PLA 作为一种热稳定型聚合物广泛应用，使得 D-乳酸的生产也备受关注。许多研究者重点考察了通过 *ldh* 基因敲除或缺失以及基因组重排等方式，来进行菌株改造，使得不同的乳酸菌能够产生具有不同光学纯度的乳酸。Yu 等通过基因组重排技术，将鼠李糖乳杆菌的葡萄糖耐受性提高到 200g/L，L-乳酸产量提高到 184g/L。Yi 等通过将 *ldhD* 基因失活，构建了只产生 L-乳酸的乳酸片球菌；而敲除 *ldhL* 基因后，该菌株只产生 D-乳酸。Okano 等通过敲除 *ldhL* 基因，构建了只产生 D-乳酸的植物乳杆菌。

（2） 底物利用

在工业上，主要是利用玉米淀粉和蔗糖来生产 L-乳酸。乳酸菌能够以多种糖类作为碳源，使其成为合适的工业发酵菌株。除了少数菌株能够产生淀粉酶或者直接利用淀粉，大多数乳酸菌并不能以多糖作为底物，因而一般需要预先水解或额外添加酶，才能进行正常发酵。对于乳酸菌来说，优先利用的是蔗糖和乳糖，仅有少数菌株能够代谢半纤维素水解产生的纤维二糖和其他纤维糊精或寡糖。

一些乳酸菌能够同时利用 C_5 和 C_6 糖类，如短乳杆菌、布氏乳杆菌、植物乳杆菌和蒙氏肠球菌等。在这些菌株中，有两种不同的戊糖代谢途径，大多数是通过 PK 途径将 1mol 戊糖转变成 1mol 乳酸，还有一部分是通过戊糖磷酸（PP）途径和糖酵解途径，理论上 1mol 戊糖能产生 1.67mol 乳酸（图 2-5）。Onaka 等研究发现，在植物乳杆菌中敲除磷酸酮醇酶基因和过表达异源的转酮酶基因，能够将 PK 途径转变为 PP 途径，并且在以阿拉伯糖和葡萄糖为底物的情况下，高效产生乳酸。Yoshida 等研究发现，通过将戊糖乳杆菌中的 xylAB 操纵子引入植物乳杆菌基因组，能够消除碳代谢阻遏，并且在以 25g/L 木糖和 75g/L 葡萄糖为底物的情况下，高效合成 D-乳酸，产率每克糖为 0.78g。

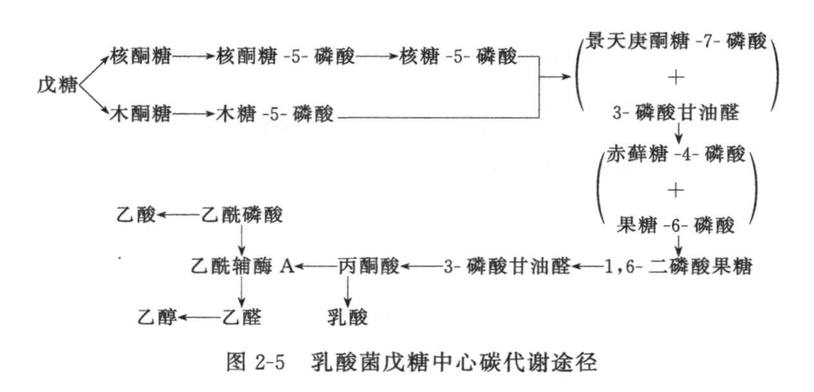

图 2-5 乳酸菌戊糖中心碳代谢途径

另外，通过代谢工程的手段，提高乳酸菌水解纤维素的能力，能够使发酵菌株利用木质纤维素作为底物，并且降低预处理和酶水解的成本。Gandini、Nguyen 等多位研究者分别报道了通过克隆和表达多个与多糖降解相关的酶，来构建重组菌株进行发酵产乳酸。由于多个酶的共表达会增加菌体负担，研究者发现在不同菌株中进行单个酶的分别表达能够有效减轻这些负担。Morais 等构建了两株分别过表达嗜热单孢菌纤维素酶 Cel6A 和木糖酶 Xyn11A 编码基因的植物乳杆菌，将两株重组菌进行协同发酵，能够很好地利用经次氯酸盐预处理的麦秸秆。

(3) 解除乳酸生产过程的限制

乳酸菌能够在菌体量较低的情况下，高效利用底物产生乳酸，大多数碳源都用于目标产物的合成，这对于工业生产来说是非常重要的。然而，乳酸菌发酵生产乳酸的过程通常受到底物抑制，如何解除发酵过程的限制成为研究重点。

乳酸发酵一般控制在 pH 值为 5.0～5.5。传统发酵中，一般通过添加氢氧化钙来控制 pH 值。然而在回收乳酸的过程中，会产生大量的石膏，造成环境压力。理想的状态是，在较低的 pH 值条件下（pH3.8，接近乳酸的 pK 值）进行发酵，除了能够减少化学试剂的成本，还能够以乳酸的形式直接提取。Trip 等利用代谢工程技术，对乳酸乳球菌的组氨酸脱羧途径进行了调控，提高了菌体的酸耐受性。Zhang 等将大肠杆菌谷胱甘肽生物合成基因在乳酸乳球菌中进行了过表达，同样提高了菌体的酸耐受性，主要是归功于提高了重组菌株胞内的 pH 值和稳定的甘油醛-3-磷酸脱氢酶的活性。另外，Carvalho 等研究发现，过表达海藻糖代谢途径中的 *trePP* 和 *pgmB* 等内源基因，以及来自丙酸杆菌、编码海藻糖-6-磷酸磷酸酶的 *otsB* 外源基因，能够提高乳酸乳球菌的酸耐受性，同时还能改善菌株的冷和热耐受性。

2. 重构碳代谢途径用于合成食品成分、平台化合物和生物燃料

(1) 代谢调控丙酮酸节点

丙酮酸是所有生物体内中心碳代谢的关键中间产物。在乳酸菌中，丙酮酸的重要作用在于作为电子受体，以及在 LDH 的催化作用下生成乳酸。许多研究报道了 LDH 失活对于菌体的影响及其代谢机理，同时也有不少研究者通过对辅因子再生途径进行代谢调控，重构了碳代谢途径，使得丙酮酸产生其他代谢产物。Gaspar 等研究发现，敲除 *ldh* 基因十分困难，突变株会因为其他替代性 *ldh* 基因的激活而变得不稳定。在还原性辅因子再生的过程中，替代性 LDH 能够与其他脱氢酶竞争，导致丙酮酸产生一系列混合产物。研究者发现，至少要敲除 4 个 *ldh* 基因中的 3 个，才能获得遗传稳定的突变菌株，用于合成其他代谢产物。

Lechardeur 等研究发现，许多乳酸菌在有氧环境和存在外源血红素的情况下，能够激活有氧呼吸链，将氧气还原成水。这种呼吸代谢能够显著改善菌体的生长和存活性能，对于乳制品发酵剂来说具有重要的工业意义。Zhao 等研究发现，在有氧条件下，乳酸乳球菌在静止期会消耗乳酸，产生双乙酰和乙偶姻。

双乙酰是一种具有强烈奶油风味的物质，在许多乳制品中都存在。乳酸乳球菌和明串珠菌属的一些特定菌株，能够通过自发的氧化脱羧反应，由柠檬酸制备 α-乙酰乳酸（AL）。AL 也可以在 AL 合成酶的作用下，由两分子丙酮酸聚合而成，随后在 α-乙酰乳酸脱羧酶（ALDB）的作用下，转变为乙偶姻。de Felipe 等研究发现，在乳酸乳球菌中过表达来自变异链球菌的 Nox，能够降低有氧条件下 $NADH/NAD^+$ 的比例，并且将大多数丙酮酸转变为乙偶姻或双乙酰。Hugenholtz 等设计了一条高效的合成路线，通过过表达 Nox 和失活 *aldb* 基因，能够阻止乙偶姻的生成，将葡萄糖转变为双乙酰。

辅因子代谢工程还成功应用于生产另一种乳制品中重要的芳香化合物——乙醛。目前，商业化的乙醛主要是通过生物乙醇来制备的。对于微生物发酵法来说，乙醛主要是通过菌株异型发酵形成。Bongers 等研究发现，通过在乳酸乳球菌中过表达来自运动发酵单胞菌的丙酮酸脱羧酶基因（*pdc*），可以重构丙酮酸代谢通路，使得菌体积累乙醛。

许多研究者还尝试将乳酸菌开发成为生物燃料的生产菌株，用于生产乙醇、丙醇和丁醇。一些乳酸菌显示出相对较高的有机溶剂耐受性，因而被选为潜力菌株。尽管通过在 LDH 阴性的植物乳杆菌中表达异源基因 *pdc* 能够导致乙醇含量的提高，然而乳酸仍然是最主要的发酵产物，因为菌体会激活替代性 LDH。Solem 等通过密码子优化来自运动发酵单胞菌的 *pdc* 基因、合成启动子表达乙醇脱氢酶（ADH）基因以及敲除三个编码 LDH 的基因、磷酸转乙酰酶基因和 ADHE 基因，构建了一株能够高效生产乙醇的重组乳酸乳球菌。Christensen 等通过在乳酸菌中过表达丙二醇利用相关的一系列操纵子基因，实现了由葡萄糖到 1,2-丙二醇再到正丙醇的生产过程。由于在短乳杆菌中存在硫解酶、乙醛脱氢酶和乙醇脱氢酶等一系列与丁醇合成相关的关键基因和较高的酶活，Berezina 等在短乳杆菌中重构了一条来自丙酮丁醇梭菌的丁醇合成途径，使得重组菌株能够以葡萄糖为底物高效合成丁醇，产量达到 300mg/L。

（2）代谢调控多元醇合成

低热量的多元醇包括甘露醇和山梨醇等，是一类由乳酸菌异型发酵产生的天然高价值化合物（图 2-6），在食品和制药工业中有着广泛应用。D-山梨醇被认为是来自生物体的、具有高附加值的十二种天然产物之一，是合成 L-抗坏血酸和长链多元醇的重要前体。

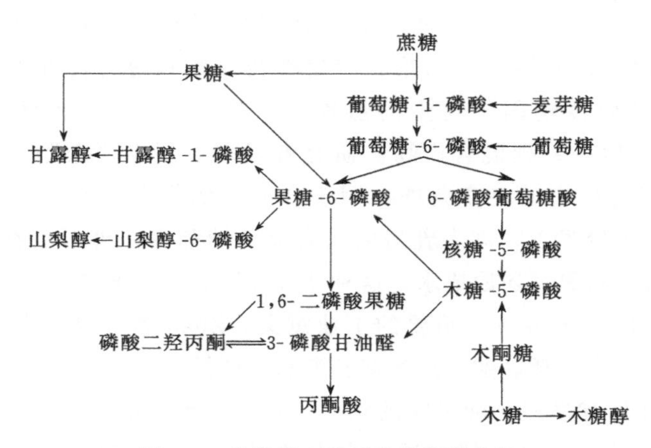

图 2-6 乳酸菌中多元醇的代谢途径

在一些乳酸菌中，果糖可以作为碳源和电子受体，在甘露醇脱氢酶的作用下转变为甘露醇。然而，甘露醇往往与乳酸、乙酸和其他代谢产物一同产生。Aarnikunnas 等在发酵乳杆菌中失活 *ldhD* 和 *lahL* 基因，使得菌体在无氧条件下能够积累甘露醇和丙酮酸，以及副产物 2,3-丁二醇。Papagianni 和 Legisa 通过在罗伊乳杆菌中过表达来自黑曲霉的果糖激酶及其激活元件，构建了一株糖酵解通路增大的重组菌株，其利用高浓度葡萄糖作为底物的能力显著增强，能够形成较高的菌体量和 NADH 含量，将果糖高效地转化为甘露醇。

Ladero 等通过失活甘露醇磷酸脱氢酶和 LDH，以及过表达山梨醇脱氢酶（SDH）基因，构建了一株重组植物乳杆菌，能够将果糖-6-磷酸还原产生山梨醇-6-磷酸，山梨醇的理论产率接近 0.65mol/mol 葡萄糖。Nissen 等将山梨醇-6-磷酸脱氢酶基因插入到 *lac* 操纵子中，构建了一株重组干酪乳杆菌，通过敲除 *ldhL* 基因，显著提高了山梨醇产量。

研究者还对乳酸菌生产木糖醇进行了研究。木糖醇是一种五碳的低热量糖醇，无法由乳酸菌天然合成。Nyyssola 等通过过表达来自具柄毕赤酵母的木糖还原酶基因和来自短乳杆菌的木糖转运载体，成功构建了一株乳酸乳球菌重组菌，能够在葡萄糖受限和高木糖含量的发酵条件下生产木糖醇。

3. 代谢工程提高特殊化学品产量

乳酸菌能够产生大量不同组成的胞外多糖（EPS）（图 2-7）。胞外多糖具有改变基质的流变学特性，产生益生功效，提高菌体的压力耐受性，以及促进生物膜形成等作用。对于胞外多糖的需求越来越大，因而研究者开始关注如何通过代谢工程来提高其产量。研究发现，增加 UDP-葡萄糖和 UDP-半乳糖等前体含量，以及通过过表达磷酸葡萄糖变位酶和 UDP-葡萄糖磷酸化酶等方法提高中间产物的含量，能够有效提高乳酸菌中胞外多糖的产量。还有研究者，通过在乳酸菌中异源表达 EPS 合成途径，成功实现了 EPS 生物合成。李楠等研究发现，辅因子代谢工程能够调控 EPS 合成，通过表达

NADH 氧化酶，构建了一株干酪乳杆菌重组菌，能够减少乳酸产生，显著提高了 EPS 产量。

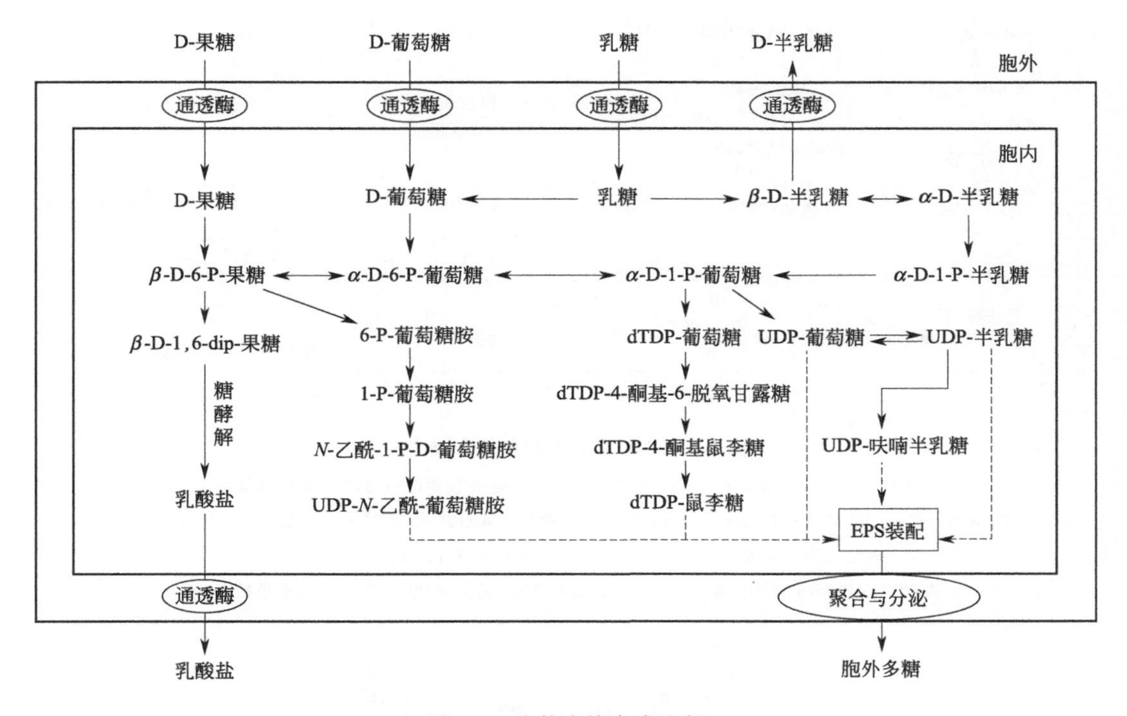

图 2-7 胞外多糖合成途径

乳酸菌代谢工程还用于合成透明质酸（HA）。透明质酸是一种 UDP-葡萄糖醛酸和 UDP-乙酰葡萄糖胺的共聚物，在医药、化妆品和食品中具有重要应用。Prasad 等通过共表达链球菌 HA 合成酶、UDP-葡萄糖脱氢酶和焦磷酸化酶，构建了一株重组乳酸乳球菌，能够很好地合成透明质酸。并且通过调整 HA 合成酶和脱氢酶的比例，能够控制聚合物的分子量大小。

尽管许多乳酸菌缺乏合成维生素的能力，仍有一些菌株能够产生水溶性 B 族维生素，如核黄素等（图 2-8）。Taranto 等在罗伊乳杆菌中发现了一段完整的维生素 B_{12} 生物合成基因簇。Wegkamp 等通过过表达叶酸生物合成相关基因，提高了乳酸乳球菌的叶酸产量。Burgess、Sybesma 等研究团队通过过表达核黄素生物合成基因等代谢工程手段，成功将核黄素消耗菌株改造成为核黄素产生菌株。Santos 等还通过过表达叶酸生物合成相关基因，成功实现了在同一菌株中合成多种维生素。

七、遗传改造乳酸菌的应用

1. 制备蛋白质

构建质粒的主要目的之一，是大量制备各种各样的蛋白质。在这种情况下，研究者通常会向 GRAS 宿主中导入含有目的基因的质粒，便可实现目标蛋白的表达。这是一种廉价且方便的获取重组蛋白的方式（图 2-9）。已经有大量的研究报道了在大肠杆菌和酿酒酵母中进行异源蛋白的表达。

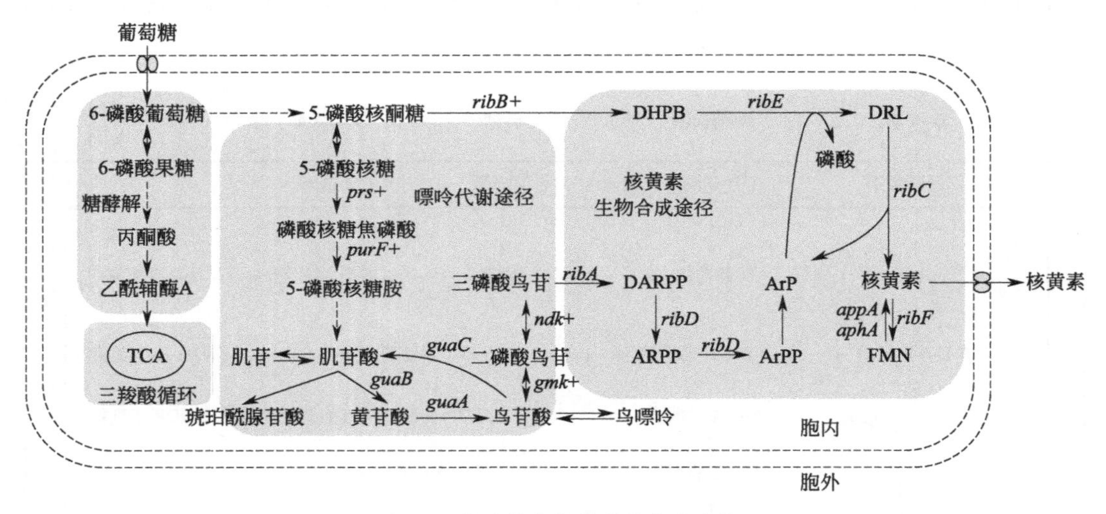

图 2-8 乳酸菌中核黄素的合成途径

DHPB—3,4-二羟基磷酸丁酮；DRL—6,7-二甲基-8-核糖醇基-2,4-二氧四氢蝶啶；
DARPP—2,5-二氨基-6-核糖氨基-4(3*H*)-嘧啶酮-5-磷酸；ARPP—5-氨基-6-核糖氨基-2,4(1*H*,3*H*)-嘧啶二酮-5-磷酸；ArP—5-氨基-6-核糖醇氨基-2,4(1*H*,3*H*)-嘧啶二酮；
ArPP—5-氨基-6-核糖醇氨基-2,4(1*H*,3*H*)-嘧啶二酮-5-磷酸；FMN—黄素单核苷酸

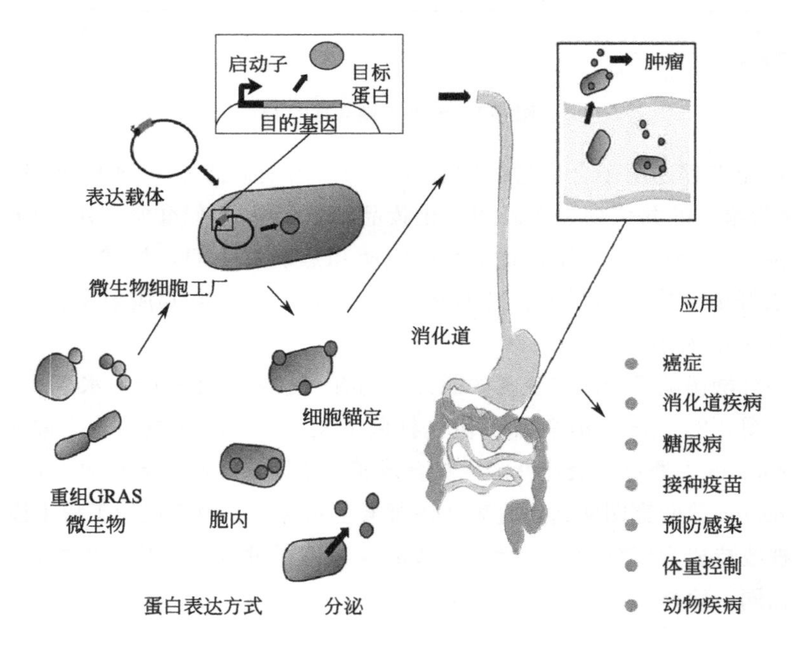

图 2-9 GRAS 微生物表达重组蛋白

在乳酸菌中，同样有不少成功的先例（表 2-8）。瑞士乳杆菌或德氏乳杆菌一般具有较强的蛋白质水解能力，通过将一系列编码肽酶的基因连同食品级载体导入乳酸乳球菌中，重组菌株获得了较好的蛋白质水解特性。Takara 等利用 pLEB600 食品级载体，成功实现了脯氨酸亚氨基肽酶基因 *pepI*（来源于瑞士乳杆菌）在干酪乳杆菌中的异源表达。最近，Gu 等利用含有 *lacF* 基因作为筛选标记的食品级载体 pNZ8149，在乳酸

乳球菌 NZ3900 宿主中成功表达了重组马槟榔甜蛋白Ⅱ。另外，通过食品级载体克隆和优化，Nguyen 等完成了重组 β-半乳糖苷酶（来源于罗伊乳杆菌）在植物乳杆菌中过表达，该酶在食品工业中具有重要的应用价值。通过在干酪乳杆菌中过表达来自牛链球菌的表面锚定 α-淀粉酶，成功构建了一株具有高淀粉降解活性的菌株。

表 2-8　乳酸菌表达重组蛋白

表达蛋白	来源	宿主	模型	益生功效
抗原				
保护性抗原(PA)	炭疽杆菌	嗜酸乳杆菌	小鼠免疫	保护性免疫对抗炭疽杆菌
癌胚抗原(OFA)	小鼠	植物乳杆菌	小鼠免疫	诱导特异性抗 OFA 免疫响应
醇溶蛋白肽表位	小鼠	乳酸乳球菌	小鼠免疫	诱导抗原耐受性；抑制系统性 T 细胞响应
低钙 V 抗原	耶尔森菌	乳酸乳球菌	小鼠结肠炎模型	预防和治疗肠炎
过敏原				
卵清蛋白(OVA)	鸡	乳酸乳球菌	小鼠	诱导 OVA 耐受性；抑制局部和系统性 T 细胞响应
Bet v 1	桦树花粉	植物乳杆菌	新生无菌小鼠	减少过敏；诱导抗过敏免疫响应
细胞因子				
IL-10	小鼠	乳酸乳球菌	小鼠	预防 β-乳球蛋白致敏；抑制抗原特异性 IgE；诱导 IL-10 和抗原特异性 IgA
酶				
超氧化物歧化酶	乳酸乳球菌	干酪乳杆菌	小鼠结肠炎模型	提高抗炎能力
生长因子				
表皮生长因子	猪	乳酸乳球菌	断奶小鼠(19～21d)	促进肠道发育和肠道细胞增殖
纳米抗体				
α-肿瘤坏死因子单区域抗体片段		乳酸乳球菌	小鼠结肠炎模型	治疗慢性结肠炎

2. 代谢调控

目前，许多经遗传改造的乳酸菌已用于乳制品及其他发酵食品的工业化制备。如利用遗传改造的乳酸乳球菌和嗜热链球菌，产生 B 族维生素、双乙酰、乙醛和叶酸等。有些制备过程并没有使用食品级载体，因为可以通过分离提取来获得代谢产物。然而当需要摄入人体时，这些载体就必须是食品级。

奶酪制作过程中常使用乳酸乳球菌，通过导入含有 P32 启动子的食品级载体 pGA1，成功在这些菌株中实现乳酸片球菌素 PA-1 的异源表达和制备，并且能够有效减少奶酪成熟末期的李斯特菌 SA1。通过导入各种不同食品级载体，还能提高乳酸乳球菌在奶酪成熟过程中的蛋白质水解能力。将乳酸乳球菌 *ilvBN* 基因通过同源重组整合至干酪乳杆菌的乳糖操纵子，能够使后者产生双乙酰。将 L-阿拉伯糖异构酶基因和 D-半乳糖异构酶基因克隆至诱导表达载体 pSIP609 中，能够实现营养缺陷型标记替代抗生素抗性标记，该重组酶对于菌株利用碳水化合物具有工业上的重要意义。

有时，基因敲除也会带来菌株的变化，并且这种敲除也是食品级的。通过敲除葡聚糖蔗糖酶基因，Jin 等构建了一株不产右旋糖酐、不含筛选标记和残留质粒的柠檬明串珠菌突变株。该菌株具有多种工业用途，如作为生产非黏性发酵食品的发酵剂。

透明质酸常常用于药物、化妆品、给药系统、疫苗和保健食品等，具有重要的经济价值。通过引入含有透明质酸生物合成操纵子和 *lacF* 筛选标记的 NICE 表达系统，Sheng 等成功构建了能够制备透明质酸的乳酸乳球菌。

3. 健康领域

食品级的乳酸菌是最佳的给药载体。许多乳酸菌都具有酸耐受性和黏膜定植能力，这些特性都有利于黏膜给药，并且大剂量的口服乳酸菌并不会带来风险。口服乳酸菌，通常用于摄入疫苗抗原或其他药物分子。其优点在于，不需要对活性物质进行分离纯化，降低给药成本。

目前，已有不少食品级载体的临床应用。大多数用于治疗的食品级载体都是整合型的，整合至染色体使得载体更加稳定。Martin 等利用来源于卷曲乳杆菌的 *apf* 基因，在副干酪乳杆菌中构建了染色体整合表达载体。利用副干酪乳杆菌重组菌株表达的抗体，能够有效结合轮状病毒，并且可以免于小鼠受到病毒感染。

Alvarez-Siero 等构建了一株食品级干酪乳杆菌重组菌，其染色体上整合了一段经过密码子优化的 *pep* 基因，能够将黄色黏球菌的脯氨酰内肽酶（Mx PeP）输送至病人的十二指肠。Steidler 等构建了表达和分泌鼠源 IL-10 的乳酸乳球菌，并证实了其治疗两种不同类型肠炎的有效性。荷兰官方还宣称，分泌人源 IL-10 的乳酸乳球菌在治疗炎症性肠病的小型临床试验中，疗效显著。

而最让人振奋的试验，莫过于在菌体表面表达已知病原菌的抗原区域，使得菌体在通过肠道时诱发免疫反应，该研究在小鼠破伤风试验中取得了成功。这一试验也是破伤风相关研究的热点，因为这极大地促进了低成本口服疫苗的研制。另外，某些双歧杆菌工程菌可通过表达相关细胞毒素来杀死肿瘤细胞，从而起到对抗肿瘤的效果。有研究报道，在小鼠中利用婴儿双歧杆菌过表达胞嘧啶脱氨酶，并将菌株与 5-氟胞嘧啶一同注射入黑色素瘤中，观察到肿瘤细胞有萎缩现象。

第三节 转座子

细菌体内不同的可移动遗传元件对于细菌的遗传可变性及对环境的适应性具有重要的意义。1951 年，Barbara Mclintock 首先在玉米中发现了可移动遗传元件。IS 序列即是最简单的一类可移动遗传元件。它们的大小通常为750～2000bp，只含有移动所必需的关键基因辅以短重复序列。而转座子是基因组中一段可移动的DNA序列，可以通过切割、重新整合等一系列过程从基因组的一个位置“跳跃”到另一个位置。这一元件不仅可用于分析生物遗传进化上分子作用引起的一些现象，还为基因工程和分子生物学研究提供了强有力的工具。

一、 IS序列与转座子

益生菌中第一个被发现的IS元件，是由Shimizu-Kadota的团队在干酪乳杆菌中发现的。在此以后，随着基因组测序数据的积累，大量的IS序列被发现广泛存在于益生菌中。大多数人们所熟知的细菌，如乳杆菌、乳球菌、肠球菌、明串珠菌以及片球菌等，体内的IS序列特性及出现频次等已经广泛被人们所知。

而转座子是一类DNA序列，它们能够在基因组中通过转录或反转录，在内切酶的作用下，在其他基因座上出现，转座子的这种行为是透视物种进化的痕迹之一。与IS序列不同，除了基本的IS序列外，它们往往带有更多的基因，比如与抗生素抗性相关的基因，或是与接合基因转移相关的内容。

接合转座子，也称整合接合元件（integrative conjugative elements，ICEs）。乳球菌nisin-sucrose基因沉默是最著名的接合转座子案例。通过识别两端的重复序列TTTTG，nisin-sucrose转座子通过接合使其甚至可以整合于杂合寄主上。乳酸菌中另一个著名的整合接合元件是嗜热链球菌中的ICESt1、ICESt3元件。这两个元件可特异性地识别1,6-二磷酸果糖醛缩酶。该蛋白质与著名的肠球菌中的转座子Tn916高度同源，推测其与这些元件的转座功能高度相关。

转座子标签法（transposon tagging），又称为转座子示踪法，其原理是利用转座子的插入造成基因突变，以转座子序列为基础，从突变株的基因文库中筛选出带有此转座子的克隆，它必定含有与转座子序列相邻的突变基因的部分序列，再利用这部分序列从野生型基因文库中获得完整的基因。1984年，用转座子标签法首先在玉米中分离了*bronze*基因，该基因编码了玉米花色素合成途径的关键酶——UDP-葡萄糖类黄酮3-*O*-葡萄糖基转移酶。此后还利用转座子标签技术分离了许多植物基因。

作为能够在基因组中移动并且整合到新位点的DNA片段的转座子是生物基因组中的重要组成部分，可以根据其是复制-粘贴还是剪切-粘贴的方式分为DNA转座子和反转录转座子两类。

第一类转座子可以通过DNA复制或直接切除两种方式获得可移动片段，重新插入基因组DNA中。转座中间体是DNA，其实就是它本身。这一种类型的转座子在结构上有其特点，如图2-10所示。首先是转座子序列的两端是两段直接重复序列（direct repeat，dR），与它们接壤的是反向重复序列（invert repeat，iR），就是所谓的回文序列；然后才是中间的插入序列（insert sequence，IS）。根据转座的自主性，这类元件又可以分为自主转座元件和非自主转座元件，前者本身能够编码转座酶而进行转座，后者则需在自主元件存在时方可转座。以玉米的Ac/Ds体系为例，Ac（activator）属于自主元件，Ds（dissociation）则是非自主元件，必须在Ac元件存在下才能转座。第二类转座子又称为返座元（retroposon），是近年新发现的由 RNA 介导转座的转座元件，在结构和复制上与反转录病毒（retrovirus）类似，只是没有病毒感染必需的 *env* 基因，通过转录合成 mRNA，再反转录合成新的元件整合到基因组中完成转座。

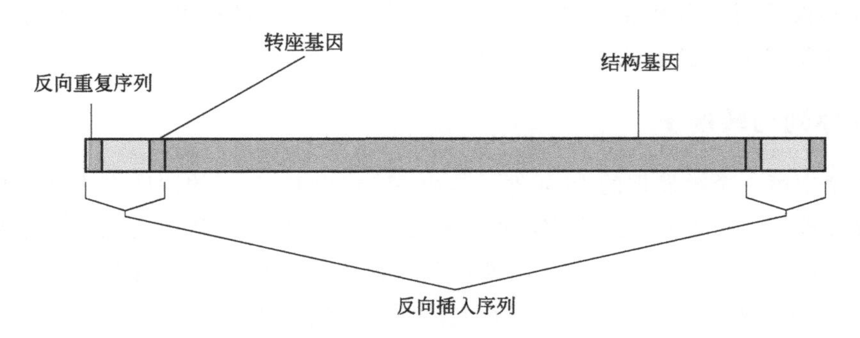

图 2-10 DNA 转座子结构示意

克隆转座子主要有两条途径，其一是利用抗体识别或 cDNA 探针从菌株中获得表达量降低或不稳定基因座的序列，再从突变体中分离得到相应的转座子；其二是根据序列同源性，在基因组的不同位置分离同一家族的转座子成员。

二、 Ⅱ型内含子

真核生物的基因含有外显子和内含子，是其区别于原核生物的特征之一。如人们所知，内含子是一个基因中非编码 DNA 片段，它分开相邻的外显子。或者说，内含子是阻断基因线性表达的序列。在 mRNA 加工过程中，内含子会在 RNA 离开细胞核进行转译前被剪除，而被保留下来的基因部分被称为外显子。内含子可能含有“旧码”，就是在进化过程中丧失功能的基因部分。正因为内含子对转译产物的结构无意义，它比外显子累积有更多的突变。

根据剪接过程是自发还是要经过剪接体的加工，人们将内含子分为自剪接和剪接体内含子。在自剪接内含子中，又分为Ⅰ型内含子和Ⅱ型内含子。Ⅰ型内含子大多存在于线粒体、叶绿体及某些低等真核生物的 rRNA 基因中，极个别存在于原核生物的噬菌体中。Ⅱ型内含子则主要见于细胞器（如线粒体）、细菌中。Ⅱ型内含子的剪接机制同核内含子的剪接相似，也要形成一个套索的中间体，通过形成磷酸二酯键将要剪接的位点靠近到一起。但是，Ⅱ型内含子的剪接又不完全与核内含子的剪接相同，它具有自我剪接的功能，不需要剪接体和 snRNA 的参与，也不需要 ATP 供能。从结构上看，Ⅱ型内含子的 6 个结构域可形成发夹环，结构域 5 与 6 之间只间隔 3 个碱基，结构域 6 参与转酯作用。

Ⅱ型内含子（G Ⅱ intron）是一种功能结构十分特殊的反转座子。在细菌中内含子始终并未被广泛报道，直到近年来才少有被提及。Ⅱ型内含子最初是在高等生物的线粒体、叶绿体基因组中发现的。随着原核生物分子生物学的发展，在大肠杆菌、乳酸菌中也发现了Ⅱ型内含子的存在。2000 年，在乳球菌中报道发现存在 *n* 型内含子，它们的存在或与接合元件或性别因子相关联。乳酸菌中的Ⅱ型内含子代表了细菌体内另一种类型的整合可移动遗传元件。由于Ⅱ型内含子同时具有与内含子剪接机制相同的 RNA 剪接活性和反转座的特性，被认为是内含子的祖先，受到科研工作者的重视。

转录归巢（retrohoming）是另一类代表性Ⅱ型内含子。因为其特异性依赖于外显子点序列，当这些序列被修饰后，内含子可以重新定位。2003年，Frazier等报道的在乳酸乳球菌基因组编码苹果酸脱羧酶及四环素抗性基因中定向插入LI. ltrB便是这一技术的典型应用。通过在内含子中改变特异性的核酸，用从另一DNA位点来源的核酸所替代，它们可以移动，或者说归巢到新的位点。通过与在大肠杆菌中插入位点的比较，人们发现这种Ⅱ型内含子在乳酸菌中可以归巢到特异的位点，表现十分完美。虽然利用大肠杆菌的归巢数据在乳酸乳球菌中可以得到很好的案例，然而至今为止，利用这一系统仍未得到很好的归巢数据。

三、转座子与假基因

只要考察一下某些假基因的出现过程，就会发现转座子与假基因的出现颇有相似之处。假基因是一类本来正常，但后来因为突变或转座，而可能失去了原有功能的基因。说是可能，因为目前的一些研究发现，在环境压力下，某些假基因可以重新被激活，而某些假基因则有着调控基因表达的作用，可总结为“假作真时真亦假”。它们与原来的基因可能很相似，但又可以有很大的差异，例如 *dprX* 基因有7组假基因，其中 *dprXP4*（*dprX* 的第四假基因）与原基因经过比对，存在95%的相似序列。

第四节 CRISPR/Cas 系统

细菌会受到噬菌体感染，这对于乳制品行业来说是一个潜在的大问题。在乳品工业中，通常以嗜热链球菌等作为生产酸奶和奶酪的重要菌株。但是某些病毒，诸如噬菌体能够侵染细菌，进而对发酵工业等产业造成直接危害，直接影响乳制品的生产。2007年，Danisco这家来自丹麦哥本哈根的食品原料公司（现属IFF公司）的科学家们发现了一种方法，能够极大地增强工业细菌对噬菌体的抵抗力。他们的方法就是用噬菌体来免疫细菌，结果取得了不错的效果。DuPont公司收购了Danisco公司之后，利用这种技术培育出了抵抗力更强的工业生产用菌。而且这项工作还证明，细菌也拥有获得性免疫系统（adaptive immune system），而且依靠这种免疫机制能够抵抗同一种噬菌体的多次攻击。

成簇规则间隔短回文重复序列（clustered regularly interspaced short palindromic repeats，CRISPR）及其相关基因 *cas*，是目前发现存在于大多数细菌与所有的古细菌中的一种以核酸为基础的后天免疫系统的重要组成元素。与真核细胞中的RNA干扰（RNAi）途径相似，CRISPR介导的免疫反应也需要通过小分子的RNA介导序列特异性的匹配以入侵核酸，不过在进化以及机制上与CRISPR和RNAi还是有着本质的区别。

CRISPR-Cas系统作为细菌适应性免疫系统，能够帮助细菌获得噬菌体抗性，对于细菌进化具有重要意义。最初的研究在嗜热链球菌和大肠杆菌中展开。至今，已经在许多乳酸菌中发现了CRISPR/Cas系统。CRISPR序列的多样性和动态变化，能够确保工业发酵剂菌株和益生菌的有效追踪溯源，并且CRISPR/Cas系统能够有效扩大特定菌株的噬菌体抗性谱。

一、 CRISPR/Cas系统的发现

日本大阪大学的科研人员最早于1987年在大肠杆菌K12的*iap*基因侧翼序列中，对一种细菌编码的碱性磷酸酶基因进行研究，发现该基因编码区域附近存在一小段不同寻常的DNA片段，这些片段由简单的重复序列组成，而且在片段的两端还存在一段不太长的特有序列。2000年，相似的重复序列在其他真细菌和古细菌中被发现，并被命名为短间隔重复序列（short regularly spaced repeats，SRSR）。2002年，SRSR被重命名为CRISPR，其中一部分基因编码的蛋白质为核酸酶和解旋酶，这些关联蛋白（CRISPR-associated proteins，Cas）与CRISPR组成了CRISPR/Cas系统。随着全基因组测序技术的不断成熟，研究者在各种细菌和古细菌中陆续发现了很多成簇的、规律间隔的短回文重复序列和*cas*基因。

2005年，三个独立的研究小组在对CRISPR重复序列进一步分析比较后，几乎同时发现CRISPR中的间隔序列与噬菌体和质粒的序列完全相同，所以又提出了新的假说，认为原核CRISPR/Cas系统可能是细菌抵御外来质粒和噬菌体侵入的一种免疫防御机制。而在2007年，由丹尼斯克公司（现属IFF公司）研究团队的Barrangou等首次在嗜热链球菌中，用试验证实了CRISPR/Cas系统的生物学功能，它确实是原核细胞抵御噬菌体侵染的一种新的免疫机制（图2-11）。2008年，Marraffini等在葡萄球菌中证明CRISPR/Cas系统同样也能够干扰质粒的结合转移。现如今，不仅是食品科学家和微生物学家，很多领域都意识到细菌免疫系统的重要性，因为它具备一个非常有价值的特性：可以以某个特定的基因序列为目标进行改造。2013年是CRISPR/Cas技术的发展和应用高峰，目前已成功利用这种技术对细菌、人类、小鼠、斑马鱼以及植物等物种进行了遗传学改造工作，成功对这些物种实现了精确的基因修饰。研究者在*Science*和*Nature Biotechnology*等著名杂志上发表多篇高水平的相关论文，从而证明了这个技术的广泛适用性。

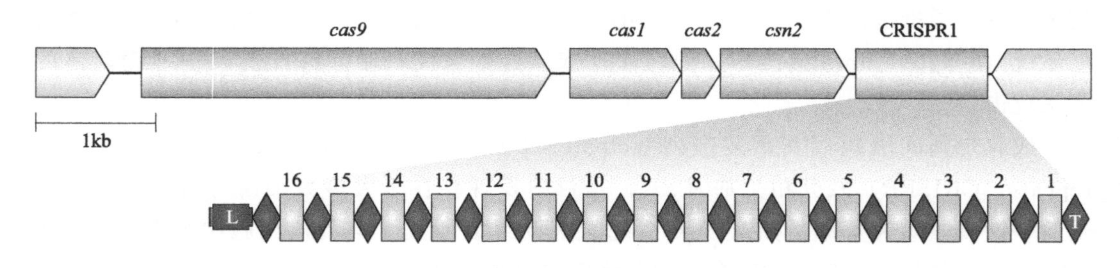

图2-11 嗜热链球菌CRISPR/Cas系统

二、 CRISPR基本结构

典型的CRISPR重复序列由三部分组成（图2-12），即同向重复序列（directed

repeat，P)；来自外源遗传信息的长度不等的间隔序列（spacer，S)；以及位于5′端的前导序列（leader，L)。前两种序列依次串联排列，可以拥有2～100个重复。

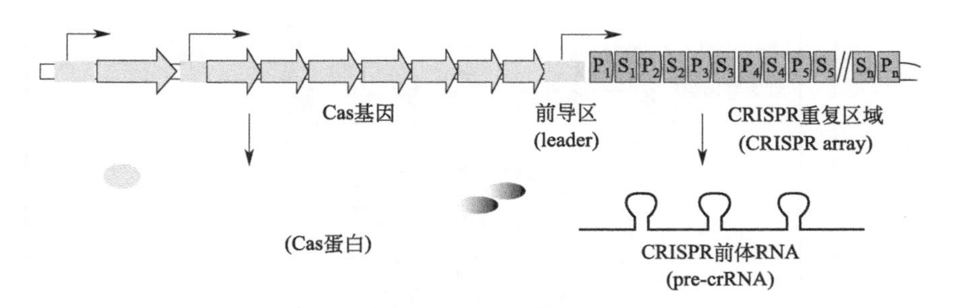

图2-12 典型的CRISPR结构

大多数CRISPR的前导序列L的长度为100～500bp，通常富含AT。在不同的CRISPR中，前导序列并不保守，通常就是启动CRISPR重复序列转录的启动子。在拥有CRISPR系统的细菌细胞内，很容易检测到CRISPR的转录产物。

同向重复序列R通常为23～55bp，不同的细菌具有不同的CRISPR重复序列，并且这种重复序列呈现多样性。根据同向重复序列的同源性，大致可以分成12个群以及21个亚群。但是在同一个CRISPR排列中，同向重复序列是高度保守的。而且在一些相近的细菌属种间，也具有一定的同源性，由此推测CRISPR/Cas系统可能来自“偶然”的基因水平转移。重复序列的另外一个特点是，其序列呈部分回文对称结构，因此，成熟的CRISPR的RNA（crRNA）能够形成一个茎环结构。

间隔序列S位于两个重复序列之间，在同一个CRISPR排列中拥有相似的长度，但序列是独特的。在不同的CRISPR/Cas系统中，间隔序列的长度大多位于21～72bp的范围。对于不同的原核种类，间隔序列具有高度的多样性。只有在一个细菌的种内不同菌株之间趋于同源。目前已经明确认为间隔序列来自噬菌体或质粒，实际上是噬菌体或质粒入侵后留下的“痕迹”，从而赋予细胞获得对相应噬菌体或质粒的免疫防御能力。此外，许多间隔序列在数据库中还不能找到同源序列，这从另一个侧面说明人们对噬菌体等移动元件的多样性仍然缺乏充分的认识。

三、 CRISPR介导的防御过程

系统生物学研究揭示了CRISPR系统在获得性免疫过程中通常的3个步骤：①获得外源DNA；②CRISPR的RNA（crRNA）的生物合成；③目标干扰（图2-13)。

在获得外源性DNA片段时，外源DNA的短片段并非随机选择，而是优先整合于CRISPR的一端。当有新的间隔序列加入时，通常伴随着末端重复序列的复制，这样便始终保持着“重复-间隔-重复”的基本结构。CRISPR位点大多出现在染色体基因组中，也有少数出现在质粒序列中；有的基因组可能包括多个CRISPR位点，有的细菌可能只有一个。CRISPR位点被转录为一个长片段初级转录产物，随后被加工成一系列小crRNA文库。每一个crRNA都含有一段与之前入侵者序列互补的引导序列，就像是通过“拍照留念”的方式，为每位入侵者都留下了一份记录。随后，

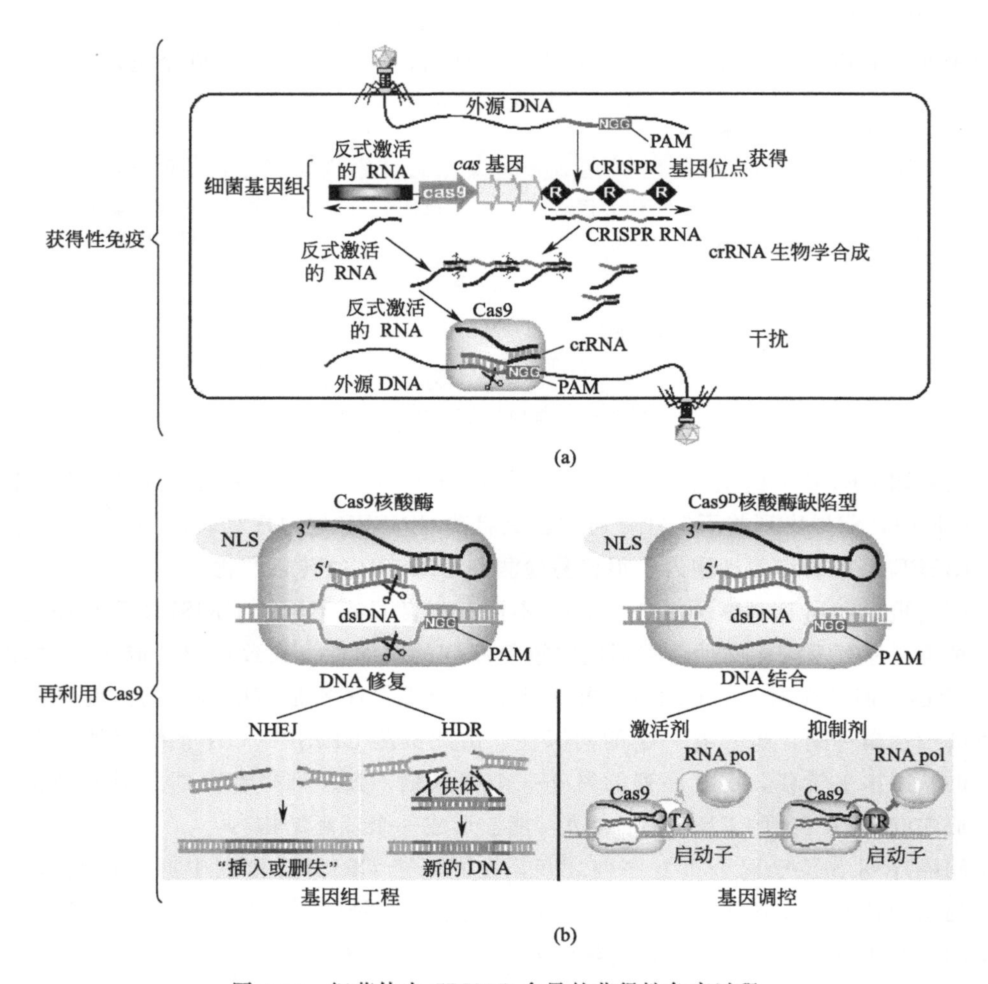

图 2-13 细菌体内 CRISPR 介导的获得性免疫过程

crRNA 有一个或者多个 Cas 蛋白结合起来，形成核蛋白（ribonucleoprotein）复合物，就像是忠诚的卫士在细胞内部环境内巡逻，一旦遇到与 crRNA 引导序列互补的目标，便将目标识别出来，在核酸酶的作用下将目标降解。

目前已发现三种不同类型的 CRISPR/Cas 系统，存在于大约 40%和 90%已测序的细菌和古菌中。其中第二型的组成较为简单，以 Cas9 蛋白以及向导 RNA（gRNA）为核心组成。很多这种 DNA 锁定识别系统都依赖非常复杂的多组分复合物，而第二型却只依赖于单一蛋白 Cas9。有一些 CRISPR 系统与真核生物的 RNAi 类似，采用 crRNA 来锁定和剪切互补 RNA。不过大多数 CRISPR 系统还是采用 crRNA 仅仅来锁定识别目标 DNA，Cas9 的特别之处在于它可以在 RNA 的培训和指导下识别任意互补 DNA。基于这样简单的原理，在此基础上有望发展新的基因组编辑技术，可用于细胞内基因组的操作，如插入、替换基因组中特定的序列等。正如预期的那样，在 2013 年年初，几个独立的研究小组分别在 *Science*、*Nature Biotechnolgy* 等杂志上发表研究成果，利用 CRISPR/Cas（Cas9）系统在哺乳动物等细胞中成功地实现了基因组的靶向编辑，预示着这项新技术可能成为“精确”操纵基因组的一种非常强大的工具。表 2-9 列举了 CRISPR/Cas9 技术在微生物基因组编辑中的应用。

表 2-9 CRISPR/Cas9 技术在微生物基因组编辑中的应用

物　种	靶基因及编辑效率	修复途径
大肠杆菌 (*Escherichia coli*)	*rpsL*(65%); *cad*(86%); *maeA*+*maeB*(97%); *cadA*+ *maeA*+*maeB*(47%); *LacZ*(100%);*LacZ*+*galK*(83%); *LacZ*+*galK*+*ldhA*(23%)	HDR(λ-Red)
枯草芽孢杆菌 (*Bacillus subtilis*)	*srfC*,*spollAC*,*nprE*,*aprE*(33%~53%); *amyE*(90%); *yvmC*(97%)	HDR
丙酮丁醇梭菌 (*Clostridium acetobutylicum*)	*pyrE*(30%); *adc*(6.7%); *agrA*(100%)	HDR
拜氏梭菌 (*Clostridium beijerinckii*)	*adc*,*xlyR*,*araR*,*cbei3923*,*cbei4495*,*xylR*(18.8%~100%)	
罗伊乳杆菌 (*Lactobacillus reuteri*)	*lacL*,*ctrl*,*srtA*,*dp6*(90%~100%)	HDR(RecT)
细长聚球藻 (*Synechococcus elongatus*)	*nblA*(100%)	HDR
肺炎链球菌 (*Streptococcus pneumoniae*)	*srtA*,*bgaA*(75%~100%)	HDR
柠檬塔特姆菌 (*Tatumella citrea*)	*trkA*,*glk*(94%~100%)	HDR(λ-Red)
运动发酵单胞菌 (*Zymomonas mobilis*)	*rep*(5%)	NHEJ
酿酒酵母 (*Saccharomyces cerevisiae*)	*CAN1*,*ade2-101*(80%~100%)	HDR
里氏木霉 (*Trichoderma reesei*)	*ura5*(100%); *lae1*+*vib1*+*clr2*(4.2%)	HDR
异宗毁丝菌 (*Myceliophthora heterothallica*)	*cre-1*(90%)	HDR

四、 CRISPR/Cas 系统的开发

CRISPR/Cas 系统的原始功能是防御噬菌体等外源入侵的移动元件。理论上，可以通过将细菌菌株“暴露”于天然的噬菌体或通过基因工程技术，将小片段的病毒原间隔序列整合到 CRISPR 的重复序列中，从而赋予细胞相应的免疫功能。这对于一些工业发酵菌株具有一定的实际意义，即基于 CRISPR 的适应系统构建抗噬菌体的工业菌株。

CRISPR重复序列具有广泛的多样性和动态特征，因此，有研究者也利用CRISPR排列及重复序列进行细菌的基因分型（genotyping）。基于同样的原理，测序分析环境样品中的CRISPR重复序列，可以用来监控自然界中原核细菌及其动态变化情况。甚至通过环境样品中海量的CRISPR序列信息，可以很方便地用以分析研究原核生物或自然生境中细菌与噬菌体病毒之间的进化、相互作用及其生态适应等。

20世纪70年代对于噬菌体的研究，导致了DNA限制性内切酶的发现。由于限制性内切酶可以对DNA分子特异的识别和剪切，使得分子生物学整个学科发生了巨变。与限制性内切酶相似，CRISPR作为原核生物免疫系统的重要组成元件，可以对核酸分子进行有效识别和特异性剪切。但与限制性内切酶只是特异性的与4～8bp区域的dsDNA结合有所不同，CRISPR的RNA引导系统的用途十分广泛，它可以很容易地进行编辑，以识别几乎任意的RNA或者DNA底物。这一新型的RNA引导的核酸酶如今正在被基因组工程学家们在多种生物体系统内加以广泛利用。

2007年，Barrangou等首次证实了在嗜热链球菌中依赖于*cas9*基因介导的CRISPR免疫系统是原核细胞抵御噬菌体侵染的一种新的免疫机制。2011年，Charpentier等报道发现了与CRISPR RNA重复序列互补的反激活crRNA（trans-activating crRNA，tracrRNA）。他们发现，在长片段初级CRISPR转录子的加工过程中，需要依赖tracr RNA以及RNA酶RNase Ⅲ。紧接着，Jinek等在化脓性链球菌（*Streptococcus pyogenes*）中纯化出了Cas9蛋白，并且表明Cas9介导的dsDNA剪切依赖于crRNA引导和tracrRNA。进而Gasiunas等也报道了从嗜热链球菌中纯化出的Cas9蛋白可以对目标dsDNA进行剪切。至此，这些研究的结果提供了一个令人激动的新的可能性，即利用RNA引导的核酸酶可以产生dsDNA断裂，进而可以对基因组进行“编程”。基因组编程的原则需要依靠细胞DNA的修复系统。通过核酸酶介导的dsDNA断裂可以通过非同源末端联合（non-homologous end-joining，NHEJ）或者同源向修复（homology-directed repair，HDR）的方式来修复。NHEJ因为属于错配加工（error-prone process）的方式，常常伴有目标位点核苷酸的插入或删除（也称得失位，indels），因此，形成移码突变或终止子，导致基因组目标区域的遗传敲除。而另外一种方式HDR则针对模板DNA序列的同源序列来修复双链断裂。

在CRISPR RNA引导核酸酶发现之前，基因组编辑最先进的手段，需要引入复杂的蛋白工程，如锌指蛋白核酸酶（zinc finger nucleases，ZFNs）、转录激活因子样效应物核酸酶（transcription activator-like effector nucleases，TALENs）或归巢核酸内切酶（homing mega nucleases）等。然而蛋白工程实施成本高，并且工程酶错切非目标片段的情况也时有发生，因此，常会伴随有难以发觉的脱靶效应甚至毒性效应。与之前的这些现有技术相比，CRISPR核酸酶只需要最基础的Watson-Crick碱基配对原理，而不需要复杂的蛋白工程参与。这一高效的、精确的RNA介导的基因组编辑目前正成为世界上最热门的研究热点之一。

在2013年，仅仅在Jinek和Gasiunas等报道Cas9可以对dsDNA进行编辑剪切的六个月之后，由Cong和Mali等分别发表了两篇*Science*文章，证实Cas9蛋白可以在小鼠及人类的细胞系中进行基因编辑。为了使Cas9核酸酶重新目标化以完成基因编辑，研究者将细胞核定位信号（nuclear localization signals，NLSs）与可变密码子的 *cas9* 基因进行融合，并且将此基因与通过质粒表达的 tracrRNA、crRNA 引导或嵌合引导 RNA（chimeric guide RNA，gRNA）共表达。通过 Cas9 蛋白进行的编辑效率与成熟的 ZFNs 和 TALENs 完全可以媲美，同时更加简单、可靠以及廉价。

实际上，Ding 等最近在多能干细胞的 8 个不同位点对 Cas9 以及 TALENs 的效率进行了对比，以 Cas9 为基础的系统在所有的位点上比 TALENs 系统都表现得更为稳定及可靠。同时，马萨诸塞州综合医院的研究者利用人工合成的 sgRNAs（小向导 RNA）指导 Cas9 内源性核酸酶对斑马鱼胚胎基因进行修饰，并证明取得与 ZFN 一样的修饰效果。他们将编码 Cas9 蛋白的 mRNA 和特定的引导 RNA（与斑马鱼基因组 DNA 的匹配概率高达 24%～59%）注射到斑马鱼胚胎内，结果取得了成功，在所有被注射的斑马鱼胚胎内，10 个切割位点中有 8 个位点都发生了切割，并且引入了插入或者缺失突变。

除了通过 NHEJ 方式使剪切位点引发基因组损伤以外，很多研究也表明，同时引入单链或双链的 DNA 供体可以促进 HDR 的发生。与野生型序列完全一致的 DNA 供体可以用来恢复原始序列，然而 DNA 供体也可以引入单核苷酸突变或是形成新的基因。研究发现，CRISPR RNA 引导核酸酶可以将外源 DNA 传递到基因组的特异性位点，用来对缺陷基因进行修复或是替换，从而进行基因治疗。

很快，有大量的研究团队证实，多种版本的引导 RNA 可在细胞以及多细胞生物中被用于 Cas9 蛋白对特异序列的定位与结合。多种引导 RNA 的作用还体现在可在同一基因组内编辑多个基因或者在两个不同位点剪切大片段基因组序列，这一过程也称作倍增作用（multiplexing）。Zhang 等与美国马萨诸塞州坎布里白头研究所的发育生物学家 Rudolf 合作，在同一个胚胎中最多可敲除五个基因。倍增作用在敲除冗余基因或研究平行通路时十分有用。

这些早期的以 Cas9 为基础的基因工程研究先驱者在公开的网站 Addgene. org 公布并共享了他们的表达质粒，这些无私的行为使得科学家们可以很快地利用这些质粒以及 Cas9 编辑的简易性，在特定目标的基因工程中进行使用。然而这一系统的广泛应用绝不仅仅只是这些。除了这些传统的位点特异性双敲除的基因组编辑外，最近报道了一种核酸酶缺陷型 Cas9——Cas9D，它可定点运送各种“货物”的特点使其成为一种可编辑的 DNA 结合蛋白。Cas9D 蛋白已经被报道在细菌、酵母以及人类细胞中，通过与转录因子的融合以及导向特异基因的启动子区域以调节基因转录水平。同时，Cas9D 系统的基因抑制与激活能力也提供了一种控制整体基因表达的简单而有效的方法。

最近，怀特海德研究所的研究者利用 CRISPR/Cas 系统，通过构建出一种叫作 CRISPR-on 的强大新基因调控系统，能够同时提高多个基因的表达，并精确操控每个基因的表达水平。CRISPR-on 在不同水平上只激活感兴趣的基因的能力可能有助于科学家们加深对多种疾病的转录网络的理解和找到治疗这些疾病的潜在方法。研究者还证实了这一系统能够有效应用于小鼠细胞、人类细胞和小鼠胚胎中。

CRISPR-Cas 系统被用于构建基因编辑工具箱，特别是化脓链球菌 *Streptococcus pyogenes* 中Ⅱ型 Cas9 内切核酸酶（SpyCas9）的广泛应用。Cas9 能够通过互补的小向导 RNA（sgRNA）以及前间隔序列邻近基序（PAM），准确瞄准特定遗传序列。一旦导向目标位点，Cas9 能够引发双链 DNA 断裂，这就是保护细菌免受外源 DNA 侵染的免疫机制。由于 Cas9 引发的双链 DNA 断裂能够被非同源末端结合（NHEJ）所修复，并且可以实现无痕敲除和插入（INDELs），CRISPR-Cas9 系统在真核生物基因编辑中广泛应用。另外，只要有合适的模板存在，这些双链断裂也能通过同源重组（HR）进行修复。细菌通常缺乏 NHEJ 能力，并且双链 DNA 断裂对于大多数细菌来说都是致命的，因而导致了 Cas9 在细菌中应用的发展滞后。事实上，移动遗传元件（如前噬菌体、质粒、ICEs 和基因组岛等）修复时导致的双链 DNA 断裂及细菌致死性，仍值得商榷。细菌确实具有内源性 HR 机制，并且应用 Cas9-sgRNA 结合修复模板的确在许多细菌中有效，包括许多乳酸菌及其对应的噬菌体。甚至，Cas9 还能够产生一系列的衍生物，如通过点突变产生催化失活的 deadCas9，能够在乳酸乳球菌等细菌中进行基因沉默。最近，有研究者还发现，Cas9 碱基编辑融合蛋白还能在目标序列引入特定核苷酸替换，而非双链 DNA 断裂。由于不需要修复模板以及较高的基因编辑效率，这些下一代 Cas9 基因编辑技术将加快在原核生物中进行使用。

Cas9 基因编辑极其精确，使得该项技术能够高效地构建出一个与自发突变或随机突变一致的突变库。由于 CRISPR-Cas 基因编辑技术构建的突变体无法用现有方法进行有效区分，导致了基因工程菌株定义的模糊不清，这给监管机构及立法带来了极大的挑战。乳酸菌工业平台（LABIP）在 2017 年 5 月的工作会议中表达了上述观点。

五、 CRISPR/Cas 在乳酸菌中的应用

CRISPR/Cas 系统在乳酸菌、双歧杆菌等细菌中本身就广泛存在，为菌株提供了抵御噬菌体和外源 DNA 的天然抗性。据报道，有 62.9% 的乳杆菌和 77% 的双歧杆菌基因组能够编码 CRISPR/Cas 系统，这一比例在嗜热链球菌中更是达到惊人的 100%。CRISPR 技术的出现和发展，更为乳酸菌的遗传改造提供了有力的工具（图 2-14）。

Selle 等利用嗜热链球菌的内源 CRISPR/Cas 系统，筛选菌体内的小概率突变株。针对嗜热链球菌的基因组改造，能够使其抵御噬菌体侵染，更好地作为乳品发酵剂。Ruas-Madiedo 等报道了利用 CRISPR/Cas 系统，提高乳酸菌和双歧杆菌的胞外多糖合成能力，例如利用内源 CRISPR/Cas 系统，能够高效地向聚合酶基因 *epsC* 中引入单核苷酸突变，使得乳双歧杆菌能够产生不同的 EPS。Ruiz 等研究报道，利用格氏乳杆菌内源性的 CRISPR/Cas 系统，能够将 *bshA* 基因的天然启动子替换成具有更好启动效率的 *pgm* 启动子，从而提高工程菌的 *bshA* 基因转录水平以及 BSHA 酶活。Goh 等研究报道，通过 CRISPR/Cas 系统对双歧杆菌进行基因组编辑和突变株筛选，成功构建出能够利用非消化性糖类（FOS、GOS、HMO）的双歧杆菌工程菌。Hidalgo-Cantabrana 等通过对单个基因的定向改造，改进了乳双歧杆菌的黏附表型和功能。

考虑到乳酸菌和双歧杆菌基因组编辑的可行性，利用这些益生菌作为动物和人体的黏膜疫苗传递系统是一个重要的研究方向。与传统的疫苗相比，黏膜疫苗传递系统具有副作用小、给药方便、黏膜系统反应迅速等优势。起初，由于载体的便利性和转化效率

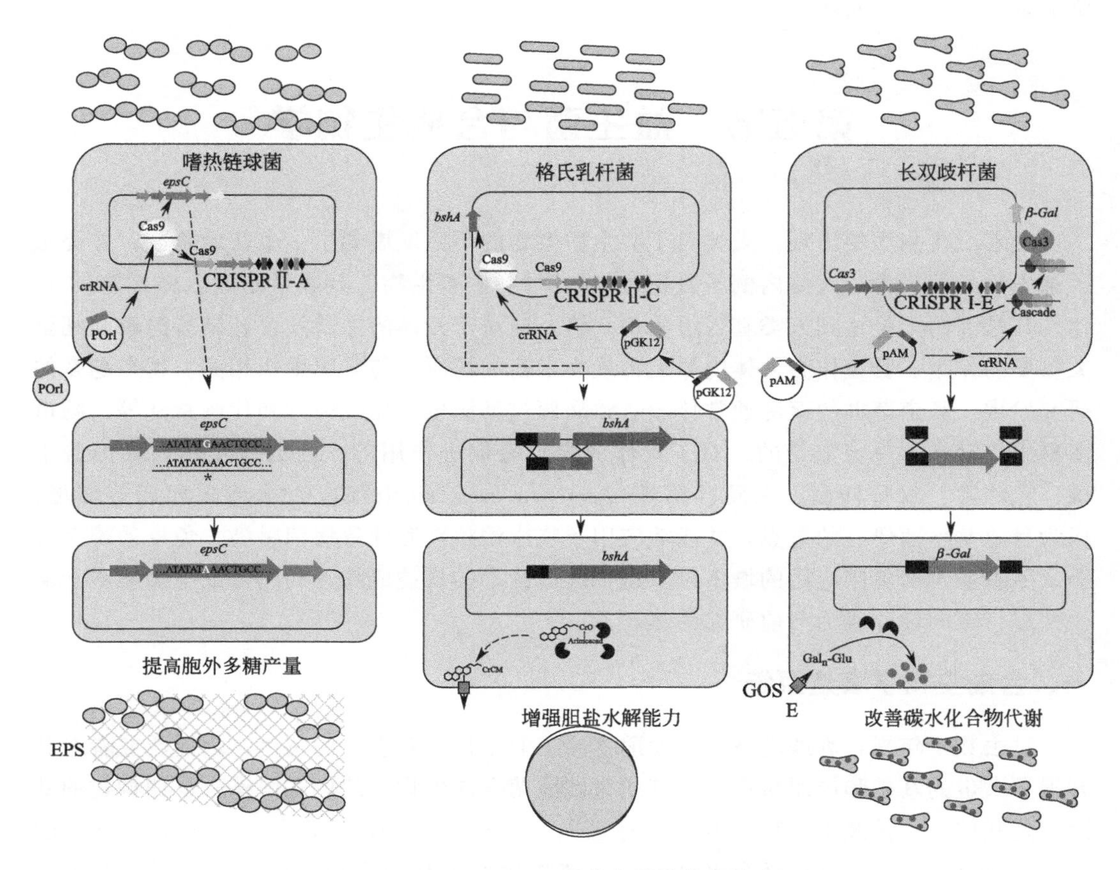

图 2-14 CRISPR/Cas 系统在乳酸菌中的应用

高，Bermudez-Humaran 等将乳酸乳球菌开发成为异源表达宿主。研究者将来自变异链球菌的保护性抗原和破伤风病毒片段 C 等进行了异源表达。随后，由于乳杆菌生长旺盛、辅助性能好以及大量遗传操作工具的出现，使得乳杆菌逐渐替代了乳球菌，作为疫苗传递的载体。过去，常常依靠质粒进行转化和目标抗原的表达，然而抗生素抗性基因存在水平转移的风险，质粒的不稳定也会影响抗原表达。因此，基于重组益生菌株的黏膜疫苗传递系统具有无可辩驳的优势。这种方法已经在乳酸菌生物疗法中得到了成功应用。O'Flaherty 等在嗜酸乳杆菌 NCFM 中成功表达了肉毒梭菌 A 型内毒素和炭疽杆菌保护性抗原。

使用 CRISPR/Cas 系统能够对乳酸菌和双歧杆菌等进行理性设计和精准编辑，这为疫苗传递和生物疗法提供了有效保证。通常，可以利用菌体自身的 CRISPR 系统或引入外源的 Cas9：sgRNA 系统进行 DNA 编辑。依靠此技术，研究者已经将詹氏乳杆菌、格式乳杆菌、卷曲乳杆菌和阴道乳杆菌等成功开发为黏膜疫苗传递的载体。Dong 等利用 CRISPR/Cas 系统对致病菌金黄色葡萄球菌进行了遗传改造，去除了其耐药基因和毒性基因。Arigoni 同样利用该技术，去除了益生菌动物双歧杆菌乳脂亚种的四环素抗性基因 *tetW*，其遗传改造的效率远高于传统的分子生物学方法。敲除益生菌和致病菌中的抗生素抗性基因，能够有效阻断耐药基因的广泛传播，减少目前发达国家正面临的重大公共安全问题。

第五节 益生菌与合成生物学

随着二代测序的出现，人类对于共生微生物的研究发展到了一个新的阶段，并提出了微生物组的概念。人体内栖居着超过1000种共生微生物，其数量超过人体细胞的10倍，其基因组更是达到人类基因组的100倍，这对于人体的生长发育和维持健康起到至关重要的作用。肠道作为人体内微生物最为丰富的场所，与健康密切相关。越来越多的研究发现，肠道菌群的紊乱通常伴随着致病菌过度滋生、免疫失调和代谢紊乱等。肠道菌群中，存在着一定数量的、对于人体健康具有促进作用的、活的微生物，称为益生菌。乳酸菌、双歧杆菌、大肠杆菌 *Escherichia coli* Nissle 1917（EcN）和部分酵母，成为目前益生菌研究的重点，并成功应用于临床治疗食源性致病菌感染、免疫系统疾病等。随着益生菌临床应用的增多以及遗传改造技术的日益成熟，利用合成生物学对于益生菌进行定向设计成为当前研究的热点。

一、合成生物学表达系统

过去数十年来，乳酸乳球菌在发酵食品工业中扮演着重要的角色，因而研究者对其开展了大量的基础和应用研究，使其成为乳酸菌合成生物学的模式菌株。早期构建的基因克隆载体，正是源于分离自乳酸乳球菌的pWV01和pSH71质粒（以及粪肠球菌的pAMβ1质粒）。这些质粒至今仍是乳酸菌遗传操作工具的主要骨架，广泛用于基因表达、诱导系统、染色体整合和重组工程等。

起初，研究者从乳酸乳球菌中分离到大量不同强度的组成型启动子和终止子，为基因表达和调控提供了必要元件。随后，利用启动子突变技术，研究者构建了适用于乳酸乳球菌和植物乳杆菌的人工合成组成型启动子元件库。而诱导型启动子能够控制基因表达，在合成生物学中的应用更加广泛。细菌素控制的表达系统（NICE）是目前应用最为广泛、研究最为透彻的乳酸菌表达系统之一。该系统受到抗菌肽Nisin的调控，唯一的缺点在于菌体的本底表达，使其无法用于某些要求严格的基因表达或是毒性蛋白表达。在Zn^{2+}浓度较低、不具有毒性的水平下，P_{Zn}-zitR表达系统以及锌调控的表达系统（Zirex）能够分别与NICE系统联合使用。与NICE系统类似，精胺控制的表达系统（ACE）同样能够在乳酸乳球菌中进行较为严格的基因表达调控，同时具有很好的剂量效应。另一个在乳酸菌中广泛应用的诱导系统，是依赖于清酒乳杆菌的细菌素sakacin-P调控机制的诱导表达系统，能够通过诱导激素和群体感应分子IP-673和SppIP进行激活。该系统能够在许多乳酸菌（乳酸乳球菌除外）中进行蛋白质表达、分泌和表面展示。另外，一些经典的大肠杆菌表达系统的突变体（如含有$P_{lacSynth}$启动子的lac操纵子），同样在乳酸菌中进行了研究和应用。

自从乳酸菌合成生物学在肠道中得到应用，研究者开始关注如何利用肠道相关的生理信号来进行体内的基因表达调控，并以此开发新型启动子。在乳酸乳球菌临床治疗的一些实例中，使用到多种启动子，包括 pH 依赖型启动子 P_1 和 P_{170}、木糖诱导表达系统（XIES）、热休克型启动子 *dnaJ*、超氧化物歧化酶 A 启动子（P_{SodA}）等。最近，研究者还开发了压力诱导型控制表达系统（SICE），该系统利用乳酸乳球菌 *groESL* 启动子，能够在模拟肠道环境下进行体外诱导表达。上述研究显示，利用代谢产物或环境因素作为诱导条件来激活体内的基因表达，具有很好的应用前景，能够有效避免使用昂贵和不稳定的肽类诱导分子。

二、合成生物学基因组编辑工具

基于染色体整合的基因敲除和基因插入，在乳酸乳球菌中已有许多报道。例如，利用乳酸乳球菌 NICE 诱导表达系统，在添加亚致死浓度 Nisin 的条件下，整合 *nisRK* 基因能够显著提高蛋白质表达水平，并且该系统被证实能够用于多种乳酸菌。另外，De Moreno 等在乳酸菌中定向插入具有治病功效的目的基因，用于替换胸苷酸合成酶（thyA），能够在 P_{ThyA} 启动子控制下进行组成型蛋白表达，并且产生胸腺嘧啶营养缺陷型突变株。利用该重组菌株，能够治疗结肠炎。然而，这些工具仅能用作单基因操作，针对代谢途径和多基因调控的基因组编辑需要额外的工具。

近年来，研究者成功报道了利用单链 DNA（ssDNA）重组技术，对于乳酸乳球菌和罗伊乳杆菌的基因组编辑。该方法虽然有效，但是其效率受到菌体本身的错配修复机制的阻碍。随后，研究者将单链 DNA 重组技术与 CRISPR-Cas9 技术相结合，应用于罗伊乳杆菌，极大地提高了编辑效率。Oh 等利用来源于罗伊乳杆菌原噬菌体的 ssDNA 结合蛋白（RecT），与 DNA 复制叉的滞后链进行杂交。随后，Cas9 核酸酶能够准确找到需要敲除的目的基因序列，产生大量的突变菌株，从而提高编辑效率。

另一种乳酸菌基因组操作方法是乳酸菌代谢途径调控载体系统（PEVLAB）。利用 PEVLAB 系统，能够对菌种特异性质粒的拷贝数进行调控，实现质粒在大肠杆菌中以高拷贝数存在，用于高效的基因克隆，而在乳酸乳球菌中，质粒以单拷贝形式存在，用于小规模的基因修饰（<10bp）。利用 λred/RecET 重组和染色体同源重组，该方法还能够对较大的 DNA 片段（>100bp）进行基因编辑。

三、合成生物学的临床应用

目前，合成生物学的研究仍然主要在大肠杆菌模式菌株中展开，但是其开发的合成生物学元件能够很容易地应用到益生菌 EcN 中，进行临床治疗。由于具有天然的非致病性并且能够耐受严苛的消化道环境，乳酸菌作为食品级益生菌，更适合作为口服或黏膜给药载体（图 2-15）。因此，许多研究者都关注如何利用合成生物学技术，将乳酸菌开发成疫苗载体，用于临床治疗（表 2-10）。如通过肠外注射，进行特发性肠道紊乱的治疗。事实上，由于许多慢性炎症和急性感染的发作都是从黏膜层开始的，而且 80%的免疫细胞存在于黏膜组织，因而黏膜给药是一种理想的给药方式。

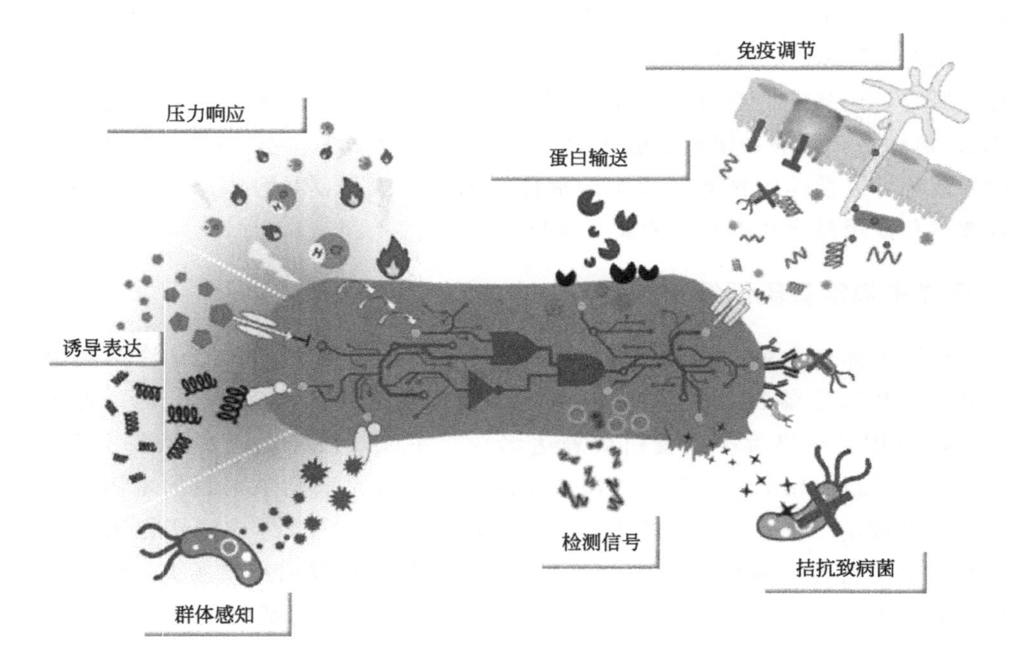

图 2-15 合成生物益生菌的应用

表 2-10 乳酸菌工程菌株的临床应用

药物	临床阶段	公司	宿主	重组蛋白	应用
FluGem-A	一期	Mucosis	BLP/乳酸乳球菌	流感疫苗抗原	流感疫苗
SynGem RSV	一期	Mucosis	BLP/乳酸乳球菌	RSV-F 抗原	RSV 疫苗
AG011	一期/二期	Intrexon	乳酸乳球菌	IL-10	结肠炎
AG013	一期/二期	Intrexon	乳酸乳球菌	TFF-1	口腔黏膜炎
AG014	一期	Intrexon	乳酸乳球菌	α-肿瘤坏死因子抗体片段	炎性肠病
AG019	一期	Intrexon	乳酸乳球菌	IL-10 和胰岛素原	Ⅰ型糖尿病
BLS-ILB-E710c	一期/二期	AnGes	干酪乳杆菌	HPV 16 E7	HPV 疫苗
MucoCept	一期(计划)	Osel	詹氏乳杆菌	HIV 抗体片段	预防 HIV

注：RSV 指呼吸道合胞病毒；HPV 指人乳头瘤病毒。

黏膜疫苗作为抗原，能够引起机体上呼吸消化道、肠道和泌尿生殖系统等黏膜部位的保护性免疫应答。基于合成生物学的表达系统，乳酸菌载体成功用于抗原递送，并使机体免于遭受致病菌感染。Li 等研究者构建了重组乳酸乳球菌，能够分别在细胞内、细胞膜表面和细胞外表达人乳头瘤病毒（HPV)-16 E7 抗原，并通过鼻腔给药注入小鼠体内。Mansour 等构建了重组格氏乳杆菌，能够表达链球菌 M6 蛋白的 C 端区域，并在受化脓链球菌感染的小鼠体内引起保护性的免疫应答。热休克蛋白（HSP）是糖尿病患者体内的一种重要的自体抗原，Ma 等研究发现，非肥胖型小鼠能够通过摄入表达

HSP65 和 P277 串联重复序列（HSP65-6P277）的重组乳酸乳球菌，减少Ⅰ型糖尿病的发病率。

健康的生殖道中存在着大量的乳酸菌，通过生殖道进行乳酸菌给药能够恢复正常菌群，减少细菌感染的发生。另外，某些由抗生素耐药性致病菌引起的肠道感染，治疗十分困难。而益生菌能够拮抗或抑制致病菌生长，并且工程化的菌株具有目标特异性，越来越多地用于临床治疗。例如，表达肠道菌素的乳酸乳球菌重组菌，显示出较强的抑菌活性，能够特异性地抑制粪肠球菌，以及其他具有万古霉素抗性的致病菌。

在临床应用中，预防肥胖、糖尿病和炎性肠病（IBD）是乳酸菌的主要用途。研究报道，通过低剂量（常规给药的万分之一）的口服组成型表达免疫抑制细胞因子（IL-10、IL-27 和 TGF-β1）的重组乳酸乳球菌，能够有效减少小鼠 IBD 的发生。Shigemori 等发现，通过构建分泌血红素加氧酶-1（HO-1）的重组乳酸乳球菌，能够促进 IBD 小鼠产生抗炎细胞因子或抑制促炎性细胞因子。另外，还有许多研究者关注重组乳酸菌表达抗氧化酶，如超氧化物歧化酶（SOD）和过氧化氢酶（Kat），能够消除 IBD 患者体内的活性氧分子。有意思的是，del Carmen 等研究发现，当这些酶在嗜热链球菌中表达，并与发酵乳一起饲喂小鼠时，表现出消除炎症的功效。黏膜炎症是化疗和放疗治疗后产生的一种副作用，也是当前工程化益生菌消除炎症的一个最新研究领域。Carvalho 等研究发现，给小鼠喂饲分泌人胰腺炎相关蛋白Ⅰ（PAP）的工程化乳酸乳球菌，能够阻止肠炎的进一步发展。Caluwaerts 等研究发现，在漱口水中添加分泌人三叶因子 1（hTFF1）的重组乳酸乳球菌，能够减少口腔炎症的发生。

肥胖是一种慢性代谢紊乱，与炎症的发生高度相关，通常还会引发自体免疫性疾病（如 IBD）。之前提到的乳酸乳球菌重组表达的 HSP65-6P277 不仅能够预防高血糖症，还能够治疗肥胖相关的Ⅱ型糖尿病。为了更好地治疗糖尿病和肥胖，Duan 等对人体共生菌——格氏乳杆菌进行了工程化改造，使其组成型分泌胰高血糖素样肽 1(1-37)[GLP-1(1-37)]，该物质能将肠上皮细胞转变为葡萄糖响应的胰岛素分泌细胞。研究结果证实，每日口服重组菌株能够有效减少糖尿病小鼠的高血糖症。考虑到肠道微生物数量庞大、种类丰富以及乳酸菌的耐受消化道能力，乳酸菌非常适合作为肠道给药的载体。

四、合成基因电路

在合成生物学中，人工合成的基因电路提供了一套自主、可控的决策机制，不仅能够用于临床给药和药物的生物合成，也能够确保病人的安全。尽管营养缺陷型能够满足对于合成生物污染的控制，然而人工合成的基因电路能够进一步确保生物安全。例如，Hwang 等基于合成生物学技术开发了一株重组大肠杆菌 EcN，能够预防和消除由铜绿假单胞菌引起的肠道感染，而来自铜绿假单胞菌的群体感应分子——*N*-乙酰高丝氨酸内酯（AHL），能够诱导益生菌 EcN 的裂解，从而确保临床应用的安全性。通过人工设计的自杀元件，能够对于局部污染的人工合成乳酸菌进行有效清除。许多针对人工合成乳酸菌的“清除开关”，正在被越来越多的研究者开发出来。

如今，使用活的微生物作为治疗药物的需求越来越强烈，然而在技术上仍然存在一些瓶颈急待突破。只有解决这些难题，工程化菌株才能广泛而安全地应用于人体。引入重组基因通常会增加代谢负担，不利于工程化菌株在复杂的环境中生存和繁殖。染色体整合能够避免传代过程中质粒丢失的风险，然而整合操作工具具有种属特异性，有一定的开发难度。大肠杆菌中基因电路的设计和应用，对于乳酸菌合成生物学具有指导意义。

第六节 分子生物学在益生菌鉴定中的应用

传统的微生物分类鉴定方法是利用形态学和生理学特征及其差异来进行的，但是这种经典分类学方法的弊端是耗时耗力，并且在一些情况下分辨率不高，难以做到精准分类。随着分子遗传学的飞速发展，从分子和基因水平来鉴定乳酸菌已成为可能，许多新的分子生物学技术正在被用来进行乳酸菌的分类鉴定。近年来已经发展了一系列可以灵敏、快速、自动化，并且在分子水平上检测乳酸菌的技术。

一、基于 rRNA/rDNA 的序列分析

1. 16S rRNA 序列分析

原核生物中主要包含有 3 种核糖体 RNA：23S rRNA、16S rRNA 和 5S rRNA。它们分别含有约 2900 个、1540 个和 120 个碱基，其中 16S rRNA 序列最为保守，因此，成为细菌分类鉴定最基础的分子指标。16S rRNA 序列中除了含有高度保守区域，也含有相对可变区。保守区可反映生物物种的亲缘关系，为分析系统发育提供线索，可变区则能揭示出生物物种的核酸序列差异，且具有株、种、属的结构特征，所以可变区是种属鉴定的分子基础。通过对 16S rRNA 高度保守序列和相对可变序列的比较可以确定细菌的分类地位及细菌之间的进化关系。16S rRNA 序列分析技术的基本原理是从乳酸菌中通过克隆、测序或酶切、探针杂交获得部分 16S rRNA 序列信息，再与 16S rRNA 数据库中的序列数据或其他数据进行比较，确定其在发育树中的位置，从而鉴定其种类。常用的数据库有 GenBank 数据库和 EMBL 数据库，可通过 Blast 或者 FASTA 等搜索程序在数据库中查找与乳酸菌相对应的 DNA 序列。例如 Chang 等从中国台湾传统发酵食品腌姜中分离出 160 株乳酸菌和从未经加工的生姜中分离出 16 株乳酸菌。这些分离的菌株通过表型进行了鉴定，并用 16S rRNA 序列分析和 RFLP 技术分为 9 个菌群。结果发现，在没有加入腌李子初始 2d 的发酵中，清酒乳杆菌和乳酸乳球菌乳酸亚种是优势乳酸菌；在发酵 3d 后，这些菌种大部分被食窦魏斯菌和植物乳杆菌所代替。发现添加有腌李子的发酵桶中，在发酵过程中，食窦魏斯菌是优势乳酸菌群。Higuchi 等对应用于动物饲料的两种商业化试剂中的嗜酸乳杆菌进行了 16S rRNA 基因测序，系统发育树分析表明，两种商业试剂中的菌株分别属于鼠李糖乳杆菌（干酪乳杆菌中的一员）和约氏乳杆菌（嗜酸乳杆菌中的一员）。

随着基因组数据库的不断扩充和完善，也大大促进了 16S rRNA 分析技术在乳酸菌

快速检测及鉴定中的应用。研究表明，16S rRNA 序列分析既可以在种属水平上对细菌进行较为准确的鉴定，也可以对细菌亚种进行鉴定，但对 16S rRNA 序列非常相近的不同细菌难以有效区分，对同种的不同菌株间也难以分辨。张红发等针对 16S rRNA 发展了一种新型通用 PCR 步移技术，在 16S rRNA 相对保守区域设计一条特异性引物，获得 16S rRNA 上游多变基因序列，提高细菌测序鉴定的分辨率，可以鉴定到种的水平。其 PCR 步移原理如图 2-16 所示。用一条已知序列的特异性引物与一条半随机引物搭配，通过成环抑制同引物间的扩增，只通过一次普通 PCR 循环程序即可获得已知序列相邻的未知序列。得到的 PCR 产物割胶纯化，直接测序；操作简单，结果准确可靠。在 16S rRNA 相对保守区域设计一条特异性引物，获得 16S rRNA 上游多变基因。所选择的 41 株不同细菌都能通过测序鉴定到种的水平，而 16S rRNA 测序却难以鉴定到种的水平，特别是一些相近的种，更是无法鉴别。

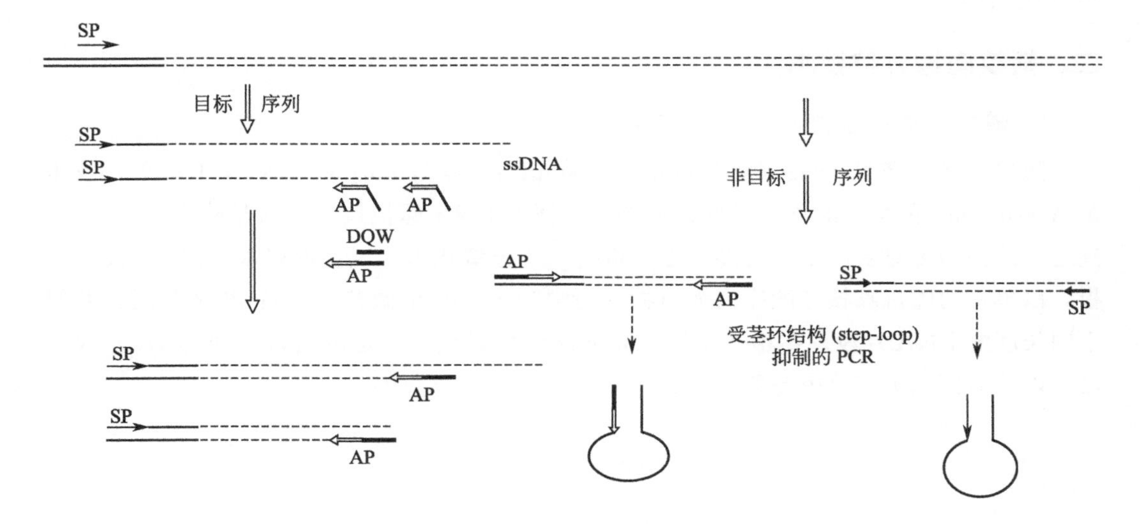

图 2-16 PCR 步移原理

2. 16S-23S rRNA 间隔区序列分析

16S rRNA 和 23S rRNA 基因之间的区域，被称为 16S-23S rRNA 间隔区序列（intergenic spacer region，ISR），已被用于区分和鉴定亲缘关系相近的种和菌株。由于 ISR 序列位于高度保守的 16S rRNA 和 23S rRNA 基因之间（图 2-17），因此，可以根据 16S rRNA 和 23S rRNA 末端的保守序列设计引物来对 ISR 序列进行扩增，然后根据

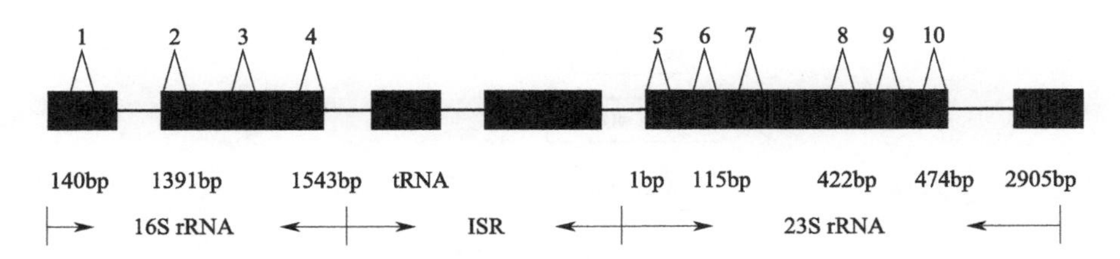

图 2-17 16S-23S rRNA 间隔区序列（ISR）结构

PCR 扩增产物的多态性或扩增产物酶切片段的特异性或直接测序来对细菌进行鉴别。

不同菌种的 16S-23S rRNA 基因间隔区具有相当好的保守性，同时比 16S rRNA 具有更强的变异性，进化速度是 16S rRNA 的 10 多倍。Anu 等根据 16S-23S rRNA 基因的 ISR 设计引物，成功用于对副干酪乳杆菌（*L. paracasei*）、鼠李糖乳杆菌（*L. rhamnosus*）、德氏乳杆菌（*L. delbrueckii*）、嗜酸乳杆菌（*L. acidophilus*）、瑞士乳杆菌（*L. helveticus*）和嗜热链球菌（*S. thermophilus*）进行区分。Li 等通过表型和 16S rRNA 及 ISR 序列分析从 10 株双歧杆菌中筛选出 1 株具有耐氧、耐酸和耐胆汁盐的动物双歧杆菌乳酸亚种 Qq08 菌株，该菌株要比商业化益生菌株 BB12 双歧杆菌具有更佳的特性。但无论是 16S rDNA 序列还是 16S-23S rRNA ISR 序列分析方法，都是针对乳酸菌基因组的一部分序列进行分析，而不是在全基因组的水平上分析，具有一定的局限性，并且该方法比较耗时，当样本数量很多时，测序费用较高。

二、指纹图谱分型技术

1. 随机扩增多态性 DNA 标记技术

随机扩增多态性 DNA 标记（random amplified polymorphic DNA，RAPD）技术是由 Williams 和 Welsh 同时发展起来的一种新型 DNA 标记技术，它是建立在 PCR 基础之上的一种可对基因组进行多态性分析的分子分型技术。该技术以基因组 DNA 为模板，以单一的随机寡核苷酸序列为引物（通常为 8～10 个碱基）进行 PCR 扩增，获得不同长度的 DNA 片段。扩增产物经凝胶电泳分离后呈现一定的谱带，即 DNA 指纹图谱，以此对菌株进行分类与鉴定（图 2-18）。

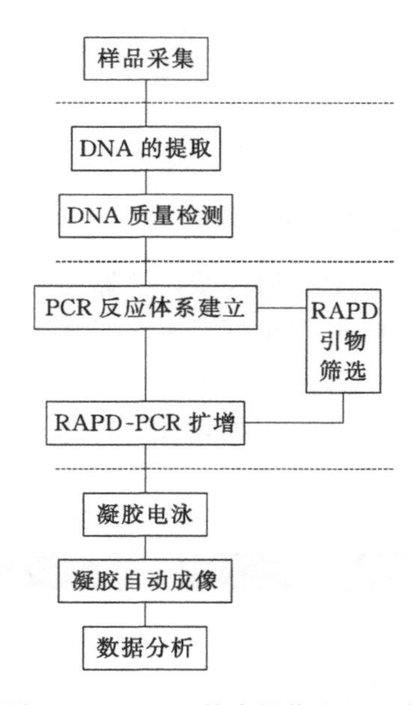

图 2-18 RAPD 技术操作流程示意

Fujmoto 等根据干酪乳杆菌代田株的特异性引物，利用以 PCR 为基础的 RAPD 技术对摄入人体肠道内的代田菌进行了鉴定和定量分析，结果表明，该法可对人体粪便中的代田菌，包括死菌或缺少活性的菌，进行快速和精确的鉴定。2007 年，Isabel Lopez 等对 120 株植物乳杆菌中的 46 株应用传统生理生化方法和 RAPD-PCR 技术进行了遗传学特征分析，研究结果表明，RAPD-PCR 技术更能显示出这 46 株植物乳杆菌之间的同源性。Ulrich Schillinger 等从酸乳酪中分离出 20 株益生菌，使用 RAPD-PCR 技术与 11 株模式菌株电泳图谱进行比对分析，鉴定出这 20 株菌属于嗜酸乳杆菌（*L. acidophilus*）和干酪乳杆菌（*L. casei*）。

作为 PCR 技术的延伸，RAPD 技术有其自身的特点：无须预先知道基因组 DNA 的序列信息；模板 DNA 用量少，可检测到纳克（ng）水平；简捷快速，易于自动化，且安全性好。但是由于 RAPD 中使用的引物不是针对某一特定的 DNA 序列，因此，该方法的重复性较低，RAPD 技术很难将乳酸菌鉴定到种的水平。现在主要和其他方法一起使用，如 Antonsson 等先将分离自奶酪的 33 株乳酸菌分为 10 个 RAPD 型，再用温度梯度凝胶电泳（temperature gradient gel electrophoresis，TGGE）技术将这些细菌鉴定到种的水平。

2. 限制性片段长度多态性分析技术

限制性片段长度多态性分析（restriction fragment length polymorphism，RFLP）技术是第一代 DNA 分子标记技术。20 世纪 80 年代，最早由 Bostein 等利用个体之间 DNA 序列之间的差异作为标记构建遗传图谱。其原理是使用限制性内切酶对细胞基因组 DNA 进行酶切，而后在琼脂糖凝胶上进行电泳分离，进而分析检测 DNA 分子上不同酶切位点的分布情况，对比不同基因组间核苷酸的差异。分析结果可显示出不同种群间 DNA 分子的限制性片段多态性（图 2-19）。最近几年，PCR 与 RFLP 相结合的技术被普遍应用于乳酸菌的分类鉴定中。John 等应用 PCR-RFLP 对拟南芥中的细菌群落进行了菌群分析，通过与模式菌株比对，将分离细菌进行了鉴定，其中植物乳杆菌为优势菌群。Randazzo 等应用此技术对分离自绿橄榄中的部分乳酸菌进行研究，发现大部分菌株为干酪乳杆菌和短乳杆菌。Giraffa 等使用该技术对 35 株德氏乳杆菌的 α-半乳糖苷酶、乳糖渗透酶和脯氨酸二肽酶的基因进行 PCR 扩增，用限制性内切酶酶切分析，完成了对 35 株德氏乳杆菌乳酸亚种和保加利亚乳杆菌亚种的鉴定。Deveau 和 Moineau 通过分析限制性内切酶图谱，使用 RFLP 对产胞外多糖的乳酸乳球菌菌株进行了分离和快速的鉴定，并总结出作为一种有效的基于 RFLP 技术的编目系统，有利于对乳酸乳球菌菌株鉴定的研究。

3. 扩增片段长度多态性分析技术

扩增片段长度多态性分析（amplified fragment length polymorphism，AFLP）技术是在 RFLP 和 RAPD 技术的基础上发展起来的一种分子标记技术，最早由荷兰科学家 Zabeau 和 Vos 率先提出并发展建立起来一种 DNA 多态性分析的新方法。其原理是对基因组 DNA 双酶切以后获得的酶切片段进行选择性 PCR 扩增，得到的扩增片段用电泳技术分离检测，根据带型中一些特征条带的出现与消失来检测不同扩增片段长度的多态性（图 2-20）。

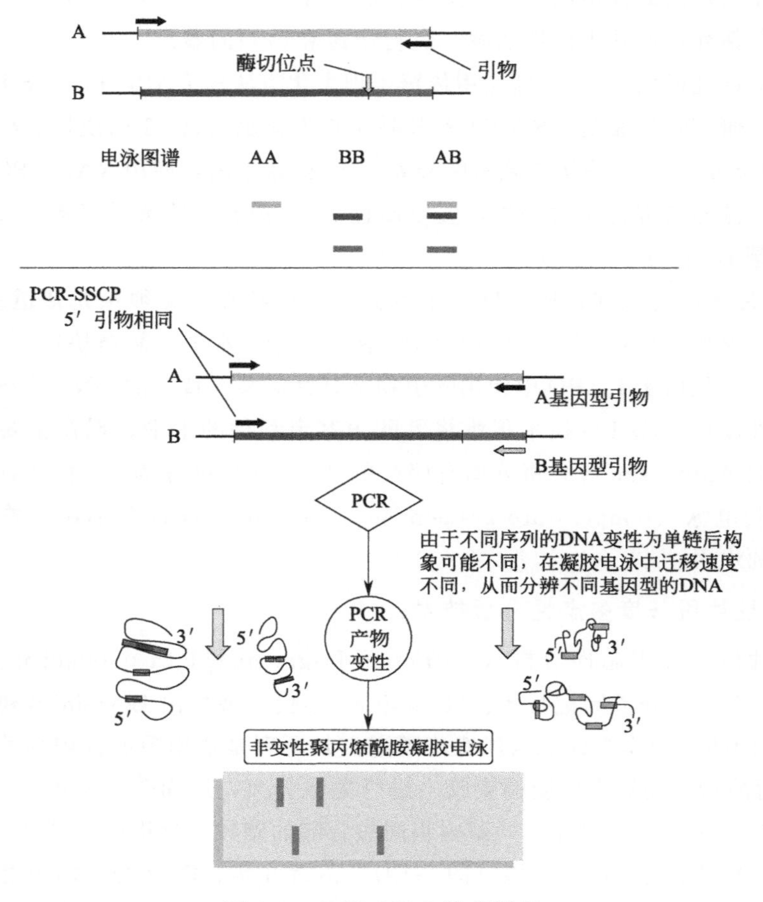

图 2-19 PCR-RFLP 技术原理

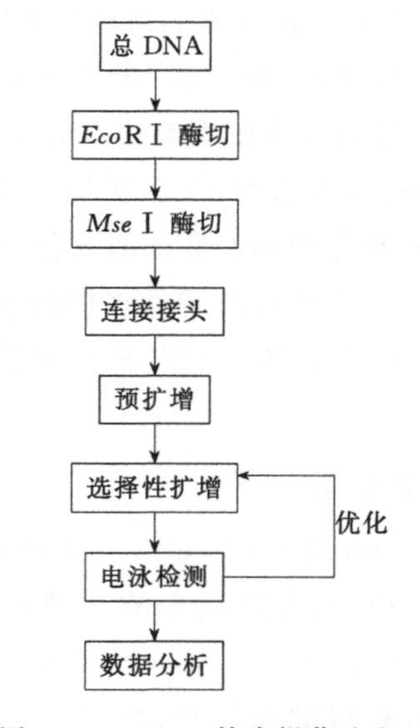

图 2-20 AFLP 技术操作流程示意

一般来说，先用两种不同的限制性内切核酸酶将基因组 DNA 酶切，得到一系列含有黏性末端的限制性片段，使用 T4 DNA 连接酶将这些限制性片段与特异性的双链核苷酸接头连接，然后使用选择性引物将限制性片段进行选择性扩增。最后，将扩增产物通过电泳技术分离和染色后，可以得到片段长度多态性。通常，选择性引物由核心序列、与内切酶位点互补的特异序列和选择性核苷酸组成。

该技术建立初期用于植物育种的研究，后来发展为可以分析任何来源 DNA 指纹图谱的一项通用技术。到目前为止，AFLP 技术大部分用于流行病学研究，其研究目标是从食物传播致病菌中辨别毒力标记（例如李斯特菌属和沙门菌属），近些年来也被广泛地应用于乳酸菌的分类鉴定。Giraffa 等使用 AFLP 技术可对系统发育密切相关的菌种戊糖乳杆菌、植物乳杆菌和类植物乳杆菌进行种水平的鉴定。2001 年，Torriani 等用 AFLP 技术成功区分开了植物乳杆菌、戊糖乳杆菌和类植物乳杆菌。Ventura 采用 AFLP 技术，不经过预扩增，在其中一个预扩增引物加上一个选择性核苷酸组成一对引物，将 47 株约氏乳杆菌分为 7 个亚类。2007 年，Busconi 等首次应用 AFLP 技术对小牛肠道中的乳酸菌菌群进行了分析，他们选取了两头健康小牛肠道中的 311 株乳酸菌，使用该技术完成了分类鉴定，这些乳酸菌被无一例外地分类到 8 个属，其中最具代表性的是乳杆菌属（169 株），其次是链球菌属（99 株）。同年，Zhechko 等对 49 株分离自健康人类排泄物的乳酸菌进行了分类鉴定。对比使用 RAPD 及 AFLP 两种分子生物学技术得出结论：RAPD 技术相对更迅速便捷，但是重复性稍差，鉴定结果不甚准确；而 AFLP 技术操作相对简单便捷，而且鉴定结果准确，完全可以在种的水平上甚至于亚种的水平上对乳酸菌进行准确的分类鉴定，因此，AFLP 技术必将成为乳酸菌鉴定强有力的工具。

4. 变性梯度凝胶电泳技术

变性梯度凝胶电泳（denaturing gradient gel electrophoresis，DGGE）技术最早由 Fischer 和 Lerman 在 1979 年提出，是用于检测 DNA 突变的一种电泳技术。1985 年，Myersrm 等首次在 DGGE 中使用“CC 夹板”和异源双链技术，使该项技术更完善。1993 年，Muzyer 等首次将 DGGE 技术应用于分子微生物学研究领域，并证实了这种技术在微生物遗传多样性和菌群差异方面具有独特的优越性。DGGE 的基本原理是：DNA 分子中 4 种碱基的组成和排列差异，使不同序列的双链 DNA 分子具有不同的解链温度。当双链 DNA 在变性梯度凝胶中进行到与 DNA 变性温度一致的凝胶位置时，因其解链的速率和程度与其序列密切相关，所以当某一双链 DNA 序列迁移到变性凝胶的一定位置，并达到其解链温度时，即开始部分解链，部分解链的 DNA 分子的迁移速率随解链程度的增大而减小，从而使具有不同序列的 DNA 片段滞留于凝胶的不同位置（图 2-21）。理论上认为，只要选择的电泳条件如变性剂梯度、电泳时间、电压等足够精细，一个碱基差异的 DNA 片段都可以被区分开。

Gaber 等使用 PCR-DGGE 技术对埃及传统 Domiati 软奶酪中的菌群多样性进行了研究，结果表明，通过 DGGE 方法所反映出的大量条带，在 Domiati 奶酪中有着新的菌体特性和广泛的菌群多样性，所鉴定的优势乳酸菌包括肠膜明串珠菌、格氏乳球菌、绿浅气球菌和乳酸乳球菌等。2006 年，Spano 等用 DGGE 技术成功分析了红葡萄酒中的酒类酒球菌（*Oenococcus oeni*）和植物乳杆菌，并指出植物乳杆菌是发酵初期的优势

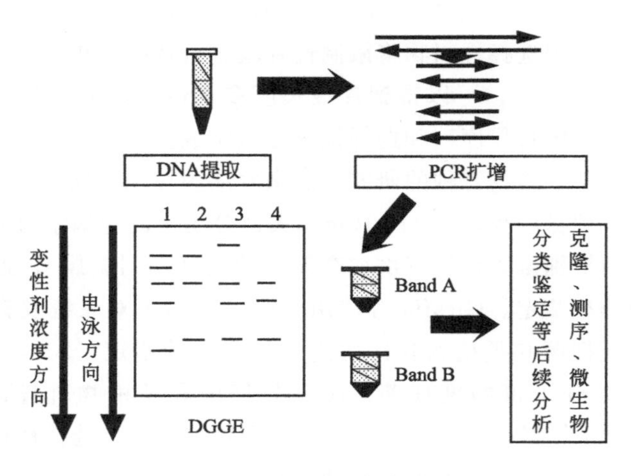

图 2-21 DGGE 技术原理

菌种。2007 年，Milica 等通过 PCR-DGGE 的方法成功鉴定了当地自制山羊奶干酪中的乳酸菌。Raimundo 等使用 DGGE 和 RT-PCR 技术对健康人群服用新鲜和热处理酸奶（含有德氏乳杆菌保加利亚亚种及嗜热链球菌）后对肠道菌群的影响进行了定性和定量研究，结果表明，服用酸奶后人体肠道菌群的主要变化是乳酸菌群密度的增加及产气荚膜梭菌对拟杆菌的破坏，而服用新鲜和热处理酸奶后的菌群变化没有差别。

该技术不依赖于微生物的分离培养，便能快速、准确地获取复杂样品中微生物的菌群组成及其遗传信息。多数研究表明，DGGE 在乳酸菌的分类和鉴定以及在研究群落动态和多样性方面具有广泛的应用，但是该技术无法给出代谢活性、细菌数量和基因表达水平方面的信息，因此，必须与其他技术相结合才能弥补其不足。

5. 脉冲场凝胶电泳

当细菌被鉴定到种后，为了进一步对细菌进行鉴定和分型，往往需要在对整个基因组 DNA 进行限制性酶切、电泳分离后，对不同电泳图谱进行分析。若使用稀有酶切位点的内切酶作用后，则可得到较大的 DNA 片段，这些片段难以通过普通凝胶电泳分离，利用脉冲场凝胶电泳可以很好地进行分离。脉冲场凝胶电泳（pulsed field gel electrophoresis，PFGE）是一种可分离 10kb～10Mb 大分子 DNA 的新型凝胶电泳技术。在脉冲场凝胶电泳中，电场方向不断改变，使琼脂糖凝胶中 DNA 分子的泳动方向相应改变，较小的 DNA 分子在电场转换后可以较快地改变移动方向，而较大的分子在凝胶中转向较为困难。但由于脉冲场的作用，大分子也会进行移动。最后，不同大小的 DNA 分子在凝胶上会呈现不同的迁移率，从而在凝胶上按染色体大小而呈现出电泳带型（图 2-22）。DNA 带谱在一定程度上反映了 DNA 含量和分子大小，可作为分型的依据。

研究表明，使用 PFGE 可对大量微生物包括乳杆菌和双歧杆菌进行亚种区分。Psoni 等 2007 年采用该技术分析了希腊山羊奶奶酪中分离的 40 株乳酸乳球菌的多样性，并与 RAPD 分型技术和质粒分型技术进行比较，结果显示，40 株菌具有丰富的多态性，且 PFGE 所得结果与 RAPD 和质粒分型技术所得结果非常一致。另有研究

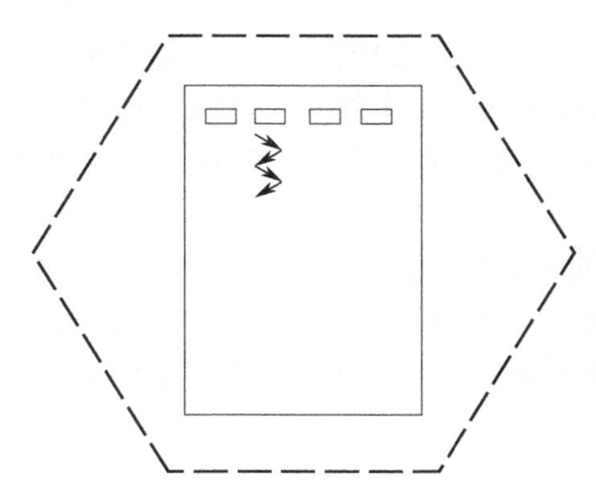
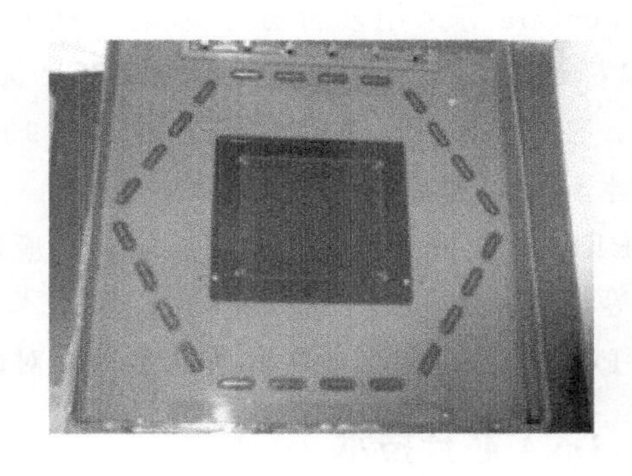

图 2-22 脉冲场凝胶电泳原理及常见设备

表明，PFGE 可对遗传上比较相近的干酪乳杆菌和鼠李糖乳杆菌进行分型鉴定，并且在鉴定能力上要强于核糖体分型或 RAPD 分型。PFGE 也被应用于监测在个体内及个体间存在优势的双歧杆菌和乳杆菌群随时间的变化情况。总体上，PFGE 可以对属于相同乳杆菌种的不同菌株、同一种内的不同类型的菌株，以及不同乳杆菌种的不同菌株进行鉴定，甚至可以鉴定到某一特定乳杆菌株的水平。PFGE 是目前乳酸菌多态性研究广泛采用的方法之一，具有重复性好、分辨率高、结果稳定和易于标准化等优点，能反映乳酸菌基因组较多的突变信息。

6. 基因间重复序列分析技术

重复序列单元并非只存在于真核生物基因组中，在细菌基因组中也存在广泛的分布，它们约占细菌基因组的 5%。在不同种细菌或同种不同菌株中，重复序列单元的数量和在染色体上的分布各具特点，它们存在菌株和种属水平上的差异，且在进化过程中有着高度保守性。这些序列单元的功能大部分尚未明确，但最新研究表明，它们可能参与 RNA 或 DNA 的合成与代谢，也可能与细菌基因组的进化有关。1990 年，Sharpies 等在对大肠杆菌菌株基因组中双链 DNA 的 3′末端区进行分析时首次发现了 ERIC 片段，命名为基因间重复单位（intergenic repetitive unit）序列。随后，Huhon 等也鉴定出了相同的重复序列，并命名为肠细菌基因间保守重复序列（enterobacterial repetitive intergenie consensus，ERIC）。当前，在多态性研究中应用较多的重复序列有（GTG）5 序列、REP 序列（repetitive extragenic palindromic，REP，35～40bp）、ERIC 序列（124～127bp）以及 BOX 序列（154bp）等。由此发展而来的重复序列 PCR（repetitive sequence-based PCR，REP-PCR）技术是采用特定引物对细菌基因组 DNA 的重复序列进行扩增，扩增产物经凝胶电泳分离后可形成一系列的谱带，即 DNA 指纹图谱。REP-PCR 在乳酸菌的分类鉴定及多态性研究中的应用越来越广泛。2001 年，Berthier 等对当地两个干酪厂生产的 8 块干酪中的 488 株嗜温乳杆菌运用 ERIC-PCR 技术进行了分类鉴定，其鉴定结果显示，这 488 株嗜温乳杆菌可以被分为 3 个种群，其中副干酪乳杆菌是超级优势菌群，占到了总数的 98.7%。De Urraza 等 2000 年采用 REP-PCR 分析技术，以 BOXAIR 为引物将分离自乳制品的 37 株嗜热乳酸菌鉴定到种，并对其多样性进行了分析研究。2009 年，Adguzel 等利用该技术分析了76株分离自土耳其发酵香肠的乳酸菌，并将它们鉴定到了种和菌株的水平。Ventura等采用多种分子标记方法对16株约氏乳杆菌进行分类研究，其中用ERIC标记分为6个亚类，用REP-PCR标记则分为4个亚类，AFLP标记分为7个亚类，ERIC标记与AFLP标记相比有90%～96%的相似性，这也表明这些分子标记技术具有多重共线性。

REP-PCR技术有着非常明显的推广应用的优势，包括操作简便、重复性好、分辨率高等特点。与RAPD技术相比，该技术由于引物序列是固定的，结果的重复性好。REP-PCR技术可以在亚种和菌株水平上对菌种进行快速而准确的分类和鉴定。

三、 DNA芯片技术

DNA芯片技术是在基因工程学基础上发展起来的一项新技术。益生菌检测芯片技术具有传统检测技术（如16S rRNA序列分型、RAPD、ERIC、AFLP等）所没有的优点。因为芯片技术特异性强、敏感又没有放射性，且不需要进行复杂的纯培养和扩培菌等过程，所以是通用检测方法的理想选择，在益生菌的鉴定方面应用前景广阔。益生菌检测芯片（寡核苷酸芯片、cDNA芯片）多应用于多态性分析、菌株变异分析和鉴定分型等。如果采用现成的益生菌芯片，原来数日甚至几星期才能完成的益生菌检测试验现在只用几小时就可完成。基因芯片是利用核酸杂交原理对未知分子进行检测，将核酸或核酸片段按照一定的顺序排列在固相支持物上组成密集的分子阵列（图2-23）。

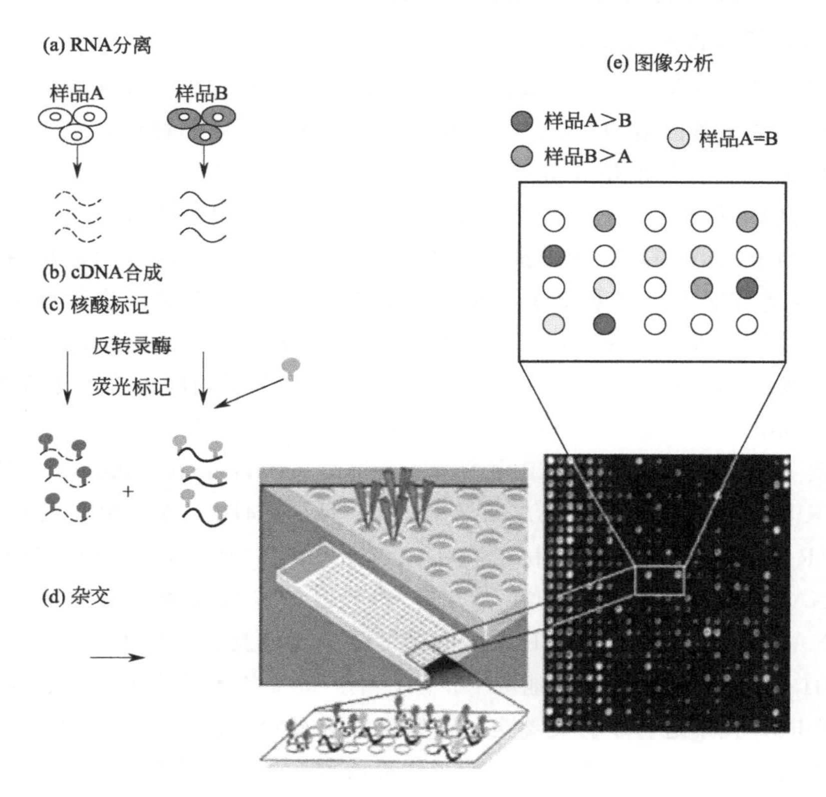

图2-23 DNA芯片技术示意

按照其结构基本上可分为两种类型：一种是将待测 DNA 分子样品固定在固相支持物上，并与一系列游离的标记探针杂交，杂交探针或是单一的或是混合的；另一种是按照预先设定的顺序将寡核苷酸固定于同相支持物上，再与标记的 DNA 样品进行杂交，然后由已知的寡核苷酸序列确定被检测的 DNA 样品。具体做法是将固相介质（如玻璃片）通过适当的机制进行位置固定，再利用高速机械手和连续点样技术将多个 DNA 均匀地点在固相介质上，为使点样精度保持恒定，要求多针头具备单次取样、连续点样的功能，且自动取样的同时保证高通量和高精度，然后由系统直接通过程序控制连续点样操作。信号的强弱由共聚焦的芯片检测器测量。利用基因芯片进行乳酸菌检测的通用策略主要有两种，一种是选择种保守的 16S rRNA、23S rRNA 等基因中能代表种特异性的片段作为探针，利用通用引物扩增标记待鉴定的菌株，进行杂交；另一种则是选择待检测微生物的特异性基因作为探针，利用多重 PCR 扩增标记。当然，这两种策略可以同时采用。

2006 年，Berger 等对 12 株嗜酸乳杆菌菌群应用基因芯片技术以及其他分子标记技术进行了分析研究，结果清晰地阐释了这一嗜酸乳杆菌菌群之间的相似性和细微差异性。2004 年，芬兰 Stina 等根据拓扑异构酶 GyrB/ParE 设计核苷酸探针芯片鉴定了肺炎链球菌、化脓链球菌、嗜肺性军团病杆菌、白喉杆菌、坏死梭杆菌、嗜血杆菌、肺炎支原体、金黄色葡萄糖球菌、卡他摩拉菌等 9 个急性上呼吸道病原菌，同时采用大量的咽喉和中耳液临床样品验证了芯片检测的特异性和可行性，证明此芯片适合临床样本的准确、快速鉴定，减少了采用 PCR 测序方法检测大量临床样本中病原菌的烦琐步骤。2007 年，南开大学 Wang 等根据 16S rRNA、荚膜多糖基因簇中 *szy* 和 *capA* 基因设计的芯片，成功地对引起肺炎的肺炎链球菌种内的主要血清型进行分型。2005 年，韩国 Bae 等利用 149 种乳酸菌全基因组制作芯片（genome probing microarray，GPM）对韩国泡菜发酵过程中的多种乳酸菌组成进行检测。目前，现有乳酸菌的 16S rRNA 数据丰富，核糖体数据库中乳酸菌的 16S rRNA 数据库公布序列多，且容易下载、归类。通过比对乳制品中乳酸杆菌 16S rRNA 和 16S-23S rRNA ISR 等基因序列发现，采用 16S rRNA 作探针能区分开大部分乳酸菌种属，有些相近种因为 16S rRNA 同源性高无法设计探针来区分，如干酪乳杆菌、鼠李糖乳杆菌、德氏乳杆菌的 3 个种。而网上公布的 16S-23S rRNA ITS 数据库还不够完善，仅几百条数据。同时，其他常用于乳酸菌分类的其他基因如 *pheS*、*hsp60*、*tuf* 等序列数据也很贫乏。如果乳酸菌基因组以及某些基因序列资源丰富，则芯片设计将更加高效。

参考文献

[1] Shokryazdan P, Jahromi M F, Liang J B, et al. Probiotics: from Isolation to Application. Journal of the American College of Nutrition, 2017, 36 (8): 666-676.

[2] Bintsis T. Lactic acid bacteria as starter cultures: an update in their metabolism and genetics. AIMS Microbiology, 2018, 4 (4): 665-684.

[3] Filannino P, Di Cagno R, Tlais A Z A, et al. Fructose-rich niches traced the evolution of lactic acid bacteria toward fructophilic species. Critical Reviews in Microbiology, 2019, 45 (1): 65-81.

[4] Papizadeh M, Rohani M, Nahrevanian H, et al. Probiotic characters of *Bifidobacterium* and *Lactobacillus* are

a result of the ongoing gene acquisition and genome minimization evolutionary trends. Microbial Pathogenesis, 2017, 111: 118-131.

[5] van Reenen C A, Dicks L M T. Horizontal gene transfer amongst probiotic lactic acid bacteria and other intestinal microbiota: what are the possibilities? A review. Archives of Microbiology, 2011, 193: 157-168.

[6] Adlguzel G C, Atasever M. Phenotypic and genotypic characterization of lactic acid bacteria isolated from Turkish dry fermented sausage. Romanian Biotechnological Letters, 2009, 14 (1) : 4130-4138.

[7] Gaber E B, Delacrolx-Buchet A, Ogier J C. Biodiversity of bacterial ecosystems in traditional egyptian domiati cheese. Appl Environ Microbiol, 2007, 73 (4): 1248-1255.

[8] Bron P A, Marcelli B, Mulder J, et al. Renaissance of traditional DNA transfer strategies for improvement of industrial lactic acid bacteria. Current Opinion in Biotechnology, 2019, 56C: 61-68.

[9] Cui Y H, Hu T, Qu X J, et al. Plasmids from food lactic acid bacteria: diversity, similarity, and new developments. International Journal of Molecular Sciences, 2015, 16: 13172-13202.

[10] Bravo D, Landete J M. Genetic engineering as a powerful tool to improve probiotic strains. Biotechnology and Genetic Engineering Reviews, 2017, 33 (2): 173-189.

[11] Kok J, van Gijtenbeek L A, de Jong A, et al. The evolution of gene regulation research in *Lactococcus lactis*. FEMS Microbiology Reviews, 2017, 41: S220-S243.

[12] Landete J M. A review of food-grade vectors in lactic acid bacteria: from the laboratory to their application. Critical Reviews in Biotechnology, 2017, 37 (3): 296-308.

[13] Hatti-Kaul R, Chen L, Dishisha T, et al. Lactic acid bacteria: from starter cultures to producers of chemicals. FEMS Microbiology Letters, 2018, 365 (20) .

[14] S̊auer M, Russmayer H, Grabherr R, et al. The efficient clade: lactic acid bacteria for industrial chemical production. Trends in Biotechnology, 2017, 35 (8): 756-769.

[15] Liu J, Chan S H J, Chen J, et al. Systems biology: a Guide for understanding and developing improved strains of lactic acid bacteria. Frontiers in Microbiology, 2019, 10: 876.

[16] Hidalgo-Cantabrana C, O' Flaherty S, Barrangou R. CRISPR-based engineering of next-generation lactic acid bacteria. Current Opinion in Microbiology, 2017, 37: 79-87.

[17] Zlitni S, Bhatt. A S. Bugs as drugs: therapeutic microbes for the prevention and treatment of disease. Emerging Infections Diseases Journal, 2019, 25 (7): 1439.

[18] Mays Z J S, Nair N U. Synthetic biology in probiotic lactic acid bacteria: at the frontier of living therapeutics. Current Opinion in Biotechnology, 2018, 53: 224-231.

[19] Bosma E F, Forster J, Nielsen A T. Lactobacilli and pediococci as versatile cell factories: evaluation of strain properties and genetic tools. Biotechnology Advances, 2017, 35 (4): 419-442.

[20] Zhou Y, Cui Y, Qu X. Exopolysaccharides of lactic acid bacteria: structure, bioactivity and associations, a review. Carbohydrate Polymers, 2019, 207: 317-332.

[21] van Pijkeren J P, Barrangou R. Genome editing of food-grade lactobacilli to develop therapeutic probiotics. Microbiology Spectrum, 2017, 5 (5): 13-2016.

[22] van Pijkeren J P, Britton R A. Precision genome engineering in lactic acid bacteria. Microbial Cell Factories, 2014, 13 (Suppl 1): S10.

[23] Thakur K, Tomar S K, De S. Lactic acid bacteria as a cell factory for riboflavin production. Microbial Biotechnology, 2016, 9 (4): 441-451.

[24] Song A L, In L A, Lim S H, et al. A review on Lactococcus lactis: from food to factory. Microbial Cell Factories, 2017, 16: 55.

[25] Plavec T V, Berlec A. Engineering of lactic acid bacteria for delivery of therapeutic proteins and peptides. Applied Microbiology and Biotechnology, 2019, 103: 2053-2066.

[26] Park M J, Park M Soo, Ji G E. Improvement of electroporation-mediated transformation efficiency for a

Bifidobacterium strain to a reproducibly high level. Journal of Microbiological Methods，2019，159：112-119.

[27] Papagianni M. Recent advances in engineering the central carbon metabolism of industrially important bacteria. Microbial Cell Factories，2012，11：50.

[28] Chua K J，Kwok W C，Aggarwal N，et al. Designer probiotics for the prevention and treatment of human diseases. Current Opinion in Chemical Biology，2017，40：8-16.

[29] Barrangou R，Horvath P. CRISPR：new horizons in phage resistance and strain identification. Annual Review of Food Science and Technology，2012，3：143-162.

[30] Daniel C，Roussel Y，Kleerebezem M，et al. Recombinant lactic acid bacteria as mucosal biotherapeutic agents. Trends in Biotechnology，2011，29（10）：499-508.

[31] Bron P A，Kleerebezem M. Engineering lactic acid bacteria for increased industrial functionality. Bioengineered Bugs，2011，2（2）：80-87.

[32] Bober J，Beisei C，Nair N. Synthetic biology approaches to engineer probiotics and members of the human microbiota for biomedical applications. Annual Review of Biomedical Engineering，2018，20：277-300.

[33] Yadav M，Shukla P. Efficient engineered probiotics using synthetic biology approaches：a review. Biotechnology and Applied Biochemistry，2019. DOI：10.1002/bab.1822.

[34] Feng Z Y，Zhang B T. Efficient genome editing in plants using a CRISPR/Cas system. Cell Research，2013，23：1229-1232.

[35] Hwang W Y，Fu Y，Reyon D，et al. Efficient genome editing in zebrafish using a CRISPR-Cas system. Nature Biotechnology，2013，31（3）：227-229.

[36] Jinek M，East A，Cheng A，et al. RNA-programmed genome editing in human cells. Elife，2013，2：e00471.

[37] Wang H，Yang H，Shivalila C S，et al. One-step generation of mice carrying mutations in multiple genes by CRISPR/Cas-mediated genome engineering. Cell，2013，153（4）：910-918.

[38] Mojica F J M，Diez Villase C，Garcia Martinez J，et al. Intervening sequences of regularly spaced prokaryotic repeats derive from foreign genetic elements. Journal of Molecular Evolution，2005，60：174-182.

[39] Bolotin A，Quinquis B，Sorokin A，et al. Clustered regularly interspaced short palindrome repeats（CRISPR）have spacers of extrachromosomal origin. Microbiology，2005，151：2551-2561.

[40] Pourcel C，Salvignol G，Vergnaud G. CRISPR elements in *Yersinia pestis* acquire new repeats by preferential uptake of bacteriophage DNA and provide additional tools for evolutionary studies. Microbiology，2005，151：653-663.

[41] Ding Q，Regan S N，Xia Y，et al. Enhanced efficiency of human pluripotent stem cell genome editing through replacing TALENs with CRISPRs. Cell Stem Cell，2013，12：393-394.

[42] Mali P，Yang L，Esvelt K M，et al. RNA-guided human genome engineering via Cas9. Science，2013，339：823-826.

[43] Esvelt K M，Mali P，Braff J L，et al. Orthogonal Cas9 proteins for RNA- guided gene regulation and editing. Nature Methods，2013，10：1116-1121.

[44] Ran F A，Hsu P D，Lin C Y，et al. Double nicking by RNA-guided CRISPR Cas9 for enhanced genome editing specificity. Cell，2013，154（6）：1380-1389.

[45] Katie I，Grosshans H. Targeted heritable mutation and gene conversion by Cas9-CRISPR in *Caenorhabditis elegans*. Genetics，2013，195：1173-1176.

[46] Zhang Hongfa，Ren Jing，et al. A simple one-step pcr walking method and its application of bacterial rRNA for sequencing identification. Current Microbiology，2014，68（2）：254-261.

[47] Versalovic J，Koeuth T，Lupski J R. Distribution of repetitive DNA sequences in eubacteria and application to fingerprinting of bacterial genomes. Nucleic Acids Res，1991，24：6823-6831.

[48] Versalovic J，Schneider M，de Bruijn F J，et al. Genomic fingerprinting of bacteria using repetitive sequence based PCR（rep-PCR）. Methods Cell Mol Biol，1994，5：25-40.

[49] Psoni L，Kotzamanidis C，Yiangou M，et al. Genotypic and phenotypic diversity of *Lactococcus lactis* isolates from Batzos，a Greek PDO raw goat milk cheese. Int J Food Microbiol，2007，114 (2)：211-220.

[50] Nikolic M，Terzi-Vidojevic A，Jovcic B，et al. Characterization of lactic acid bacteria isolated from Bukuljae，a homemade goat s milk cheese. International Journal of Food Microbiology，2008，122：162-170.

[51] Spano G，Lonvaud-Funel A，Claisse O，et al. In vivo PCR-DGGE analysis of *Lactobacillus plantarum* and *Oenococcus oeni* populations in red wine. Current Microbiology，2007，54：9-13.

[52] Myers R M，Fischer S G，Lerman L S，et al. Nearly all single base substitutions in DNA fragment joined to a GC-clamp can be detected by denaturing gradient gel-electrophoresis. Nucleic Acids Research，1985，13 (9)：3131-3145.

[53] Muvzer G，Smalls K. Application of denaturing gradient gel electrophoresis (DGGE) and temperature gradient gel electrophoresis (TGGE) in mierohial ecology. Antonie van Leenwenhoek，1998，73：127-141.

[54] Muyzer G，de Waal E C，Uitterlinden A G. Profiling of complex microbial populations by denaturing gradient gel eleetro- phoresis analysisof polymerase chain reaction-amplified gens codingfnr 16S rRNA. Applied Environmental Microbiology，1993，59：695-700.

[55] Li Q，Chen Q，Ruan H，et al. Isolation and characterisation of an oxygen，acid and bile resistant *Bifidobacterium animalis* subsp. *lactis* Qq08. Journal of the Science of Food and Agriculture，2010，90 (8) ：1340-1346.

[56] Raimundo G A，Maria J，de Felipe P，et al. Molecular analysis of yogurt containing *Lactobacillus delbrueckii* subsp. *bulgaricus* and *Streptococcus thermophilus* in human intestinal microbiota. American Journal of Clinical Nutrition，2008，87 (1)：91-96.

第三章

益生菌系统生物学——从序列到功能

生物系统是一个非常复杂的体系：首先，单个细胞内从储存信息的基因表达出有生物功能的蛋白质以及代谢子，然后，这些基本成分形成高层次的调控模体和代谢通路，大量的模体和通路进一步构成基本的功能模块，最后，多个功能模块组成更复杂的大尺度多细胞生物网络。由于其复杂性和联动性的特点，使得采用传统手段难以进行研究。随着各种高通量测序技术的广泛应用，特别是基因组、转录组、蛋白质组、代谢组等组学数据的大量产生，使得全面、系统地了解微生物的生理和活动规律成为可能。同时，随着生物信息学方法的逐步完善，从海量的组学数据中挖掘有价值的信息的能力不断增强，系统生物学应运而生。系统生物学是研究系统组成成分的构成与相互关系的结构、动态与发生，以系统论和实验、计算方法整合研究为特征的新型学科，由基因组、转录组、蛋白质组、代谢组等构成，其最大的特点在于全域性，具有典型的多学科交叉研究的特点，可以在整体规模上描述生物反应过程及其调控机制，因此，系统生物学又被称为组学时代的代谢工程。

系统生物学倡导利用系统论的思想和方法，从整体的高度分析、研究生命的复杂特性，属于系统科学、信息科学、生命科学共同支撑起来的一门前沿交叉科学。在系统生物学中，复杂系统科学提供的是理论指导，信息科学提供的是工具支撑，而生命科学提供的是生物学理论与生物学数据的支持。通过利用信息科学提供的数据挖掘工具，可以整合有效的生物信息，构成建立数学物理模型的数据基础，在此基础上通过物理学的思想构建合理的物理模型，并使用数学语言加以描述和求解。

尽管乳酸菌的益生功能已被大量的体内和体外研究证实，然而大部分机制尚不明确，一个重要原因是细胞中基因表达、蛋白质组的时序变化、代谢物含量具有动态的特点，采用传统的研究方式难以进行全局研究。同时，作为工业化的细胞工厂，乳酸菌的代谢能力、关键酶或蛋白质对终产物的反馈抑制或阻遏、对高浓度产物或底物的耐受能力、对多种环境胁迫的抗性等也是学术界和产业界共同关注的焦点。传统的乳酸菌代谢工程改造主要是通过诱变等手段提升其代谢能力，然而由于生命活动的整体性，提高程度有限。建立在全基因组序列基础上的系统生物学技术，通过整合其他组学数据和生物信息学的研究策略，可让研究者从全基因组规模去全面理解乳酸菌发生在基因、蛋白质、生化反应、代谢产物等层次上的时序变化；全面理解细胞的代谢网络、调节网络以及遗传和环境扰动对细胞全局代谢的影响，并在此基础上发展代谢工程策略，从而为从整体水平上阐明乳酸菌生理活动规律及定向改善乳酸菌细胞的表型和生产性状创造了可能。因此，综合运用系统生物学技术来阐释和解析乳酸菌的生理功能已成为乳酸菌研究的热点问题。

第一节 基因组学研究进展

一、微生物基因组学简介

1. 基因组学的概念

基因组（genome）是1924年由Winkles等从GENes和chromosOEs两个单词合成的，用于描述生物的全部基因和染色体组成的概念。1986年，由美国科学家Thomas Roderick提出的基因组学（genomics）是指对所有基因进行基因组作图（包括遗传图谱、物理图谱、转录本图谱）、核苷酸序列分析、基因定位和基因功能分析的一门科学。基因组学研究主要包括两方面的内容：以全基因组测序为目标的结构基因组学（structural genomics）和以基因功能鉴定为目标的功能基因组学（functional genomics），又被称为后基因组（postgenome）研究。与传统的分子生物学方法进行的研究相比，基因组学研究是通过结合全基因组序列信息和生物体的功能和结构，从基因组水平去认识和理解整个生物体的生理和行为，因而具有更全面、深刻、细致等显著特点。自从1990年“人类基因组计划”实施以来，基因组学发生了翻天覆地的变化，已发展成为生命科学的前沿和热点领域。

2. 微生物基因组学发展现状及研究意义

微生物是指一切肉眼看不见或看不清的微小生物的统称，包括细菌、病毒、真菌和少数藻类等。微生物虽然个体微小，却与人类生活关系密切，涵盖了有益菌、有害菌等众多种类，广泛涉及健康、食品、医药、工农业、环保等诸多领域。因此，研究微生物携带的遗传信息，对于揭示生命的起源和奥秘，在分子水平上研究微生物群体的变异规律具有重要意义。同时，微生物也是制作重组基因载体的重要工具，因而研究微生物基因组对于传统生物学来说也是一场革命。

1995年，Fleischmann等采用全基因组随机测序法（whole-genome shotgun sequencing）成功地完成了流感嗜血杆菌（*Haemophilus influenzae*）全基因组序列测定和组装，为微生物基因组研究揭开了历史性的新的一页。之后，许多微生物的序列相继被测定，包括病原微生物、重要的工业微生物以及特殊环境下生活的微生物等。目前，微生物基因组的测序和分析正处于高通量和高产出的时期。截至2014年1月，已经完成的细菌基因组有 4419 个，正在测序的超过 300 个。除此之外，仍然有很多庞大的基因组计划正在进行中，例如 2007 年年底，美国国立卫生研究院（NIH）宣布将投入 1.15 亿美元正式启动酝酿了两年之久的“人类微生物组计划”。该项目由美国主导，有多个欧盟国家及日本和中国等十几个国家参加，将使用新一代 DNA 测序仪进行人类微生物组 DNA 的测序工作，是“人类基因组计划”完成之后的一项规模更大的 DNA 测序计划，目标是通过绘制人体不同器官中微生物元基因组图谱，解析微生物菌群结构变化对人类健康的影响。2009 年 8 月 1 日，来自国内二十多家科研机构的科学家共同发起“万种微生物基因组计划”，预计在三年内完成一万种微生物物种全基因组序列图谱的构建，并以此为核心开展一系列基因水平上的探索和研究。该计划的研究领域涵盖了工业微生物、农业微生物、医学微生物等，研究种类包括古细菌、细菌、真菌、藻类和病毒，项目的终极目标是建立一个中国微生物资源的基因组百科全书。

微生物相对于其他生物体而言，结构简单、基因组较小，对其整体的基因调控和代谢网络的研究将给基因组学的研究开辟出一条新道路，也将极大地促进发酵业、制药业、疫苗生产、环保产业等工农业的发展。微生物基因组的研究成果不仅可以极大地推动理论科学的发展，还能以多种形式广泛地应用于人类生产生活中，对人类生活所产生的影响也是难以估计的。

3. 微生物全基因组测序策略

微生物全基因组测序方法是随着 DNA 测序技术的发展而发展的。1977 年，Sanger 发明了具有里程碑意义的末端终止测序法，同年，Maxam 和 Gilbert 等发明了化学降解法。此后，在 Sanger 法的基础上，20 世纪 80 年代中期出现了以荧光标记代替放射性同位素标记、以荧光信号接收器和计算机信号分析系统代替放射性自显影的自动测序仪。另外，20 世纪 90 年代中期出现的毛细管电泳技术使得测序的通量大为提高。

基于上述方法，第一代全基因组测序策略主要有两种：以克隆为基础的鸟枪法测序（clone-based shotgun sequencing）和全基因组鸟枪测序法（whole genome shotgun sequencing）。以克隆为基础的鸟枪法测序是先将基因组分离构建 BAC 文库，制作基因组的物理图谱，然后挑选出一些重叠效率较高的克隆群，再对这些克隆进行鸟枪法随机测序，这种方法被广泛地应用于一些较大物种的全基因组测序计划，早期的微生物全基因组测序也是采用这种方法，如酿酒酵母等。全基因组鸟枪测序法是直接将全基因组随机打断成小片段 DNA，构建质粒文库，然后对质粒两端进行随机测序。与前一种方法相比，该法省去了复杂的构建物理图谱的过程，能够快速地对基因组进行测序。过去，大部分微生物基因组序列是用这种方法获得的。但是第一代测序方法在成本与耗时方面远远满足不了基因组学发展的需要，想获得突破必须寻找新的测序方法。

随着测序技术的改进，以 Roche/454 生命科学公司、应用生物系统公司（ABI）以及 Illumina 公司为代表，推出了成熟的第二代测序仪。第二代测序技术的核心思想是边合成边测序（sequencing by synthesis），即通过捕捉新合成的末端的标记来确定 DNA 的序列，现有的技术平台主要包括 Roche/454 FLX、Illumina/Solexa Genome Analyzer 和 ABI SOLID system。这三个技术平台各有优点，454 FLX 的测序片段比较长，片段（read）能达到 400bp；Solexa 测序性价比最高，不仅机器的售价比其他两种低，而且运行成本也低，在数据量相同的情况下，成本只有454测序的1/10；SOLID测序的准确度高，原始碱基数据的准确度大于99.94%，而在15X覆盖率时的准确度可以达到99.999%，是目前第二代测序技术中准确度最高的。第二代测序技术凭借其通量高、成本低、周期短等特点，更切合微生物基因组学高速发展的需求，在这一时期，大量的微生物基因组得以解析。然而第二代测序技术并不完美，由于其在测序前要通过PCR手段对待测片段进行扩增，因此，增加了测序的错误率。目前，以单分子测序为主要特征的第三代测序技术已经初现端倪。第三代测序技术解决了错误率的问题，通过增加荧光的信号强度及提高仪器的灵敏度等方法，使测序不再需要PCR扩增这个环节，实现了单分子测序，并继承了高通量测序的优点。尽管第三代测序技术尚处于研发及应用的初级阶段，然而新的测序技术的不断发明，将为全球范围内的微生物基因组学研究带来前所未有的机遇和挑战。同时，几种测序技术之间互相补充和结合将给微生物基因组学的研究带来全新的变革。

二、乳酸菌基因组学发展现状

乳酸菌是一类在自然界中广泛存在的微生物，是人和动物肠道内重要的生理菌群。乳酸菌及其发酵制品具有特殊和重要的生理功能，包括改善人体肠道菌群、调节机体免疫力、抑制肿瘤、降低血清胆固醇以及调节血压等。因而，乳酸菌的重要性受到越来越多的关注，对于其分子机制和遗传特性的研究也如雨后春笋般开展起来。起初，人们主要利用常规分子生物学方法和手段对乳酸菌的分类鉴定、基因功能及其代谢途径进行分析研究。由于这些方法和手段往往以单个基因和途径为目标，能够分析的数据信息量过少，很难对基因和代谢网络调控体系做出令人满意的分析和解释。随着测序技术的快速发展，乳酸菌作为对于人类生产生活具有重要价值的微生物种群，也成为重点研究对象。自2001年完成第一株乳酸菌即乳酸乳球菌乳脂亚种IL1403（*Lactococcus lactis* subsp. *lactis* IL1403）全基因组测序工作以来，在世界范围内掀起了乳酸菌全基因组测序的浪潮。至2013年7月，已有超过100株（表3-1）乳酸菌基因组测序工作相继完成，并向国际公共数据库递交了全基因组序列。对于乳酸菌全基因组序列的测定，以及结合比较基因组学研究等功能基因组学研究，有助于人们全面、系统地了解乳酸菌基因组的结构和组成，从分子水平上分析乳酸菌的生物学功能，进而为乳酸菌的应用提供依据。

表3-1 已完成基因组测序的乳酸菌

菌株	大小/Mb	G+C含量/%	基因/个	蛋白质/个	质粒数量/个	来源/用途
Lactobacillus acidophilus NCFM	1.99	34.7	1927	1832	0	益生菌
Lb. acidophilus La-14	1.99	34.7	1957	1876	0	益生菌
Lb. brevis ATCC367	2.34	46	2351	2218	2	
Lb. casei ATCC 334	2.92	46.6	2922	2764	1	酸奶
Lb. casei str. Zhang	2.9	46.4	2949	2847	1	马奶酒
Lb. casei BD-Ⅱ	3.13	46.3	3300	3199	1	乳制品

续表

菌株	大小/Mb	G+C含量/%	基因/个	蛋白质/个	质粒数量/个	来源/用途
Lb. casei BL23	3.08	46.3	3072	2997	0	益生菌
Lb. casei LC2W	3.08	46.4	3264	3164	1	乳制品
Lb. delbrueckii subsp. *bulgaricus* ATCC 11842	1.87	49.7	2184	1529	0	酸奶
Lb. delbrueckii subsp. *bulgaricus* ND02	2.13	49.6	2183	2018	1	牦牛奶
Lb. fermentum IFO 3956	2.1	51.5	1912	1843	0	植物
Lb. gasseri ATCC 33323	1.89	35.3	1898	1755		人体
Lb. helveticus DPC 4571	2.08	37.1	1838	1610	0	奶酪
Lb. johnsonii NCC 533	1.99	34.6	1918	1821	0	益生菌
Lb. reuteri JCM 1112	2.04	38.9	1901	1820	0	益生菌
Lb. reuteri DSM 20016	2	38.9	2027	1900		人体
Lb. plantarum WCFS1	3.35	44.4	3174	3063	3	人体
Lb. plantarum JDM1	3.20	44.7	3028	947	2	植物
Lb. plantarum ST-Ⅲ	3.31	44.6	3182	3038	1	植物
Lb. plantarum ATCC14917	3.21	44.5	3223	3154	—	植物
Lb. plantarum NC8	3.21	44.6	3007	2868	—	植物
Lb. sakei 23K	1.88	41.3	1955	1871	0	肉制品
Lb. salivarius UCC118	2.13	33	2182	2013	3	人体
Lb. kefiranofaciens ZW3	2.35	37.4	2222	2162	2	开非尔
Lb. rhamnosus GG	3.01	46.7	2985	2913	0	益生菌
Lactococcus lactis subsp. *cremoris* MG1363	2.53	35.7	2597	2434	0	奶酪
Lc. lactis subsp. *lactis* IL1403	2.37	35.3	2406	2277	0	奶酪
Bifidobacterium longum NCC2705	2.26	60.1	1799	1728	1	益生菌
B. longum DJO10A	2.39	60.1	2073	2001	1	益生菌
B. animalis subsp. *lactis* AD011	1.93	60.5	1603	1527	0	益生菌
B. breve UCC2003	2.42	58.7	1985	1854	0	婴儿粪便
B. bifidum S17	2.19	62.8	1845	1783	0	婴儿粪便
B. adolescentis ATCC 15703	2.09	59.2	1702	1632	0	益生菌
Streptococcus thermophilus CNRZ1066	1.8	39.1	1999	1914	0	酸奶
S. thermophilus JIM 8232	1.93	38.9	2230	2145	0	益生菌
Leuconostoc mesenteroides subsp. *mesenteroides* ATCC 8293	2.08	37.7	2106	2003	1	泡菜
Le. mesenteroides subsp. *cremoris* ATCC 19254	1.74	37.9	1903	1847	0	
Le. citreum KM20	1.9	38.9	1903	1820	4	泡菜
Oenococcus oeni PSU-1	1.78	37.9	1864	1691	0	酒类
Pediococcus pentosaceus ATCC 25745	1.83	37.4	1844	1752	0	发酵食品

三、乳酸菌基因组特点

1. 乳酸菌基因组基本特征

乳酸菌的基因组具有以下几个特征：①全基因组的长度在1.7～3.4Mb之间，其中明串珠菌基因组只有1.7Mb左右，而植物乳杆菌基因组普遍较大，在3.2～3.4Mb间；②不同种之间的基因数目从1600～3300个不等，同时，所有乳酸菌都含有假基因，但数量多少不等，基因数目差异表明乳酸菌处于一个动态的进化过程中；③G+C含量通常为50%左右，最高为双歧杆菌，部分菌株达到60%以上，最低为唾液乳杆菌UCC118，不到33%；④乳酸菌胞内大多含有数量不等的质粒，这些质粒编码着与宿主在极端环境下生存有关的基因，如细菌素基因等，已完成测序的乳酸菌中，乳酸乳球菌SK11中有5个不同种类的质粒，而德氏乳杆菌和嗜热链球菌中的大部分菌株则没有发现质粒；⑤部分乳酸菌基因组中含有一定量的插入序列以及原噬菌体序列。

2. 乳酸菌基因组与代谢有关的多样性

由于乳酸菌所含种属众多，因而不同的乳酸菌所含的酶系不同，代谢途径及形成的最终产物也不同。乳酸菌的主要产能途径为糖酵解途径，但在乳酸乳球菌IL1403的基因组中却发现有与编码有氧呼吸相关的酶类，表明存在其他的产能途径。根据代谢产物的种类不同，可将乳酸菌分为同型发酵乳酸菌和异型发酵乳酸菌。在基因组上的一个区别就是保加利亚乳杆菌、瑞士乳杆菌等同型发酵乳酸菌在进入酵解之前，单糖一般都要进行磷酸化，并且由磷酸转移酶系统（phosphotransferase system，PTS）使单糖转移进入细胞；而一些异型发酵乳酸菌，如肠膜明串珠菌、短乳杆菌和嗜热链球菌等则是单糖在透性酶运输系统的作用下进入细胞进行水解的；双歧杆菌则有其独有的双歧支路。嗜酸乳杆菌、约氏乳杆菌等乳酸菌缺乏编码氨基酸生物合成途径的相关酶，但基因组中大量编码的肽酶、氨基酸通透酶和寡肽转运系统基因可以在营养丰富的环境中行使氨基酸摄取的功能，补偿氨基酸合成途径的缺失；植物乳杆菌不具有细胞壁蛋白酶及相关肽酶，因而利用乳中酪蛋白的能力较弱，但可以从头合成除亮氨酸、异亮氨酸、缬氨酸以外的所有氨基酸。

比较栖息生境紧密相关的乳酸菌代谢内容的差别，比如说，比较在工业上常常被用于混合发酵牛乳的保加利亚乳杆菌和嗜热链球菌的差别，也许有助于人们理解它们在发酵过程中的互惠共生作用。保加利亚乳杆菌几乎不具备生物合成氨基酸的能力，而嗜热链球菌除组氨酸之外，几乎保留了所有与氨基酸合成相关的酶。这也许可以解释为保加利亚乳杆菌较强的蛋白水解活性为嗜热链球菌的生长提供必要的短肽和氨基酸的生化现象，并且和嗜酸菌群的成员一样，都编码有鸟氨酸脱羧酶，可以催化鸟氨酸的脱羧反应。因为这并不是保加利亚乳杆菌生长过程中的必需基因，由此推测，在乳制品发酵过程中，鸟氨酸由嗜热链球菌来提供，并且嗜热链球菌基因组中有两个ABC家族的转运蛋白，底物为丁二胺，从而认为它们二者在同处一个环境时，嗜热链球菌为保加利亚乳杆菌的生长提供了需要的生长因子，促进共生。

3. 乳酸菌基因组中的基因进化与水平转移

乳酸菌处于不同生境中，大量的基因发生丢失、重复或获得新的基因。对保加利亚乳杆菌全基因组的研究结果显示，由于该菌通常生活在丰富的营养环境中，促进了一些基因的简化和退化，例如糖代谢和氨基酸合成基因的衰退。另外，基因水平转移（horizontal gene transfer，HGT）在乳酸菌基因组进化过程中也扮演了重要的角色。如植物乳杆菌编码大量糖转运代谢的基因，被证明是在适应各种环境的过程中通过基因水平转移获得的。从奶酪产品中筛选到的瑞士乳杆菌 DPC4571 获得了在牛奶中生长和竞争的特定功能的 DNA 片段，包括乳糖代谢、水解蛋白活性、噬菌体抗性等，同时，基因组中含有大量数目的插入序列也证实了水平转移在瑞士乳杆菌 DPC4571 功能基因获得方面所做的贡献。由于许多特定的功能基因往往成簇集中在基因组的某一段区域，该区域被命名为“环境适应岛”或者“益生菌岛”。

4. 乳酸菌基因组间的共线性

基因组共线性（colinearity）包括基因组的相似性和基因排列序列的一致性。随着现代生物信息学的快速发展，全基因组比较逐渐变成基因组分析的强大工具，基因组共线性的研究也演变为基因组研究的重要策略之一。应用一些快速作图比对程序，对两个完整的基因组进行比较，可以揭示生物体之间的大规模相似性，也为乳酸菌基因组进化史的研究提供了新的视角。比较遗传学研究表明，在遗传图谱水平，许多细菌基因组所含基因及基因的顺序均高度保守，但在微观水平上，共线性水平的保守性不高，只有在进化距离非常近的物种间才保持良好的共线性。乳酸菌全基因组比较的结果表明，近缘物种菌株间存在大量的相同序列。在乳杆菌属中，约氏乳杆菌和嗜酸乳杆菌在基因组构成和基因组长度之间表现出高度的保守性。相比之下，约氏乳杆菌和格氏乳杆菌间具有更高程度的共线性，仅在两个基因组的复制终止点附近观察到两个大的区段的倒位现象。植物乳杆菌与约氏乳杆菌、嗜酸乳杆菌、格氏乳杆菌、清酒乳杆菌、唾液乳杆菌之间缺乏共线性。与亲缘关系稍远的球菌属家族成员相比，约氏乳杆菌与短乳杆菌和片球菌基因组之间的相似程度更高，而与此同时，酒类酒球菌和明串珠菌属与约氏乳杆菌间几乎不存在共线性。与核酸水平比较的结果略有不同，在蛋白质水平上，嗜酸乳杆菌、约氏乳杆菌和格氏乳杆菌基因组间存在广泛的共线性。植物乳杆菌与约氏乳杆菌、嗜酸乳杆菌、格氏乳杆菌、清酒乳杆菌、唾液乳杆菌之间都有一定的共线性。正如大规模研究显示的结果那样，对乳酸菌菌株的比较都显示出 X 形状的排列样式，在复制原点处均可观察到 X 形状的排列区。即使在亲缘关系较远的物种之间，这种样式仍依稀可辨，这与核酸水平上的比较分析结果形成了鲜明的对比。值得注意的是，在对同一种属中的不同乳酸菌菌株基因组进行比较时，尽管不同菌株间在宏观上都具有高度保守的基因共线性，但也往往伴有局部的插入、倒位等现象，使微观共线性只保持在一定的范围内。

采用 Mauve 和 Mummer 软件，陈臣等分析了三个植物乳杆菌菌株（WCFS1、JDM1 和 ST-Ⅲ）基因组之间的差异，发现植物乳杆菌种内遗传稳定，突变重组较少。ST-Ⅲ与另外两株菌（WCFS1、JDM1）均保持良好的线性关系，没有发生过大规模的插入、缺失、倒位等现象，仅发现小的插入或倒位，表明菌株在进化过程中发生过小范围的基因重组和转移。ST-Ⅲ基因组未发现任何致病基因，这与动物试验及人体试验的结果相一致，表明 ST-Ⅲ可靠的安全性。

四、乳酸菌重要功能基因

乳酸菌基因组研究为明确乳酸菌重要性状的分子基础提供了途径。目前已经确定了大量重要性状的相关基因，如糖类代谢相关基因、细菌素合成相关基因、胞外多糖合成基因簇等。

1. 糖类代谢相关基因

大多数乳酸菌均具有编码酵解糖类物质的基因，在发酵过程中对偶联的各种糖类及相应物质水平磷酸化产生 ATP，满足能量需求。如 Kleerebezem 等发现植物乳杆菌具有大量可以编码磷酸烯醇式丙酮酸依赖的磷酸转移酶（PTS）及其他糖转运系统相关酶类的基因。PTS 系统是细胞内转运糖类物质的主要功能组分之一，它一般由非专一性的能量耦合蛋白酶 I（EI）和磷酸转移蛋白（HPr）以及糖专一性的 PTS 转运蛋白酶复合体（EII）组成，HPr 蛋白 15 位组氨酸残基是依赖磷酸烯醇式丙酮酸（phosphoenol-pyruvate，PEP）的磷酸化位点，由 EI 催化形成 His-P-HPr，在糖吸收代谢过程中发挥传递磷酸基团的功能。其中菌株 WCFS1 的基因组中含有 25 个完整的 PTS 糖转运系统，ST-Ⅲ编码 19 个完整的具有潜在功能的 PTS 系统，编码了所有糖酵解途径和磷酸乙酮醇酶途径的相关酶系；这一基因组的特点反映了植物乳杆菌可以适应含有各种糖源的生长环境。同样，对约氏乳杆菌、嗜酸乳杆菌和格氏乳杆菌的基因组研究结果发现，编码 PTS 的基因也同样占优势，而且只有 2～3 个针对麦芽糖、低聚果糖和蜜三糖等复杂多糖的 ABC 转运系统。

乳杆菌基因组中另一个特点是含有多个与低聚糖和糖醇代谢相关的操纵子，这些操纵子一般由一个转运蛋白（透性酶、PTS 或 ABC 系统）、一个调节蛋白和相应的代谢糖类的酶组成，有的还含有后续代谢所需的酶类。陈臣等通过同源序列的比较分析，在植物乳杆菌 ST-Ⅲ的基因组中共发现有 12 个相关操纵子，比 JDM1 和 WCFS1 各多 2 个操纵子。在 ST-Ⅲ的基因组中，这些操纵子相对集中地分布，其中 5 个操纵子位于基因组 3.05～3.25Mb 之间，这个区域的 G+C 含量比整个基因组低，同时，碱基组成也存在很大的差异，表明该区域可能通过水平转移等方式从环境中的其他生物中获得操纵子，作为一个独立的生活适应岛维持宿主菌的生长。同时还发现在 ST-Ⅲ基因组中，部分低聚糖代谢功能基因如利用纤维二糖和乳糖/低聚半乳糖的基因簇以多拷贝的形式出现，这种编码冗余现象可增强其利用这些碳源的能力。M. G. Ganzle 等的研究则发现，代谢糖类的操纵子具有代谢多样性的特点，既可以转运和代谢单糖、二糖，还包括不能被人体直接利用的三糖、四糖和更高聚合度的低聚糖及糖醇类。以上这些功能都为 ST-Ⅲ在复杂的环境中特别是胃肠道中利用低聚糖类取得竞争性优势提供了重要的条件。

2. 细菌素合成相关基因

乳酸菌细胞在代谢过程中通过核糖体合成机制产生一类具有抑菌生物活性的蛋白质或多肽或前体多肽，称为乳酸菌素。它不仅可以抑制亲缘关系较近的物种，还可以抑制一些食源性的病原菌，例如单核细胞增多李斯特菌、肉毒梭菌、金黄色葡萄球菌等，此外，它还具有无毒性、易被人体中的蛋白酶消化降解以及热稳定性等特性，因而，也被认为是一种具有广阔应用前景的天然食品防腐剂和饲料添加剂。乳酸菌细菌素种类繁多，根据分子量、热稳定性和是否含修饰性氨基酸，可将其大致分为以下 4 类：

① 羊毛硫细菌素（lantibiotics），以稀有氨基酸（如羊毛硫氨酸等）为特征；

② 小分子不经过修饰的热稳定肽类细菌素（small heat-stable peptide，SHSP）；

③ 大分子热不稳定肽类细菌素（large heat-labile protein，LHLP）；

④ 复合型细菌素，由能够与其他大分子形成大复合物的细菌素组成。

目前，关于乳酸菌细菌素的研究主要集中在免疫机制、作用机制及其功能和结构之间的关系方面。通常，负责编码产生细菌素的基因与其免疫基因在染色体上紧密排列，组成一个完整的操纵子，或者位于宿主细胞所含有的质粒中。

乳酸链球菌素（Nisin）是发现最早并已广泛应用于食品工业的细菌素。Nisin 是乳酸乳球菌产生的一种细菌素，它通过在细胞表面形成电压依赖性孔，从而阻止细胞壁的合成并诱导细胞发生自溶而发挥作用。Nisin 对细菌芽孢和多种革兰阳性菌有强烈的抑制作用，是一种高效、无毒的天然食品防腐剂。Nisin 基因簇位于染色体上的 1 个大的接合型转座子 Tn 5276（大小为 70kb）上的一段 14kb 区域内，参与 Nisin 生物合成和发挥免疫抗性所需的全部基因，称前 Nisin 基因。Nisin 首先由 *nisA* 编码，是包含有 57 个氨基酸残基的前肽，而后通过 *nisB* 和 *nisC* 基因编码的蛋白质共同参与乳链菌肽的翻译加工和修饰，剩余 34 个残基形成成熟的 Nisin 分子，而 Nisin 成熟产物的分泌也需要 *nisT* 所编码的一个 ABC 转运蛋白来参与。另外，*nisI*、*nisF*、*nisE*、*nisG* 编码的产物还参与了 Nisin 的免疫反应，防止其产物对自身细胞的毒害作用。*nisT* 可促进乳链菌肽前体转移至胞外；*nisP* 则与 Nisin 前体信号肽的切除有关。

干酪乳杆菌 Zhang 染色体编码一个典型的与第二类细菌素分泌合成相关的基因簇，这一区域由 8 个基因组成。LCAZH 2341 和 LCAZH 2342 编码两个不同的结构基因，其产物可能为构成这一细菌素的 2 个不同的多肽，这 2 个基因的编码蛋白与鼠李糖乳杆菌中的同源基因有 48%的一致性。与其他物种中该类细菌素基因簇的结构类似，干酪乳杆菌 Zhang 只编码一种免疫蛋白（LCAZH 2343），这个基因位于结构基因的下游，它们可以使宿主对所产生的细菌素具有免疫力。LCAZH 2347 编码负责细菌素装配的蛋白质，尽管目前这个基因的功能还不是很明确，但它已被试验证明是细菌素合成过程中不可或缺的。另外一个基因 LCAZH 2348 编码 ATP 结合超家族转运蛋白，它负责将合成的多肽转运到胞外。这些基因在干酪乳杆菌 ATCC334 中也可找到同源基因，并且非常保守，说明控制这一性状的基因源自干酪乳杆菌的祖先。

在三株已测序的植物乳杆菌（WCFS1、JDM1 和 ST-Ⅲ）基因组中，均发现一个典型的与Ⅱb 类细菌素分泌合成相关的基因簇。Ⅱb 类细菌素最早在植物乳杆菌 C11 中发现，由两个不同氨基酸序列的多肽链组成，每条多肽链由 15～30 个氨基酸组成，含有双甘氨酸引导序列。两组分在抑菌功能上一般具有累加作用，当数量相等时，抑菌活性最大。编码该类细菌素的基因簇由大约 25 个基因组成，长度为 18～19kb，由 5～6 个操纵子组成。通过同源性比较发现，该基因簇在三株植物乳杆菌中既有保守区域，又存在可变序列。其中，ST-Ⅲ植物乳杆菌基因簇与已经报道的植物乳杆菌 C11 的基因簇完全相同，*plnEFI* 与 *plnJKLR* 分别编码两条肽链（Plantaricins EF 和 JK）和相应的免疫蛋白，其中，*plnI* 与 *plnL* 为 Abi 基因，赋予了菌株对所产植物乳杆菌素的免疫性；

plnGSTUVW 包含 2 个基因，其中 *plnGH* 编码含有双甘氨酸引导序列的 ABC 转运系统，*plnTUVW* 编码功能未知的Ⅱ型 CAAX 蛋白酶；*plnABCD* 为调控子，调控整个基因簇的群体感应网络；*plnMNOP* 编码的蛋白质功能未知，其中 *plnN* 含有疑似的双甘氨酸引导序列。WCFS1 的 *pln* 基因簇与 ST-Ⅲ的结构几乎一致，但在 *plnGHSTUW* 后还有 *plnXY* 2 个基因，这 2 个基因编码类似质粒中的毒素-抗毒素系统，常在质粒中出现，与质粒稳定性有关。这 2 个基因在 *pln* 基因簇中的作用尚不明确。与上述两株菌相比，JDM1 的 *pln* 基因簇并不完整，不包含 *plnMNOP* 操纵子，*plnJKLR* 不完整——不含有 *plnJK*，类 *plnR* 基因与其相对应的基因相比，可能为截短基因。ST-Ⅲ和 WCFS1 均有产细菌素或类细菌素的报道，尽管从基因结构上与 C11 极为相似，但具体结构及其构效关系仍需试验进行研究。

3. 胞外多糖合成基因簇

胞外多糖（exopolysaccharides，EPS）是乳酸菌在生长代谢过程中分泌到细胞壁外的一种糖类化合物，有的多糖黏附于细胞表面，形成荚膜多糖（capsular polysaccharides，CPS），有的分泌至周围培养基中，形成黏液多糖（slime polysaccharides，SPS）。胞外多糖的形成有利于乳酸菌与环境的相互作用，抵抗不良环境如有毒物质的作用以及巨噬细胞的侵袭等，同时，菌株发酵过程中产生的胞外多糖能赋予发酵乳制品一定的工艺特性，例如可以改善乳制品的组织状态和流变学特性等。大部分乳酸菌基因组中都有与胞外多糖合成相关的基因簇，常常被称为 EPS 基因簇。在乳品工业应用较为广泛的菌种，如嗜酸乳杆菌、德氏乳杆菌、瑞士乳杆菌、乳酸乳球菌和嗜热链球菌等都具有合成胞外多糖的能力。研究表明，乳酸菌胞外多糖的合成依赖于定位于质粒或染色体上的胞外多糖合成相关基因簇，该基因簇一般分为四个区，具有典型的多糖合成簇的特征，第一区为含有调节基因的调控区，第二区编码检测聚合链长度的相关蛋白质，第三区为合成胞外多糖重复单元的糖基转移酶（glycosyltransferase）基因，而第四区与多糖的聚合、转运和输出有关。

嗜酸乳杆菌 NCFM 的 EPS 基因簇包括 14 个基因，编码高度保守的蛋白 EpsA、EpsF、EpsJ、EpsI 等糖基转移酶、多糖合成酶。NCFM 的 EPS 基因簇中有 3 个开放阅读框（ORF），是编码 2 个 UDP 半乳糖变位酶和 1 个与 O 抗原和磷壁酸合成分泌相关的膜蛋白。其他的磷壁酸相关性 ORF 编码一系列磷壁酸合成和转运的蛋白质。磷壁酸可以缓解由革兰阳性细菌引起的肠道上皮过度炎症反应，提示磷壁酸与免疫系统之间有着直接的关联。有证据显示，这一基因簇可能来自基因的水平转移，与细菌对糖的合成代谢有一定的相关性。

与其他革兰阳性菌中的表面多糖合成基因簇的基因组成类似，在干酪乳杆菌 Zhang 染色体中编码的 2 个 EPS 基因簇基本由与以下功能相关的四部分基因组成：基因区域上游的调控因子，负责链长控制和聚合的蛋白质，与多糖重复单元合成相关的糖基转移酶，以及将多糖输出至胞外的转运蛋白。这 2 个基因簇分别位于一个长约 26.7kb 和一个 18.6kb 的片段中。前者编码 20 个基因，大部分成员都有跨膜结构，有 7 个基因具有 5 个以上潜在的跨膜螺旋结构，这 20 个基因除 LCAZH 1935 编码的假想蛋白和酰基转移酶（LCAZH 1948）以外，其余基因都具有相同的转录方向。与此相反，染色体上的另外一个 EPS 基因簇编码 26 个基因，只有一个由 428 个氨基酸编码的假想蛋白（LCAZH 2004）和一个由 476 个氨基酸编码的与多糖转运相关的蛋白质（LCAZH 2005）含有较多的跨膜螺旋结构，包括糖基转移酶在内的 7 个基因与其他基因则在不同的方向上转录。这两个基因区域都编码有转座元件，第一个区域虽编码有一个转座元件，但并不完整，大部分编码基因的 G+C 含量也与干酪乳杆菌 Zhang 染色体的平均 G+C 含量接近，均在 46.1%左右；而第二个区域的侧翼，*welE* 基因的上游有 4 个插入序列，其中一个 IS 元件是由 2 个插入序列组合构成的，这一区域的核心功能基因的平均 G+C 含量仅为 38.4%。与此同时，这一区域含有四个基因的中心区（LCAZH 2007～LCAZH 2011）与肺炎链球菌（*S. pneumoniae*）有良好的线性关系，整个结构与肺炎链球菌中负责 EPS 合成的基因簇非常相似。这些证据也都表明，这两个区域可能是干酪乳杆菌 Zhang 基因组进化过程中由水平基因转移而来的，并且是在两个不同的时期获得的。

根据同源比对的结果，人们发现在已测序的三株植物乳杆菌多糖合成基因簇分别位于基因组的两个区域，其中一个基因簇大小约为 14kb，不同株植物乳杆菌间的结构和基因组成几乎一致；另一个一般含有 1～3 个数目不等的多糖基因簇，由于其多样性，因而被认定为一个生活适应岛。通过采用 ACT 工具分析比较三株已测序的植物乳杆菌可变区域的多糖基因簇，发现 CPS1 基因簇只在 WCFS1 中存在；ST-Ⅲ中含有部分的 CPS2 基因簇和 CPS3 基因簇；而在 JDM1 中，除个别基因与其他两株植物乳杆菌对应位置的基因存在一定的同源性外，几乎整个区域都完全缺失。Remus 等通过结构分析，发现植物乳杆菌 WCFS1 部分多糖基因簇，如 CPS1 和 CPS3 在功能上是不完整的；然而通过基因敲除发现，在 WCFS1 中，这四个基因簇都是有功能的，缺失掉任何一部分都会影响其胞外多糖的组成。因而根据以上分析，人们可以发现三株已测序的植物乳杆菌的胞外多糖在基因构成上存在明显的多样性的特点，其对宿主细胞的影响仍需后续试验进行研究。

4. 黏附蛋白相关基因

乳酸菌菌体细胞发挥其益生功效，特别是免疫调节作用和降胆固醇能力的前提是在宿主肠道内定植。肠道内上皮细胞表面由大量的糖基化蛋白以及糖脂质物质构成，一些性能优良的乳酸菌菌体细胞能够分泌黏附素，与肠黏膜细胞结合，占据肠道上皮细胞的表面位置，在肠道内定植，形成生物屏障，抑制致病菌的生长、繁殖、黏附，同时也可以起到促进其他有益菌群增殖的作用。关于乳酸菌黏附肠道上皮细胞的机制，起初不同研究者得出的结论各不相同。随着研究的不断深入，研究者从分子水平开始逐渐认识到乳酸菌黏附这些组织的能力可能和不同菌属乳酸菌细胞表面结构中的蛋白质分子有关。

许多肠道乳酸菌如植物乳杆菌、嗜酸乳杆菌、沙克乳杆菌、约氏乳杆菌、乳酸乳球菌乳脂亚种、短乳杆菌等的基因组中都含有编码黏膜结合蛋白（Mub）的基因，Mub 是最大的细菌表面蛋白之一，与乳酸菌的黏附性能相关，在乳酸菌与宿主胃肠道的交互作用中起着非常重要的作用。Mub 蛋白的大小从 1000～4300 个氨基酸不等，一般代表了基因组中最大的 ORF。一个黏膜结合蛋白可含有 1 个或多个黏膜结合区域，最多可达 15 个。嗜酸乳杆菌基因组中有 66 个未分类的 COG，分布在 5 个不同的区域，这些区域中的所有基因推测都与宿主识别和表面黏附有关。约氏乳杆菌基因组中发现了一个含有编码 Mub 基因的区域。Mub 基因位于含 9 个基因的操纵子中，这个操纵子包含一个编码与链球菌黏附素同源且丝氨酸富集的蛋白质的基因。约氏乳杆菌基因组中的这个特殊区域在嗜酸乳杆菌、植物乳杆菌和格氏乳杆菌的基因组中也都已经发现。

基因组分析显示，干酪乳杆菌 Zhang 染色体基因组中仅含有 5 个 CDSs 与其细胞黏附肠道上皮细胞的能力相关，包括两个胶原黏附蛋白（PF05738，PF05737；LCAZH 2478，LCAZH 2398)、两个黏液素结合蛋白（PF00746，PF06458；LCAZH 2292，LCAZH 0407）和一个纤连蛋白（PF05833，LCAZH 1427)。除纤连蛋白（PF05833，LCAZH 1427）外，这些编码基因都含有信号肽区域，含有一个或者两个跨膜螺旋结构，都可在干酪乳杆菌 ATCC334 中找到同源基因。与此相反，肠道来源的乳酸菌菌株基因组，例如嗜酸乳杆菌 NCFM、约氏乳杆菌 NCC533、格氏乳杆菌 ATCC33323 都编码有数量丰富的执行类似功能的蛋白质。不同来源的乳杆菌分离株在黏附机制上是否存在有细微的差别，还有待于试验的进一步验证。

在乳酸菌中，表面蛋白（S-layer protein）是迄今为止人们研究最多的一类黏附素，几乎所有的古细菌和革兰阳性以及革兰阴性真细菌中都含有表面蛋白，它包裹在细菌细胞表面，形成三维的晶体状片层结构。这种蛋白质一般呈单分子晶体排列，具有方形或六边形对称结构。Jouko 等对乳杆菌黏附相关蛋白质的基因进行了深入的研究，结果表明，弯曲乳杆菌 JCM5810 有两个同源性编码 S 蛋白的基因，即 *cbsA* 和 *cbsB*。*cbsA* 是编码黏附蛋白 CbsA 的基因，全长约为 1584bp，编码含有 440 个氨基酸的 N 端多肽和一个含有 30 个氨基酸的信号肽。翻译后成熟蛋白质的分子量为 43910，氨基酸分析显示含有大量的疏水性氨基酸。通过黏附实验证实 CbsA 蛋白能够黏附到鸡的结肠表面，具有黏附组织的特异性。Beatriz 等将编码黏附蛋白 CbsA 的基因导入干酪乳杆菌 393 中进行表达，结果发现，表达后的 S 蛋白仅有少量分布于细菌表面，另一部分则分泌到培养液中，重组后的干酪乳杆菌对Ⅰ型和Ⅳ型胶原的黏附能力有所提高。Silja 等将编码短乳杆菌 ATCC 8287 的表面蛋白 N 端区的基因 *slpA* 重组到乳链球菌 NZ9000 中，使得本身没有黏附活性的乳链球菌 NZ9000 可以黏附到小肠上皮细胞 407 上。

5. 蛋白质水解系统相关基因

通常，乳酸菌均编码相对完善的蛋白质水解系统，主要由三部分组成：细胞壁表面的蛋白水解酶，不同类型的氨基酸和寡肽转运系统，以及一些胞内肽酶（内肽酶、氨肽酶、脯氨酸特异性酶、三肽酶和二肽酶)。菌株利用蛋白质的机制是：首先由细胞壁蛋白水解酶降解酪蛋白成为寡肽，之后通过特定的肽转运系统运输到细胞内，进一步由胞内各种肽酶将寡肽降解为更小的肽和游离氨基酸以提供给菌体生长利用。

在已报道的植物乳杆菌基因组中，发现均不编码细胞壁蛋白水解酶，这是植物乳杆菌与其他种类乳杆菌的重要差异。乳酸菌对乳蛋白利用的第二步是通过肽转运系统将水解蛋白得到的寡肽转运到细胞内。到现在为止，发现三种类型的肽转运系统：Opp、Dpp 和 DtpT，植物乳杆菌中同时存在 Opp 和 DtpT 两种类型的转运系统。ST-Ⅲ编码一个完整的 *Opp* 操纵子 *oppABCDF*（LPST C1024～LPST C1028）和一个单独的寡肽结合蛋白 OPPA（LPST C0441)。此外，ST-Ⅲ还编码一个 DtpT 转运蛋白（LPST

C0459)，这个蛋白质主要负责转运亲水性和带电荷的二肽和三肽物质。由转运系统转运到细胞内的肽类进一步由胞内各种肽酶作用，降解为更小的肽或氨基酸。与已报道的WCFS1相同，ST-Ⅲ也编码19个肽酶基因，比JDM1多一个基因，包括氨肽酶、内肽酶、脯氨酸特异性酶、二肽酶和三肽酶。有几种肽酶还同时存在多拷贝的编码基因，例如二肽酶PepD出现4个编码基因，这些编码冗余有助于增强代谢各种肽类的能力。

尽管植物乳杆菌编码相对完整的氨基酸的生物合成和蛋白水解系统，但植物乳杆菌均不具有使乳凝结的功能。通过比较不同乳杆菌的氨基酸的生物合成和蛋白水解系统，人们推测这可能与植物乳杆菌不编码相应的细胞壁蛋白水解酶有关，该酶的缺乏使得其不能很好地利用酪蛋白作为氮源，因而产生的氨基酸或生长因子不能满足其正常生长的需要，使其生长受到限制，具体机制尚需通过试验证明。

干酪乳杆菌Zhang中三个编码基因与蛋白水解酶相关，分属两种不同类型的细胞壁蛋白酶：PrtR（LCAZH 0497、LCAZH 0498）和PrtP（LCAZH 2241）。乳蛋白水解为寡聚多肽以后，细胞膜上的肽类转运子Opp和Opt，将寡聚多肽或是二肽、三肽等由细胞外转运到细胞内，再由细胞内蛋白酶将多肽类最终水解为氨基酸。干酪乳杆菌Zhang编码两个同源的Opp转运系统操纵子：一个具有与Opp操纵子*oppABCDF*（LCAZH 2022～LCAZH 2026）相同的基因组成；另一个具有类似于Opp操纵子的基因组成（LCAZH 1881～LCAZH 1886）。此外，干酪乳杆菌Zhang编码一个Opt转运蛋白（LCAZH 1804），这个蛋白质可以转运二肽、三肽、四肽，包括一些支链疏水性氨基酸。与此同时，干酪乳杆菌Zhang中有26个编码基因是和肽酶相关的，多于之前报道的植物乳杆菌WCFS1中的19个、嗜酸乳杆菌NCFM中的20个、瑞士乳杆菌DPC4571中的24个、德氏乳杆菌中的24个。

通过利用COG功能分类、KEGG数据库查询、KEGG代谢通路预测等，赵文静等分析了瑞士乳杆菌H9的全基因组信息，预测分析得到在瑞士乳杆菌H9基因组中存在编码细胞壁蛋白酶相关的基因*prtP*（LBH 1366、LBH 1434)，与细胞壁蛋白酶成熟相关的蛋白编码基因*prtM*（LBH 1380)，存在编码OPP转运系统的基因*oppA*、*oppB*、*oppC*、*oppD*和*oppF*（LBH 1146、LBH 1148、LBH 1147、LBH 1150、LBH 1149)，同时发现在基因组中存在大量的编码肽酶的基因，有几种肽酶还同时存在几种编码基因，例如氨肽酶PepN有2个编码基因、内肽酶PepE有3个编码基因、二肽酶PepD出现5个编码基因。

6. 噬菌体序列

原噬菌体序列在原核生物的基因组中广泛存在。一般情况下，这些噬菌体都处于转录静止的休眠状态，只产生编码阻抑蛋白，以及其他对原噬菌体适应性起作用的一些基因。已完成基因组测序工作的乳酸菌基因组中大部分都有部分噬菌体或噬菌体样序列的区域。就乳杆菌基因组而言，所含噬菌体的种类并不相同，噬菌体编码基因也有一定的差异，它们有的含有完整的原噬菌体序列，有的只含有缺陷型的原噬菌体序列，只编码有温和噬菌体的一部分功能基因。例如：嗜酸乳杆菌NCFM、格氏乳杆菌ATCC33323、瑞士乳杆菌DPC4571、干酪乳杆菌Zhang和约氏乳杆菌NCC533中都发现有噬菌体样序列的存在，只有一些残余的噬菌体片段，没有完整的原噬菌体序列。发酵乳杆菌 IFO3956 和罗伊乳杆菌 F275 的基因组中均没有鉴定到噬菌体样区域的存在，而植物乳杆菌 WCFS1 的基因组中则有两个完整的噬菌体基因组序列——噬菌体 LP1 和 LP2，大小分别为 44kb 和 43kb。乳酸乳球菌乳脂亚种 MG 1363 中的噬菌体编码基因均携带有 tRNA 编码基因。此外，还存在一个噬菌体矫正序列，其中包括一个长度为 712 个氨基酸的插入序列。

在干酪乳杆菌 Zhang 的基因组中，由 10 个开放阅读框构成的一个基因片段被注释为原噬菌体区域，这段区域的基因组成与清酒乳杆菌 23K、屎肠球菌（*Enterococcus faecium*）DO 及罗伊乳杆菌 F275 的基因组中的原噬菌体序列都有很近的亲缘关系。有趣的是，这一区域的基因结构，包括与噬菌体基因组装配关联的 7 个编码区（LCAZH 0997，LCAZH 1004，LCAZH 1005，LCAZH 1008，LCAZH 1009，LCAZH 1011，LCAZH 1012)，基因产物都与来自 *L. plantarum* WCFS1 的基因组中的噬菌体编码基因有较高的相似性，且表现出高度一致的线性关系，由此可以推测，该噬菌体区域是在较近的时期中单独整合在干酪乳杆菌和植物乳杆菌的基因组中的。

第二节 蛋白质组学研究进展

一、蛋白质组概念

蛋白质组（proteome）的概念是由澳大利亚 Macquarie 大学的 Wilkins 和 Williams 在 1994 年首次提出的，是指由一个细胞、一个组织或有机体所表达的全部的蛋白质。传统的分析蛋白质的方法是通过对单个蛋白质的功能进行实验分析，包括分析酶的活性以及对细胞过程的影响等。而蛋白质组是一个整体的概念，是应用二维凝胶电泳、质谱和生物信息学等分析技术从整体上研究蛋白质在复杂的细胞环境中的功能。

蛋白质组学（proteomics）是以蛋白质组为研究对象，从蛋白质整体水平上理解生命活动规律的科学。根据其研究内容主要分为结构蛋白质组学和功能蛋白质组学，研究的热点主要集中于三个方面：针对有关基因组或转录组数据库的生物体或组织细胞，建立蛋白质组或亚蛋白质组的组成性蛋白质组学；以重要生命过程或重大疾病为对象，进行重要生理病理状态或过程的比较蛋白质组学；通过多种先进技术研究蛋白质之间的相互作用，绘制某个体系的蛋白质，即相互作用蛋白质组学等。

二、蛋白质组学原理及研究的基本流程

蛋白质组是生物个体在特定环境下基因全部表达后的所有蛋白质及其存在方式，是一种细胞、组织或完整生物体在特定时空上所拥有的全套蛋白质。由于蛋白质表达存在时空性、可调节性，并且蛋白质翻译结束后，许多蛋白质还需经过翻译后加工和修饰过程才有活性，因而基因组测定后进行特定的蛋白质组学研究对于从整体角度分析细胞内动态变化的蛋白质组成、表达水平与修饰状态，了解蛋白质之间的相互作用与联系规律都有十分重要的意义。

蛋白质组学的发展有赖于对基因表达产物——蛋白质进行高效率的大规模的分离与鉴定，目前其常用技术路线如图3-1所示。蛋白质组分析常用技术手段包括：①蛋白质分离技术，如双向凝胶电泳；②蛋白质鉴定技术，如质谱技术和蛋白质和多肽的C端、N端测序等；③用于蛋白质相互作用，如酵母双杂交技术等；④生物信息学技术等。较为传统的方法是采用双向电泳技术进行蛋白质分离，再通过质谱技术进行蛋白质的鉴定。由于传统方法对低丰度蛋白质、极疏水蛋白质和极碱性蛋白质的分离能力较弱，实验室间分离的重复性不高，蛋白质的回收率不稳定等问题，一些新分离方法和技术被不断地开发和改进，如差异凝胶电泳（difference gel electrophoresis，DIGE）技术、同位素标记亲和标签（isotope coded affinity tags，ICAT）技术和多维液相色谱（multidimensional liquid chromatography，MDLC）技术等。这些新的方法和手段，极大地丰富了蛋白质组的测定方法，使得许多以前未被发现的蛋白质的功能被挖掘出来。

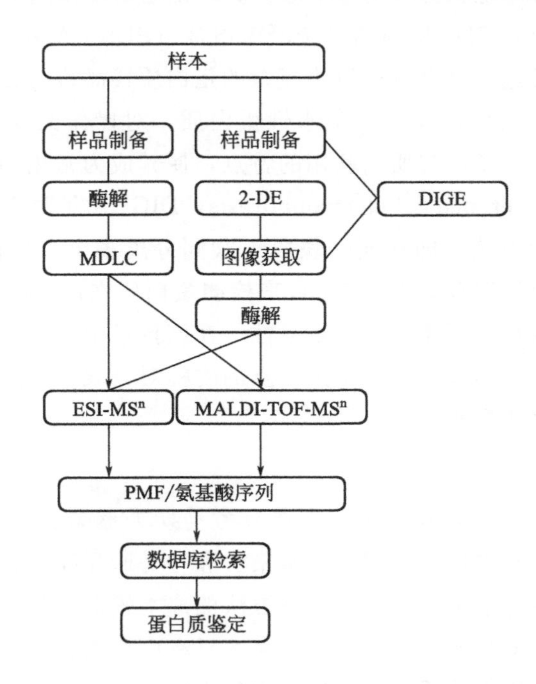

图3-1　蛋白质组学的研究技术路线流程

2-DE（two-dimensional gel electrophoresis）—双向凝胶电泳；DIGE（difference gel electrophoresis）—差异凝胶电泳；MDLC（multidimensional liquid chromatography）—多维液相色谱；MALDI-TOF-MS^n（matrix-assisted laser desorption/ionization time of flight mass spectrometry）—基质辅助激光解吸电离飞行时间质谱；ESI-MS^n（electrospray ionization mass spectrometry）—电喷雾电离质谱；PMF（peptide mass finger-print）—肽质量指纹谱

三、蛋白质组学主要技术

1. 蛋白质提取技术

通常选择细胞或组织中的全部蛋白质组分进行蛋白质组分析。制备合适的蛋白质样品是蛋白质组研究的关键，必须根据实验目的和不同样品选择合理的蛋白质提取分离方法，尽可能提高样品的溶解度，抽提最大量的蛋白质，减少蛋白质的损失。同时，在蛋白质提取时，为降低样品的复杂性，可以通过顺序抽提法、亚细胞分离技术等手段对蛋白质样品进行预分离。一般而言，蛋白质组样品的制备过程主要包含裂解细胞或组织样品，对蛋白质进行溶解、变性和解聚，去除非蛋白质成分，提取全部蛋白质。

2. 蛋白质检测技术

蛋白质组学研究中，双向凝胶电泳（two-dimensional gel electrophoresis，2-DE）是目前应用最为广泛的研究方法，是由 O'Farrell 等在 1975 年首次应用于细胞或组织全蛋白质的分离中。其原理是根据蛋白质的等电点和分子量特性区分各种蛋白质，第一向是等电聚焦（IEF）电泳，根据蛋白质的等电点进行分离。每个蛋白质都是两性分子，在不同的 pH 值条件下可能带正电荷、负电荷或不带电荷，在进行电泳的过程中，它们会自动迁移到使其自身净电荷为零的 pH 值，所以在电场的作用下，不同的蛋白点聚焦到不同的位置。第二向是 SDS 聚丙烯酰胺凝胶电泳（SDS-PAGE），根据蛋白质的分子量不同分离蛋白质，通过二维电泳可以将复杂的蛋白质样品进行分离。虽然二维凝胶电泳难以检测到低分度蛋白质以及一些疏水性蛋白质，对操作的要求也较高，但其通量高、分辨率和重复性好以及可与质谱联用的特点，使其成为常用的一种技术手段。

差异凝胶电泳（difference gel electrophoresis，DIGE）是对 2-DE 在技术上的改进，结合了多重荧光分析的方法，即在同一块胶上共同分离多个分别由不同荧光标记的样品，采用不同的荧光标记混合后进行 2-DE 来检测蛋白质在两种样品中的表达情况，极大地提高了结果的准确性、可靠性和可重复性。在该技术中，由于每个蛋白点都有它自己的内标，且软件可全自动地根据每个蛋白点的内标对其表达量进行校准，保证了所检测到的蛋白质丰度变化的真实性。

3. 凝胶染色方法

在蛋白质组学研究中，凝胶的染色方法有考马斯亮蓝染色法、银染法、荧光染色法、同位素标记法等。其中比较常用的是银染法和考马斯亮蓝染色法，考马斯亮蓝染色法的灵敏性可以达到微克水平，而且使用该方法的成本较低，与后续质谱鉴定方法具有相容性。相比而言，银染法比考马斯亮蓝染色法具有更高的灵敏度，但是染色步骤比较复杂，对后续的图谱分析以及质谱鉴定有一定的影响。

4. 蛋白质鉴定技术

质谱技术是目前蛋白质组学研究中最为常用的技术。选择双向电泳凝胶图中感兴趣的蛋白点，切胶并经过酶解后用质谱技术进行鉴定。其基本原理是蛋白质分子经过离子化后，根据不同离子之间质荷比的差异分离确定蛋白质的分子量，从而可以得到蛋白质的分子量等信息，确定蛋白质的种类。用来分析蛋白质和肽样品的离子化技术主要包括电喷雾电离（ESI）和基质辅助激光解吸（MALDI）两种电离技术，此外，还包括同位素标记亲和标签技术和多维液相色谱技术等。

基质辅助激光解吸电离飞行时间质谱（matrix-assisted laser desorption ionization time of flight mass spectrometry，MALDI-TOF/MS）是近年来发展起来的一种生物质谱技术，具有较高的灵敏度、准确度和较高的分辨率。MALDI 的电离方式是 Karas 和

Hillenkamp 于 1988 年提出的。MALDI 的基本原理是将分析物分散在基质分子（烟酸及其同系物）中并形成晶体，当用激光（337nm 的氮激光）照射晶体时，基质分子吸收激光能量，样品解吸附，基质-样品之间发生电荷转移，使样品分子电离。它从固相标本中产生离子，并在飞行管中测定其分子量，MALDI-TOF/MS 一般用于肽质量指纹图谱，非常快速（每次分析只需 3～5min）、灵敏［达到飞摩（fmol）水平］，可以精确测量肽段质量。但是如果在分析前不修饰肽段，MALDI-TOF/MS 则不能给出肽片段的序列。

电喷雾电离质谱（electrospray ionization mass spectrometry，ESI-MS）是利用较高的电场使样品离子化，常用于一些复杂蛋白质的分离鉴定。ESI-MS 是利用高电场使质谱进样端的毛细管柱流出的液滴带电，在 N_2 气流的作用下，液滴溶剂蒸发，表面积缩小，表面电荷密度不断增加，直至产生的库仑力与液滴表面张力达到雷利极限，液滴爆裂为带电的子液滴。这一过程不断重复，使最终的液滴非常细小，呈喷雾状，这时液滴表面的电场非常强大，使分析物离子化，并以带单电荷或多电荷的离子形式进入质量分析器。ESI-MS 从液相中产生离子。一般来说，肽段的混合物经过液相色谱分离后，经过偶联的与在线连接的离子阱质谱分析，给出肽片段的精确的氨基酸序列，但是分析时间一般较长。

同位素标记亲和标签（isotope coded affinity tages，ICAT）技术是差异蛋白质组研究技术中的核心技术之一，分别用含有轻重同位素的两种标记分子对比较研究样品中的半胱氨酸进行标记，然后对混合的样品进行质谱分析。用具有不同质量的同位素亲和标签（ICATs）标记处于不同状态下的细胞中的半胱氨酸，利用串联质谱技术，对混合的样品进行质谱分析。Paul 采用了一种全新的 ICAT 试剂，同时结合了液相色谱和串联质谱，因此，不但明显弥补了双向电泳技术的不足，同时还使高通量、自动化蛋白质组分析更趋简单、准确和快速，代表着蛋白质组分析技术的主要发展方向。该技术不但可以对混合样品进行直接测试，能够快速定性和定量鉴定低丰度蛋白质，尤其是膜蛋白等疏水性蛋白质等，还可以快速找出重功能蛋白质。

多维液相色谱（multidimensional liquid chromatography，MLC）技术是与串联质谱联用的 2D-LC-MS/MS，可以检测动态范围 10000∶1 内的低丰度肽段，是目前蛋白质组学研究最主要的技术路线。该技术可快速、高通量地鉴定复杂蛋白质混合物。最常用的是离子交换色谱-反相液相色谱的联用，可实现对复杂生物样品的二维分离。Yates 提出并建立了多维蛋白质鉴定技术（multidimensional protein identification technology，MudPIT），这种技术是将不同分离模式的色谱柱以串联的方式合并于同一根色谱柱中进行的。该方法可对样品量较少的蛋白质进行快速分析，适用并且已经成功应用于蛋白质组学中大规模蛋白质的分离鉴定。

5. 生物信息学分析

生物信息学是蛋白质组学研究中不可缺少的一部分，把基因组 DNA 序列信息分析作为源头，找到基因组序列中代表蛋白质和 RNA 基因的编码区，在此基础上，归纳、整理与基因组遗传信息释放及其调控相关的转录谱和蛋白质谱的数据，从而认识代谢、发育、分化、进化的规律，经过质谱鉴定所得到的数据通过在数据库中搜索得到基本的注释信息，然后利用蛋白质组数据库分析蛋白质的结构、性质和功能。蛋白质鉴定数据库包括：SWISS-PROT、InterPro、UniProt、蛋白质功能分类数据库 COG、蛋白质生物途径检索数据库 KEGG 等。计算机分析软件主要有蛋白质双向电泳图谱分析软件 PDQuest、蛋白质结构和物理信息分析-蛋白质专家分析系统 ExPASy、蛋白质细胞定位分析 Psort 等。

四、乳酸菌蛋白质组学

早期乳酸菌研究工作多集中于菌种的分类和筛选，并通过构建动物模型对部分益生特性进行验证。随着分子生物学理论和生物技术的发展，人们开始利用分子生物学方法和手段对乳酸菌进行分类鉴定，将表型鉴定结果和遗传物质结构相结合来说明属种在系统发育上的关系，并通过定量分析澄清了由传统分类学确立的不同乳酸菌种属之间的进化关系。与此同时，基因功能及其代谢途径的研究也有了长足的进步。但是乳酸菌全体基因序列的确定，并不能提供认识乳酸菌生命活动的直接分子基础，因此，乳酸菌蛋白质组学的研究近年来受到了国内外更多的关注，同时也取得了飞速的发展。

Perrin 等首先构建了在 M17-乳糖培养基上生长的嗜热链球菌的蛋白质组 2-DE 图谱。Guillot 等则建立了乳酸乳球菌 IL1403 的参考图谱，并利用其基因组数据，对蛋白质组相关信息作了更为详尽的研究。随后，蛋白质组学技术在植物乳杆菌、保加利亚乳杆菌、嗜酸乳杆菌、长双歧杆菌等乳酸菌研究中的应用，提供了一系列完整、可重现的 2-DE 参照图谱。此外，干酪乳杆菌 Zhang、植物乳杆菌 WCFS1、鼠李糖乳杆菌 LGG 等菌株都有关于蛋白质组学方面的研究。

目前，对乳酸菌在环境胁迫下的应激反应研究最多的是热、酸、冷和胆盐胁迫等。蛋白质组学为研究胁迫机制提供了一种全面而动态的比较手段，为后续研究提供了基础。已有研究表明，乳酸菌在环境胁迫下都会诱导不同数目的蛋白质，包括通用应激蛋白、参与代谢的各种蛋白质及胁迫诱导的特定应激蛋白。

1. 热胁迫

高温（一般为 40～65℃）会使非共价键变得不稳定，从而使蛋白质失活。与其他细菌类似，乳酸菌热应激反应也是通过一系列热激蛋白（heat shock protein，HSP）的表达而实现的，不过，随后又发现很多热激蛋白是通用应激反应蛋白，即它们在应激反应中都是高度表达的。大部分热激蛋白属于分子伴侣蛋白，具有修复损伤蛋白质的生物学活性，可以增强乳酸菌对热胁迫的耐受能力。研究表明，乳酸菌在热激过程中，会诱导不同数量的热激蛋白，如嗜酸乳杆菌 NCFM 24 个、瑞士乳杆菌 LH212 18 个、干酪乳杆菌 LC301 15 个、丘状乳杆菌 36 个。乳酸菌中经常可以检测到的热激蛋白有 DnaK、DnaJ、HrcA、GroES、GroEL、HSP85 和 HSP100 等。Kilstrup 等对乳酸乳球菌热激蛋白表达的动力学研究结果表明，DnaK 或 GroEL 是热激后立即诱导的，其他蛋白质是之后才诱导的。

乳酸菌和其他细菌一样，具有由 DnaK-GrpE-DnaJ 和 GroES-GroEL 组成的伴侣蛋白复合体，研究表明，这两对伴侣蛋白可以在修复损伤蛋白质的过程中互相协作，来共同完成蛋白质的修复功能。Gouesbet 通过蛋白质组学比较德氏乳杆菌保加利亚亚种和其热突变株在热激下蛋白质的变化，发现两者能诱导热激蛋白的表达（包括 GroEL 和 DnaK）等，但是热突变株诱导的速率更快，同时能持续大量表达，从而使突变株持续得到保护。Desmond 通过蛋白质组实验表明，副干酪乳杆菌 NFBC 338 热激后会过量表达 GroESL，然后在乳酸乳球菌和副干酪乳杆菌过量表达该酶时，发现对两株菌的耐热和耐渗透压性能都有所改善。以上表明，在某些情况下，可以通过热激蛋白表达水平的变化来测量细胞受到的热胁迫程度及其抗胁迫能力。

除了上述热激蛋白外，还有其他蛋白质参与乳酸菌热应激过程。*htrA* 基因编码 HtrA/DegP 家族，膜丝氨酸蛋白酶也涉及热激反应，如瑞士乳杆菌 CNRZ32 的 HtrA 在热激后（37～52℃）显著上调。ClpP 多聚体复合物由丝氨酸蛋白酶 ClpP 和 Clp-ATP 酶组成，当热激后，该复合物可以将不能被伴侣蛋白修复的蛋白质降解，从而减少错配蛋白对细胞的损害。

Frees 等发现，乳酸乳球菌 ClpP 突变菌株比野生菌株对热和嘌呤霉素更为敏感，也有人发现保加利亚乳杆菌热胁迫后 Clp-ATP 酶亚基表达量上调。

2. 酸胁迫

发酵乳糖产生乳酸是乳酸菌的主要特征，乳酸的积累会延缓甚至抑制乳酸菌的生长。此外，通过胃肠道时，胃酸也是主要的胁迫因子之一。乳酸菌酸胁迫应激机制包括质子泵机制、谷氨酸脱氢酶机制、应激蛋白和分子伴侣机制、精氨酸脱亚氨基酶机制等。乳酸菌对酸胁迫的应激反应已采用蛋白质组学的方法进行广泛研究。Fernandez 等使用蛋白质组和转录组相结合的办法在研究保加利亚乳杆菌在酸胁迫下的应激反应时发现，酸诱导了许多伴侣蛋白（GroES，GroEL，HrcA，GrpE，DnaK，DnaJ）合成和与脂肪酸合成相关的基因（*fab H*，*acc C*，*fab I*）表达，抑制了关于类异戊二烯合成的甲羟戊酸途径的基因（*mvaC*，*mvaS*）表达。该研究结果表明，该菌在酸胁迫下，发生了从丙酮酸盐到脂肪酸的生物合成，从而影响细胞膜的流动性。De Angelis 等通过蛋白质组学方法分析了酸胁迫对旧金山乳杆菌（*Lactobacillus sanfranciscensis*）CB1 及其酸耐受突变菌株的影响，发现此菌对酸胁迫的耐受能力取决于诱导蛋白的合成，高温胁迫时诱导产生的分子伴侣复合体 DnaK-DnaJ-GrpE 和 GroEL-GroES，在酸胁迫下也会诱导合成。

Sanchez 利用蛋白质组学比较了长双歧杆菌 NCIMB 8809 野生型和酸耐受突变株对酸胁迫的应激反应。一些糖酵解中的关键酶例如 α-1,4-葡萄糖苷酶、葡萄糖磷酸变位酶、UDP-葡萄糖异构酶上调，这些酶都是果糖-6-磷酸途径的关键酶。值得注意的是，转醛醇酶在野生菌株中下调、在突变菌株中上调。从理论上说，这有助于突变株快速形成果糖-6-磷酸途径中的甘油醛-3-磷酸，这些都有助于双歧杆菌特有的糖代谢双歧支路，从而维持其生长。同时，两个菌株胞内的 NH_4^+ 都较高，这有助于它们缓冲胞内的 pH 值。

胺在胞内的积累也被认为是一种对酸胁迫的应激机制。Pessione 发现，稳定期时酸化诱导具有产生生物胺能力的乳酸菌，上调表达氨基酸脱羧酶，以增加生物胺产量来维持培养基 pH 值的相对稳定。

除精氨酸脱亚氨基酶途径外，在干酪乳杆菌 Zhang 中发现，天冬氨酸也参与了对酸胁迫的耐受性。与干酪乳杆菌野生株相比，该菌的耐酸突变株在pH3.5下，在天冬氨酸和精氨酸途径中，AsnA显著抑制，ArgG、ArcA和ArcB显著上调，而使得从天冬氨酸生成精氨酸的反应增强、天冬氨酸到天冬酰胺的反应减弱。研究结果表明，在pH3.5、3h变异株胞内的天冬氨酸和精氨酸的含量分别是野生株的1.24倍和1.40倍，表明天冬氨酸和精氨酸参与了对酸的耐受性，这也是第一个对天冬氨酸参与乳酸菌酸耐受性的报道。

3. 冷胁迫

作为发酵剂的乳酸菌在储藏及食品加工过程中常常暴露于低温环境中。冷胁迫会导致细胞活性降低，细胞形态及膜流动性发生变化，同时对复制、转录和翻译都有影响。在冷胁迫下乳酸菌的第一步反应是改变细胞膜脂肪酸的组成，从而调节膜的渗透性；第二步是合成冷应激蛋白（cold shock protein，CSP），这些蛋白质能与RNA结合，保证在低温环境下翻译的正常进行。冷应激蛋白家族的一个共同特点是分子量大约为7000，但是其在不同乳酸菌中的数目不同，如在嗜热链球菌PB18中发现1个、在乳酸乳球菌乳脂亚种MG1363中发现7个、在旧金山乳杆菌DSM20451中发现2个、在植物乳杆菌NC8中发现3个。

大量研究发现，将乳酸菌采用适当的条件应激后能提高其对冷胁迫的耐受性。Wang发现一个适当低的温度（28℃）预培养8h能促进嗜酸乳杆菌对冷胁迫的耐受性。在此条件下的蛋白质组与未预培养的相比，发现有4个蛋白质发生了上调、1个下调。上调蛋白质的其中1个为ClpP，该酶在热胁迫及氧化胁迫中均有涉及，主要功能是分解错误折叠的或损伤的蛋白质。Streit等研究表明，在低温（−20℃）保藏前先进行酸诱导（pH5.15，30min），能改善保加利亚乳杆菌CFL的耐寒能力。进一步通过比较酸化处理和未处理的保加利亚乳杆菌CFL的蛋白质组，发现酸化处理后21个蛋白质发生变化，主要包括能量代谢、核苷酸和蛋白质的合成，这些变化有助于后来的对冷胁迫环境的适应，表明酸应激和冷应激具有交叉应激的现象。

Garnier等用蛋白质组比较了鱼链球菌（*Lactococcus piscium*）CNCM I-4031在冷胁迫和低温环境培养与在标准温度下培养的蛋白质的差异，发现在低温诱导的蛋白质包括氧化还原蛋白（Ahp、OsmC、Trx）、能量代谢相关蛋白（GAPDH、Fba、PGK）和脂肪酸合成蛋白（FabF、FabG、FabH），但是在冷胁迫和低温环境下培养所诱导的蛋白质是有差异的。该菌株也存在一个7000的冷休克蛋白CspE，但是它在正常情况和低温下的表达并无明显差异，表明它是持续表达的。

4. 胆盐胁迫

作为益生菌，在进入肠道定植前，必然会经历人体消化道的各种极端环境，如胃酸、胆汁及肠液等，因而能够耐受人体小肠内的胆盐也是筛选益生菌的标准之一。由于胆盐的表面活性剂的作用，会导致乳酸菌细胞膜被破坏，引起细胞损伤。关于乳酸菌耐胆盐的机制包括胆盐水解酶作用、应激蛋白的产生、细胞膜的保护作用等。研究表明，乳酸菌耐胆盐往往是多种机制共同作用的结果，通过蛋白质组学可以全面而动态地比较乳酸菌在胆盐胁迫下的变化。

对罗伊乳杆菌ATCC23272的蛋白质组研究表明，该菌暴露于胆盐后差异表达的蛋白质主要涉及糖类代谢、转录翻译、氨基酸生物合成、pH体内平衡、通用胁迫反应及氧化还原反应等。Sanchez等对双歧杆菌NCIMB 8809的蛋白质组学分析表明，在胆盐胁迫下，34种蛋白质差异表达，包括伴侣蛋白、氨基酸和核苷酸合成蛋白、糖酵解和丙酮酸代谢相关蛋白，特别是5-磷酸木酮糖激酶和果糖-6-磷酸激酶，这两个双歧杆菌特有糖代谢双歧支路中的关键酶上调。同时，酶活检测也表明生长在胆盐中的细胞蛋白中的果糖-6-磷酸激酶活力也较高，表明胆盐对双歧杆菌特有的双歧支路有主要影响。国内乌日娜用蛋白质组的方法发现干酪乳杆菌Zhang在含有1.5%胆盐的培养基中生长至对数生长期中期，有26种蛋白质表达发生了变化，主要包括通用应激蛋白（DnaK和GroEL）、细胞膜保护蛋白（NagA、GalU和PyrD）、核心代谢关键酶（PFK、PGM、CysK、LuxS、PepC和EF-Tu）等。

对鼠李糖乳杆菌LGG耐胆盐的转录组和蛋白质组的研究则发现，LGG在0.2%胆盐下，转录组316个基因和蛋白质组42个蛋白质差异表达，这些差异主要涉及通用应激机制和细胞壁相关功能，包括细胞膜脂肪组成、细胞表面电荷、表面多糖厚度等。特别是发现细胞多糖合成蛋白的下调，该类蛋白质的下调推测与其进入人体肠道后在肠道的黏附有关，因为多糖的存在不利于黏附素发挥功能。同时，发现一些多药类ABC转运系统上调，这些转运蛋白的上调推测与胆盐清除作用有关。

5. 渗透压胁迫

乳酸菌在生长环境中或生产过程中经常会遇到渗透压的变化，为了防止细胞内的水分流失，乳酸菌会积累抗渗透压物质如钾、甜菜碱、肉碱、脯氨酸等维持细胞渗透平衡，同时启动一些应激保护，包括DnaK、GroEL和GroES等通用应激蛋白等。

Marceau等利用蛋白质组研究清酒乳杆菌（*Lactobacillus sakei*）在加入4%NaCl和低温下（4℃）的变化，研究发现，至少有6个蛋白质涉及在这种类似于肉类加工过程的环境适应过程，其中2个与糖代谢相关。并且对糖酵解酶之一的磷酸果糖激酶进行插入缺失后，突变株在4℃和4%盐浓度下生长均降低，表明该酶对抗渗透压胁迫的重要性。

Zhang等则发现谷胱甘肽对乳酸乳球菌在渗透压胁迫下的保护作用。在5mol/L NaCl下，含有谷胱甘肽的乳酸乳球菌的存活能力要明显强于对照组。用蛋白质组比较发现，与对照相比，加入谷胱甘肽后，29个蛋白质差异表达，并且发现有21个蛋白质是与代谢相关的，特别是与糖代谢相关。许多与糖酵解相关的酶，如Pfk、FbaA、TpiA、GapB、LDH等，在含有谷胱甘肽的乳酸乳球菌中上调，以弥补渗透压造成的部分糖酵解酶的下调，保证能量的供给。

由于钾和其他抗渗透压物质的运输蛋白属于难溶的或在二维电泳上不易检测的膜蛋白，Hahnes等利用表达谱芯片、蛋白质组相结合的方法研究枯草芽孢杆菌在6%盐浓度下不同时间（0min，10min，30min，60min，120min）培养的mRNA、胞内蛋白和膜蛋白的变化，共发现了949个mRNA、29个胞内蛋白和59个膜蛋白差异表达，包括应激蛋白调节子（σ^B、σ^X、σ^M、σ^W）、渗透物转运蛋白（OpuA～OpuE）和一些损伤修复蛋白（PurL，IlvC，MecA）等，以一个完整的全景展示了枯草芽孢杆菌在高渗情况下的变化，也对乳酸菌研究渗透压耐受性具有借鉴意义。

6. 氧化胁迫

乳酸菌在发酵、保藏及在人体肠道中均会受到氧化胁迫，高浓度的活性氧簇（reactive oxygen species，ROS）包括 O_2^- ·、H_2O_2 及 HO·等会和脂质、蛋白质、DNA 反应，导致严重的伤害。乳酸菌在外来氧化胁迫下，不但会启动相应的氧化还原调控系统，还会调控相关蛋白质的表达，对细胞中已造成损伤的部位进行修复。乳酸菌中的氧化还原调控系统主要由谷胱甘肽（glutathione）系统、硫氧还蛋白（thioredoxin）系统和“NADH 氧化酶/NADH 过氧化酶”系统组成。氧化损伤修复则是主要通过 *recA* 基因、*uvrA* 基因、Sigma（δ）因子调控来进行的。

Rince 等使用二维电泳比较了粪肠球菌（*Enterococcus faecalis*）在包括温度、pH 值、氧化等不同胁迫条件下蛋白质表达的差异，发现有 6 个蛋白质属于通用应激蛋白，其中 Gsp65 通过测序发现与有机过氧化物耐受蛋白 Ohr 同源。Gsp65 突变株与野生菌相比，对有机过氧化氢物（tBOOH）的耐受力减弱，用蛋白质组比较发现，在过氧化氢物（tBOOH）的胁迫下，两者的二维电泳图上除了 Gsp65 没有其他差异，表明 Gsp65 的敲除并没有引起其他蛋白质表达的差异，Gsp65 是单独起对有机过氧化氢物（tBOOH）耐受作用的。Arena 等用 2D PAGE＋MALDI-TOF 和 1D PAGE＋LC-ESI-IT-MS/MS 相结合的方法研究嗜热链球菌在氧化胁迫下的变化，研究表明，H_2O_2 在诱导通用应激蛋白的同时，也诱导用于调控氧化还原系统的蛋白质，包括 NADH 氧化酶、Mn-过氧化物歧化酶、Fe-S 组合蛋白（SufB 和 SufC）、谷胱甘肽还原酶、过氧化物耐受蛋白等。

在某些不产生谷胱甘肽的乳酸乳球菌中，硫氧还蛋白系统被认为对于调控胞内氧化还原电势和应对氧化胁迫是必不可少的。但是 Vido 等却发现，硫氧还蛋白还原酶失活后的突变株也是可以存活的。利用蛋白质组比较了 TRXB1 突变株和野生株乳酸乳球菌的蛋白质组的变化，发现有 20 个蛋白质差异表达，特别是突变株中 2-酮戊二酸脱羧酶（MenD）、超氧化物歧化酶（SOD）、NADH 氧化酶等与氧化还原调控系统相关的酶上调；同时，一些与氧化损伤修复系统相关的调控因子（如 GreA 和 PyrE）也上调，表明乳酸菌抗氧化系统是相互联系的，当一个系统被抑制或消除时，其他系统会及时调控来保护细胞免受氧化伤害。

7. 生长胁迫

从目前报道的乳酸菌参考图谱的分析来看，在所有鉴定的蛋白质中，依据功能分类，糖代谢相关酶类所占比例最高，为 25%～30%，说明这类蛋白质在菌体生长中起到重要的作用。其次为能量代谢相关蛋白质、翻译和核糖体蛋白质及分子伴侣蛋白质等。糖代谢是为乳酸菌生长提供能量的主要途径。在某些外界不利环境条件的胁迫下，乳酸菌的生长和维持活力所消耗的能量会增加，所以糖代谢途径中的某些酶类表达就可能发生变化。Guillot 等构建了乳酸乳球菌 IL 1403 和乳酸乳球菌 NCDO763 分别在乳糖和葡萄糖培养基中生长的蛋白质组，比较发现不同的碳源可诱导参与乳酸乳球菌糖酵解的相关蛋白酶的差异表达，如与在含有葡萄糖培养基中生长相比，乳酸乳球菌在乳糖培养基中生长时，其塔格糖磷酸激酶等塔格糖途径代谢酶表达会明显上调。在环境胁迫乳酸菌蛋白质组的研究中，糖代谢相关酶类的表达变化可能对提高乳酸菌的耐受性起到重要的作用。例如，酸胁迫可分别诱导双歧杆菌中糖代谢的相关酶类，如磷酸葡萄糖变位酶（phosphoglucomutase）、丙酮酸激酶（pyruvatekinase）、磷酸尿苷葡糖异构酶（UDP-glucose-4-epimerase）和β-半乳糖苷酶（β-galactosidase）等，以及罗伊乳杆菌（*Lactobacillus reuteri*）中的丙酮酸激酶（pyruvate kinase）、磷酸甘油酸变位酶（phosphoglycerase mutase）、麦芽糖磷酸化酶（maltose phosphorylase）、甘油-3-磷酸脱氢酶（glycerol-3-phosphate dehydrogenase）等参与糖代谢的蛋白质表达，发生明显的变化。

在不同的培养条件下，如将嗜热链球菌接种于牛乳或化学培养基中生长时，参与氨基酸和核酸代谢的蛋白质的表达会有所不同，尤其是在生长初期，菌体在牛乳中生长时核酸代谢途径相关酶类的表达水平要强于菌体在化学培养基中生长的表达水平。其原因可能是牛乳中缺乏嘌呤碱基，需要嗜热链球菌从头合成脱氧核糖核酸。所以，参与核酸代谢的酶类表达量会增强。因此，利用双向电泳发现，PurC、PurL、PurH、PurD、PurB、PurA、PurR 及 PyrC 的表达在嗜热链球菌对数生长期的早期和晚期有差异。

此外，不同生长时期乳酸菌表达的蛋白质也有显著差异。Cohen 等的研究表明，植物乳杆菌 WCFS1 稳定期时糖酵解酶类表达下调，而 Leloir 途径的代谢酶（如半乳糖激酶和 UDP-葡萄糖-4-差向异构酶）以及丙酮酸氧化酶表达上调，这说明静止期时的能量来源已由糖酵解途径转变为 Leloir 途径。稳定期抗氧化蛋白质表达上调，可能由酸化等环境胁迫诱导表达。稳定期肽聚糖合成的调控蛋白质表达上调，则可能是大量生成肽聚糖加固细胞壁，以抵抗外界环境胁迫。Pessione 等对产生物胺的乳酸菌进行的蛋白质组分析表明，静止期组氨酸脱羧酶（histidine decarboxylase，HDC）、鸟氨酸脱羧酶（ornithine decarboxylase，ODC）和寡肽转运蛋白也表达上调。由此可见，乳酸菌在不同生长时期的蛋白质表达也会受到外界环境的调控。

五、研究益生菌作用分子机制的蛋白质组学

蛋白质直接介导益生菌适应胃肠道的生理化学环境、黏附宿主的上皮细胞和肠道黏膜以及益生菌的健康促进效果。蛋白质组是一个进化的整体，是由微生物基因组编码的整套的蛋白质；因为环境、病理条件或细胞区室而发生定性或定量改变；因为后转录修饰（PTMs，如糖基化和磷酸化）、选择性剪接或蛋白酶作用会存在同类蛋白的几个亚型。通过鉴定差异化表达的蛋白质，蛋白质组学可以揭示细胞生理学的整体、动态和整合的情景。

1. 益生菌对胃肠道环境的适应机制

益生菌在肠道中面临的主要挑战是胃的酸性环境（pH 值约为 2）和小肠的胆汁（浓度为 1～40mmol/L）。细胞内 pH 值的降低损伤了蛋白质和 DNA，改变了跨膜的 ΔpH，这就会影响质子动力势。质子动力势是不同跨膜转运过程的能量来源。胆汁和胆盐（牛磺酸或甘氨酸的结合物）主要修复细胞膜，改变细胞膜结构和细胞壁的功能。胆汁是由胆汁酸（一种弱有机酸）组成。在细菌的细胞质内，胆盐水解酶对胆盐的去结合作用可引起细胞内酸化。这样，益生菌发展了针对酸和胆盐的反应机制，并有几个共同的特征，使得益生菌可以在胃肠道中适应和存活。

蛋白质组学清晰证实几种反应机制的激活，引起分子伴侣（Clp 蛋白酶簇，GroES，GroEL，DnaK，DnaJ）的积累以减少蛋白质的错误折叠、变性和聚集。另外，与维持氧化还原平衡有关的蛋白质，如硫氧还蛋白，被过量表达以抵抗氧化应激。与转录、翻译有关的蛋白质表达（如 RNA 聚合酶、延伸因子和核糖体蛋白质）、核苷酸和氨基酸的生物合成以及与 DNA 修复相关的机制也会受到影响。严酷的胃肠道条件也会引起代谢重构，导致糖酵解和双分流（bifid shunt）代谢作用的激活，这是双歧杆菌特异的己糖代谢途径。增加的能量对于抵抗酸性 pH 值或胆盐是很关键的。这些途径能保障能量中间产物（ATP）的大量产生以维持 ATP 依赖性代谢过程，如折叠机制、转运和解毒系统以及质子移位 ATP 酶（F_0，F_1-ATPase）的激活。在酸和胆盐暴露环境过量表达这种酶在维持细胞质 pH 稳态有重要作用，这使得厌氧微生物便于质子排出。

精氨酸脱亚氨酶（ADI）途径的激活也利于乳杆菌细胞质最佳 pH 值的回复。双歧杆菌不存在这种代谢途径，参与支链氨基酸（BCAA）生物合成的酶和谷氨酰胺合成酶的大量合成会产生氨。这与这些益生菌细胞内 pH 值的控制有关。

因为其亲脂特性，胆汁可以改变细胞外被膜的结构，影响细胞壁的脂质组成，这有种属或菌株的差异性。胆汁可以诱导双歧杆菌产生更多的胞外多糖以形成保护性的外壳。蛋白质组研究也证实胆盐抗性的获得与参与德氏乳杆菌胞外多糖生物合成的酶的大量产生有关。在含有胆汁的环境，对鼠李糖乳杆菌 GG（LGG）而言，参与胞外多糖生物合成的酶的产生量降低是与减小胞外多糖层的厚度有关，这可以促进菌体黏附肠道。参与脂肪酸代谢的蛋白质合成的改变也表明菌体细胞壁组分的变化。

胆汁也诱导了 ABC 型多药转运体的过表达以及与胆盐排出有关的胆汁外排泵的激活。胆盐水解酶在赋予胆汁抗性方面的作用仍然不清楚。与胆盐脱除有关的这类蛋白质被发现以高浓度存在于胆盐适应的动物双歧杆菌（*B. animalis*）中，这表明这些蛋白质的过表达使得该菌株更具有耐受性。乳杆菌的胆盐水解酶表达看起来有种属间差异。当暴露在胆汁环境，鼠李糖乳杆菌 GG（*Lactobacillus rhamnosus* GG）和约氏乳杆菌 PF01（*Lactobacillus johnsonii* PF01）经胆汁诱导产生胆盐水解酶；而干酪乳杆菌 Zhang（*Lactobacillus casei* Zhang）没有出现，植物乳杆菌反而出现降低。

2. 针对宿主黏膜的黏附机制

微生物对肠道黏膜的黏附是菌株定植的关键特征，与益生菌和宿主相互作用的能力相关，这可以发挥有益的健康功能。种和菌株特异性定植有关的物质包括蛋白质类化合物，也包括磷壁酸和脂磷壁酸、肽聚糖以及胞外多糖。包括细胞外被膜和分泌的蛋白质等细胞外蛋白质代表了第一层次的与胃肠道黏膜层或细胞外基质蛋白质（纤维粘连蛋白、胶原蛋白和层粘连蛋白）和纤溶酶原（plasminogen）之间的相互作用。对功能特性而言，这些蛋白质在益生菌-宿主之间的分子串扰以及菌与宿主免疫系统作用的主要中介方面扮演关键角色。蛋白质组已经应用到细胞外蛋白质的特性研究，发展了特定的方法用于膜和细胞壁蛋白质的研究。蛋白质组研究有助于确定细胞质内的蛋白质，这些常作为益生菌的黏附促进因子。这些蛋白质定义为兼职蛋白质并缺乏胞质外分选序列，显示了在不同细胞区域有差异的、似乎并不相关的功能。与糖酵解相关的蛋白质（如烯醇化酶、甘油醛-3-磷酸脱氢酶、磷酸甘油变位酶、磷酸丙糖异构酶）、核糖体蛋白质、分子伴侣（如 GroEL，DnaK）以及翻译因子［如延伸因子-Tu(EF-Tu)］都包括在庞大的并不断增加的兼职蛋白质的名单内。这些蛋白质也展现了纤维粘连蛋白、黏蛋白或纤溶酶原结合活性。因为这些蛋白质也参与了病原菌对胃肠道的黏附，益生菌竞争排阻致病菌与肠道细胞、黏膜的结合。

在一项研究中，确定了参与细菌-宿主相互作用的几个因素。其目的是了解动物双歧杆菌乳酸亚种（BB-12）的分泌蛋白质组和膜蛋白质组。尤其是已经研究了纤溶酶原、胶原蛋白、纤维粘连蛋白或黏蛋白结合蛋白，也包括参与菌毛形成的蛋白质。

蛋白质组学在揭示益生菌特征种特异性的分子基础方面也有作用。两株鼠李糖乳杆菌（GG 和乳品用菌株 Lc705）的深度蛋白质分析揭示了细胞外蛋白质的详尽特征，如脂蛋白、完整的膜蛋白质、固定在肽聚糖上的蛋白质以及分泌蛋白。大量的表面蛋白质（约 25%）有菌株特异性，提供了菌株之间表型和功能差异的分子特征。鼠李糖乳杆菌 GG 特异性表达了转肽酶 Srt2 以及菌毛蛋白元件 SpaC 和 SpaA，这与菌毛结构的组成和肠道黏膜的结合有关。

通过磷酸化蛋白组学研究了鼠李糖乳杆菌 GG 的参与核心细胞代谢途径（主要是糖酵解）的蛋白质和兼职蛋白质的磷酸化状态。这项研究表明磷酸化在酸性生长条件下会被激发。因为磷酸化也在病原菌的感染和黏附过程发生，这种 PTM 在调节兼职蛋白质的多功能生物学特性和亚细胞定位方面有重要作用。

蛋白质组学研究清晰地表明参与黏附机制的几种蛋白质也出现在酸性 pH 值和胆汁适应期间，这说明胃肠道的应激条件将代表激发定植过程的关键信号以及益生菌-宿主交叉对话机制。

3. 益生菌免疫调节的分子机制

已经清楚评价了摄入益生菌的健康益处，包括几种胃肠道疾病的预防和治疗，如炎症性肠炎、抗生素引起的腹泻、新生儿坏死性小肠结肠炎、肠易激综合征、幽门螺杆菌感染、食物过敏和不耐受。益生菌在降低胆固醇和血压方面也有效果。仍需要充分研究菌株特异性益生作用的分子机制以及效应物分子（effector）的确定。这些效应物分子包括肽聚糖、磷壁酸、细胞表面多糖、细胞外蛋白质。

结合体内和体外分析的蛋白质组学在鉴定参与益生菌-宿主免疫系统相互作用的细胞外蛋白质时起关键作用。约氏乳杆菌 NCC533（*Lact. johnsonii* NCC533）的细胞外蛋白质 EF-Tu 和 GroEL 揭示了 CD14-依赖性促炎反应，这类似巨噬细胞和 HT29 细胞中白细胞介素-8（IL-8）的释放。培养基 pH 值的降低诱导嗜酸乳杆菌过表达 HSPs、GroES、GroEL，这影响来自脾细胞的细胞因子分泌。这证明了兼职蛋白质多任务功能运行期间的免疫调节。

至于表面蛋白，嗜酸乳杆菌 S-层蛋白 SlpA 参与树突状细胞（DCs）与 T-细胞功能调节，因为它直接与特定的 DCs 受体相互作用。突变菌株 SlpA 的缺失导致 DCs 结合能力降低，促进促炎细胞因子的产生。另外不同嗜酸乳杆菌的 SlpA 量与对 Caco-2 细胞的黏附、来自树突状细胞（DCs）的 IL-12 的释放有关。

蛋白质组学研究提供了嗜酸乳杆菌 NCFM 表面蛋白的全景图，使得可以确认 S-层蛋白（LBA1029）。此 S-层蛋白促进了来自树突状细胞（DCs）的促炎肿瘤坏死因子 α

(TNF-α)反应。已经鉴定了动物双歧杆菌 BB12 细胞外蛋白质组中的 6 种带有潜在免疫原性的蛋白质。尤其是两种蛋白质显示了与鼠李糖乳杆菌 GG p40 的表面抗原蛋白以及细胞壁糖苷水解酶 p75 的序列同源性。蛋白质 p40 和 p75 可以激活肠道上皮细胞 Akt(蛋白激酶 B 蛋白族),抑制肠道上皮细胞 TNF-α 诱导的细胞凋亡。

值得注意的是,益生菌产生的特定可溶性因子,称为后生元,对于宿主的免疫调节反应是必要的。植物乳杆菌细胞外蛋白质经肠道蛋白酶的降解产生的肽能调节表型和人血富集的树突状细胞(DCs)的功能。这些发现形成开发新营养素或功能食品的基础,成为特定临床应用(如慢性炎症)的更加安全的替代方法。在慢性炎症等条件下,摄取益生菌的效果欠佳。

蛋白组学在揭示益生菌作用的分子机制方面具有重要作用。有些蛋白质介导了益生菌对胃肠道的黏附和免疫调节。多数这类蛋白质也与益生菌在工业应激条件下的反应机制有关。适应一种特定应激的菌株通常会对其他应激因子显示出交叉抗性,据此可以设计特定的技术策略筛选更耐受和提升益生功能的菌株。另外,蛋白质组学可以支持新的益生菌标记的定义,对提升功能特性的益生菌的快速筛选也是有用的,可促进新的后生元的鉴定和开发。

第三节 转录组学研究进展

一、转录组概念

转录组是指在某一时间点生物体细胞内全部基因转录而产生的 RNA 的总称。通过完成对转录组的分析,可以高通量获得有关基因组内全部基因的 RNA 表达水平信息,从而可以发现基因表达水平与某些细胞表型之间的内部关系。转录组学(transcriptomics)是一门在整体水平上研究细胞中基因转录情况及转录调控规律的学科。简而言之,转录组学是从 RNA 水平研究基因表达的情况。转录组即一个活细胞所能转录出来的所有 RNA 的总和,是研究细胞表型和功能的一个重要手段。转录组研究是基因功能及结构研究的基础和出发点,了解转录组是解读基因组功能元件和揭示细胞及组织中分子组成所必需的,并且对理解机体发育和疾病具有重要作用。整个转录组分析的主要目标是:对所有的转录产物进行分类;确定基因的转录结构,如其起始位点、5′和 3′末端、剪接模式和其他转录后修饰;并量化各转录本在发育过程中和不同条件下表达水平的变化。

二、转录组学研究方法

转录组学研究技术主要有基因表达系列分析(serial analysis of gene expression, SAGE)、基因芯片(microarray)、大规模平行测序(massively parallel signature sequencing, MPSS)以及目前应用最深入的 RNA 测序(RNA-sequencing, RNA-seq),如图 3-2 所示。应用最早的转录组分析技术是基因芯片技术,此技术可以将样品 RNA

转录成带有荧光标记的 cDNA，这些带有标记的核苷酸序列可与基因芯片某一特定位点上的探针进行杂交，通过测定杂交信号的强弱就可以检测样品细胞内各基因的表达水平差异。这一技术的不足在于对目的基因的检测数量及灵敏度有限，对某些异常转录产物如多顺反子转录产物、融合基因转录产物等难以检测。与芯片不同，SAGE 不需任何基因序列的信息，能够全局性地检测所有基因的表达水平，除了具有显示基因差异表达谱的作用外，还对那些未知基因特别是那些低拷贝基因的发现起到了巨大的推动作用。MPSS 技术是对 SAGE 技术的改进，简化了测序过程，提高了精度，但二者都是基于昂贵的 Sanger 测序，需要大量的测序工作，技术难度较大，而且涉及酶切、PCR 扩增、克隆等可能会产生碱基偏向性的操作步骤，因而限制了其推广。

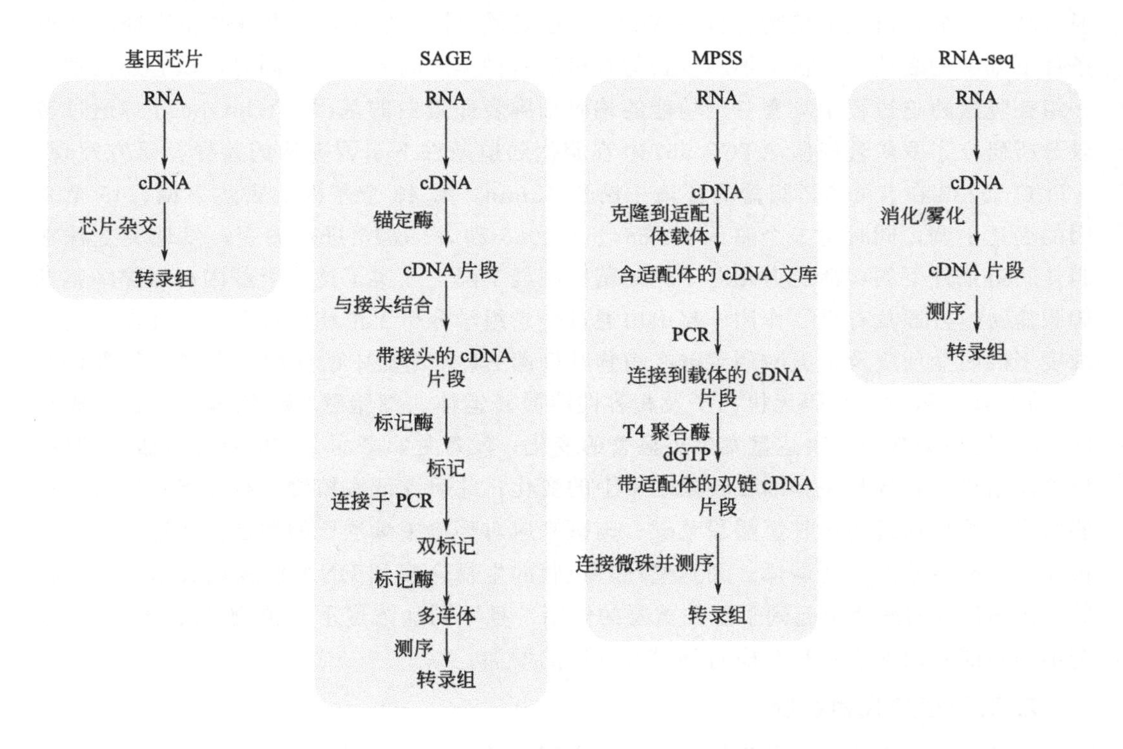

图 3-2 主要转录组技术平台工作流程示意

相比之下，RNA-seq 技术具有诸多独特的优势，包括高灵敏度、更广的检测范围等。RNA-seq 通过完成对细胞转录产物的测序工作，对每条序列获得的每个具体转录样本的表达水平进行分析统计，完成对表达谱的精密数字化分析检测。RNA-seq 的主要流程包括：首先，对细胞中的全部转录产物进行反转录，构建 cDNA 文库；然后，对其中的 DNA 进行随机剪切，获得小片段的 DNA（依据所采用测序方法的测序长度决定这些片段的长度）；最后对这些片段进行高通量测序，直至得到分析所需的足够的序列信息。采用 RNA-seq 可以克服之前诸多方法的不足和局限，包括可以获得利用基因芯片技术难以检测的序列，如可变转录剪接序列；可以更加精确地检测某些低表达水平的基因，并且可以对其转录水平进行定量；还可以克服某些序列的多态性核苷酸和 G+C 含量差异对试验过程的影响，提高检测转录本的准确性和特异性。RNA-seq 在目前转录组学研究中运用最为广泛，获得了各国研究者的高度评价，并产生了一系列显著的成果。与此同时，高通量的RNA-seq产生了大量的数据信息，对这些数据进行生物信息学分析存在一定的难度，这是全世界科研者所共同面对并且迫切需要解决的问题。

三、乳酸菌转录组学

1. 乳酸菌抵御环境胁迫的生理机制解析

Broadbent等发现，在酸胁迫条件下，干酪乳杆菌ATCC 334组氨酸合成中的8个基因簇（LSEI 1426～LSEI 1434）和组氨酸渗透酶基因显著上调，于是通过外源添加组氨酸，使干酪乳杆菌在酸胁迫（pH＝2.5）条件下的存活率提高了100倍。Pieterse等通过转录组分析研究了植物乳杆菌WCFS1在乳酸/乳酸盐胁迫、酸胁迫和渗透压胁迫条件下基因的表达，分析了细胞生长与有机酸盐种类之间的关系，同时，试验还发现了一组在乳酸胁迫过程中具有一定功能的编码细胞表面蛋白的基因；Whitehead等通过转录分析研究了罗伊乳杆菌ATCC 55730在胆盐胁迫条件下基因表达的差异，研究发现，ATCC 55730在含0.5%胆盐的环境中胁迫15min，有43个基因的表达下调、45个基因的表达上调；同时对3个基因*lrl 864*、*lr0085*和*lrl 1516*进行突变，发现突变株在胆盐胁迫条件下的存活能力相对于原始菌株明显下降，证实了这3个基因在保护细胞抵御胆盐胁迫方面具有重要作用。赵山山通过转录组学分析了植物乳杆菌ST-Ⅲ在不同盐浓度下的耐盐反应及甘氨酸甜菜碱在植物乳杆菌ST-Ⅲ耐盐中的作用，发现植物乳杆菌ST-Ⅲ在盐应激时，编码无机离子及相容性溶质转运体、细胞壁/膜/包膜的生物合成和DNA修复相关基因的表达量发生了显著的变化；发现甘氨酸甜菜碱的存在刺激了翻译，核糖体结构与合成相关基因在转录水平上的变化；此研究证实植物乳杆菌ST-Ⅲ的耐盐能力强，可以通过转运甘氨酸甜菜碱、肉碱来应对环境中渗透压的增加，还证明编码无机离子及相容性溶质转运体、细胞壁/膜/包膜的生物合成和DNA修复相关基因在植物乳杆菌ST-Ⅲ的耐盐中起到了至关重要的作用，且不同盐浓度下，植物乳杆菌ST-Ⅲ改变不同功能基因的表达量来应对外界渗透压的增加。

2. 乳酸菌糖代谢机制

随着科技的发展，转录组技术被广泛应用于研究细菌在不同环境应激下基因表达的差异，而乳杆菌代谢低聚果糖（FOS）的通路最早也是通过该方法研究嗜酸乳杆菌NCFM提出的。研究发现，一个大小为9kb的基因簇负责嗜酸乳杆菌NCFM对FOS的转运和分解。该基因簇由7个基因组成，编码包括一个LacI家族转录调控蛋白，MsmR；4个组分组成的ABC转运系统，MsmEFGK，负责FOS从胞外到胞内的运输；一个果糖苷酶BfrA，负责胞内水解FOS；一个蔗糖磷酸酶GtfA。Goh等采用类似的手段研究了副干酪乳杆菌1195对FOS代谢的通路，比较了该菌在葡萄糖和FOS分别作为唯一碳源下生长的差异。试验发现，一个大小为12kb的操纵子，由转录调控蛋白基因（*fosR*）、四组分果糖/甘露糖特异PTS转运系统（*fosABCD*）、假设蛋白基因（*fosX*）和β-果糖苷酶（*fosE*）基因组成。对植物乳杆菌WCFS1的研究发现，其代谢FOS的通路与其代谢蔗糖的通路相类似，由五个基因组成的基因簇来参与，分别编码果糖激酶（SacK）、PTS转运系统（SacPTS）、β-果糖苷酶（SacA）、转录调节蛋白

(SacR) 和 α-葡萄糖苷酶 (Agl)。这些乳杆菌利用 FOS 的基因都是位于一个基因簇内，主要由编码转运系统、水解酶系及相应调控蛋白的基因组成，但是其作用方式却不尽相同。对于植物乳杆菌 WCFS1 和嗜酸乳杆菌 NCFM 来说，它们是通过先转运再水解的方式进行的，由于转运蛋白能力的限制，使得它们对低聚合度的 FOS 有更好的利用能力，而不能利用高聚合度的 FOS；对于副干酪乳杆菌 1195 来说，它是通过先水解再转运的方式进行的，这就决定了它们对不同聚合度的 FOS 都可以利用。然而由于副干酪乳杆菌 1195 是在胞外进行 FOS 水解的，使得部分水解生成的单糖也可以被周围的其他共栖菌群所利用，对其选择性增殖并不有利。

陈臣等利用 RNA-seq 技术对植物乳杆菌 ST-Ⅲ分别以 FOS 和葡萄糖为唯一碳源培养到生长初期的菌体的全部基因表达水平差异进行测定。植物乳杆菌 ST-Ⅲ利用 FOS 与葡萄糖相比，共发现 363 个基因差异表达，其中 324 个基因上调、39 个基因下调，特别是发现 2 个大小分别为 7.5kb 和 4.5kb 的基因簇可能参与 FOS 的代谢。运用基因敲除手段对上述基因簇中编码 β-果糖苷酶 (SacA) 和 PTS 转运系统 (SacPTS1 和 SacPTS2) 的基因进行缺失，发现在植物乳杆菌 ST-Ⅲ中，FOS 通过 SacPTS1 和 SacPTS2 系统转运进胞内后，被 SacA 水解成单糖。通过转录组试验、细胞膜脂肪酸的检测及膜流动性的测定，表明植物乳杆菌 ST-Ⅲ在利用 FOS 时会下调有关的脂肪酸合成基因，从而改变脂肪酸组成，导致脂肪酸链长的缩短，最终提高膜流动性，以保证 FOS 转运与利用。转录组分析发现，FOS 会诱导植物乳杆菌 ST-Ⅲ中与乙酸合成有关的基因显著上调；而代谢产物分析结果同样显示，植物乳杆菌 ST-Ⅲ利用 FOS 会使得代谢产物中的乙酸含量增加。

3. 挖掘代谢调控因子

Azcarate 等研究了嗜酸乳杆菌 NCFM 在不同环境胁迫条件下基因的表达变化。结果表明，双组分调控系统 (LBA-1524HPK) 是一种与蛋白质水解相关的重要调控因子，在保护细胞应对环境变化时具有重要作用，而且进一步的研究还表明，LBA-1524HPK 突变影响了 80 个基因的表达。

第四节 代谢组学研究进展

一、代谢组概念

代谢组学 (metabolomics) 是继基因组学和蛋白质组学之后新近发展起来的一门学科，是系统生物学的重要组成部分，之后得到迅速发展，并渗透到多个领域，比如疾病诊断、医药研制开发、营养食品科学、毒理学、环境学、植物学等与人类健康护理密切相关的领域。基因组学和蛋白质组学分别从基因和蛋白质层面探寻生命的活动，而实际上，细胞内许多生命活动是发生在代谢物层面的，如细胞信号释放 (cell signaling)、能量传递、细胞间通信等都是受代谢物调控的。代谢组学正是研究代谢组 (metabolome)——在某一时刻细胞内所有代谢物的集合——的一门学科。基因与蛋白质的表达紧密相连，而代谢物则更多地反映了细胞所处的环境，这又与细胞的营养状态、药物和环境污染物的作用以及其他外界因素的影响密切相关。因此，有人认为基因组学和蛋白质组学告诉你什么可能会发生，而代谢组学则告诉你什么确实发生了。

代谢组学的概念来源于代谢组。代谢组是指某一生物或细胞在一特定生理时期内所有的低分子量代谢产物。代谢组学则是对某一生物或细胞在一特定生理时期内所有低分子量代谢产物（M_w<1000）同时进行定性和定量分析的一门新学科。它是以组群指标分析为基础，以高通量检测和数据处理为手段，以信息建模与系统整合为目标的系统生物学的一个分支。

二、代谢组学的研究流程

代谢组学是一个正在快速发展的技术平台，其研究对象包括细胞提取物、生物体液（如血液、尿液）或者组织提取液中所有的小分子代谢产物。因为样品来源和分析目的不同，对其进行采集和处理的手段各异，涉及的流程包括样品的采集和处理制备、代谢产物检测和分析鉴定、数据处理和解释。目前，在代谢组学中较为常见的分析手段有色谱、质谱、核磁共振、紫外吸收、放射性检测、库仑分析及红外光谱等。由于没有一种分析手段能检测出所有种类的化合物，所以一个好的、现实的代谢组学分析手段应尽可能满足分析生物体系（如体液和细胞）中的所有代谢产物这一要求，应根据样品的性质及研究目的来选择并综合利用多种技术平台。

迄今为止，在代谢组学研究技术中核磁共振（nuclear magnetic resonance，NMR）是应用最早、最为常见的技术之一。NMR 技术对样品的需求量少、几乎不需要对样品进行前处理。此外，由于 NMR 的非破坏性、非侵入性，特别是最近开发的魔角旋转（magic angle spinning，MAS）磁共振、磁共振成像（magnetic rresonanceimaging，MRI）和活体磁共波谱（vivo magneticresonance spectrosocopy，MRS）等技术能够无创、整体、快速地获得机体某一指定活体部位的 NMR 谱，是现有代谢组学分析技术中唯一能用于活体和原位研究的技术。NMR 技术最大的不足在于灵敏度低、分辨率不高，常常导致高丰度的分析物掩盖低丰度的分析物。

应用最广泛、最有效的代谢组学研究技术是气相色谱-质谱（gas chromatography-mass spectrometry，GC-MS）和液相色谱-质谱（liquid chromatography-mass spectrometr，LC-MS）。前者适用于分析小分子、热稳定、易挥发、能气化的化合物；而后者能分析更高极性、更高分子量及热稳定性差的化合物。而且，大多数情况下使用上述两种技术无需对非挥发性代谢物进行化学衍生化处理。因此，这两种技术可以检测包括糖、糖醇、氨基酸、有机酸、脂肪酸和芳胺，以及大量次级代谢物在内的数百种化学性质不同的化合物。

通过上述分析技术手段可产生海量的元数据（metadata），需要借助于生物信息学平台进行数据的分析与解释。因此，需要对元数据再经过一系列处理，才能通过多元数学统计分析和化学计量学理论对不同数据加以整合后从中有效挖掘出所需的信息。在代谢组学研究中，通常是从获得的代谢产物信息中进行两类或多类的判别分类，一般采用无监督（unsupervised）的主成分分析（principal component analysis，PCA）、非线性映射（nonliner mapping，NLM）、簇类分析（hierarchical cluster analysis，HCA）等和有监督（supervised）的偏最小二乘法-判别分析（partial least squares-discrimillant analysis，PLS-DA）、人工神经元网络（artificial neuronalnetwork，ANN）分析等数据分析方法。代谢组学的基本流程如图 3-3 所示。

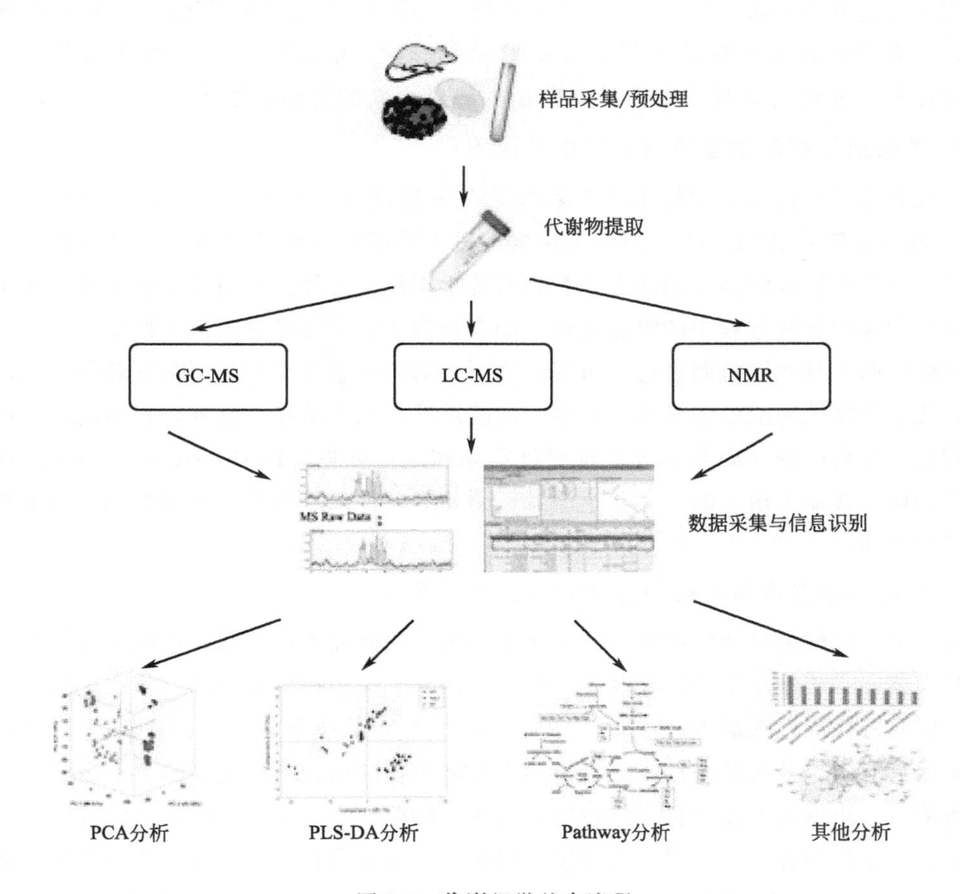

图 3-3　代谢组学基本流程

三、乳酸菌代谢组学

鉴于乳酸菌在工业、农业和医药等与人类生活密切相关的重要领域具有很高的应用价值，研究者尝试将代谢组学技术应用于乳酸菌研究中，并在分析乳酸菌的代谢路径和代谢产物变化，以及评价乳酸菌对动物肠道生理效应等方面取得了一定的成果。

1. 代谢组学在乳酸菌分类和鉴定中的应用

经典的微生物分类方法多根据微生物形态学以及对不同底物的代谢情况进行表型分类。随着分子生物学的突飞猛进，基因型分类方法如 16S rDNA 测序、DNA 杂交以及 PCR 指纹图谱等方法得到了广泛的应用。然而，某些菌株按照基因型与表型两类方法分类会得出不同的结果。因此，根据不同的分类目的联合应用这两类方法已成为一种趋势。代谢谱分析方法（metabolic profiling）已逐渐成为一种快速、高通量、全面的表型分类方法。Bove M. Del 等采用傅里叶变换红外光谱的方法获得了干酪中微生物胞外分泌物的代谢指纹图谱，可用于区分不同菌株以及确定各菌株的发酵特性，为菌株筛选提供必要的理论指导，也为干酪制造工艺的调控指明了方向。熊萍等采用^{1}H-NMR 代谢组学方法对变异链球菌、血链球菌和嗜酸乳杆菌的细胞外代谢产物进行分析比较，也证实了通过代谢组学方法可以很好地检测出不同菌株之间的差别。基于上述研究基础，研究者正致力于对乳酸菌进行非靶标分析后，根据某些标记物来确定其特有的代谢途径，从而为筛选功能性乳酸菌菌株提供崭新的思路和技术。

2. 代谢组学在乳酸菌发酵工程中的应用

研究者可利用代谢组学技术掌握乳酸菌在发酵过程中的菌相变化和组分变化，如 J. Hugenholtz 等采用^{31}P NMR 对乳酸菌发酵过程中的糖代谢和多糖生产过程进行了动态监测，旨在提供乳酸菌代谢的生理学和遗传学概貌。另外，代谢组学技术还可用来指导、调控和预测发酵过程中的组分变化，如有研究者采用 LC-MS/MS 的方法对乳酸菌的核苷酸代谢及其调控机制进行了研究，接下来的研究将考虑缩小氨基酸监测范围，通过少数几个关键氨基酸的监测实现对整个发酵系统状况的监控。此外，代谢组技术可以为乳酸菌发酵食品的溯源和成分评价提供定性和定量数据。D. Rodrigues 等采用 NMR 技术评估比较含益生菌干酪（含有干酪乳杆菌和双歧杆菌）与含低聚果糖或菊粉干酪的成熟性和风味。

3. 代谢组学在评价乳酸菌益生效果方面的应用

近年来，乳酸菌对健康的效用越来越受到国内外研究者的重视，运用代谢组学监测动物和人体在有机体水平的动力学变化规律，探寻乳酸菌和肠道菌群互作在肥胖、结肠癌和糖尿病等代谢性疾病发生发展中的作用已成为新的研究热点。Martin 等指出，乳酸菌能通过有效调节人源菌群小鼠模型的肠道微生物的结构和代谢来改善宿主健康，灌服乳酸菌后，小鼠肠道提取物中的短链脂肪酸如柠檬酸、乙酸和丁酸，肝脏提取物中的二甲胺、琥珀酸和乳酸，血浆提取物中的胆碱，粪便提取物中的胆碱、乙酸和胆汁酸等均显著变化。Hong 等利用^{1}H NMR 技术评估益生菌对结肠炎小鼠的影响，结果表明，益生菌不仅可以促进细胞因子的表达，还可提升血浆中的短链脂肪酸（SCFAs、丁酸、乙酸和丙酸）、氨基酸（异亮氨酸、缬氨酸、丙氨酸、赖氨酸、酪氨酸）、核苷酸（尿嘧啶和次黄嘌呤）、糖类（葡萄糖、木糖和单糖）和乳酸的含量。代谢组学可以帮助人们检测到在乳酸菌作用下肠道中肠道代谢物产生的变化，有助于人们进一步了解和掌握益生菌的益生规律。

四、展望

随着技术的不断革新发展和成本的降低，将极大地丰富乳酸菌组学数据库资源。利用这些完整的组学数据，结合常规生化手段和生物信息学技术手段和分析方法，可以帮助人们全面、系统地了解乳酸菌基因组的结构和组成，为从系统生物学角度分析乳酸菌的生物学功能及形成机制，进而为成功改造和选育优良的益生乳酸菌奠定基础，最终为人类的健康事业做出更大的贡献。

参考文献

[1] Yadav S P. The wholeness in suffix -omics, -omes, and the word om. Journal of Biomolecular Techniques, 2007, 18 (5): 277.

[2] 李伟，印莉萍．基因组学相关概念及其研究进展．生物学通报，2000，35（11）：1-3.

[3] Hieter P, Boguski M. Functional genomics: it's all how you read it. Science, 1997, 278 (5338): 601-602.

[4] Fleischmann R D, Adams M D, White O, et al. Whole genome random sequencing and assembly of *Haemophilus influenzae* Rd. Science, 1995, 269 (5223): 496-512.

[5] Nelson K E, Weinstock G M, Highlander S K, et al. A catalog of reference genomes from the human microbiome. Science, 2010, 328 (5981): 994-999.

[6] Sanger F, Nicklen S, Coulson A R. DNA sequencing with chain-terminating inhibitors. Proceedings of The National Academy of Sciences of the United States of America, 1977, 74 (12): 5463-5467.

[7] Maxam A M, Gilbert W. A new method for sequencing DNA. Proceedings of The National Academy of Sciences of the United States of America, 1977, 74 (2): 560-564.

[8] Goffeau A, Barrell B G, Bussey H, et al. Life with 6000 genes. Science, 1996, 274 (5287): 546, 563-567.

[9] Sanger F, Air G M, Barrell B G, et al. Nucleotide sequence of bacteriophage phi X174 DNA. Nature, 1977, 265 (5596): 687-695.

[10] Tettelin H, Feldblyum T. Bacterial genome sequencing. Methods in Molecular Biology, 2009, 551: 231-247.

[11] Van Vliet A H. Next generation sequencing of microbial transcriptomes: challenges and opportunities. FEMS Microbiology Letters, 2010, 302 (1): 1-7.

[12] 解增言，林俊华，谭军，等．DNA 测序技术的发展历史与最新进展．生物技术通报，2010，1（08）：64-70.

[13] Gupta P K. Single-molecule DNA sequencing technologies for future genomics research. Trends in Biotechnology, 2008, 26 (11): 602-611.

[14] de Vos W M, Kleerebezem M, Kuipers O P. Lactic acid bacteria: genetics, metabolism and application. FEMS Microbiology Reviews, 2005, 29 (3): 391.

[15] 刘辉，季海峰，王四新，等．乳酸菌基因组学研究进展．中国畜牧兽医，2012，39（04）：158-161.

[16] 张文羿，孟和，张和平．乳酸菌基因组学研究进展．微生物学报，2008，48（09）：1270-1275.

[17] Bolotin A, Mauger S, Malarme K, et al. Low-redundancy sequencing of the entire *Lactococcus lactis* IL1403 genome. Antonie Van Leeuwenhoek, 1999, 76 (1): 27-76.

[18] Altermann E, Russell W M, Azcarate-Peril M A, et al. Complete genome sequence of the probiotic lactic acid bacterium Lactobacillus acidophilus NCFM. Proceedings of The National Academy of Sciences of the United States of America, 2005, 102 (11): 3906-3912.

[19] Stahl B, Barrangou R. Complete Genome Sequence of Probiotic Strain *Lactobacillus acidophilus* La-14. Genome Announcement, 2013, 1 (3): e00376-e003713.

[20] Makarova K, Slesarev A, Wolf Y, et al. Comparative genomics of the lactic acid bacteria. Proceedings of The National Academy of Sciences of the United States of America, 2006, 103 (42): 15611-15616.

[21] Zhang W, Yu D, Sun Z, et al. Complete genome sequence of *Lactobacillus casei* Zhang, a new probiotic strain isolated from traditional home made koumiss in Inner Mongolia of China. Journal of Bacteriology, 2010, 192 (19): 5268-5269.

[22] Ai L, Chen C, Zhou F, et al. Complete genome sequence of the probiotic strain *Lactobacillus casei* BD-Ⅱ. Journal of Bacteriology, 2011, 193 (12): 3160-3161.

[23] Maze A, Boel G, Zuniga M, et al. Complete genome sequence of the probiotic *Lactobacillus casei* strain BL23. Journal of Bacteriology, 2010, 192 (10): 2647-2648.

[24] Chen C, Ai L, Zhou F, et al. Complete genome sequence of the probiotic bacterium *Lactobacillus casei*

LC2W. Journal of Bacteriology，2011，193（13）：3419-3420.

[25] Sun Z，Chen X，Wang J，et al. Complete genome sequence of *Lactobacillus delbrueckii* subsp. *bulgaricus* strain ND02. Journal of Bacteriology，2011，193（13）：3426-3427.

[26] Morita H，Toh H，Fukuda S，et al. Comparative genome analysis of *Lactobacillus reuteri* and *Lactobacillus fermentum* reveal a genomic island for reuterin and cobalamin production. DNA Research，2008，15（3）：151-161.

[27] Callanan M，Kaleta P，O'Callaghan J，et al. Genome sequence of *Lactobacillus helveticus*，an organism distinguished by selective gene loss and insertion sequence element expansion. Journal of Bacteriology，2008，190（2）：727-735.

[28] Pridmore R D，Berger B，Desiere F，et al. The genome sequence of the probiotic intestinal bacterium *Lactobacillus johnsonii* NCC 533. Proceedings of The National Academy of Sciences of the United States of America，2004，101（8）：2512-2517.

[29] Kleerebezem M，Boekhorst J，van Kranenburg R，et al. Complete genome sequence of *Lactobacillus plantarum* WCFS1. Proceedings of The National Academy of Sciences of the United States of America，2003，100（4）：1990-1995.

[30] Zhang Z Y，Liu C，Zhu Y Z，et al. Complete genome sequence of *Lactobacillus plantarum* JDM1. Journal of Bacteriology，2009，191（15）：5020-5021.

[31] Wang Y，Chen C，Ai L，et al. Complete genome sequence of the probiotic *Lactobacillus plantarum* ST-Ⅲ. Journal of Bacteriology，2011，193（1）：313-314.

[32] Axelsson L，Rud I，Naterstad K，et al. Genome sequence of the naturally plasmid-free *Lactobacillus plantarum* strain NC8（CCUG 61730）. Journal of Bacteriology，2012，194（9）：2391-2392.

[33] Chaillou S，Champomier-Verges M C，Cornet M，et al. The complete genome sequence of the meat-borne lactic acid bacterium *Lactobacillus sakei* 23K. Nature Biotechnology，2005，23（12）：1527-1533.

[34] Claesson M J，Li Y，Leahy S，et al. Multireplicon genome architecture of *Lactobacillus salivarius*. Proceedings of The National Academy of Sciences of the United States of America，2006，103（17）：6718-6723.

[35] Wang Y，Wang J，Ahmed Z，et al. Complete genome sequence of *Lactobacillus kefiranofaciens* ZW3. Journal of Bacteriology，2011，193（16）：4280-4281.

[36] Kankainen M，Paulin L，Tynkkynen S，et al. Comparative genomic analysis of *Lactobacillus rhamnosus* GG reveals pili containing a human-mucus binding protein. Proceedings of The National Academy of Sciences of the United States of America，2009，106（40）：17193-17198.

[37] Wegmann U，O'Connell-Motherway M，Zomer A，et al. Complete genome sequence of the prototype lactic acid bacterium *Lactococcus lactis* subsp. *cremoris* MG1363. Journal of Bacteriology，2007，189（8）：3256-3270.

[38] Bolotin A，Wincker P，Mauger S，et al. The complete genome sequence of the lactic acid bacterium *Lactococcus lactis* ssp. *lactis* IL1403. Genome Research，2001，11（5）：731-753.

[39] Schell M A，Karmirantzou M，Snel B，et al. The genome sequence of Bifidobacterium longum reflects its adaptation to the human gastrointestinal tract. Proceedings of The National Academy of Sciences of the United States of America，2002，99（22）：14422-14427.

[40] Lee J H，Karamychev V N，Kozyavkin S A，et al. Comparative genomic analysis of the gut bacterium *Bifidobacterium longum* reveals loci susceptible to deletion during pure culture growth. BMC Genomics，2008，9：247.

[41] Kim J F，Jeong H，Yu D S，et al. Genome sequence of the probiotic bacterium *Bifidobacterium animalis* subsp. *lactis* AD011. Journal of Bacteriology，2009，191（2）：678-679.

[42] O'Connell Motherway M, Zomer A, Leahy S C, et al. Functional genome analysis of Bifidobacterium breve UCC2003 reveals type IVb tight adherence (Tad) pili as an essential and conserved host-colonization factor. Proceedings of The National Academy of Sciences of the United States of America, 2011, 108 (27): 11217-11222.

[43] Zhurina D, Zomer A, Gleinser M, et al. Complete genome sequence of *Bifidobacterium bifidum* S17. Journal of Bacteriology, 2011, 193 (1): 301-302.

[44] Bolotin A, Quinquis B, Renault P, et al. Complete sequence and comparative genome analysis of the dairy bacterium *Streptococcus thermophilus*. Nature Biotechnology, 2004, 22 (12): 1554-1558.

[45] Kim J F, Jeong H, Lee J S, et al. Complete genome sequence of *Leuconostoc citreum* KM20. Journal of Bacteriology, 2008, 190 (8): 3093-3094.

[46] Makarova K S, Koonin E V. Evolutionary genomics of lactic acid bacteria. Journal of Bacteriology, 2007, 189 (4): 1199-1208.

[47] van de Guchte M, Penaud S, Grimaldi C, et al. The complete genome sequence of *Lactobacillus bulgaricus* reveals extensive and ongoing reductive evolution. Proceedings of The National Academy of Sciences of the United States of America, 2006, 103 (24): 9274-9279.

[48] Goh Y J, Zhang C, Benson A K, et al. Identification of a putative operon involved in fructooligosaccharide utilization by *Lactobacillus paracasei* . Applied and Environmental Microbiology, 2006, 72 (12): 7518-7530.

[49] Goh Y J, Lee J H, Hutkins R W. Functional analysis of the fructooligosaccharide utilization operon in *Lactobacillus paracasei* 1195. Applied and Environmental Microbiology, 2007, 73 (18): 5716-5724.

[50] Siezen R J, van Hylckama Vlieg J E. Genomic diversity and versatility of *Lactobacillus plantarum*, a natural metabolic engineer. Microbial Cell Factory, 2011, 10 (Suppl 1): S3.

[51] 乌日娜．益生菌 *Lactobacillus casei* Zhang 蛋白质组学研究．呼和浩特：内蒙古农业大学，2009.

[52] Wilkins M R, Sanchez J C, Gooley A A, et al. Progress with proteome projects: why all proteins expressed by a genome should be identified and how to do it . Biotechnology & genetic engineering reviews, 1996, 13 (1): 19-50.

[53] De Angelis M, Gobbetti M. Environmental stress responses in *Lactobacillus*: a review. Proteomics, 2004, 4 (1): 106-122.

[54] Kilstrup M, Jacobsen S, Hammer K, et al. Induction of heat shock proteins DnaK, GroEL, and GroES by salt stress in *Lactococcus lactis*. Applied and Environmental Microbiology, 1997, 63 (5): 1826-1837.

[55] Gouesbet G, Jan G, Boyaval P. Two-dimensional electrophoresis study of *Lactobacillus delbrueckii* subsp. *bulgaricus* thermotolerance. Applied and Environmental Microbiology, 2002, 68 (3): 1055-1063.

[56] Desmond C, Fitzgerald G F, Stanton C, et al. Improved stress tolerance of GroESL-overproducing *Lactococcus lactis* and probiotic *Lactobacillus paracasei* NFBC 338. Applied and Environmental Microbiology, 2004, 70 (10): 5929-5936.

[57] Smeds A, Varmanen P, Palva A. Molecular characterization of a stress-inducible gene from *Lactobacillus helveticus*. Journal of Bacteriology, 1998, 180 (23): 6148-6153.

[58] Suzuki C K, Rep M, van Dijl J M, et al. ATP-dependent proteases that also chaperone protein biogenesis. Trends in Biochemical Sciences, 1997, 22 (4): 118-123.

[59] Frees D, Ingmer H. ClpP participates in the degradation of misfolded protein in *Lactococcus lactis*. Molecular microbiology, 1999, 31 (1): 79-87.

[60] Fernandez A, Ogawa J, Penaud S, et al. Rerouting of pyruvate metabolism during acid adaptation in *Lactobacillus bulgaricus*. Proteomics, 2008, 8 (15): 3154-3163.

[61] De Angelis M, Bini L, Pallini V, et al. The acid-stress response in *Lactobacillus sanfranciscensis* CB1. Microbiology, 2001, 147 (Pt 7): 1863-1873.

[62] Sanchez B, Champomier-Verges M C, Collado Mdel C, et al. Low-pH adaptation and the acid tolerance response of *Bifidobacterium longum* biotype *longum*. Applied and Environmental Microbiology, 2007, 73 (20): 6450-6459.

[63] Pessione E, Mazzoli R, Giuffrida M G, et al. A proteomic approach to studying biogenic amine producing lactic acid bacteria. Proteomics, 2005, 5 (3): 687-698.

[64] Wu C, Zhang J, Chen W, et al. A combined physiological and proteomic approach to reveal lactic-acid-induced alterations in *Lactobacillus casei* Zhang and its mutant with enhanced lactic acid tolerance. Appl Microbiology Biotechnology, 2012, 93 (2): 707-722.

[65] Wang Y, Delettre J, Guillot A, et al. Influence of cooling temperature and duration on cold adaptation of *Lactobacillus acidophilus* RD758. Cryobiology, 2005, 50 (3): 294-307.

[66] Streit F, Corrieu G, Beal C. Acidification improves cryotolerance of *Lactobacillus delbrueckii* subsp. *bulgaricus* CFL1. Journal of Biotechnology, 2007, 128 (3): 659-667.

[67] Streit F, Delettre J, Corrieu G, et al. Acid adaptation of *Lactobacillus delbrueckii* subsp. *bulgaricus* induces physiological responses at membrane and cytosolic levels that improves cryotolerance. Journal of Applied Microbiology, 2008, 105 (4): 1071-1080.

[68] Garnier M, Matamoros S, Chevret D, et al. Adaptation to cold and proteomic responses of the psychrotrophic biopreservative *Lactococcus piscium* strain CNCM I-4031. Applied and Environmental Microbiology, 2010, 76 (24): 8011-8018.

[69] Lee K, Lee H G, Choi Y J. Proteomic analysis of the effect of bile salts on the intestinal and probiotic bacterium *Lactobacillus reuteri*. Journal of Biotechnology, 2008, 137 (1): 14-19.

[70] Sanchez B, Champomier-Verges M C, Anglade P, et al. Proteomic analysis of global changes in protein expression during bile salt exposure of *Bifidobacterium longum* NCIMB 8809. Journal of Bacteriology, 2005, 187 (16): 5799-5808.

[71] Koskenniemi K, Laakso K, Koponen J, et al. Proteomics and transcriptomics characterization of bile stress response in probiotic *Lactobacillus rhamnosus* GG. Molecular & Cellular Proteomics, 2011, 10 (2): M110 002741.

[72] Marceau A, Zagorec M, Chaillou S, et al. Evidence for involvement of at least six proteins in adaptation of *Lactobacillus sakei* to cold temperatures and addition of NaCl. Applied and Environmental Microbiology, 2004, 70 (12): 7260-7268.

[73] Zhang Y, Zhu Y, Mao S, et al. Proteomic analyses to reveal the protective role of glutathione in resistance of *Lactococcus lactis* to osmotic stress. Applied and Environmental Microbiology, 2010, 76 (10): 3177-3186.

[74] Hahne H, Mader U, Otto A, et al. A comprehensive proteomics and transcriptomics analysis of *Bacillus subtilis* salt stress adaptation. Journal of Bacteriology, 2010, 192 (3): 870-882.

[75] 杨郁荭，白明．乳酸菌抗氧化机理的初步探讨．中国乳业，2011，13 (07): 68-73.

[76] Rince A, Giard J C, Pichereau V, et al. Identification and characterization of gsp65, an organic hydroperoxide resistance (ohr) gene encoding a general stress protein in *Enterococcus faecalis*. Journal of Bacteriology, 2001, 183 (4): 1482-1488.

[77] Arena S, D'Ambrosio C, Renzone G, et al. A study of *Streptococcus thermophilus* proteome by integrated analytical procedures and differential expression investigations. Proteomics, 2006, 6 (1): 181-192.

[78] Broadbent J R, Larsen R L, Deibel V, et al. Physiological and transcriptional response of *Lactobacillus casei* ATCC 334 to acid stress. Journal of Bacteriology, 2010, 192: 2445-2458.

[79] Pieterse B, Leer R J, Schuren F H J, et al. Unravelling the multiple effects of lactic acid stress on *Lactobacillus plantarum* by transcription profiling. Microbiology, 2005, 151: 3881-3894.

[80] Whitehead K, Versalovic J, Roos S, et al. Genomic and genetic characterization of the bile stress response of

probiotic *Lactobacillus reuteri* ATCC 55730. Applied and Environmental Microbiology，2008，74：1812.

[81] Del Bove M，Lattanzi M，Rellini P，et al. Comparison of molecular and metabolomic methods as characterization tools of *Debaryomyces hansenii* cheese isolates. Food Microbiology，2009，26 (5)：453-459.

[82] Hugenholtz J，Looijesteijn E，Starrenburg M，et al. Analysis of sugar metabolism in an EPS producing *Lactococcus lactis* by ^{31}P NMR. Journal of Biotechnology，2000，77 (1)：17-23.

第四章

用于递送载体的工程化乳酸菌和双歧杆菌

由于减毒病原菌能够与黏膜表面相互作用形成免疫应答，从而几十年来被用作疫苗载体或活载体。但是，这种方式主要的缺点之一是这些微生物有恢复其致病性的能力，也就是说它们对人类使用并不是绝对安全的。因为这个原因，科学家们开始探寻食品级乳酸菌作为活黏膜工程菌用于生产和原位递送治疗分子（如细胞因子、抗原和酶）的潜力。

乳酸菌是一组耐酸的多特征性的革兰阳性异质群体。乳酸菌进化成许多属，包括乳酸乳球菌、乳杆菌、肠球菌和链球菌。尽管双歧杆菌不属于乳酸菌，但是由于双歧杆菌的益生作用和产乳酸能力，而经常与乳酸菌相联系。乳酸菌和双歧杆菌都能耐胃肠道（GIT）的胁迫条件（即胃的低 pH 值和胆汁外排）。乳酸乳球菌可以在肠道内存活 48h，而乳杆菌和双歧杆菌可以分别存活 4d 和 7d。几个世纪以来，这些非致病性微生物被广泛用于发酵、生产食物和作为保护剂。因此，美国 FDA 认为它们公认安全（GRAS)。在过去二十多年间，有超过 100 篇经过同行评审的公开发表物论证了这些细菌作为活递送载体的潜力。

第一节　递送载体

以下主要介绍乳酸乳球菌、乳杆菌和双歧杆菌作为递送载体来预防和治疗人类多种疾病的一种新型方法。

一、乳酸乳球菌

众所周知，乳酸乳球菌是食品级乳酸菌，被广泛用于食品工业，如发酵乳制品。该菌在分类学和生理学方面有充分的研究。此外，一些该菌菌株的基因组已经成功测序。并且除了安全性评价（即FDA认定的GARS），该菌不在胃肠道上定植，因此被分类为非入侵性微生物。

乳酸乳球菌被认为是黏膜递送治疗分子和生产异源蛋白的模式乳酸菌。它拥有一系列作为活载体的优势。首先，通过电穿孔法乳酸乳球菌具有很高的转化率，而其他革兰阳性菌很难进行转化。为了提高产生和递送分子的能力，开发了质粒和表达系统（即启动子和信号肽）等遗传工具和转化方法。其次，该种菌具有简单的分泌机制并且仅分泌一种蛋白Usp45，这种蛋白质可以定量检测，这种特性对于异源蛋白质的纯化过程非常重要。此外，开发了灭活HtrA的实验菌株，用来防止重组蛋白在胞外降解，HtrA是存在于乳酸乳球菌细胞外面的一种蛋白酶。乳酸乳球菌这些特殊的性质使它成为活载体的优势菌种。

二、乳杆菌

尽管乳酸乳球菌是活的黏膜载体递送系统的参考菌株，但是研究者们进一步筛选了拥有更好内在特性的其他细菌，如乳杆菌。一些乳杆菌的特定菌株拥有益生特性(食用时具有健康益处的微生物)。此外，一些乳杆菌属如干酪乳杆菌、嗜酸乳杆菌、格氏乳杆菌、植物乳杆菌和发酵乳杆菌在胃肠道内比乳酸乳球菌能存活更长的时间。还有，某些乳酸杆菌属是定居在哺乳动物小肠中的微生物群的一部分。乳杆菌和肠黏膜之间的相互作用是一个重要指标，因为它增强了黏膜免疫应答。自20世纪90年代末以来，研究者们一直致力于研究乳杆菌这些内在特性，使它成为更安全的递送具有健康益处的分子和化合物的载体。

与乳酸乳球菌类似，过去十年来，研究者为乳杆菌生产异源蛋白质开发了许多基因工具。与乳酸乳球菌相同，乳杆菌具有很厚的细胞壁，并且乳杆菌属间存在大分子和生化种间多态性。尽管在递送50多种分子方面取得了显著改善，但是，乳杆菌还是很难进行转化和基因操纵。

三、双歧杆菌

双歧杆菌不属于乳酸菌，属于放线菌门。但是该属有许多特性与乳杆菌相同，如它们的益生特性和在胃肠道内可以存活很长的时间。双歧杆菌也占哺乳动物微生物组成的较大部分。因此，双歧杆菌是异源蛋白黏膜递送和增强先天性和获得性免疫应答的一个极佳替换载体。但是，它们缺乏一个表征明确的表达系统。此外，它们也很难转化，而且由于种间差异，不同种间的转化方案也不同。

在过去几十年中，对乳酸菌生产和递送健康有益的蛋白质和DNA等做了广泛的研究。如由于转化乳酸乳球菌基因工具具有简便性和可用性特点，因此乳酸乳球菌是乳酸菌中黏膜递送的最佳载体。与大肠杆菌不同，乳酸菌的特别之处还因为它没有脂多糖（LPS），LPS有局部炎症作用并且已知与炎症性肠病（IBD）和肥胖等多种疾病有关。因此在体内的重组蛋白载体，乳酸菌比大肠杆菌更合适。乳酸菌中的脂磷壁酸（LTA）相当于LPS，LTA仅在浓度很高的时候才有毒性。此外乳酸菌是递送治疗分子进入胃肠道极佳的活载体。

第二节 蛋白质和DNA递送的基因工程工具

乳酸菌递送异源蛋白质和DNA需要有效而可靠的基因工具，如克隆载体和各种表达系统。克隆载体质粒是一个小的环状的染色体外自我复制DNA分子，可以在细菌细胞内以低拷贝数或高拷贝数存在。该质粒携带一个表达框，在目的基因上游包含一个组成型表达框或诱导型启动子，用来控制异源蛋白的产生。原则上重组乳酸菌生产异源抗原会倾向于三种不同的细胞位点：细胞内保护重组蛋白免于对抗剧烈的环境条件（如胃液、胆汁盐和低胃pH值），但是异源蛋白的释放需要细胞裂解；细胞外允许重组蛋白直接与胞外环境（食品和消化道）相互作用；细胞壁附着结合位点，该位点结合前两种位点的优势，也就是细胞壁锚点蛋白和环境的相互作用限制了蛋白质的降解。

以下概括了近年来为乳酸菌开发的基因工具及其最新进展，特别是针对乳酸乳球菌和乳杆菌。

一、克隆载体

为使异源蛋白表达，一个克隆载体上必须包含至少一个适合宿主微生物的功能性复制起点（ori）、一个或多个选择性标记，如抗生素抗性基因或营养缺陷型菌株的野生型基因，以及多克隆位点。

细菌环形质粒的主要复制机制是theta型、链置换和滚环。其复制过程涉及多种元素，包括ori位点和参与初始复制的Rep蛋白基因。

选择性标记对于选择那些带有目的基因的细胞转化非常重要。几十年来，抗生素抗性基因一直是最常用的选择性标记之一，包括氨苄西林、氯霉素、红霉素和四环素。近年来，为了符合食品和药品行业要求，研究人员正在开发没有抗生素的食品级载体，其中，新的替代选择性标记包含带有野生型基因标记的质粒，通过野性型基因的表达来使营养缺陷型菌株正常生长。

二、表达系统

为了表达和控制异源蛋白的产生，首先在乳酸乳球菌中开发了几种表达系统。为此，最初从具有不同蛋白质表达水平的基因文库中分离了一些组成型启动子。但是组成型蛋白的表达可能导致细胞质的累积。

诱导型启动子最初在乳酸乳球菌中开发，随后用在其他乳酸菌中，用来控制白细胞介素、抗原和酶的基因表达。该策略调节了蛋白质表达，提高了治疗分子的生产效率，是黏膜靶向的关键优势。乳酸乳球菌和乳杆菌中常用的调节系统及该技术未来趋势如下。黏膜递送中主要使用的细菌、表达系统和产物位点示意图如图4-1所示。

1. Nisin乳链菌素调控的基因表达（NICE）

NICE是乳酸菌中生产异源蛋白最常用的诱导型表达系统，由乳酸乳球菌产生的

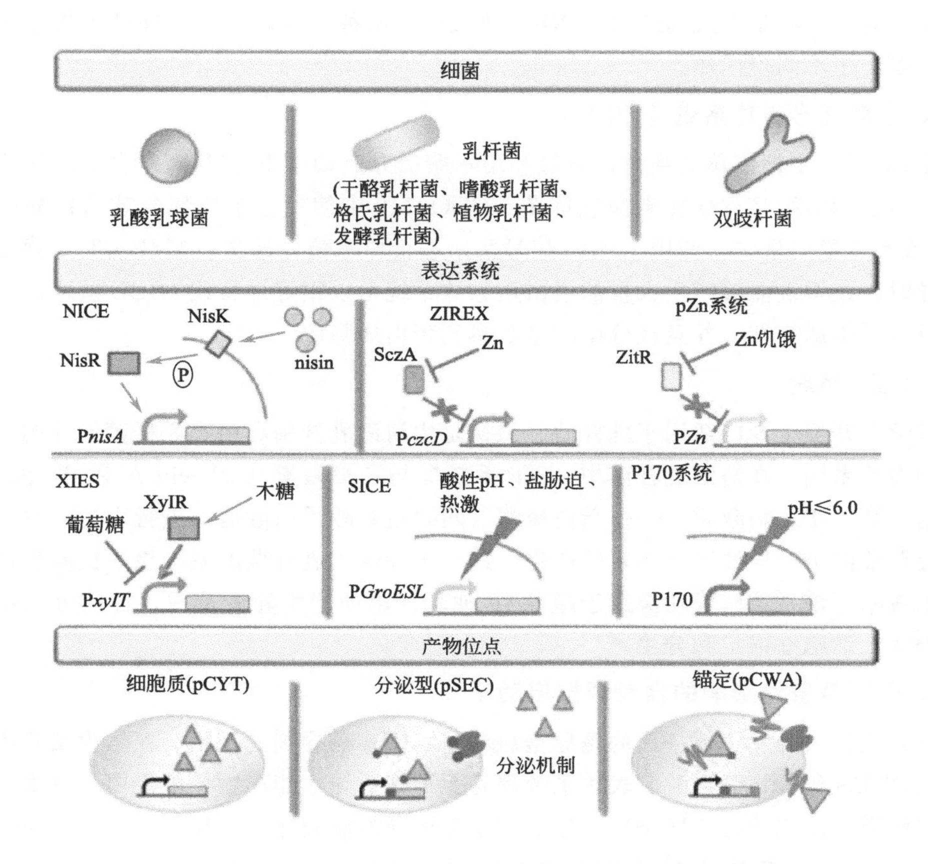

图 4-1 黏膜递送中主要使用的细菌、表达系统和产物位点示意

抗菌肽 nisin 的合成、翻译后修饰和分泌由 *nis* 操纵子（11 染色体基因 nis-ABTCIPRKFEG）调节。NICE 系统包含 *nisA*（*PnisA*）、*nisF*（*PnisF*）和 *nisRK* 启动子。*nisRK* 调节系统复合物负责检测 nisin（由 *nisA* 基因编码），然后诱导和激活 *PnisA* 和 *PnisF*，随后进行基因转录。

染色体中携带 *nisRK* 基因的实验菌株乳酸乳球菌 NZ9000 是乳酸乳球菌 MG1363 的衍生菌株。当目的基因定位于 *PnisA* 下游时，可以通过加入最低浓度的 nisin（0.1～10ng/mL）来触发其表达。该系统仍是乳酸乳球菌和其他乳酸菌中异源表达最有效的而且可以诱导产生更多的蛋白质。

2. 锌诱导表达系统（P_{Zn}ZitR 驱动异源表达和 Zirex）

2004 年有学者基于乳酸乳球菌 zit 操纵子的启动子设计了一个新的表达系统，该启动子参与锌的调控，即 P_{Zn}ZitR 驱动异源表达。当缺乏锌时，如 EDTA 诱导的饥饿期间或使用化学成分确定的培养基时，P_{Zn} 的转录抑制因子 ZitR 处于未激活状态，RNA 聚合酶可以与 P_{Zn} 启动子结合。研究者的研究表明，与 NICE 系统相比，该系统是可以高度诱导的，但是蛋白质的吸收率较低。

近期，有学者针对乳酸乳球菌开发了一个新的锌诱导表达系统，称为 Zirex。当被低浓度锌触发时，链球菌启动子 PczcD（由 SczA 抑制因子调控）被激活并且提高了表达水平。此外，有学者成功结合了NICE和Zirex两种系统，在同一种微生物中于不同时间可以产生不同蛋白质。

3. 木糖诱导表达系统（XIES）

XIES是一个糖依赖型系统，通过利用木糖诱导启动子PxylT来产生细胞质或分泌蛋白。该表达系统是首次在乳酸乳球菌NCDO2118中使用金黄色葡萄球菌核酸酶基因（带有或不带靶向蛋白，使用Usp45信号肽）进行异源蛋白递送。当被木糖或葡萄糖等糖诱导时，该系统能够产生大量的蛋白质。该系统可以很好地替代NICE系统，因为其诱导具有严格调控性，并且在分泌时未观察到蛋白质降解。

4. pSIP系统

有学者开发了专门适用于乳杆菌（最初是为清酒乳杆菌和植物乳杆菌设计的）基因诱导型表达系统。在清酒乳杆菌中，SIP系统参与了细菌素（sakacin A和P）的产生。受肽信息素（IP）刺激后，一种蛋白激酶（同源组氨酸蛋白激酶）进行表达，然后激活了反应调节因子，导致了细菌素的产生。进一步筛选了乳杆菌的基因组来提高表达产量和分泌效率。该系统已成功应用于超过10种乳杆菌中产生异源蛋白，目前可以用于细胞质表达、细胞壁锚定和分泌。

5. 受环境条件影响的自我调控启动子

研究人员又开发了新一代的诱导型启动子不需要诱导剂的使用。在体内实验中，像NICE、XIES和SIP等乳酸菌表达系统都需要预先诱导才能产生异源蛋白。这里介绍一下在胃肠道中发现的受环境条件调控的“胁迫诱导控制表达”（SICE）和P170系统。

（1）“胁迫诱导控制表达”（SICE）

近期，在乳球菌中描述了SICE系统，该系统在设计替代转化方案方面非常有用。这个“无调控基因”表达系统受pGroESL启动子调控，仅在一定的胁迫条件下被激活，如胆盐和NaCl的存在、温度和酸性pH值，尽管可能发生低组成型表达。该系统在IBD和16型人乳头瘤病毒（HPV-16）等人类疾病的黏膜表面表现了非常好的治疗性蛋白的原位产生和递送效果。

（2）P170系统

开发的另一个受环境条件调控的系统是通过使用乳酸菌自身的特性来酸化它们的环境。实际上，已经在乳酸乳球菌中鉴定出pH诱导型启动子P170，该启动子在pH值达到6.0或更低时被诱导。因此，当用于生产异源蛋白时，P170在低pH值时可以自我激活，从而产生高水平的重组蛋白。

三、信号肽

用于黏膜递送健康分子的工程菌株载体需要掌握它们的靶标方式。当然，蛋白位点可能会严重影响治疗效率和免疫应答调节。此外，不是所有的细胞位点系统都适合某些化合物，如不溶性蛋白质。有三个细胞位点适合抗原、白介素和酶的生成。根据不同的位点开发了三种主要的表达载体，即pCYT（细胞内）、pSEC（分泌形式）和pCWA（细胞壁锚定）。

（1）pCYT 载体

当使用 pCYT 系统时，产生的目的蛋白在缺乏信号序列时会保留在细胞内。因此该系统在口服后需要通过细胞裂解（pH、胃液、胆汁）将累积的重组蛋白递送到细胞外。

（2）pSEC 载体

该系统借助信号肽（SP）将蛋白质释放到细胞外。疏水性 SP（N-末端）被分泌机制（信号肽酶）识别并导致蛋白质分泌。例如，在乳球菌中，Usp45 SP 被广泛应用于高产量白介素的分泌。但是，该系统递送蛋白质时通过胃肠道，蛋白质立即降解。该系统可以通过加入一个合成前肽 LEISSTCDA 提高蛋白质分泌来进行优化。事实上，多项研究已经证实可以提高产量和分泌（比正常分泌高 4～19 倍）导致了更好的免疫应答。

（3）pCWA 载体

某些时候，当细胞质和分泌形式均未表现出良好的免疫应答时，就需要一个替代系统。为解决此问题，最好将蛋白质锚定到细胞壁上。这样，细胞壁锚定（CWA）和 N-末端信号序列结合就能将蛋白质易位到细胞外，然后 C-末端基序（LPXTG）可通过共价键结合将它锚定到细胞表面（糖聚肽）。有趣的是，一些研究表明，对于黏膜疫苗接种，与细胞内和细胞外位点相比，暴露于乳酸菌表面的细胞壁锚定抗原形成了更强的免疫应答。

第三节　预防、治疗方面的应用

一、炎性肠病

炎性肠病（IBD）是一组在胃肠道内不受控制的慢性炎症肠道疾病。流行病学数据表明全球 IBD 的发病率急剧增加。IBD 疾病的两种主要形式是克罗恩病（CD）和溃疡性结肠炎（UC）。尽管 CD 和 UC 的主要症状类似，包括慢性腹痛和绞痛、血性腹泻、体重减轻、溃疡、发烧和强烈疲倦，但是两种疾病的某些特征不同。例如，CD 炎症从黏膜到跨壁不等（肠上皮细胞的不同层），而 UC 炎症未表现在跨壁上。此外，CD 可以影响胃肠道的各个部分，而 UC 主要限于结肠。

IBD 的主要原因是共生菌群、肠上皮细胞和免疫系统之间复杂的平衡被破坏引起的。当这种相互作用受干扰时，可能会异常大量产生炎症介质，如蛋白酶、活性氧自由基（ROS）和促炎性细胞因子。

目前，大多治疗 IBD 的方法都是针对表征，尚无有效的治疗手段。因此，需要寻找一个新的治疗 IBD 的方法。最新研究表明 IBD 患者的微生物群与健康个体不同，患者表现为普拉梭菌、乳杆菌和双歧杆菌的明显降低。因此，对于研究包括乳杆菌和双歧杆菌益生菌在内的共生微生物预防或改善炎症的能力越来越受到关注。事实上，已经有研究表明，益生菌可以刺激微生物群、影响肠道屏障功能（如肠道通透性）、调节宿主免疫应答并通过产生抗氧化酶来降低氧化应激。

基因工程乳酸菌结合其自身的抗炎和免疫调节的特性使其成为预防和治疗 IBD 的技术手段。以下介绍使用重组乳球菌和乳杆菌产生和分泌的抗蛋白酶（elafin）、抗氧化酶（SOD）和细胞因子来预防和治疗肠道疾病。

1. 产抗蛋白酶的乳酸菌的作用

最新研究表明，蛋白酶和内源性抗蛋白酶在 IBD 中起着十分重要的作用。具体来说，我们发现由于蛋白酶的上调表达和其内源性抑制剂（例如 elafin）表达降低，致使 IBD 患者肠道内的蛋白水解活性增加。有学者研究表明产 elafin 的转基因小鼠可以保护小鼠免受实验诱导的结肠炎，该结肠炎模仿小鼠体内的 IBD；这些学者使用重组乳酸菌作为递送系统，进一步研究了这些蛋白酶抑制剂的抗炎特性。特别是，乳酸乳球菌和干酪乳杆菌已经进行基因工程改造用来产生和分泌 elafin。实验性结肠炎小鼠口服这些重组乳酸菌可以减轻局部炎症和上皮细胞损伤，恢复结肠肠道稳态和体内弹性组织活性。此外，使用炎症肠道的肠上皮细胞（IEC）进行体外实验，发现这些重组乳酸菌对恢复这些细胞的肠道通透性和防止促炎性细胞因子和趋化因子的提高非常有效。综上所述，口服乳酸菌分泌的 elafin 可能对治疗人体的 IBD 有效。

2. 抗蛋白酶产生乳球菌和乳杆菌

IBD 被广泛认为和氧化应激有关。IBD 患者胃肠道中的活性氧自由基（ROS）浓度增加，抗氧防御机制受损。正常情况下，ROS（例如羟基自由基、超氧阴离子和过氧化氢）参与细胞传导和调控通路。此外，ROS 通过诱导细胞损伤参与抗感染过程。但是，如 IBD 等某些疾病状态，ROS 浓度过高，从而在肠道内引起了严重的氧化损伤。为抵消这种现象，正常肠道黏膜会分泌抗氧化酶来调节和维持 ROS 的正常水平（过氧化氢酶、谷胱甘肽过氧化物酶、谷胱甘肽还原酶、谷胱甘肽-*S*-转移酶和超氧化物歧化酶），但是这些酶水平在 IBD 患者中明显降低。

最新研究表明，乳酸菌益生菌可能可以通过表达抗氧化物酶而起到预防 IBD 作用。已经开始研究使用重组乳酸菌局部递送生物可利用的抗氧化物酶，例如超氧化物歧化酶（SOD）和过氧化氢酶（CAT），来减少胃肠道内 ROS 水平以达到治疗 IBD 的目的。

（1）乳酸菌表达 SOD 和 CAT

SOD 是一种金属酶，可将 ROS（超氧阴离子）转化为 H_2O_2。前人研究表明，通过较少肠道内过氧化反应和降低氧化应激，已经成功应用 SOD 治愈实验性结肠炎。SOD 具有很短的循环半衰期并以三种不同形式存在（锰、铜锌和铁形式），乳酸杆菌属固有本身不存在 SOD。

10 多年以前，有学者报道了在体外乳酸杆菌菌株表达来自嗜热链球菌（sodA）的重组锰 SOD，表现了 H_2O_2 的保护作用。随后，又有学者测试并确认基因工程菌株植物乳杆菌和乳酸乳球菌原位产生和释放外源性 SOD 防止小鼠患 TNBS 诱导结肠炎的能力，从而提出 SOD 在体内具有抗炎能力。

此外，最新研究表明，重组格氏乳杆菌和植物乳杆菌产生的锰特异性 SOD（Mn-SOD）可以防止和治愈 IL-10 缺陷型小鼠结肠炎和 TNBS 诱导的结肠炎。两项研究均表明，与对照组相比实验组具有显著的抗炎活性，并减少了嗜中性粒细胞和巨噬细胞的渗透。在此研究基础上，有学者进一步将乳酸乳球菌中的MnSOD克隆进入干酪乳杆菌BL23中，并比对了干酪乳杆菌BL23结合表达和产生另一种抗氧化酶CAT后，证实该方法的有效性。通过测试右旋葡聚糖硫酸钠（DSS）诱导的结肠炎小鼠模型，在组织学上观察到干酪乳杆菌SOD和SOD/CAT结合都表现减少盲肠和结肠炎症。

最新一项开拓性研究使用双歧杆菌作为抗氧化酶的黏膜载体。通过基因工程改造使长双歧杆菌表达来自嗜热链球菌的SOD基因或植物乳杆菌的血红素依赖性过氧化氢酶（KAT）基因，或者将两种基因结合。通过评估它们的氧化应激抗性，发现这些重组菌株可以降解ROS（H_2O_2和过氧化物），并且与对照组相比，长双歧杆菌SOD和长双歧杆菌KAT的细胞活力均得到了改善。这些研究成果为使用基因工程乳酸杆菌和双歧杆菌产生的抗氧化酶用来预防和治愈由于氧化应激产生的IBD开辟了广阔的前景。

（2）乳酸菌作为细胞因子递送载体

调节性T细胞（Treg）目前已被认识到在维持肠道稳态方面起着核心作用，主要是通过维持免疫耐受和控制炎症。事实上，CD4＋T辅助细胞的超活化会导致过度或无法控制的免疫应答反应，如CD和UC，据推测分别具有Th1、Th17和Th2表型。一些研究表明，由免疫细胞产生并且参与T细胞活化和分化的某些细胞因子与IBD直接相关。特别是如IFN-γ、IL-17、IL-22和IL-23等细胞因子在IBD中是异常表达的。

另一方面，越来越多的证据表明乳酸菌益生菌的免疫调节特性有益于黏膜炎症的治疗。例如，一些乳酸菌菌株可以增加IL-10等抗炎细胞因子水平，并且可以下调炎症水平。这些重要的研究成果使科学家们更加相信基因改造乳酸菌表达细胞因子可以成为另一个治疗IBD的手段。

一项开创性研究显示，分泌鼠源IL-10的重组乳酸乳球菌可以减少DSS诱导的结肠炎炎症，并且可以预防IL-10基因敲除小鼠的结肠炎。此外，该研究团队扩大至使用表达成熟人IL-10的乳酸乳球菌进行临床试验，发现克罗恩疾病患者的疾病活动减弱了。为安全考虑，这株菌通过基因修饰将胸苷酸合成酶基因（*thyA*）替换成人IL-10的合成表达盒。这株特殊的菌如果不进行补充则无法在胃肠道中生存，但这些研究使人们对使用更安全、活的基因改造菌株治疗疾病更加充满期望。

最新有一项关于乳酸菌转移真核DNA到上皮细胞的研究，目的是递送鼠源IL-10到肠道黏膜。当试图将含有pValac和IL-10的浸润性乳酸乳杆菌实验室菌株施用于DSS诱导的炎症小鼠上时，成功将包含mIL-10 cDNA盒的质粒转移到了宿主肠上皮细胞。肠道炎症明显减轻与递送相关，表现为抗炎细胞因子的增加。质粒转移用来递送活性分子是治愈IBD的另一种替换手段。

另有最新研究报道使用表达免疫调节白介素-27（IL-27）的重组乳酸乳球菌作为治疗IBD的一种新方法。IL-27通过介导促炎和抗炎作用在先天免疫和适应性免疫方面起到重要作用。事实上，IL-27可以引发Th1反应，并对Th2和Th17分化和增殖有抑制作用。并且这个细胞因子可以诱导IL-10等抗炎细胞因子的生成。

有学者使用两种炎症的小鼠模型研究了口服表达IL-27的重组乳酸乳球菌的预防作用，模型为T细胞转移诱导小肠结肠炎或DSS诱导的结肠炎。在两种模型中，乳酸乳球菌 IL-27 的黏膜递送可通过降低 IL-17 等炎性细胞因子的水平减弱结肠炎，同时提高了 IL-10。此外，在减弱诱导性结肠炎方面乳酸乳球菌 IL-27 比乳酸乳球菌 IL-10 更有效，意味着这种方法对治愈 IBD 更加有效。

二、过敏

1. 乳酸菌在食物过敏中的用途

牛奶过敏是婴幼儿中最常见的食物过敏，在生命最初发生的概率是 2%～3%，以胃肠道和呼吸道症状为特征。牛奶过敏主要是因为对牛 β-乳球蛋白（BLG）等牛奶蛋白的强烈免疫反应。为了评估由 BLG 诱导的免疫应答，有学者在小鼠中使用了不同形式、重组的乳酸乳球菌 BLG（细胞质和细胞外）NICE 系统。在口服表达和分泌 BLG 的乳酸乳球菌后，可检测到 BLG 特异性粪便 IgA，并且预防了小鼠进一步致敏。此外，鼻内方式联合使用乳酸乳球菌 BLG 和产 IL-12 乳酸乳球菌可诱导产生 BLG 特异性 IgG2a 和干扰素 γ（IFN-γ），从而对 Th1 反应起到了保护作用。

该方法主要的缺点是 BLG 在乳酸乳球菌中常常以变性的形式分泌和表达，但是乳酸乳球菌已被基因改造将含有 BLG 表达盒的质粒，并直接导入体内和体外上皮细胞，用于原位产生天然构象 BLG，从而增强特应性免疫应答。在真核巨细胞病毒启动子的调控下，转移编码 BLG cDNA 的表达盒。通过和 Caco-2 上皮细胞共同培养论证了天然构象的 BLG 的产生和分泌。此外，经口服以后，在黏膜中检测到了包含 BLG 表达盒的质粒和天然构象 BLG。在血清中检测到了 BLG 特异性 IgG2a，预示着促炎性 Th1 免疫应答。致敏后，经乳酸乳球菌递送质粒的小鼠，与对照组相比检测到了较低的 IgE 水平。

最新研究开发了侵入重组乳酸乳球菌来增加质粒转移和宿主细菌的传输耦合。但是在它们表面表达了金黄色葡萄球菌纤维结合蛋白 A（FnBPA）和单核细胞增生李斯特菌内化蛋白（mInlA）等侵入蛋白，在体内实验中乳酸乳球菌 FnBPA 和乳酸乳球菌 mInlA 均未强化质粒的转移。此外，这些重组细菌诱导了抗炎 Th2 免疫反应，因此该方法可能不适合治疗过敏。

另一样研究开发了乳酸乳球菌分泌鼠源 IL-10 来防止食物诱导的 IgE 致敏，在经过处理小鼠中过敏反应显著降低，并有效抑制了 BLG 特异性 IgE 和 IgG1。实验证明，重组乳酸菌可以作为一个新的方法来治疗食物过敏或了解其发病机理。

2. 呼吸道过敏反应

哮喘是一种慢性炎症疾病，与 Th2 细胞因子（即 IL-4 和 IL-5）驱动的呼吸道炎症紧密相关，Th2 细胞因子是由过敏原特异性 CD4（+）T 细胞分泌的。最新研究表明，哮喘患者的 Th2 反应增加了而 Th1 反应减少了，因此分泌的 IFN-γ（促炎细胞因子）也减少了，这个细胞因子与 Th1 促进细胞因子 IL-12 已成功用于过敏性哮喘的调节因子。有学者在 OVA 诱导的哮喘小鼠模型中，评估了一个分泌生物活性 IL-12 的重组乳酸乳球菌株的免疫调节作用。使用该菌株进行鼻腔给药小鼠后，Th2 反应转变为 Th1 反应，同时 IFN-γ 增加了而 IL-4 水平减少了。此外，在食用重组乳酸乳球菌小鼠中观察到了呼吸道严重反应和肺部炎症显著降低。该菌株降低呼吸道严重反应以及使嗜酸粒细胞增多的能力说明这种方法可以作为治疗慢性哮喘的新方法。

此外，在 OVA 诱导的哮喘小鼠模型中研究了产鼠源 IL-10 的重组乳酸乳球菌推定的免疫调节作用。与哮喘对照组相比，治疗小鼠的 IgE 和 IgG1 水平明显降低，同时肺部炎症减轻。说明活载体是改善过敏性呼吸道炎症的有效方法。

三、自身免疫性疾病

1. Ⅰ型糖尿病

Ⅰ型糖尿病（T1DM）是一种自身免疫性疾病，是由于胰腺β细胞破坏而导致的胰岛素缺乏和高血糖症。目前没有有效的治疗 T1DM 的手段，使用胰岛素仍是目前最佳治疗方法。

已经研究了多种方法来治疗 T1DM，包括分泌自身抗原肽的重组乳酸菌菌株。例如，人类胰岛素基因已成功在乳酸乳球菌和干酪乳杆菌中表达。在非肥胖糖尿病小鼠（NOD）的血清中检测到了胰岛素特异性抗体，同时诱导了免疫耐受。大量研究论证了调节性 T 细胞在该疾病中的作用。为了诱导抑制 T 细胞反应和恢复耐受性，有学者结合了口服分泌胰岛素原抗原和 IL-10 的乳酸乳球菌，以及低剂量的全身性抗 CD3，这种结合缓解了 NOD 小鼠糖尿病并且在 59%的治疗小鼠中诱发了长期耐受性。最新开发了基于使用重组乳酸菌的新的免疫疗法，该重组乳酸菌可产生与糖尿病有关的自身抗原。通过黏膜递送异源抗原如谷氨酸脱羧酶（GAD)-65、HSP65 和 P277，NOD 小鼠中 DM1 的发生率降低了。因此，使用基于乳酸菌的疫苗可能是治疗人类Ⅰ型糖尿病的有效方法。

2. 乳糜泄

乳糜泄（CD）是一种终身的自身免疫性疾病，其特点是在遗传易感人群中对麦醇溶蛋白（面筋的主要成分之一）的耐受性不足。目前除了严格的无麸质饮食（GFD）疗法外，没有治愈 CD 的方法，而 GFD 既昂贵又有限制性。人类白细胞抗原 HLA-DQ2 和 HLA-DQ8 限制性 T 细胞反应介导了 CD 中麦醇溶蛋白耐受性的丧失。通过遗传修饰的分泌脱酰胺化的 DQ8（eDQ8d）特异性麦醇溶蛋白抗原表位的乳酸菌已被用在转基因小鼠中，来诱导抗原（Ag）特异性耐受和治疗 CD，从而通过 Foxp3（+）T 细胞上调，抑制了局部或全身性 DQ8-限制性 T 细胞反应。这些研究说明重组乳酸菌有恢复 Ag 特异耐受性的潜力。

科学家们最新研究了 elafin 在 CD 中的作用，elafin 是一种内源性蛋白酶抑制剂。转谷氨酰胺酶（TG-2）被广泛认为在麦醇溶蛋白肽脱氨中起关键作用，这会增加麦醇溶蛋白肽与 HLA-DQ2/DQ8 分子的结合亲和力。基于最新鉴定 elafin 为 TG-2 的底物这一结论，有学者用面筋敏感型小鼠口服表达 elafin 的乳酸乳球菌菌株，来靶标并抑制 TG-2 活性，治疗小鼠小肠屏障功能和炎症得以恢复。这些研究说明 elafin 在 CD 患者中黏膜递送可能是有效治疗面筋相关疾病的新方法。

四、传染性疾病

1. 细菌抗原的黏膜递送

（1）变形链球菌的表面蛋白抗原

在一项开创性研究中构建了一个灭活的重组乳酸乳球菌菌株，该菌株可以产生变形链球菌的表面蛋白抗原（PAc），以此开发了抗龋齿的口服疫苗。与对照组相比，口服免疫小鼠的唾液 IgA 和血清 IgG 与 PAc 产生特异性反应。这些是最初使用乳酸乳球菌黏膜递送目的抗原的研究，为研究疫苗和免疫的替代方法奠定了基础。

（2）破伤风毒素

破伤风毒素是由破伤风梭菌在某些条件下产生的神经毒素。破伤风毒素（TTFC）片段 C 是首次提出的乳酸乳球菌载体递送的活性蛋白。通过皮下注射产 TTFC 乳酸乳球菌的免疫小鼠，成功防止了破伤风毒素致死。另有学者使用口服和鼻腔方法在保护水平上诱导了相似的全身抗体反应，口服免疫产生了更低的血清 IgG 和黏膜 IgA 抗体。

（3）李斯特菌溶血素 O 分泌乳酸乳球菌

成孔毒素李斯特菌溶血素 O（Listeriolysin O，LLO）是单增李斯特菌的主要毒力因子。该菌是食源性李氏杆菌病的病原体，可导致免疫功能低下的人脑膜炎和败血病、新生儿脑膜炎以及孕妇流产。因此有学者构建了一些质粒使乳酸乳球菌中的分泌型或非分泌型 LLO 进行组成型表达或乳链菌素诱导表达，以此开发针对单增李斯特菌的疫苗。与未免疫小鼠相比，这种乳酸乳球菌免疫小鼠得到了保护。但是似乎仅经过腹腔（i. p）而非口服途径免疫有效。当小鼠经分泌 LLO 的乳酸乳球菌免疫并在 Nisin 诱导以后，表现出肝脏和脾脏细菌的显著较少。此外，经腹腔（i. p）途径而非经口使用乳酸乳球菌的小鼠检测到了 LLO 表位特异性 $CD8^+$ T 淋巴细胞。

2. 病毒抗原的黏膜递送

（1）16 型人乳头瘤病毒（HPV-16）E7 抗原

16 型人乳头瘤病毒（HPV-16）是宫颈癌的主要病原体，女性相关癌症致死率排名第二。早前研究表明，HPV-16 E7 癌基因蛋白仅在宫颈癌中组成型表达，引起了原代角质形成细胞永生化和细胞转化失调。因此，HPV-16 E7 癌基因蛋白成为主要的治疗靶标，并由相关学者基因重组了表达 HPV-16 E7 蛋白的乳酸乳球菌。因为蛋白位点可能影响免疫反应调节和治疗效率，因此研究了多种递送系统，包括细胞质的、分泌型或者锚定在细胞壁上的。经鼻内给药后，在分泌型和锚定细胞壁形式中均观察到 E7 特异性体液免疫和细胞反应。但是在通过使用 E7-HPV 蛋白锚定细胞表面的治疗小鼠中，E7 特异性细胞反应（如 IL-2 和 IFN-γ 的分泌）更高。

为了增强体液免疫和免疫应答，同一研究小组将表达 E7 锚定蛋白的乳酸乳球菌和分泌 IL-12 的乳酸乳球菌在 TC-1 肿瘤小鼠模型中同时使用，在治疗性免疫中，观察到同时使用抗原和佐剂小鼠中减少了肿瘤的进一步发展，并且 50% 的预处理小鼠表现了对 HPV 相关肿瘤的完全预防。最新研究是同时递送抗原和细胞因子来扩展 DNA 疫苗。同时包含 HPV-16 E7 和鼠源 IL-12 DNA 表达盒的乳酸乳球菌通过鼻内给药到 TC-1 肿瘤动物模型中，重组的乳酸乳球菌菌株诱导了强烈的 E7 特异性免疫反应，并且预防小鼠患 TC-1 诱导肿瘤。此外，在使用同时含有 HPV-16E7 和 IL-12 表达盒的乳酸乳球菌治疗小鼠中，存活小鼠（超过 80%）和无肿瘤小鼠数量比使用含单独 DNA 表达重组菌株要高。研究小组对使用重组乳杆菌作为黏膜活疫苗递送 E7-HPV 抗原的方法也进行了研究，通过使用来自乳杆菌的新的细胞壁锚定方式形成的产 E7 抗原重组植物乳杆菌在动物模型中表现了很好的治疗效果。

最新研究开发了一种治疗宫颈癌的新型 HPV 靶标免疫疗法，并在 HPV-16 相关性宫颈上皮内瘤样变 3 级（CIN3）的患者中进行了临床试验，CIN3 是一种黏膜癌前病变。口服 E7 表达干酪乳杆菌成功诱导了 E7 特异性黏膜免疫反应，但并不是全身性细胞介导免疫反应。这项研究是首次报道抗原特异性黏膜免疫力和免疫治疗黏膜瘤的临床反应之间的联系。此外，通过治疗 70%的患者表现了病理严重程度降低，从 CIN3 降到 CIN2，这相当于中度不典型增生。

（2）轮状病毒和感染性腹泻

轮状病毒是世界范围内婴幼儿严重腹泻的最常见的原因。轮状病毒主要通过粪口传播污染，感染和损害小肠道内的成熟的肠上皮细胞，并引起水样腹泻、发烧和呕吐。

2001 年，由于缺乏对轮状病毒的特异性治疗方法和有效的疫苗，因此研究者们开发了一种黏膜疫苗用来生产和递送轮状病毒抗原。早前研究表明，轮状病毒非结构蛋白 4（NSP4）与病毒发病机制有关并引起了小鼠腹泻。因此，有学者通过用分泌 NSP4 的重组乳酸乳球菌（使用 NICE 系统）免疫兔子，探索了 NSP4 的抗原和免疫原性，观察到在治疗兔子中引起了 NSP4 特异性免疫和体液反应。该研究是首次使用乳酸乳球菌产生完整病毒抗原的研究。

2006 年，基于使用减毒活病毒的抗轮状病毒感染新疫苗（Rotarix™ and RotaTeq™）在全球被允许使用。但是，黏膜活疫苗是更佳的选择，可以克服减毒疫苗带来的风险，如野生型菌毒株的基因重排。因此，研究人员研究了重组乳酸乳球菌生产和递送轮状病毒衣壳蛋白的能力。有学者研究表明，口服分泌 VP7 的乳酸乳球菌可诱导小鼠的抗轮状病毒的 IgG 特异性抗体反应。此外，相比细胞质的和锚定细胞壁形式，分泌形式 rVP7 诱导了更强烈的抗 VP7 免疫反应。另有学者研究表明表达细胞壁锚定 VP8 抗原的乳酸乳球菌在病毒感染中起到关键作用，在小鼠模型中诱导了抗 VP8 肠道和全身抗体反应。但是为了使用低剂量得到更高的应答水平还需进一步优化这种方法，在预防轮状病毒感染方面具有广阔的前景。

（3）禽流感病毒

已知流感的病原体是流感病毒，流感病毒是属于正黏病毒科的 RNA 病毒。如 H5N1 和 H9N2 等禽流感病毒是对全球公共卫生的一种严重的威胁，这种病毒能够跨越种族并引起人类感染。例如，在 1990 年末出现的致病性禽流感 H5N1 病毒，在人类中的死亡率约为 60%。最新研究报道了 Nisin 诱导的表达流感 H5N1 血凝素（HA）抗原的重组乳酸乳球菌可以作为黏膜疫苗。与对照组相比，通过分泌 H5N1-HA 的重组乳酸乳球菌治疗的小鼠表现了高水平的 HA 特异性血清 IgG 和粪便 IgA 抗体。这种活疫苗随后被包裹在肠溶微胶囊中进一步帮助产品的大规模销售。使用聚合物微型胶囊系统经口给药的小鼠由于诱导了体液和全身免疫反应从而表现了对 H5N1 病毒的完全防御。

最新研究开发了一种重组植物乳杆菌（使用 pSIP 系统）可以产生 H9N2 血凝素，H9N2 是一种禽流感病毒可以影响陆生鸟类、猪和人类，在口服免疫的 BALB/c 小鼠中产生了细胞毒性T细胞（$CD8^{+}$）反应并且产生了H9N2-HA特异性IgA和IgG抗体。目前亟须控制H5N1和H9N2流感的发生，这些研究均表明血凝素可能是口服疫苗开发的良好靶标。

3. 寄生虫病

（1）疟疾

疟疾是由细胞内寄生虫引起的一种通过蚊子传播的疾病（由按蚊传播），按蚊属于疟原虫属。该属有五个种可以影响人类，恶性疟原虫是最具致死性的，严重威胁公共卫生。

早在21世纪初期，基于疫苗抗原的重组乳酸菌首次被用于抗恶性疟原虫感染。由恶性疟原虫裂殖子（肝阶段）表面蛋白3（MSP3）和恶性疟原虫富含谷氨酸的蛋白质（GLURP）组成的融合蛋白成功在乳酸乳球菌中表达和分泌。使用GLURP-MSP3融合蛋白免疫的小鼠产生了高水平的GLURP和MSP3特异性抗体。与常规方法相比，乳酸乳球菌被用作表达系统，而不是活疫苗递送系统。

2006年，有学者报道了表达恶性疟原虫裂殖子表面Ag2（MSA2）重组乳酸乳球菌菌株在兔子模型中的保护作用。这个抗原通过两种方法施用到乳酸乳球菌表面，分别是细胞壁锚定和通过革兰阳性增强剂基质（GEM）颗粒非共价键结合到非遗传修饰的乳酸乳球菌上。口服给药后，两种形式均在兔子模型中产生了MSA2-IgG抗体，表明产生了黏膜免疫并且激活了MSA2特异性T细胞。此外，该研究表明GEM系统在诱导免疫反应方面和重组乳酸乳球菌一样有效，可作为一种新型无毒疫苗递送系统。

有学者在乳杆菌中使用这种方法在患病的小鼠模型中进行了补充实验研究，有趣的是，表面结合MSA2的罗伊乳杆菌和唾液乳杆菌在肠道中产生了大量的IgA抗体，但与乳酸乳球菌相比，IgG特异性抗体水平则低得多。

（2）贾第虫病

贾第虫病的原生动物寄生虫是兰氏贾第鞭毛虫（*Giardia lamblia*）。贾第虫病是全球最常见的肠道寄生虫病，可引起人类肠道吸收不良、腹泻和腹痛。贾第虫病是引起食入囊肿的饮水传染病。贾第虫在胃内暴露于胃酸和胃蛋白酶后，进入小肠中演化成滋养体形式。滋养体形式附着于十二指肠的上皮细胞，并在感染阶段释放为囊肿形式。由于在囊肿阶段感染传播，因此研究人员将囊壁蛋白作为可能的免疫靶点进行了研究。

有学者使用NICE系统在三个不同位点构建了一种分泌兰氏贾第鞭毛虫囊壁蛋白2（CWP2）的重组乳酸乳球菌，分别是细胞质形式、分泌型和细胞壁锚定形式，CWP2是囊壁结构的主要成分。这项研究中尽管位于亚细胞位置，重组乳酸乳球菌CWP2菌株仍成功诱导了CWP2特异性IgA抗体。与对照组相比，经过重组乳球菌治疗的小鼠囊肿明显减少了63%。这项研究是关于乳酸菌表达寄生蛋白的第二份报告。

有学者进行了对比两种乳酸菌（乳酸乳球菌和戈登链球菌 *Streptococcus gordonii*）的递送CWP2进入肠道黏膜位点和激发免疫反应能力的补充实验研究。口服表达兰氏贾第鞭毛虫CWP2抗原的这两种重组乳酸菌均诱导了CWP2特异性肠道IgA抗体并减少了感染鼠贾第虫的小鼠的囊肿数量（分别减少 71%和 90%）。有趣的是，诱导了更高水平的 IgA 并且产生了 CWP2 特异性肠道 IgG。这些最新研究成果表明，戈登链球菌可能是预防兰氏贾第鞭毛虫感染的更好的疫苗递送工具。

（3）隐孢子虫病

隐孢子虫病是主要由微小隐孢子虫（*Cryptosporidium parvum*）肠道寄生虫引起的饮水传染疾病，能在具有免疫能力宿主内引起腹泻，并且可能在如 AIDS 患者等免疫抑制个体内危及生命。由于缺少控制这种疾病的有效方法，因此开发了一种抗微小隐孢子虫子孢子（宿主阶段）活重组乳酸乳球菌黏膜疫苗。在小鼠模型中评估了表达微小隐孢子虫 P23 表面黏附蛋白的重组干酪乳杆菌的免疫原性，发现口服分泌 P23 的干酪乳杆菌后产生了血清 IgG 和黏膜 IgA 特异性抗体。此外，经刺激后的脾细胞检测到 IL-4、IL-6 和 IFN-γ 的表达。

这项开创性研究表明，重组干酪乳杆菌诱导了对微小隐孢子虫 P23 抗原的特异性抗体，因此可以作为治疗隐孢子虫病的安全口服疫苗。

参考文献

[1] 李婷婷．降胆固醇益生乳酸菌的筛选及其在大鼠体内的应用研究．哈尔滨：东北农业大学，2013.

[2] 靳志敏．高效降胆固醇乳酸菌生物学特性、作用机制的研究及其在发酵香肠中的作用．呼和浩特：内蒙古农业大学，2015.

[3] 李颖，关国华．微生物生理学．北京：科学出版社，2013.

[4] Aleksandrzak-Piekarczyk T. Lactose and β-glucosides metabolism and its regulation in *Lactococcus lactis*. a review. Kongo JM Lactic Acid Bacteria，2013.

[5] Martinussen J，Solem C，Holm A K，et al. Engineering strategies aimed at control of acidification rate of lactic acid bacteria. Current Opinion in Biotechnology，2013，24（2）：124-129.

[6] Leemhuis H，Pijning T，Dobruchowska J M，et al. Glucansucrases：Three-dimensional structures，reactions，mechanism，α-glucan analysis and their implications in biotechnology and food applications. Journal of Biotechnology，2013，163（2）：250-272.

[7] Dertli E，J Colquhoun I，Gunning A，et al. Structure and biosynthesis of two exopolysaccharides produced by *Lactobacillus johnsonii* FI9785. The Journal of biological chemistry，2013：288.

[8] Koryszewska-Baginska A，Bardowski J，Aleksandrzak-Piekarczyk T. Genome sequence of the probiotic strain *Lactobacillus rhamnosus*（Formerly *Lactobacillus casei*）LOCK908. Genome Announcements，2014，2（1）：120-125.

[9] Castillo Martinez F A，Balciunas E M，Salgado J M，et al. Lactic acid properties，applications and production：a review. Trends in Food Science & Technology，2013，30（1）：70-83.

[10] Notararigo S，Nácher-Vázquez M，Ibarburu I，et al. Comparative analysis of production and purification of homo and hetero-polysaccharides produced by lactic acid bacteria. Carbohydrate Polymers，2013，93（1）：57-64.

[11] Patel S，Majumder A，Goyal A. Potentials of *Exopolysaccharides* from lactic acid bacteria. Indian Journal of Microbiology，2012，52（1）：3-12.

[12] Wang K，Li W，Rui X，et al. Characterization of a novel exopolysaccharide with antitumor activity from *Lactobacillus plantarum* 70810. International Journal of Biological Macromolecules，2014，63：133-139.

[13] Feng M，Chen X，Li C，et al. Isolation and identification of an exopolysaccharide-producing lactic acid bacterium strain from chinese paocai and biosorption of Pb（Ⅱ）by its exopolysaccharide. Journal of food science，

2012，77：T111-117.

[14] Pepe O，Ventorino V，Cavella S，et al. Prebiotic Content of bread prepared with flour from immature wheat grain and selected dextran-producing lactic acid bacteria. Applied and environmental microbiology，2013，79（12）：3779-3785.

[15] Bienert G，Desguin B，Chaumont F，et al. Channel-mediated lactic acid transport：a novel function for aquaglyceroporins in bacteria. The Biochemical journal，2013：454.

[16] Møtvedt CI，Nissen-Meyer J，Sletten K. Purification and amino acid sequence of *Lactocin* S，a bacteriocin produced by *Lactobacillus* sake L45. Applied and Environmental Microbiology，1991，57（6）：1829-1834.

第五章

益生菌在乳品中的应用

俄国科学家 Metchnikoff 首先科学地揭示了乳酸菌及其发酵乳制品的保健与医疗效果，于 1908 年发表了著名的《长寿的秘诀》一书。在同一时期，法国巴斯德研究所的研究人员 Tissier 发现了分离自母乳喂养的婴儿粪便的双歧杆菌的有益效果。1919 年，Isaak Carasso 等建立达能公司，受到巴斯德研究所微生物研究结果和食用巴尔干半岛酸奶的益处的鼓励。1948 年，首次引入随机控制的试验作为临床研究的基准。Gordon 和同事在 20 世纪 50 年代首先公布了有关嗜酸乳杆菌成功的医疗健康效果。Shortt 完整论述了益生菌的概念，是从第一次记录消费发酵乳制品的文献开始的。

新技术和改进的方法学，尤其是宏基因组学和代谢组学，最近证实了哺乳动物胃肠道中肠道微生物和益生菌、益生元的健康效果的作用机制。与临床研究进展平行的是，益生菌稳定性的改善和评价方法的开发也在进行。

20 世纪 30 年代以来，人们逐渐认识到嗜酸乳杆菌、双歧杆菌、干酪乳杆菌等可以在人体胃肠道存活，对人体具有健康作用，称为益生菌。益生菌是一类活的微生物，主要是作为肠道内固有有益菌群的补充，调节黏膜和系统免疫，影响宿主的生理状况，增强营养和提高肠道微生物的平衡，以促进人体或动物的健康。历史上，益生菌一直被用在乳制品、蔬菜、谷物等发酵中，增加食物等的营养价值，改善食物等的风味；同时也用于预防或治疗胃肠炎。益生菌最普遍的应用是制备发酵乳。益生菌全球性的需求是因为益生菌具有保健和预防疾病的作用。益生菌用于食品、保健品，也可作为某些常规医疗制剂的替代品。乳酸菌益生特性和功能性乳品成为目前研究领域的重要课题。

第一节　乳品用益生菌的种类及选择

传统上，乳品常用的益生菌主要有双歧杆菌属和乳杆菌属的菌种。益生菌的种类正逐步增加，明串珠菌属、丙酸杆菌属、片球菌属、芽孢杆菌属的部分菌种（株）以及部分霉菌、酵母菌也将被用作益生菌。商业上使用的多数益生菌属于乳杆菌和双歧杆菌，表 5-1 和表 5-2 列出了部分菌株。但是某些乳球菌和肠球菌，甚至是丙酸杆菌和某些酵母菌属的酵母被认为是有健康作用的。

表 5-1 商业上使用的益生性乳杆菌菌株①

种属	菌株
嗜酸乳杆菌	LA-1/LA-5(科汉森)；NCFM(丹尼斯克/罗地亚)；DDS-1(Nebraska 发酵剂公司)；SBT-20621(雪印乳品公司)；R0052(Rosell 研究所)；Lafti L10(DSM 食品公司)；LB(Lacteol 实验室)；La(丹尼斯克)
嗜酸乳杆菌约氏(Johnsonii)亚种	La1(Li1/NCC90)(雀巢公司)
德氏乳杆菌保加利亚亚种	Lb12/LBY27(科汉森公司)；2038(明治乳品公司)
乳酸乳杆菌	L1A(Essum AB 公司)
干酪乳杆菌	干酪乳杆菌 LC2W(中国，光明乳业)；DN-114 001(Immunitas)(达能)；Shirota(养乐多)；CRL 431 Gilliland(La-Mo)(科汉森)；F19(阿拉食品)
植物乳杆菌	植物乳杆菌 ST-Ⅲ(中国，光明乳业)；299V(Probi AB 公司)；271(Probi AB 公司)；Lp01
鼠李糖乳杆菌	GG1(维利澳公司)；GR-1(Urex 生物技术公司)；LB21(Essum AB 公司)；271(Probi AB 公司)；R0011(Rosell 研究所)；HN001(DR20)(新西兰恒天然)
罗伊乳杆菌	SD2112/MM2(BioGaia 公司)；Protectis ATCC 55730(BioGaia 公司)；ATCC PTA 5289(BioGaia 公司)
副干酪乳杆菌	CRL431(科汉森)；Lpc(丹尼斯克)；LAFTI^{R} L26(DSM 公司)；F19(Medipharm 公司)
发酵乳杆菌	RC-14(Urex 生物技术公司)；ME-3(Tallina Piimatoostuse 公司，爱沙尼亚)
瑞士乳杆菌 *Lactobacillus helveticus*	B02
唾液乳杆菌 *Lactobacillus salivarius*	UCC118(考克大学)

① 数据来自 Sanders 和 Huis in't Veld（1999），Shah（2004），Shah（2007），Prado 等（2008），Siro 等（2008），Vasiljevic 和 Shah（2008），Saulnier 等（2009）；经过修改。

表 5-2 商业上使用的益生性双歧杆菌菌株①

种属	菌株
动物双歧杆菌乳酸亚种	Bb12(科汉森)
乳酸双歧杆菌	LAFTI^{R} B94(DSM 公司)；HOWARU^{TM}/BI(丹尼斯克)；HN019(DR10)(恒天然)；Bb-02；B94(DSM 公司)
长双歧杆菌	SBT-29281(雪印乳品公司)；BB356(森永牛奶公司)；UCC 35642(考克大学)
短双歧杆菌	Yakult(日本养乐多)
动物双歧杆菌	DN-173010(Bioactiva，ActiRegularisR)(法国达能)
两歧双歧杆菌 *Bifidobacterium bifidus*	Bb-11
精华双歧杆菌 *Bifidobacterium essensis*	Bioactiva(法国达能)

续表

种属	菌株
婴儿双歧杆菌 *Bifidobacterium infantis*	Shirota;Immunitass;744;01
青春双歧杆菌	ATCC 15703; 94-BIM
侧孢双歧杆菌 *Bifidobacterium laterosporus*	CRL 431

① 数据来自 Sanders 和 Huis in' t Veld (1999), Shah (2004), Shah (2007), Prado 等 (2008), Siro 等 (2008), Vasiljevic 和 Shah (2008), Saulnier 等 (2009); 经过修改。

其他的认为是益生菌但在商业上很少应用的菌有嗜淀粉乳杆菌（*Lactobacillus amylovorus*）、弯曲乳酸杆菌（*Lactobacillus crispatus*）、格氏乳杆菌（*Lactobacillus gasseri*）、鸡乳酸杆菌（*Lactobacillus gallinarum*）（只用于动物）等。

肠球菌在乳品工业中也有特定的用途。在很多干酪中，肠球菌是以非发酵剂乳酸菌存在的，尤其是在手工干酪中。尽管肠球菌存在条件致病性，用作发酵剂存在争议，但肠球菌在干酪成熟期对风味的发展有公认的作用，也已经被用作干酪发酵剂的一个组成。肠球菌的积极作用似乎源于其特异性的生化特征，如分解脂肪的活力、利用柠檬酸和产生挥发性的风味化合物。据报道，乳品来源的肠球菌可以产生细菌素（肠球菌素），可以抑制食品腐败或致病菌，如单增李斯特菌、金黄色葡萄球菌、霍乱弧菌、梭菌属和芽孢菌属。嗜热链球菌 STY-31（科汉森）或乳酸乳球菌 L1A（Essum AB 公司）也是公认的益生菌。后者与肠膜明串珠菌结合，用于称为 filmjolk 的瑞典发酵乳产品比酸乳的酸度低，但含有典型的风味化合物——丁二酮。

一、菌株的筛选

1. 评价益生菌用于食品的重要标准

评价益生菌用于食品的一些重要标准是：人类来源、GRAS 微生物、长期的活力和存活性、对胃酸和胆盐毒性的高抗性、对人肠道细胞和肠黏蛋白的良好吸附能力、产生针对肠道致病菌的抗微生物物质、在食品和针对免疫缺陷人群的临床应用的安全性、对人体的安全性和有效性。很显然，没有一种益生菌产品可以满足所有这些标准；产品经常没有含标签标示的活菌量，或者它们缺乏一种或几种上述标准。一般认为，益生菌制剂的存活性和纯度对于益生菌产品的功能特性和安全都是极端重要的。为了对肠道环境产生主要影响，益生菌需要对人肠道壁表现出良好的吸附能力。因此，新益生菌菌株应来自人体肠道黏附的细菌，而不是粪便或浮游菌群。Del Piano 等描述了一种新菌株的诞生，如分离、鉴定、菌株的分类和生物型筛选，菌株对胃液、胆汁以及胰腺分泌物的抗性、安全性评价，对冷冻干燥的抗性和稳定性，微胶囊化的可行性，体外研究以及动物和人体的临床研究。

2002 年，WHO 引入了益生菌评价和最低要求的指导原则。这些包括第一阶段（安全性）、第二阶段（活力）、第三阶段（有效性）以及第四阶段（监管）的临床评价的标准方法，总结如下。

① 分类。通过表型和基因型的方法鉴定菌株，根据国际命名法典命名。

② 健康益处。产品应标注达到特定健康益处的每天最低摄入量。通过随机双盲、控制良好的研究证实健康益处，表现出统计学意义。

③ 安全和功能特性。经过体外或动物试验验证。新菌株必须经过阶段 1 的人体试验，至少一次双盲、安慰剂控制的阶段 2 的临床试验，证实其安全性。

④ 标签。标示正确的相关信息，如使用的菌株的属、种和菌株以及最低的细菌数；产品货架期末期的活菌浓度；储存条件。

益生乳酸菌不仅应赋予产品适宜的感官特性，而且需要考虑其保健或营养功效。表 5-3 列出了益生菌筛选的关键标准，包括一般方面、技术、功能和益处。对于新菌株而言，需要重点考虑安全和非致病性。

表 5-3 益生菌筛选的关键标准①

关键标准	特性
适合性和安全性	来源(目标菌株的自然存在:人益生菌来源于人体) 一般认为是安全的状态(GRAS)(致病性和感染性,毒性因子:毒性、代谢活力和固有特性,抗生素抗性) 准确的分类鉴定 独立的每个潜在菌株的评价和文献证明
技术适合性和竞争性	遗传稳定性 加工和储存期间良好的存活性 良好的风味特性 噬菌体抗性 对溶菌酶和酚类化合物有抗性 对氧不敏感 易于规模化生产和浓缩到高细胞密度 发酵剂制备期间良好的稳定性 加工期间的稳定性 储存(即以冷冻和干燥形态存在)和配送期间的良好稳定性 在食品基质(如牛乳)中的生长情况 培养费用经济 在 15℃以下活性低 与正常微生物相比,包括相似或相近的种属,有竞争能力
功能表现	对胃酸和胆盐有耐受性 对蛋白酶和消化性酶有抗性 可以黏附到黏膜表面 在体内可存活和定植 有效的和文献证明的健康效果
良好的生理活性	具有一种或多种临床上文献证明的健康效果,如: 免疫调节作用 拮抗活力 胆固醇代谢 乳糖代谢 抗突变和抗癌特性

① 数据来自 Klaenhammer 和 Kullen (1999), Saarela 等 (2000), Holzapfel 和 Schillinger (2002), Champagne 等 (2005) 以及 Vasiljevic 和 Shah (2008)。

另外，每一个有潜力的益生菌应被单独评价和记录，只有严格定义的菌株才进行试验，如果可能，所有的人体研究应该是随机、双盲和安慰剂控制的，需要证实这些结果和在经同行评议的杂志上出版。

2. 菌株特性的筛选、验证模型

虽然最近几年来，益生菌研究取得了进展，但并不是所有市场上的益生菌产品都有足够的科学证据。如果营养和健康作用来自含益生菌的产品，人们值得了解这些益处来源的机制，应用在这方面被证实具有健康作用的菌株。如果这些隐含的机制得到阐述，益生菌的概念就会获得接受。因此，确定候选微生物筛选和选择的合理标准是必要的，也可以评价在严格控制的人体临床试验中选择的菌株或食品的有效性。

一般而言，不能假定一株益生菌株所表现的活性对另一菌株也同样适用，即使是同一种或属的菌株。体外试验观察到的结果差异很大，这并不是意外的，可以通过菌株、种属间的生物化学或生理学上的差异解释。这些菌株的种属特性用以判断满足特定健康目标的最适合的菌株或者菌株的组合。

体外筛选提供生理学相关的试验结果可以通过使用动态模型而不是静态模型得到改善和提高。荷兰 Zeist 的 TNO 营养和食品研究所的研究人员开发了这种模型；Minekus 等进一步详细地描述了这种模型。Marteau 等（1997）在研究中证实这种模型在研究摄入乳酸菌的存活和有效性方面具有价值。这种模型由主要的人体胃肠道系统（胃、小肠和结肠）组成；与其他已经存在的模型比较还有另外的特征，如蠕动的刺激作用、生理 pH 值曲线、胃肠道的分泌作用、营养物质和水分的肠道吸收作用、生理性的胃排空作用、肠道的转运形式、结肠中水的高吸收作用等。最近发展了一种新型的大肠模型，结合了代谢物和水的排除作用，这对达到生理性浓度的微生物、干物质和微生物代谢产物是必要的。通过中空纤维吸收水分和透析代谢产物，在分隔间内部产生高浓度的微生物，这可以与在结肠中发现的微生物浓度相比。粪便菌群的培养会使得厌氧菌的总数达到 10^{10}CFU/mL，双歧杆菌、乳杆菌、肠杆菌科（Enterobacteriaceae）和梭菌属（*Clostridium*）达到稳定的生理浓度。干物质的含量大约是 10%，总的短链脂肪酸浓度维持在生理水平，乙酸、丙酸和丁酸的含量比例与体内测量的结果相似。迄今为止，研究表明，这种 TNO 模型准确地复制了人体的生理条件，支持了这种模型的有效性。

动力学模型对研究胃肠道微生物的存活具有重要的意义。单个胃肠道因素对胃肠道传递存活的乳酸菌的影响已经使用这种动力学模型进行研究。嗜酸乳杆菌和双歧杆菌获得的存活数据与在人体培养中研究这些菌株得到的结果相似，表现了这种动力学模型的价值。

正如其他的体外模型一样，这种动力学模型也有特定的不足，例如没有上皮细胞、代谢产物的活体转运或直接的免疫反应。但是与其他的体外静态模型相比较，这种模型更加具有现实性。这种模型可以用来研究肠道的生态，包括非降解寡糖的作用、致癌物质（原）的生物转化作用和抗菌组分的作用等。

临床评价通常是对比测试菌株和安慰剂对照组，而不是对比一株菌株以上的效果。这是因为考虑到成本，事实上，许多临床研究是由商业性公司资助的，只对一种菌株有特定的兴趣。参选菌株的体外测试认为是提供了针对体内功能特性的选择基础。最多，这些体外试验结果会排除在体内不可能发展得很好的菌株。最糟糕的情况是，体外的分析试验会得出基于来自对人体复杂系统有限的了解进行可能存在缺陷的逻辑推理而产生的结论。

二、益生菌的安全性

益生菌在应用到食品或微生态制剂时，至少应保证它应有的货架期、足够的活菌数和非致病性。在产品的货架期内保证益生菌足够高的活菌数一直是比较困难的。在使用益生菌之前，除了对益生菌菌株的有效性进行研究之外，更应对益生菌菌株的安全性作出准确的评价。安全性在生产上一般都能满足。益生菌在发酵食品中的应用都历史悠久，FDA 已将许多益生菌都定义为 GRAS 菌株，使用历史已证明了它们的安全性。

1. 益生菌的安全评价

考虑到应用于食品的益生菌的安全性评估，首先，所选的潜在益生菌菌株必须通过国际公认的鉴定方法进行鉴定。此外，还应进行下述试验以确保待选益生菌菌株的安全性：耐药性方式的评估；特定代谢活性的测定（D-乳酸的生成，胆盐的早期解离等）；评估人体试验中出现的副作用；产品上市后，对其产生副作用的相关病例进行流行病学检测；如果所选益生菌隶属的菌种与已知哺乳动物产毒素菌种有关，应测定毒素的产生；如果所选菌株隶属菌种是已知具有潜在溶血活性的菌株，应对其进行溶血试验。

益生菌的安全性通常以病原性、毒性、代谢活性及菌株内在特性作为评价指标，可通过体外研究、动物试验和人体临床研究评价待选菌株的安全性。目前，多使用无特定病原和无菌动物研究菌株的病原性和毒性。

(1) 动物试验

虽然不同种间对益生菌危害的检测结果存在一定的差异，但是动物模型可提供很多有意义的信息。如特定无菌动物可以预测益生菌在宿主中的固有特性。益生菌在动物模型中对疾病的敏感性试验同样可以预示其在人体试验中对疾病恶化或缓解的概率和风险。

(2) 人体临床研究

通常利用对健康志愿者短期临床试验的大量数据作为益生菌安全性评价的重要依据。在大多数研究中，益生菌与安慰剂相比，并没有显示出更多的副作用，而且益生菌对人体胃肠道的耐受性更为出色。一些研究中，由于益生菌与宿主可在胃肠道相遇，因此，能否引起胃肠紊乱是评定待选益生菌安全性的重要指标。

(3) 流行病学研究

迄今为止，一些益生菌无任何风险的长期使用很好地证明了其安全性。Saxelin 的研究为流行病学监控提供了很好的例子。这些科学家曾经尝试调查消费者饮用含有一些乳杆菌的乳制品后，是否会引起临床感染。同时，流行病学的评定值与数据分析有很大的关系，如参与检测的志愿者人数等。

现在的研究重点是作为具有健康功能的益生菌的可能作用。但是，最近报道了乳酸菌引起的一些人感染疾病，如心内膜炎（endocarditis）、菌血症（bacteraemia）或泌尿系统感染。在这些事例中，感染来源于共生的乳酸菌菌丛，而不是摄入的菌；并且患者通常有某些潜在疾病。从不同感染部位分离到的乳酸菌及双歧杆菌种类见表 5-4。

表 5-4　从心内膜炎、菌血症、血液及局部感染病例中分离到的乳酸菌及双歧杆菌种类

属	种
乳杆菌(*Lactobacillus*)	*rhamnosus*、*plantarum*、*casei*、*paracasei*、*salivarius*、*acidophilus*、*gasseri*、*leichmanii*、*jensenii*、*confusus*、*lactis*、*fermentum*、*minutus* 和 *catenaforme*
乳球菌(*Lactococcus*)	*lactis*
明串珠菌(*Leuconostoc*)	*mesenteroides*、*paramenteroides*、*citrovum*、*pseudomesenteroides* 和 *lactis*
片球菌(*Pediococcus*)	*acidilactici* 和 *pentosacus*
双歧杆菌(*Bifidobacterium*)	*dentium*(*erkisonii*)、*adolescentis*
肠球菌(*Enterococcus*)	*faecalis*、*faecium*、*avium* 及其他

这些研究结果引起人们对益生菌安全性的广泛关注。对已发表的有关乳酸菌安全性的结果进行了讨论，其结论是：除肠球菌（*Enterococcus*）外，乳酸菌引发感染的风险从总体而言，是非常低的。

除了肠球菌，与其他共生的微生物群的其他种属的菌相比，乳酸菌更小概率出现致病性。乳球菌和乳杆菌是最普遍给予“通常认为是安全”（GRAS）的评价，而链球菌、肠球菌和某些其他的乳酸菌有某些条件致病性。

已经综述了乳杆菌和双歧杆菌的安全性。普遍的结论是乳杆菌和双歧杆菌的致病可能性是相当低的。这是基于这些微生物在发酵食品中大量存在，是人体普遍存在的定植者，很低的后续感染。但是，乳杆菌和双歧杆菌与人体感染的报告表明，这些微生物可能具有感染性。一项报告表明，来自芬兰（12 种分离物）临床血液样品的乳杆菌明显区别于（基于糖类的发酵特性）乳品（测试了 9 株菌）和药品中普遍存在的乳杆菌，这表明临床感染的乳杆菌不是来自食品供应。但是这种反面结果不能作为一种权威的证据。乳酸菌工业机构的报告表明，来自乳酸菌（除了肠球菌）的风险是很低的，但是鼠李糖乳杆菌（*Lactobacillus rhamnosus*）受到更多的特定监督。与其他乳酸菌相比，更高比例的感染与鼠李糖乳杆菌相关。一株鼠李糖乳杆菌商业性菌株，命名为 GG 菌，已经多次使用在临床和人体研究中，包括早产婴儿的肠道营养喂养，没有表现出致病迹象。

肠球菌不是 GRAS 微生物，肠球菌的安全评价仍然存在争议。虽然肠球菌在干酪生产中很有用，但是它对人体而言有条件致病性。Ogier 和 Serror 总结了表明肠球菌有争议性的本质，即正面和负面的特征。他们提出，在发酵食品中使用肠球菌之前，宜具体一对一地分析评价每一个有潜在技术特性的菌株。Moreno 等概括了肠球菌的正面特征，包括产生细菌素、柠檬酸代谢、蛋白质分解和脂质分解作用。这些正面特性使得许多肠球菌作为益生菌发挥功能。另外，肠球菌的负面特征包括细胞溶解活性（cytolytic activity）、抗生素抗性、毒力因子，如凝集物、明胶酶和胞外表面蛋白，这些提供了肠球菌作为条件性致病菌的潜在因素。

Meile 等研究了用于硬质干酪成熟的发酵剂的特定丙酸菌以及用于发酵乳制品和奶粉中的特定双歧杆菌的安全性。他们认为，经研究的这些菌用于乳品工业和人类食用方面总的来说是安全的，除了单个的、偶然的致病性菌种，如齿双歧杆菌与牙齿和其他感染有关。发现潜在的四环素抗性基因也存在于特定的双歧杆菌中，虽然还没有证据表明潜在的健康危害。

已经确定新的程序用来评价新菌株的安全性，尤其是对于那些经过遗传修饰的菌株，它们的安全性还有待证实。评价乳酸菌的安全性，需要考虑：固有的特性，如黏附因子、抗生素抗性、是否存在质粒以及转移潜力；代谢产物和毒性；侵入和降解等黏附效果；剂量反应试验；潜在负面效果的临床评价；摄入新菌株后使用流行病学研究手段监测大范围人群。

Dekker 等进行了一项双盲、安慰剂控制的益生菌安全评价试验，该试验的研究对象是 0～2 岁的婴儿以及自 35 周怀孕的母亲，使用了 2 株益生菌，即鼠李糖乳杆菌 HN001 和动物双歧杆菌乳酸亚种 HN019。Dekker 和他的同事认为，新生儿的肠道和肠道关联的免疫系统的相对不成熟状态提供了证实益生菌安全性的良好环境，尤其是这些菌株将用于婴儿配方食品的配料。这些研究结果显示，研究期的试验对象之间在负面效果出现的概率、形态数据、喘息、抗生素使用等方面，没有统计学方面的显著差异，使得作者可以得出结论：益生菌 HN001 和 HN019 是安全的，在婴儿肠道可以很好地存活，没有影响正常生长。

应该强调的是，乳酸菌具有被长期广泛食用的历史，到目前为止，还没有证据表明用于食品发酵的乳酸菌可能存在任何危害。有必要指出的是：

① 目前公布的部分临床感染牵涉到乳酸菌的病例都来自处于患病状态的人群，尤其是那些心瓣阀功能异常的内心肌炎患者，或者是那些免疫力受损的人群；

② 与前面所讲的相反，在健康人群或孕妇中还没有观察到乳酸菌与临床感染有关的病例；

③ 与正常人群相比，还没有在那些长期接触高剂量乳酸菌的人群中观察到更多的与乳酸菌相关的感染情况；

④ 还没有发现食用发酵食品、益生菌或含乳酸菌的药物导致的由乳酸菌引起感染的病例。

需要控制的益生菌临床评价因素的数目是相当多的，包括：菌株或者菌株的组合；菌株的生长条件；传递的方式（粉剂、食品中增补、在产品中生长）；活性组分的消费量；测试的人群；与临床终点相关的有效的生物标记体；临床试验，使用双盲、安慰剂对照试验。

2. 欧洲对益生菌的管理

安全性是指任何化学性、物理性或者微生物的危害，通过有关食品安全的欧盟一般性指导法规 92/59、有关产品责任的指导性法规 85/374、产品或者卫生特定性指导法规进行管理。安全性也包括每天产品消费的安全性证实，具有长期消费历史的食品被认为是安全的。因此，大量使用已为人们熟知的乳杆菌或者双歧杆菌的益生菌产品可能从来也不会受到质疑。但是对于在 1997 年 4 月份之前欧盟市场未大量生产的以及满足生产、基因结构、原材料使用或者消费的新奇标准的食品材料或者组分，应用 1997 年 1 月 27 日的欧盟新食品法规 258/97。负责食品政策的科学委员会制定了严格的安全和检测要求。新菌株的引入首先需要满足新型食品的要求。新型食品法规 258/97 在法案 1.2 中定义了新型食品（novel foods），在很大程度上至今没有应用到人类的消费上，满足以下标准：在 90/220/EEG 指导原则下含有或者组成基因工程修饰微生物的食品和食品组分；由基因工程修饰的食品微生物生产的食品和食品组分，但是不含有基因工程修饰的微生物；新型的或者经过有意识修饰基本分子结构的食物或者食品组分；由细菌、真菌或者海藻组成或者分离的微生物组成的食物或者食品组分；分离自植物或者动物的食物或者食品组分，或者由它们组成，除了通过传统繁殖或者育种方式获得的食物或者食品组分，并且具有安全食用的历史；使用非常规的方法生产的食物或者食品组分，该工艺引起了食物或者食品组分组成或者结构明显的变化，影响它们的营养价值、代谢或者不良物质的含量。

管理机构关注的第二焦点是标签和健康声明的表述。在欧洲，没有特定的健康法规存在，但是普遍使用 18.12.1978 的一般标签指导法案 79/112/EU。该指导法案的第 2 款指出，标签不能表示食品材料或者食物能预防、治疗或者治愈一种疾病或者暗示这些特性的。

在欧洲，有关乳酸菌以及其在健康中的作用的一般知识接受度是高的，产业界正在推动使用这种知识与消费者进行沟通。管理机构期望合理的提问，如果对于产品中益生菌的存活率、起健康作用的组分在产品中的含量、胃肠道中的存活率以及其他关注的活性组分没有得到保证，该组分宣传的特性是否仍然有效。

在评估益生菌的安全性时，必须考虑以下的因素：致病性、侵染性、毒力因子（包括毒性）、代谢活力及益生菌的生物学特征等。

Donohue 和 Salmine 等认为，可采用体外试验、动物试验和临床试验等方法来评估益生菌的安全性，根据这几项指标，少数目前应用的益生菌能满足安全性标准，Marteau 则建议研究益生菌的本质特征、药代动力学、与宿主的相互作用等作为评估其安全性的依据。

三、益生菌在临床和配方食品中的应用

文献中已经讨论过益生菌的生化特性及临床效果，包括嗜酸乳杆菌 NCFB1748、干酪乳杆菌 Shirota、乳杆菌 GG、嗜酸乳杆菌 LA1。所有的这些菌株进一步测试用来治疗肠道症状，提供了肠道紊乱饮食治疗的有效方法（见表 5-5）。

表 5-5 成功使用的益生菌及其经报道的功能

菌株	临床研究中报道的功能
嗜酸乳杆菌(*Lactobacillus johnsonii*)LA1	对胃肠道细胞的黏附，平衡肠道微生物菌群，免疫增强作用，用作幽门螺旋杆菌(*Helicobacter pylori*)治疗的佐剂
嗜酸乳杆菌 NCFB1748	降低粪便中的酶活力，减小粪便的致突变性，阻碍放射线治疗有关的腹泻，改善便秘
乳杆菌 GG(ATCC53013)	预防抗生素相关的腹泻作用，轮状病毒所致腹泻的治疗和预防，艰难梭菌(*Clostridium difficile*)所致腹泻复发的治疗，预防急性腹泻的发生，稳定 Crohn 疾病，对致癌性菌株的拮抗作用

续表

菌株	临床研究中报道的功能
嗜酸乳杆菌 NFCM	降低粪便中的酶活力，乳糖酶活力高，治疗乳糖不耐症，产生细菌素
干酪乳杆菌 Shirota	阻止肠道的紊乱，平衡肠道菌群，降低粪便中酶的活力，对轻微(superficial)膀胱癌的有益作用
嗜热链球菌、保加利亚乳杆菌	对轮状病毒所致的腹泻没有效果，在轮状病毒所致腹泻期间没有免疫增强作用，对粪便酶活力没有效果
两歧双歧杆菌	治疗病毒所致的腹泻，包括轮状病毒引起的腹泻，平衡肠道微生物的菌群
格氏乳杆菌[*L. gasseri*(ADH)]	降低粪便中的酶活力，可以在肠道中存在
罗伊乳杆菌(*Lactobacillus reuteri*)	在肠道中进行定植，缩短轮状病毒的致病期
面包酵母(*Saccharomyces boulardi*)	阻止抗生素所致的腹泻，治疗艰难梭菌所致的肠炎

在阻止肠道癌发生中的益生菌的潜在目标如图 5-1 所示。这些健康效果提供了这些菌株在功能性食品以及特定疾病状态时的临床和医疗辅助食品中的应用基础。

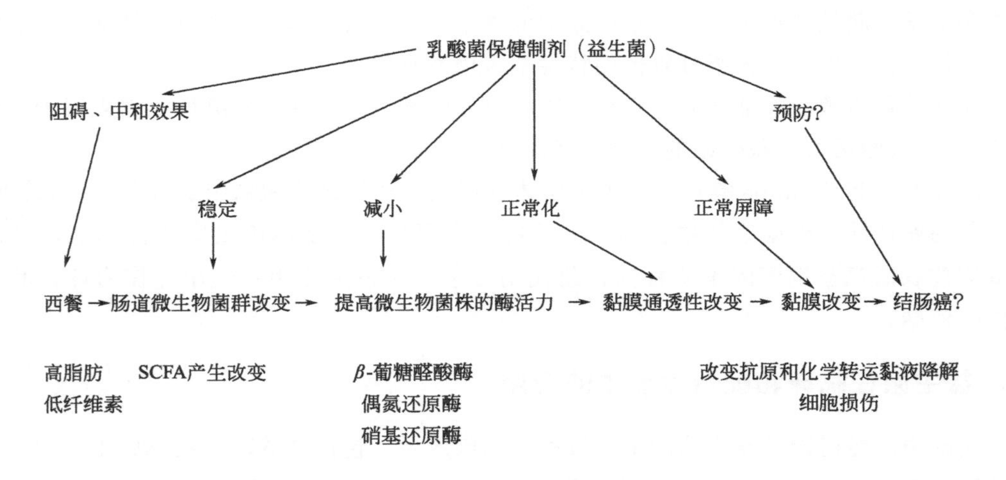

图 5-1 在阻止肠道癌发生中的益生菌的潜在目标

食品过敏症的管理包括从饮食中去除这种食物。为了从饮食中消除牛乳的致敏原，最普通的方法是对牛乳中的酪蛋白或乳清进行预消化，形成以肽类和氨基酸混合物为氮源的配方。综合数据表明，益生菌可减小过度敏感反应，促进内源性的屏障机制。添加益生菌的配方食品可进一步减小替代配方的抗原性，在开发针对食品过敏反应病人的特殊治疗方法中具有重要的意义。

急性腹泻的治疗需要婴儿配方粉中添加有效的乳酸菌。另外一种方法是提供添加类似细菌制成的口腔复水溶液。在临床营养中，特定的饮食用来治疗胃肠感染、放射线退化以及胃肠炎症。益生菌在减轻这些紊乱方面具有重要的作用，因此，这些菌株应用到医疗或特定的保健食品中是可能的。

与益生菌关联的健康声明在加拿大是由天然健康食品管理署（NHPD）、在美国是由食品及药物管理局（FDA）、在欧盟是由欧洲食品安全局（EFSA）严格管理的。根据NHFD和FDA，益生菌的健康声明是允许的；但在欧盟的法规下，任何与预防、治疗人体疾病相关的食品的健康声明是禁止的。

第二节 益生菌的制备技术

一、乳酸菌的规模生产

大规模生产包括高密度培养、清洗和菌体的干燥。多数乳酸菌可以在发酵罐中培养，乳酸菌对离子有相当的抗性，可以耐受－20℃或更低温度的冷冻。长期储存或不良条件下的储存可以使用微胶囊。成丸或成片过程中，乳酸菌的活性下降很快，需采取保存或保护措施。另外，也可能受到其他微生物的污染。质量控制应当保证：在加工和储存期间维持乳酸菌的存活性；保持乳酸菌良好的发酵特性，如滋味、风味和感官特性；整个储存期间保持温和的酸度；保持菌株在肠道的定植能力；促进发酵产品的货架期和储存稳定性；在冷冻干燥或其他方法干燥后证实其特性的稳定性和功能性；进行准确的菌株鉴定和防止其他微生物的污染；对益生菌的食用量作出要求。

发酵剂是制造干酪、奶油及发酵乳制品所用的特定的微生物培养物。用于制造阶段的发酵剂称为工作发酵剂，为了制备生产用发酵剂预先制备的发酵剂称为母发酵剂或种子发酵剂。

发酵剂由特定的微生物组成，制造发酵剂的原始培养物称为发酵剂菌种。发酵剂通常指用于工业生产的由单一或多种微生物组成的混合培养物，而菌种则是指由单一微生物组成的纯培养物。发酵剂与乳制品的关系如图5-2所示。

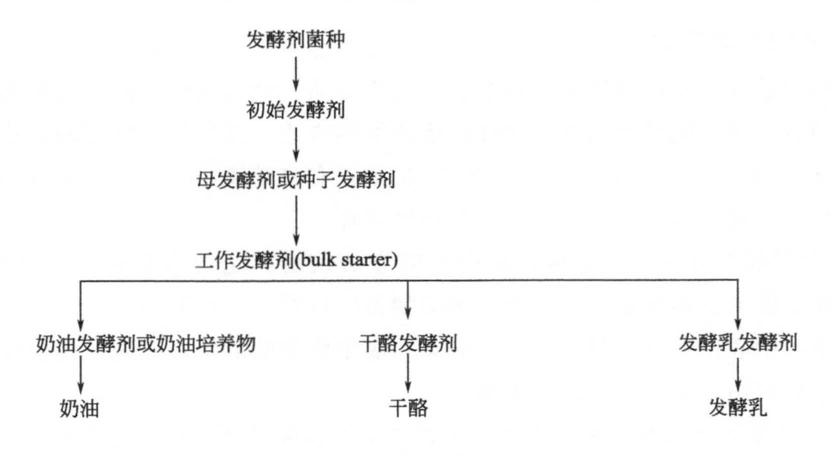

图5-2 发酵剂与乳制品的关系

如上所述，发酵剂是以微生物为母体，但随着对发酵剂作用的进一步了解，出现了所谓的人工发酵剂或化学发酵剂，特别是添加作为奶油培养物替代品的合成风味物质，意味着今后可能改变发酵剂的概念，但 Andesen 指出，这类发酵剂尚存在很多问题。

1. 发酵剂的保存方法和原理

在乳或生长介质中无任何抑制物质，如抗生素或噬菌体。虽然菌种增殖过程比较费事，要求训练有素的人员操作，而且可能出现噬菌体污染，但这种方法仍被广泛使用。

发酵剂必须最大限度地含有高数量的活菌，必须在生产情况下具有高活力，且无噬菌体和其他污染；如果接种，要在无菌条件下进行，且在无菌介质中生长。Foster 建议，为保持有活力的发酵剂，必须采取以下措施：减少或控制发酵剂中微生物的代谢活动；从发酵废料中分离发酵剂菌种。前一条措施可通过冷藏或冷冻来实现，后面的措施主要用于罐直投式接种（DVI）的高活性浓缩发酵剂的生产过程中，从连续式或批料式加工后的废料中直接制取。

为保持有足够的可利用的储备菌种，对组成发酵剂的菌种或发酵剂进行保存是十分必要的，这在工作发酵剂失败的情况下更为必要。而且连续的传代培养可能导致菌株变异，从而改变发酵剂的整体性能和组成菌株的一般特征，故选择适宜的方式对发酵剂及其组成菌株进行保存是必需的。用于制备发酵剂的菌种可来自科研单位、高校、菌种保存组织或菌种供应商，发酵剂可采用下列形式之一进行保存：

① 液态发酵剂

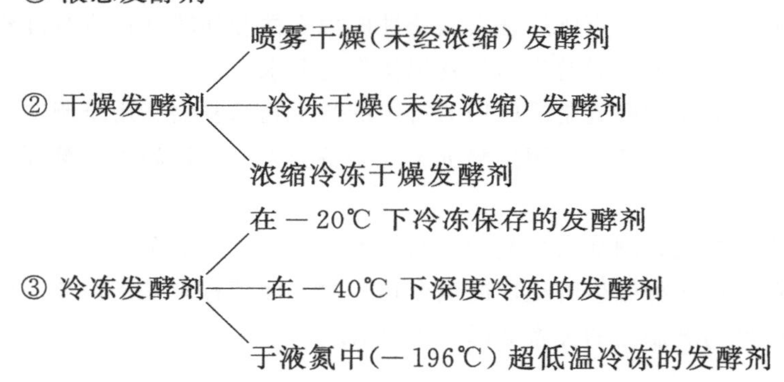

2. 菌体细胞的浓缩

保存菌种的存活率取决于加工情况，如生产介质、低温保护剂的添加情况及采用的冷冻和干燥方法等，同时也依赖于菌体细胞浓缩的方法。细胞浓缩常用的方法如下：

① 机械方法。通过 Sharples 离心机在 5500g 和高速离心（15000～20000g）将菌体细胞浓缩，不过这会引起菌体细胞的物理性破坏。

② 在发酵剂制备过程中采取连续中和的方法使培养基的 pH 值保持在 6.0 左右，从而获得高浓度的菌体细胞。由于在发酵剂制备的过程中，乳酸的产生对菌的生长有抑制作用，及时中和产生的乳酸，可以提高培养物中细胞的浓度。如果采用分批或连续式培养方法，亦可用于获得高浓度的细胞。

③ 应用扩散培养技术，通过从生长介质中不断去除乳酸，最终能获得 10^{11}CFU/mL 的菌体细胞。

3. 液态发酵剂

液态发酵剂是乳品工业应用最广泛的一种发酵剂，发酵剂通常以小量形式保存，如果乳品生产过程中需要的发酵剂的量比较大时，则需对其进行繁殖扩大：

纯培养物⟶母发酵剂⟶中间发酵剂⟶工作发酵剂

例如以2%的接种量每天加工10000L原料乳生产酸乳，则发酵剂的扩大培养过程可按以下方式进行：

$$\text{纯培养物}\xrightarrow{1\%}\text{母发酵剂}\xrightarrow{1\%}\text{中间发酵剂}\xrightarrow{2\%}\text{工作发酵剂}$$

0.4mL　　40mL　　4L　　200L

上述扩大培养过程中所用的纯培养物（菌种）保存在灭菌的无抗生素的脱脂乳中（10%～12%无脂乳固体），每天或每周传代培养一次。

发酵剂的活性受培养后的冷却速率、培养终点酸度和储存温度、时间的影响，冷却对于控制发酵剂的代谢活动非常重要。用于保藏的纯培养物（菌种）能以液态形式保存，表5-6列出了一种适合于多种乳酸菌保存的培养基。需保存的菌种或发酵剂接种到该培养基以后，经过短时间的培养，可在通常的冷藏条件下储存，仅需每3个月活化一次。

表5-6　用于液态发酵剂或菌种保存的培养基

脱脂乳	10%～12%SNF(无脂乳固体)
5%石蕊溶液	2%
酵母浸膏	0.3%
葡萄糖/乳糖	1.0%
$CaCO_3$	$CaCO_3$ 须覆盖整个试管底部
Panmede(调节pH值为7)	0.25%
卵磷脂(调节pH值为7)	1.0%

注：培养基于0.07MPa灭菌10min，在使用前，于30℃培养1周检查灭菌效果。

4. 干燥发酵剂

干燥技术是常用的一种发酵剂的保存方法。干燥发酵剂的出现，是为了克服液态发酵剂保存方法中工作量大的不足，同时可使菌种易于通过邮递运输而没有任何活性损失。在1950年以前，真空干燥是生产干燥发酵剂的主要方法，这个过程包括将液态发酵剂和乳糖混合，然后用$CaCO_3$中和过量的酸，通过分离或去除乳清，被部分浓缩成颗粒状，后者在真空条件下干燥。干燥发酵剂仅含1%～2%的活菌，在使用前需要经过多次传代培养才能恢复其最大活性。

较高存活率的干燥发酵剂可通过喷雾干燥法获得，这种方法最早出现于荷兰，具体方法如图5-3所示。此种干燥发酵剂与保存24h后的液态发酵剂具有同等活力。虽然这种方法在技术上已证明是可行的，但并未获得商业化的发展。其原因是干燥发酵剂的存活率仍然偏低。向发酵剂生长的培养基中添加谷氨酸钠和维生素C，可在某种程度上保护菌体细胞，采用此种方式培养的发酵剂经喷雾干燥后在21℃储存6个月，仍能保持其活性。

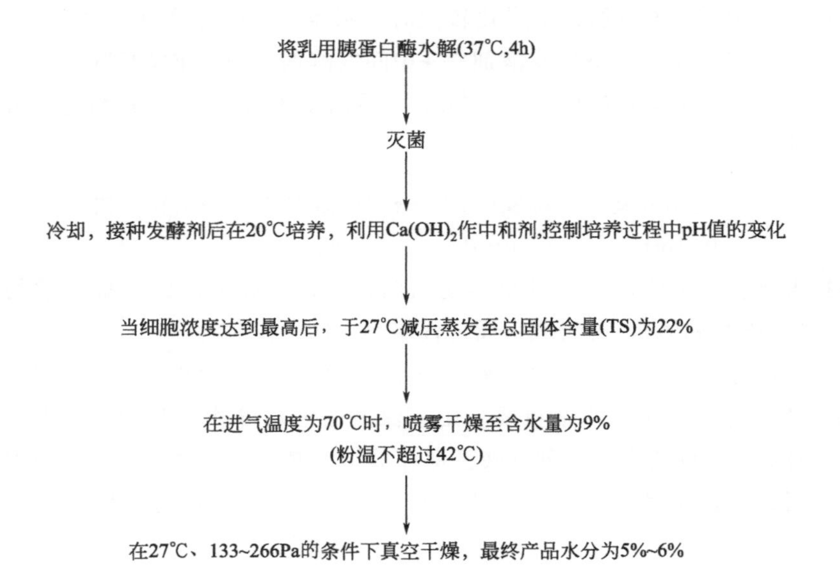

图 5-3 荷兰喷雾干燥发酵剂的生产工艺

当发酵剂在冷冻状态下进行干燥时产生的是冷冻干燥发酵剂。这种方法提高了干燥发酵剂中菌的存活率，效果比喷雾干燥好。冷冻和干燥过程会破坏细胞膜，但在冷冻干燥前添加一定量的冷冻保护剂能使这种破坏降至最小；这些保护剂是氢结合或离子化基团，它通过在冷冻过程中稳定细胞膜组分而防止细胞的破坏。

冷冻干燥发酵剂在接种后，大多需要经过较长的延滞期。因此，主要用于制备母发酵剂。如果直接从冷冻干燥发酵剂制备工作发酵剂，不仅成本高，而且需要较长的培养时间。近来开发成功的浓缩冷冻干燥发酵剂（CFDC）可直接用于工作发酵剂的制备，或作为罐直投式接种（DVI）发酵剂直接用于干酪和其他发酵乳制品的生产。

5. 冷冻发酵剂

液态发酵剂在冷冻（－40～－20℃）条件下可保存数月，这种方法一般在实验室采用。当需要时，冷冻发酵剂被分发至乳品厂，直接作为生产发酵剂的接种物。在－40℃下长期冷冻和保存将导致发酵剂活性损失，造成对部分乳杆菌的破坏。但使用含 10％脱脂乳、5％蔗糖、稀奶油、0.9％NaCl（或 1％明胶）的培养基能改善菌的存活情况。此外，浓缩细胞（10^{10}～10^{12}CFU/mL）在－30℃下冷冻时，添加某些低温保护剂（柠檬酸钠、甘油或β-磷酸甘油钠）对部分嗜温发酵剂、乳杆菌或丙酸发酵剂具有保护作用。

虽然采用在－40℃下进行冷冻保藏是一种成功的保存发酵剂的手段，但在－196℃液氮中的冷冻是最好的冷冻保存方法。Gilliland 等的研究证实，冷冻和解冻过程仍然是关系到冷冻发酵剂应用成功与否的重要因素，*L. bulgaricus* 是对冷冻敏感的微生物之一，但在 Tween80 和油酸钠存在的情况下，能改善冷冻对其细胞的破坏。

利用液氮保存冷冻发酵剂使干酪和酸奶加工中采用罐直投式接种（DVI），或直接制备工作发酵剂成为可能。这种方法的好处有：方便、发酵剂性能更可靠、减少了日常工作量，使生产具有较大的灵活性，能更好地控制噬菌体污染及对产品质量有改善作用。但也存在以下缺点：提供液氮设备困难、成本高，对发酵剂供应商的依赖性较大等。

6. 发酵剂的培养基和活力维持

发酵剂保存的主要目的是减少劳动力的消耗，包括维持液态发酵剂的活力；维持一定的保质期；便于配送，而没有活力损失。发酵剂的存活率与加工条件（增殖培养基、低温化合物、冷冻和干燥）、收获菌体的方法有关。制备发酵剂的主要标准之一是生产出富于活力的发酵剂，即发酵剂由大量的活细胞组成，添加到牛乳中时，发酵过程会被很快激发。

发酵剂菌株增殖期间，菌数增加到一定程度，就开始死亡。菌体增殖的几个阶段为迟滞期、对数期、稳定期、死亡期。可以认为发酵剂的活力与菌龄直接相关，发酵剂的活力在生长曲线对数期的上中区域和稳定期的初期开始下降，因此最富于活力的发酵剂是液态发酵剂，迟滞期短，酸生成速率快，平均接种量为2%～3%，发酵剂的菌数可能超过10^8CFU/g。

乳品中常用的液态发酵剂是复原脱脂乳培养基，每100g中非脂乳固体的含量为10～12g。牛乳经过69～103kPa或121℃灭菌10～15min，样品可以在30℃培养一周，检查其灭菌程度。接种牛乳于30℃培养16～18h或于42℃培养3～4h。在培养末期，凝固的发酵剂应迅速冷却，可以在通常的冷藏温度（<10℃）下贮存一周。发酵剂冷却后的酸度为0.85%，此时发酵剂的活力和球菌、杆菌的比例易于维持。这种发酵剂一般用作菌种的保藏。传代培养是费力的、昂贵的，可以引起突变体产生，需要经过培训的人员来进行操作。对酸奶生产菌而言，为保证球菌、杆菌的比例，减小突变的发生，最大转接次数为15～20次。适当延长保存期的发酵剂培养基可以采用石蕊牛乳。

发酵剂的活力受到冷却的速率、培养末期的酸度、贮存的温度和期限的影响。冷却可以有效控制发酵剂的代谢活力。山羊乳也可以用作酸奶和乳球菌的增殖和保存培养基，但是山羊乳的风味可能降低或抑制10次传代后一些发酵剂菌株的活力，山羊乳中过量的脂肪酸也具有抑制作用。

牛乳作为增殖培养基的主要不足是含有过量的乳糖、过高的H^+浓度使发酵剂停止增殖，这可以通过减少牛乳中的乳糖含量、添加缓冲盐类或中和产生的乳酸来进行克服。牛乳中也不含有菌体最大增殖所需的所有化合物。牛乳中添加的酵母浸出物的刺激作用来源于含有多种游离的氨基酸，也含有嘌呤、嘧啶、B族维生素和无机组分。二氧化碳对发酵剂的增殖也有刺激作用，尤其在增殖的起始阶段。

乳酸链球菌在以乳糖或葡萄糖为碳源的培养基中增殖时，乳酸的生成速率（以干重计）大约为1.2μmol/(mg·min)，或每分钟超过10%的菌体重。如果培养基不是缓冲型培养基，培养基的pH值达到5.0时，虽然碳水化合物的代谢在快速的进行，但过大的H^+浓度已经成为细菌增殖的抑制因素。具有适当的pK值的缓冲盐类用作增殖培养基的缓冲剂，可以使用无机磷酸盐类。增殖培养基中碳水化合物的选择对发酵剂菌株的活力维持也是重要的。葡萄糖的应用也引起了菌株增殖停止时一些发酵剂菌株的迅速自溶。

保存酸奶发酵剂的另一种方法是干燥，干燥方法有真空干燥和喷雾干燥。目前已经很少使用真空干燥和喷雾干燥的发酵剂；在试验室广泛采用冷冻干燥的发酵剂；商业上广泛使用冷冻干燥的浓缩型发酵剂。

在－196℃冷冻和贮存后发酵剂菌株几乎有100%的存活率。在超低温，水分子不能形成大的冰结晶，细胞内的生物化学过程停止发挥功能，细胞处于休眠期。冷冻和融化是损伤菌体的最重要的因子。在冷冻过程中对损伤高度敏感的是德氏乳杆菌保加利亚亚种，研究发现吐温80和油酸钠提高了细胞的稳定性。嗜酸乳杆菌对冻融也很敏感，这种损伤主要与细胞壁组分连接在一起，而不是肽聚糖；这样的损伤可以通过细胞壁组分的修复而恢复。增殖培养基的类型、使用的中和剂、冻干保护剂对发酵剂的活力有重要的影响。为了保持发酵剂菌株在超低温的活力，这些发酵剂培养物被中和、浓缩、包装和冻藏。在液氮中贮存的缺点是在任何一次冷冻时体积小、费用高、需要特殊的设备。因为在商业性的冰箱中－20℃、－40℃是可取的。

二、双歧杆菌发酵菌种和发酵剂

1. 纯双歧菌种的检验和选择标准

最常用的双歧菌种是两歧双歧杆菌（*B. bifidum*），在许多情况下也应用长双歧杆菌（*B. longum*）。

（1）按技术标准进行双歧杆菌的检验和选择

① 产酸能力。产酸速率（乳酸和乙酸）是双歧杆菌的重要特征之一。不同菌株的产酸能力检查应用绘制酸度曲线的方式进行。在发酵过程中，在不同的时间间隔测定发酵剂的滴定酸度，按滴定酸度和发酵时间作图，以此来决定产酸的速率。

② 后发酵。后发酵是指在冷却和冷藏过程中酸奶的继续产酸情况，下列因素影响菌种的后发酵：a. 酸奶的最终pH值依赖应用菌种的差异而明显不同，如最终pH值可为4.0～3.7、3.5和3.3，为防止酸奶在进一步冷却和长时间储存过程中过度酸化，选择菌株和最终pH值不低于4.3；b. 按S. Malyoth等的观点选用双歧杆菌在＜15℃时应无任何代谢活性。

③ 口味和芳香味。乳中发酵的双歧杆菌酸奶具有特征性的口味和风味，以温和、芳香、稍辣和不同于普通酸奶的风味为特征。一般认为其风味较普通酸奶差，在加工发酵物时，应用双歧杆菌不产生二乙酰、乙醛和3-羟基丁酮，产生乙酸和乳酸，为了淘汰不期望的菌株进行感官质量测试是必要的。

④ 生长介质的要求。期望这种双歧杆菌菌株在牛奶中没有添加其他物质的情况下能够繁殖，对测定菌株在牛奶中有无其他物质存在的情况下进行比较培养，可筛选出期望的菌株。

⑤ 对氧的敏感性。双歧杆菌对氧的敏感性根据菌种的不同而不同，从对氧不非常敏感到严格厌氧的菌株都有。新分离的两歧双歧杆菌可能是厌氧的，但在乳中传几代以后，表现为一定的氧的耐受性，期望选择没有特定厌氧培养就能生长的菌株。

⑥ 黏性菌株。许多双歧杆菌的菌株能产生改善最终产品黏度和均匀性的黏性物质，

这种物质多为细胞外多糖，希望双歧杆菌酸奶的发酵菌株具有一定的产黏性。

⑦ 生物技术特征。选择的菌株可以由下列特征检查来确定：最小、最适、最大生长温度；最低、最适、最高生长 pH 值；加工中最小的接种量；在不同温度和 pH 值情况下，不同时间间隔干燥过程中存活的速率；在缓冲溶液和脱脂奶粉中对于不同时间间隔，以不同温度和 pH 值进行热死亡时间十倍减少试验；测定挥发性脂肪酸。

这些结果（至少 3 次测试的平均值）代表人们所称的生物技术特征，据此来判定是否选用它作为加工菌种。

（2）按膳食和治疗标准选择和检验菌株

① 选择的微生态学参数。从健康母乳喂养婴儿或儿童粪便中分离的双歧杆菌是最重要的选择标准之一，能够应用于乳品工业。从人体中分离的商业化双歧菌株已有数家公司拥有，如丹麦的汉森公司、日本的森永公司等。

② 体内检验。用于治疗目的的双歧杆菌产品，应对分离菌株进行体内检验，以确定它在人或动物体内的生理功能。

③ 胃液中 pH 值的抵抗性。Gianella 等描述了不同 pH 值、不同时间间隔（>120min）下测定菌对胃液抵抗性的方法。

Yakult Honsha Co Ltd 应用简单的方法进行胃液中 pH 值的抵抗性试验，即在人工模拟体胃液中 pH3.0、37℃保温进行测试菌种的 pH 值耐受性试验。

④ 胆汁盐的抵抗性。在 0.05%、0.2%和 0.3%脱氧胆酸钠中，Catteau 进行双歧杆菌存活率的测定。Lipinska 用这种方法检验了不同双歧杆菌的菌株。脱氧胆酸钠（0.2%和 0.3%）对研究的双歧杆菌有抑制作用，在正常盲肠中脱氧胆酸盐的浓度介于 0.2%～0.5%之间。

⑤ 抗生素的敏感性。双歧杆菌不同菌株对抗生素的敏感性也不同。Lipinska 应用 Serum 和 Vaccine Institure Warsaw 的方法测试了双歧杆菌对治疗抗生素的敏感性。

⑥ 和其他菌的互作性。Rehm 发表了一种保持两歧双歧杆菌和嗜酸乳杆菌竞争性接种、培养的专利方法，方法包括在含有活的或死的病原菌培养基中培养嗜酸乳杆菌和两歧双歧杆菌。

⑦ 尿激酶的产生。存在着尿激酶阳性和阴性两种两歧双歧杆菌，应用于治疗目的两歧双歧杆菌或其他目的的双歧杆菌应是尿激酶阴性菌。

2. 含有双歧菌的混合和互补菌的选择

（1）含双歧杆菌的混合菌种

和其他肠道菌（如嗜酸乳杆菌）一起培养双歧杆菌是有益的，嗜热链球菌或 *P. acidilactici* 被加入混合菌中以帮助酸化。现在含双歧杆菌的不同类型的发酵物，最为典型的是双歧杆菌、嗜酸乳杆菌和嗜热链球菌混合发酵剂，其应用最为广泛，称之为 BAT。

（2）补充菌

S. thermophilus 黏性菌株被添加到混合发酵剂中，以改善含两歧双歧杆菌发酵乳

的质地，上面已提及应用双歧杆菌的黏性菌株也是可能的。有时奶油发酵菌株（*S. cremoris* 和 *Ln. lactis*）被添加于混合菌株中以改善风味，或添加少量酸奶菌种（0.01%对 0.1%）以增加产酸能力。

3. 菌种和母发酵剂的提供和保存

不同菌株的双歧杆菌可以按下列标准进行混合：①Mutai 等混合专一性厌氧菌和耐氧菌，其比例从 1∶1～3∶1，这样可能使它变为氧敏感性菌株；②不同表现型的双歧杆菌混合。

（1）生长的培养基

正常成分奶加热至 90～95℃，15～30min，冷却至培养温度，添加生长促进物质以促进双歧杆菌的生长和产酸，在工作发酵剂制备过程中不被双歧杆菌利用的生长促进物质转移至生产奶中。

最常用的生长促进因子是酵母提取物和酵母自溶物，但它们并不总是具有期望的生长促进作用，添加量在 0.1%～0.5%之间，对发酵乳的风味无不良影响；1%～5%的葡萄糖和酵母提取物一起添加，可进一步缩短凝固的时间；添加 20%胰蛋白酶消化乳，可促进从婴儿粪便中分离的双歧杆菌的繁殖。

（2）双歧杆菌的培养

获得大量的菌体细胞和好的产酸速率对发酵剂的制备是十分重要的。为了防止菌体细胞和产酸能力的破坏，pH 值不能低于 4.7～5.0，菌数至少达 10^8CFU/mL。

（3）BAT 工作发酵剂

在发酵乳加工时，含双歧杆菌混合发酵剂 BAT 酸度和菌数的变化如图 5-4 所示。在培养 4h 以后，与 *S. thermophilus*、嗜酸乳杆菌相比，*B. bifidum* 的浓度最低。

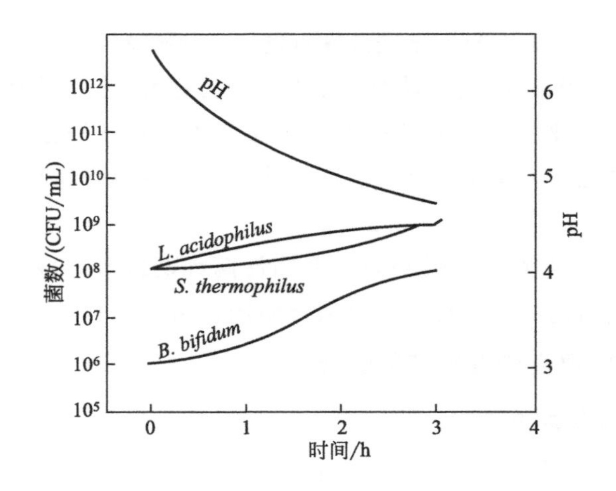

图 5-4 含双歧杆菌混合发酵剂 BAT 酸度和菌数的变化

接种量 6%～10%，42℃、2～3h 培养至 pH4.6～4.9，

培养后双歧杆菌为 10^6～10^9CFU/mL

由于不同菌株的繁殖速率不同，双歧杆菌生长抑制是混合发酵剂中培养的最大问

题。为了确保双歧杆菌的存在，可采用两种方法：

① 应用单一菌种发酵；

② 应用浓缩深冻发酵剂，它可直接应用于500～1000L工作发酵剂的加工制备（见图5-5）。

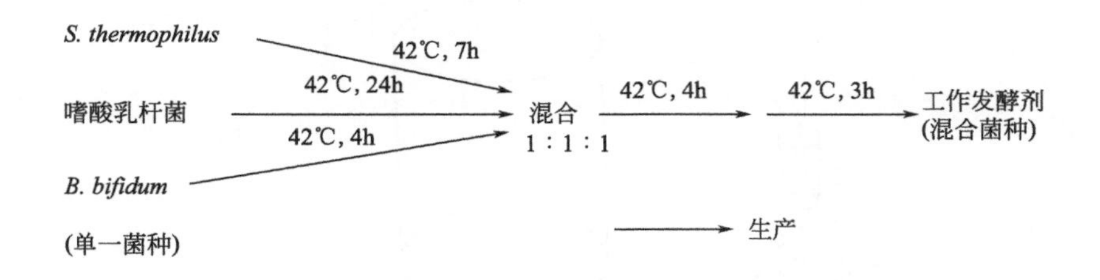

图5-5　应用浓缩深冻混合发酵剂BAT直接培养制备工作发酵剂的情况

纯双歧杆菌菌种多由高校和研究所提供，或从适合的物质中提取分离。双歧杆菌繁殖的培养介质，可用110～115℃、15min灭菌再制脱脂乳作为双歧杆菌的传代培养基，酵母提取物或其他生长促进物质以0.5%的比例添加以促进双歧杆菌生长。

Mayer建议发酵剂每三天传代一次，冷冻干燥发酵剂至少在使用前传代一次。图5-6表示这些发酵剂的产酸情况。从图5-6中可以看出，二者间有较大的差别，直接接种2.5g/500mL奶，42℃、6h后pH值达4.6，而传代后接种10%，42℃、6h后pH值达4.03。培养介质是脱脂乳［总固形物（TS）11%］，经95℃、40min灭菌，添加1.5% Bios2000（一种生长促进物质混合物）。

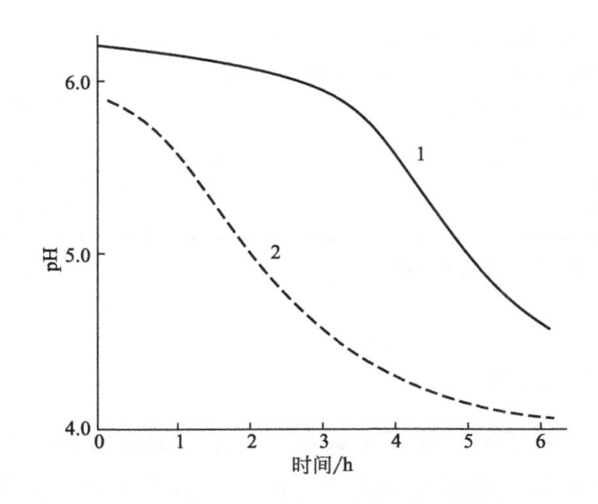

图5-6　冷冻干燥发酵剂直接接种和传代接种后工作发酵剂 *B. bifidum* 的产酸情况

1—直接接种2.5g/500mL；2—传代后接种10%

4. 工作发酵剂

工作发酵剂（Bulk Starter）生产灭菌加工的设备和简单流程如图5-7所示，研究者建议在发酵剂制备过程中应避免非常低的pH值。表5-7为工作发酵剂生产的工艺参数。

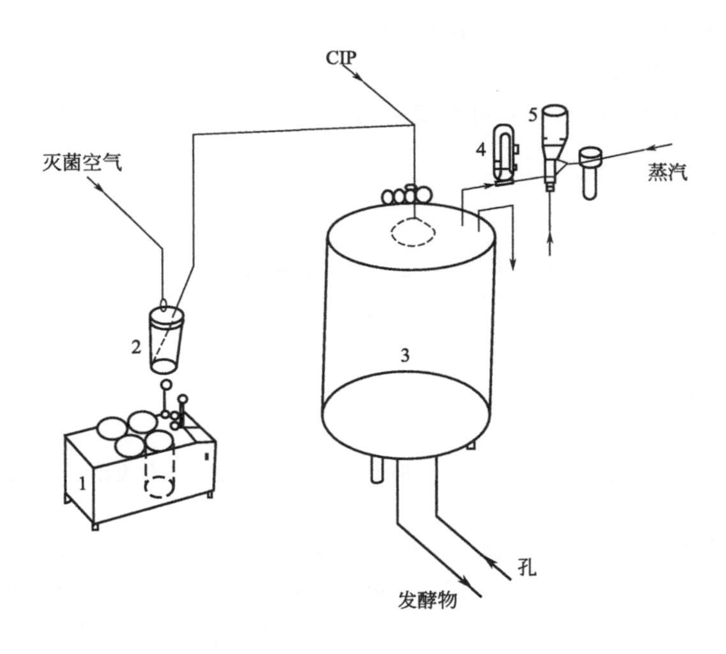

图 5-7 发酵剂生产灭菌加工的设备和简单流程

1—恒温箱；2—培养容器；3—工作发酵剂罐；4—灭菌空气过滤；5—空气/CIP 阀

表 5-7 工作发酵剂生产的工艺参数

时间表	推荐加工参数	产品	期望生产参数
0h	培养乳 脱脂乳+2%脱脂乳粉+1%～1.5%Bios2000 杀菌 90～95℃，保温 30～45min，冷却至 42～44℃ 用 70mL MSK FERMOVAC① 培养温度 42～44℃	培养乳	pH6.6～6.8 pH6.6～7.0 无抗生素
7～8h	培养完成 冷却至 4℃	工作发酵剂 工作发酵剂	pH4.5～4.8 pH4.4～4.6

① MSK FERMOVAC 指一种商业化的菌种。

三、乳杆菌发酵剂浓缩物

Lactobacillus 在冷冻干燥、喷雾干燥和－20℃下储存带来较大的活性损失，故为了保持其高活性，采用液氮或深度冷冻（－100～－80℃）的方法保存浓缩发酵剂。许多研究表明，*Lactobacillus* 浓缩物受冷冻或干燥的破坏程度依赖于菌的种类、生长情况、悬浮的溶剂和冷冻储存温度。在 *Lactobacillus* 发酵剂浓缩物的生产过程中，生长介质和发酵情况要以获得高浓度的菌体细胞为目的，即这些条件必须适于该细胞浓度要求的酶或物理状态、在冷冻或储存时的稳定性以及关键的生物活性。由于菌的生长较困难，在 *Lactobacillus* 生长的培养基中必须提供不同种类的复合营养。传统上，乳被广泛用作乳酸菌的生长介质，但嗜酸乳杆菌在乳中不能很好地生长，在没有酪蛋白溶解物或水

解物的情况下，乳基介质中不能获得足够量的嗜酸乳杆菌活体细胞。在批次进料生产中，复合营养剂包括 MRS 和 APT 肉汁，含有糖类、胰蛋白胨或肽、酵母浸膏和 Tween 80 的培养基有利于嗜酸乳杆菌和 *L. bulgaricus* 的生长，但生长速率和冷冻细胞稳定性随着生长介质中营养素的有无而有巨大的变化。

批次发酵剂生产中的培养基配方设计以生产最大细胞浓度为先决条件。在发酵生长过程中要控制许多其他因素如搅拌、温度、pH 值和营养物浓度，pH 值的控制是通过中和剂（最典型的是 NaOH 或 NH_4OH）来完成的，对于 *Lactobacillus* 为 pH5.5～6.0；在嗜酸乳杆菌浓缩发酵剂制备时，以在 20%NH_4OH 中应用 20%Na_2CO_3 作为缓冲中和剂以保持 pH6.0。中和剂的类型和 pH 值影响最终的菌体细胞数、菌体活性，多数情况也影响冷冻和储存稳定性。除了 pH 值对生长的影响外，乳酸铵盐的积累和 H_2O_2 的量也会对 *Lactobacillus* 类菌的生长产生较大的影响。

对于 *Lactobacillus* 菌的冷冻和干燥破坏情况可归因于菌的自身差异和细胞繁殖方法。不幸的是，由于菌种浓缩物的生长状况不同和菌株组成不同，因此，很难简单地确定菌种浓缩物的最佳培养条件和保存条件。Gilliland 等指出，发酵剂浓缩物的生产方法必须针对专一性微生物考虑其特殊的生长条件。

许多研究者对单一嗜酸乳杆菌生长的最适条件进行了研究，嗜酸乳杆菌 RL8K 随着环境变化，其生物学形态亦发生变化，如可呈短棒状和长条状等形态（图 5-8）。

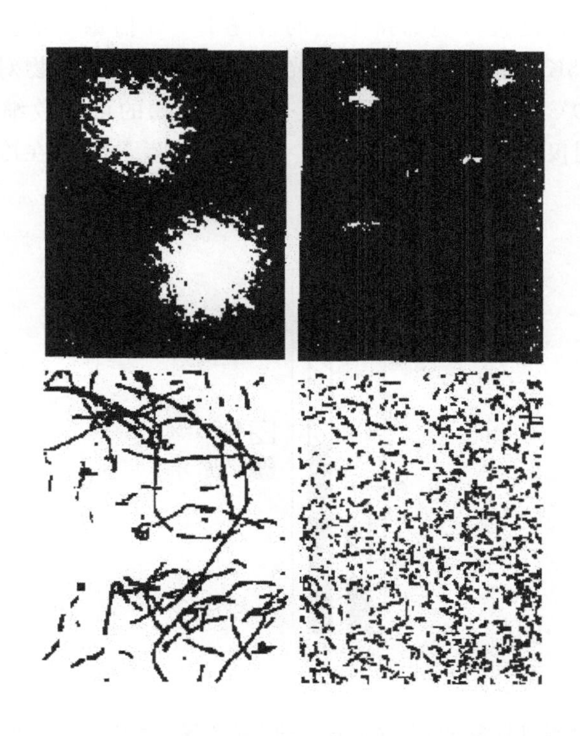

图 5-8 嗜酸乳杆菌 RL8K 的菌落变化

革兰阳性长纤维状菌体的形成多发生在介质营养缺乏的情况下，对于 *Lactobacillus*，长纤维状菌是在氧化还原电势、pH 值、温度等变化，维生素、矿物质和脱氧核糖核酸形成营养限制的情况下生成的。当在固体培养基上生产纤维状菌时，*Lactobacillus* 产生绒毛状不规则菌落，外观粗糙，杆状菌生产时产生光滑菌落。在光滑菌落和粗糙菌落间的生态学过渡是 *Lactobacillus* 菌的特征，反映了在该菌对不同生长环境的适应过程中基因表现型的反应，故在 *Lactobacillus* 发酵浓缩物的制备过程中，细胞的菌落形态是生长情况好坏的直观指示和表现。

对于嗜酸乳杆菌 NCFM 在其 MRS 肉汁中简单添加 $CaCl_2$ 导致其形态由长、厚纤维状向较小、棒状或小链状转化，$CaCl_2$ 的添加有利于－20℃时的储存稳定性，具体情况如表 5-8 所示，这种转化形态导致冷冻和储存稳定性的提高是人们最期望的。

表 5-8 在－20℃冷冻储存嗜酸乳杆菌浓缩物的情况

生长介质	死亡/%		损伤/%	
	1d	28d	1d	28d
MRS	61	84	82	88
1% $CaCl_2 \cdot 2H_2O$ 强化的 MRS	13	39	0	20

在单一的嗜酸乳杆菌发酵物中，于相同培养基上可同时观察到它的粗糙菌落和光滑菌落；和环境变化引起的表现型反应不同，两个细胞类型的存在表明单一细胞对单一环境会有不同的反应。在这种环境保持不变的情况下，评估每个细胞冷冻或干燥的稳定性，嗜酸乳杆菌 RL8K 粗糙（纤维状）和光滑（短棒状）分离物对冷冻或干燥的敏感性明显不同，在－20℃35d 的储存过程中，粗糙发酵物的可计数细胞下降了 95%，相反，光滑菌落发酵剂仅有较少的活性损失，嗜酸乳杆菌 RL8K 在冷冻干燥过程中的破坏如图 5-9 所示。

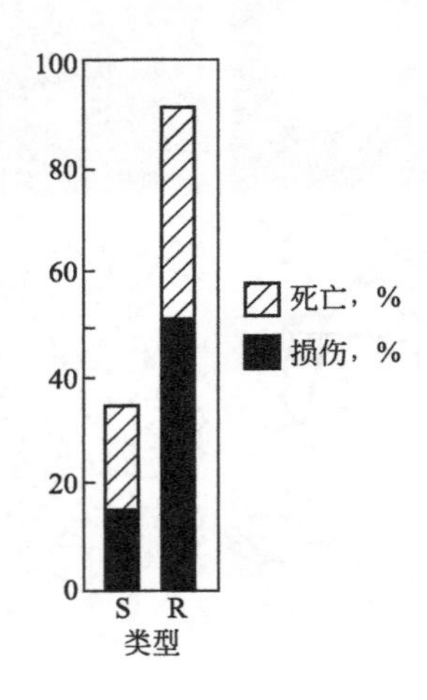

图 5-9 嗜酸乳杆菌 RL8K 浓缩细胞的冷冻干燥过程中的细胞死亡和伤害

S—光滑（短棒）状；R—粗糙（纤维）状

Barber 等和 Koreloff 等的研究表明，*Lactobacillus* 产生的光滑菌落比粗糙菌落对环境变化有更强的抵御性，这包括 UV 照射、X 射线、加热和冷冻储存。随着浓缩发酵技术的发展，嗜酸乳杆菌对冷冻和干燥储存有了更高的适应性，和他们的研究报道一样，嗜酸乳杆菌的粗糙菌落即纤维状细胞结构对储存和运输呈更高的敏感性。

Lactobacillus 的形态会对环境的较小变化产生反应，这种形态反应和变化是此菌的特征，以前人们往往忽视了这种变化的作用。不同的培养介质和分类反应对 *Lactobacillus* 在冷冻或干燥储存情况下的稳定性产生决定性的影响，在稳定 *Lactobacillus* 发酵剂浓缩物的生产过程中，必须考虑能抵御冷冻和干燥过程破坏的细胞状态。因此，可以优先选择光滑菌株，以诱导和保持短棒状细胞类型为主。

第三节　益生菌的产品稳定性

更多的证据表明，摄入一定数目的乳酸菌如乳杆菌、双歧杆菌时，对人体以及动物表现出预防疾病和保健的作用。建议每天至少摄入 $1\times10^{6}\sim1\times10^{9}$ CFU 菌体，就可以发挥对人体的保健作用。可以从冷冻干燥的菌体或乳基质产品如酸奶、发酵乳饮料和非发酵的嗜酸性乳等中获得存活的乳杆菌和双歧杆菌。冷冻干燥产品中的水分活性小于 0.25，菌体在 12 个月内于室温下表现出良好的稳定性。而后者受到保存期的限制，所以乳基质产品在冷藏架上展示 2～4 周后，需要进行回收。从经济的观点来看，根据损耗和市场运作，这种方式是相当昂贵的。然而如果了解了乳基质产品的货架期的影响因素，就可以通过产品的改进和菌体的遗传修饰，改进产品的稳定性。

一、益生菌的活力、消费量和货架期

1. 益生菌的活力

一般而言，假设益生菌的存活性是活性的合理的度量。在多数情况下，即使不要求存活性，这也与多数的效果是相关的。益生活力不要求菌体存活的情况，包括提高乳糖的消化能力、某些免疫系统调节活动、抗高血压作用。这些作用与非存活的菌体有关(细胞组分、酶的活力或者发酵产品)。但是杀死菌体的方法可能会影响作用效果。在 β-半乳糖苷酶的活力试验中，一项研究表明，用 γ 射线杀死菌体维持了老鼠和小猪的乳糖消化能力。这项研究结果与证实巴氏杀菌酸奶对降低呼吸氢浓度影响减低的报告并不矛盾。在免疫系统的例子中，菌体细胞壁组分或者受热杀死的细胞被认为是具有活力的生物反应修饰剂（biological response modifiers）。巴氏杀菌的益生菌产品的功能性特性的例子是 FOSHU 批准的日本饮料 Ameal-S，这种产品是由日本的 Kanagawa Calpis 有限公司生产的，是由瑞士乳杆菌（*Lactobacillus helveticus*）CP790 发酵牛奶生产的。细胞壁有关的蛋白酶从酪蛋白的降解中至少产生两种抗高血压三肽。在本例中，菌体的存活对功能特性而言并不是必要的。益生菌产品活力特性的定义在开发生产和储存品控参数方面具有重要意义。最大延长货架期必须集中于维持这种组分的适宜含量、完整性、存活的菌体或某些细胞的组分。

因为益生菌本身是生物，有很多因素会影响生物活性。

① 消费者（宿主）的条件。高潜力的益生菌产品的目标是最大可能地将大量活菌

传递到目标位点，通常是小肠或大肠，也包括诸如嘴、胃、阴道或尿道等。因此，相关的特性不是需要消费的剂量，而是达到机体目标位点的量。考虑到这种事实，可以想象到，经过胃肠道存活率较高的菌株在产品中可以含有较少的数量；存活率差的菌株在产品中含有的菌数高些。另外一种复杂的现象是曾经摄入的益生菌的存活或生长与人体内部的条件有关，这种条件对所有的人来讲，不能是相似的。在体内益生菌的存活率存在差别，例如患有萎缩性胃炎的老年人与健康状况良好的年轻人就存在差别。针对特定人群的产品需要考虑这些因素。但是针对性很强的产品对于益生菌产品而言不是很可行。

② 菌株的基因结构。

③ 生长的条件。菌株或者产品生产期间使用的发酵技术在微生物稳定性方面具有重要的作用。加工条件（混合、包装、均质）、后续处理、菌体增殖培养基的组成、生长的温度、诱导应激反应的技术、发酵期的长短以及其他条件也影响储存期间益生菌的存活率和稳定性。

④ 用于菌株或产品生产的增殖培养基的组成和加工历史。

⑤ 保存和储存条件。冷冻、干燥或者储存益生菌期间使用保护性化学物质、胶囊或者微胶囊可以大大提高菌株的稳定性。温度、水分活力、氧以及稳定性化学制剂的存在也大大影响储存期间益生菌的稳定性。

⑥ 测量存活率的方法。不同的微生物计数条件可能会出现不同的活菌数计数结果。选择性制剂会减少菌体的计数结果，尤其是存在的亚致死菌体。选择性制剂是为了区分混合性益生菌的菌体计数。因为受伤菌体抗酸和胆盐的能力降低，可以推测在培养基中使用胆盐和低 pH 值用于益生菌计数更可能反映生理相关的益生菌数，虽然数目比较少。更好的方法是用动力学模型在生理条件下检测菌体的存活率。

2. 消费量（摄入量）

没有清楚了解活力原理时，进行的剂量研究可能是琐碎的。多数情况而言，益生菌产品的标准化是基于活菌数目的基础上，假定这是考虑产品功能特性方面具有的重要因素。

至今相对一种生理功能特性而言，有关益生菌摄入的最低剂量或频次知道的并不多。几项临床研究表明，摄入益生菌会导致人体粪便中特种益生杆菌的数目恢复到 10^6～10^8CFU/g。研究表明，这些菌株是粪便中主要的乳杆菌。体外的 TNO 胃肠道模型显示出某些益生菌株的存活率为 10%～40%。相对益生菌的功能特性而言，每天至少有 10^8～10^9CFU 活菌到达小肠。如果这是事实，实际的每天摄入剂量将达到 10^9～10^{10}CFU。但是，总剂量和存活率（10%～40%）与粪便样品中测出的益生菌菌数作对比，表明出现了肠道中益生菌的生长。未来的研究进一步阐明了这种重要性。

3. 货架期

一般而言，益生菌的货架期与有效性的维持有关。这意味着需要了解有效性的因素以及货架期如何影响这些因素。这类研究提供了商业性产品的“快照”。Reuter 和 Holzapfel 等已经检测了不同商业益生菌的组成和存活率。Hamilton-Miller 等检测了含益生菌的欧洲酸奶和粉剂补充剂中益生菌的数量和种属，对比了试验结果和标签指示。

二、益生菌的存活

益生菌是易受各种外部因素影响的生物体，如温度、pH值、水分活度、渗透压和氧存量。这些益生菌的稳定性也受到自身属、种、菌株生物类别和其他活性成分组成的影响。关于益生菌暴露于外部环境难以存活已经有了明确的记载。这种生物体在胃肠道中的存活有更多的问题，因为它们所面临的是胃的强酸条件和小肠中的酶和胆盐。对于益生菌食品储存期的稳定性是关键需求，正如消费者希望购买的产品在食用期间含有足够的活性益生菌。多数的工艺处理和挑战性的食品基质都会影响益生菌的功能和它们在加工、储藏过程的稳定性。尽管关于菌株存活力存在争议，但储存过程中的高存活力依然是个需求。Lourens Hattingh和Viljoen的综述关注了最低疗效水平和食品中益生菌存活率重要性的概念。最低疗效解释为有规律的食用时，益生菌功效转化到消费者的足够量的生物细胞。因此，确保这些菌在载体食品和胃肠道中的存活是必要的。胃肠道中10^6～10^8CFU/g肠内容物才能影响肠道环境。然而，越来越多的关于菌落数的数据显示，添加水平会根据菌株和期望的健康效果而不同。

载体食品中高浓度益生菌的获得，要么是在终产品中加入高浓度菌，要么必须在生产过程中持续生长。益生菌通常加入发酵乳品和其他必须通过发酵剂达到工艺目的的产品中。LAB在发酵剂功能中占据主要地位，启动了原料的迅速酸化，加速和控制着发酵过程，生产出发酵食品。LAB通过产生各种有机物质，如乙酸、乙醇、风味物质和几种重要的酶，能够延长产品货架期、提高质构和微生物安全性，以及贡献给终产品良好的感官成分。

多数情况下，大量的益生菌对于实现健康功效的宣称是重要的，在Champagne等和Rivera-Espinoza、Gallardo-Navarro的综述中都提到，考虑菌株生长或存活依赖性、菌种选择和生理机能、基质种类和特性（如pH值、碳源、氮源、矿物质和氧含量、水分活度和缓冲量）是重要的。在大多数发酵乳品（包括酸奶以及软质、半硬质和硬质干酪，冰激凌和冷冻发酵乳甜品）中，益生菌的低存活性是主要问题。已经报道的几个影响因素，包括滴定酸度、pH值、过氧化氢、溶解氧量、储藏温度、发酵乳品中联合的菌种和菌株、乳酸和乙酸的浓度，甚至乳清蛋白浓度。因为益生菌在加工和储藏过程中的存活能力没有联系，因此，必须针对性地分析各因素，如pH值水平或氧分影响益生菌货架期。通常，发酵产品有酸性pH值，但是在冷藏过程中不断地酸化可能导致过酸，这对于益生菌有不利影响，因为它们对酸性环境敏感。氧气水平也影响益生菌食品的储存。首先，这是对于氧敏感LAB的直接毒性，由于过氧化氢的胞内产物可能导致死亡。其次，氧气水平会间接影响益生菌，因为某些微生物，特别是德氏乳杆菌，通过基质中过氧化物的分泌对双歧杆菌有协同抑制作用。Kurtmann等的最新研究表明，氧化反应和美拉德反应的产物与细菌相互影响，冻干的乳酸菌储存稳定性降低。有必要进一步研究证实不同反应产物对细胞壁的影响，以及对某些细胞成分可能的危害。

恰当的益生菌培养物的选择也应该考虑到更进一步的特性，如口感和风味，还有益生菌产品在加工和储藏过程中的技术面（产品稳定性和黏性）。Ross等和Mattila-Sandholm等的综述揭示了益生菌食品开发中的很多技术挑战。他们强调，从商业观点来看，菌株的技术适用性如同支持它们健康促进作用的临床证据一样重要。多数人体肠道分离的严格厌氧菌株在体外难以生长。因此，益生乳酸菌和双歧杆菌的大范围培养和储存是开发的主要技术壁垒。

三、益生菌的微胶囊包埋

为了给宿主提供益处，益生菌需要存活和稳定，要求可以经受加工条件并且在储存期间以足够的数量存活。因此，为保护益生菌，增加其干燥和储存期间的存活率，进而增加其有效性而设置物理性屏障是可取的。

已经表明微胶囊可以提供有效的屏障，保护细胞免于与外界作用而发生降解，保护细胞免于生产期或储存期的各种应激条件，促进益生菌的存活和延长货架期。微胶囊化是一个过程，功能性核心材料（本例中是益生菌）被胶囊材料包裹，形成微米或毫米大小的微胶囊。胶囊材料可以提供有效屏障，抵抗加工和储存期间的氧、热和其他外部应激条件。微胶囊可以保护益生菌在胃传输期间抵抗低 pH 值和蛋白酶，直到在肠道中释放。生产带有适合风味特性的小胶囊和使用经济的、稳定的、食品级的材料是可取的。

用于微胶囊化的最普遍的加工方法是喷雾干燥、喷雾冷却、挤出法、流化床干燥、凝聚和冷冻干燥。典型的商业化益生菌是以冷冻干燥形式供应的。与冷冻干燥相比，喷雾干燥是一种经济的、可替换的方式。但是，高致死率可能是微生物同时经受脱水和热失活的结果。

为了维持冷冻干燥期间益生菌的存活性，需要使用冻干保护剂。这些载体材料与细胞膜脂质和蛋白质相互作用，水分子可以被有效替代，当它们复水时，可以回复益生菌的生理活性。长期储存期间引起益生菌存活性降低的主要因素是细胞膜脂肪和蛋白质的氧化。为了维护储存期间益生菌的存活性，载体材料扮演着氧化屏障的作用，更优地拥有抗氧化特性。对于胶囊基质而言，在储存温度和水分活度条件下保持在玻璃态是必要的，虽然玻璃转化温度（T_g）不是储存期间细菌稳定性的绝对阈值。与橡胶态的基质相比，玻璃态时基质的高黏度以及受阻的分子流动性有助于益生菌的储存稳定性。

大量的蛋白质（酪蛋白、乳清蛋白、脱脂乳、大豆蛋白等）、糖类（淀粉、蔗糖、海藻糖、乳糖、纤维素、海藻酸盐、阿拉伯胶、卡拉胶、果胶等）以及脂质已经用于微胶囊技术生产益生菌的食品级包埋材料。但是满足益生菌所有要求的食品级、低成本的材料以及生产工艺仍然需要进一步的研究、开发。

理想的微胶囊材料应该满足下列特征：

① 与细胞膜脂质和蛋白质相互作用以替代水分子保护干燥期间细胞的存活性；

② 较高的玻璃转化温度（T_g），这使得微胶囊基质在非冷藏条件下保持玻璃态、面临高湿环境处于中间态；

③ 高氧屏障或抗氧化特性（除氧剂、螯合能力等）；

④ 对低 pH 值、蛋白酶、胆盐的抗性以保护益生菌在胃肠道转移和在肠道释放。

已经报道了很多有关不同胶囊材质和加工方法的研究，表明微胶囊保护益生菌免受外界应激，与游离的细胞相比，其存活率提高。

四、乳酸菌在发酵乳中的稳定性

乳酸菌能够将糖发酵成为乳酸。越来越多的证据表明，某些乳酸菌，如乳杆菌和双歧杆菌，在充足的剂量时对人体和动物的某些疾病或失调有预防或者治疗作用。益生的乳杆菌和双歧杆菌已经商业化，产品形式有酸奶、发酵乳饮料、非发酵的酸奶，还有冻干粉等。在冻干粉中，由于水的活度低于0.25，所以室温下的细胞活性可保持12个月之久。其他基于液态奶的产品形式则仅有很短的货架期，一般在冷藏柜中可放置2～4周。从经济的角度来讲，货架期很耗费资源。因此，研究影响基于液态奶形式的益生菌的稳定性的因素，可以帮助人们改进产品，改进菌种，从而延长货架期，获取更大的经济效益。

1. 乳酸菌在乳制品中的存活性

(1) 细胞死亡动力学

一般说来，乳制品中的乳酸菌一旦停止生长（过了稳定期），其活菌数就会迅速下降。活菌死亡动力学遵循对数规律：

$$X_t = X_0 \exp(-kt)$$

式中 X_t——时间 t 时的活菌浓度；

X_0——初始活菌浓度；

k——死亡速率。

死亡速率由于乳酸菌种的不同而不同，同时也受其所处理化环境的影响。

(2) 储存温度的影响

表 5-9 温度对于发酵乳中活菌数量半衰期的影响

细菌	产品 pH 值	储存温度/℃	初始活菌数/(个/mL)	半衰期/d
Lactobacillus casei	3.5	25	5×10^9	13
Lb. casei YIT9018(yakult strain)	3.8	5	1×10^9	＞30
Lactobacillus plantarum	3.4	25	3×10^9	4
Lb. plantarum MDI133(Malaysia Dairy strain)	3.8	5	2×10^9	＞30
Lactobacillus acidophilus	4.0	25	3×10^9	3
Lb. acidophilus CH5(Chr. Hansen strain)	3.6	5	1×10^9	15
Bifidobacterium bifidum	4.3	25	3×10^9	4
B. bifidum BB12(Chr. Hansen strain)	4.3	5	2×10^9	15

从表5-9中可以看出，室温25℃储存时，干酪乳杆菌（*Lactobacillus casei*）的半衰期大约为2周，与之相比，植物乳杆菌（*Lactobacillus plantarum*）、嗜酸乳杆菌（*Lactobacillus acidophilus*）和 *Bifidobacterium bifidum* 的死亡速率高得多。但如果储存于5℃，这些菌的半衰期大大延长。储存于5℃还有一个好处：后酸的产生受到抑制，产品不会变得过酸。在碳源存在时，乳酸的产生是与菌体的生长部分联系的，因

此，较低的储藏温度可以减少产酸。考虑到温度对死亡速率的影响，Casolari 提出了下面的公式：

$$\lg X_0=(1+Mt)\lg X_t$$

式中 M——细胞与能量足以导致细胞死亡的水分子的碰撞频率，从 Maxwellian 分布函数可知。

$$M=\exp(103.7293)-[2E_d/(RT)]$$

对于细菌的营养体细胞而言，反应热（E_d）的值从 130～160kJ/mol 不等。运用这个公式预测 25℃和 5℃时的死亡速率，就会发现在较高的储藏温度时，细胞的死亡速率快得多。

(3) 产品 pH 值的影响

产品最终 pH 值对发酵乳中益生乳酸菌稳定性的影响很重要。较高的 pH 值对 *Lactobacillus acidophilus* 的保存较为有利。当产品最终 pH 值维持在接近中性时，在 25℃时，产品中的活菌数可稳定地保持超过一个月（表 5-10）。

表 5-10 产品 pH 值对发酵乳中菌体半衰期的影响

细菌	产品 pH 值	储存温度/℃	初始细胞数/(个/mL)	半衰期/d
Lactobacillus casei	3.8	25	5×10^9	13
Lb. casei YIT9018(yakult strain)	6.5	25	1×10^9	>30
Lactobacillus plantarum	3.4	25	3×10^9	4
Lb. plantarum MDI133(Malaysia Dairy strain)	6.5	25	3×10^9	>30
Lactobacillus acidophilus	4.0	25	3×10^9	3
Lb. acidophilus CH5(Chr. Hansen strain)	6.6	25	1×10^9	>30
Bifidobacterium bifidum	4.3	25	3×10^9	4
B. bifidum BB12(Chr. Hansen strain)	6.6	25	1×10^9	>15

(4) 添加剂的影响

某些乳酸菌，如 *Lactobacillus acidophilus*，尽管有很好的益生治疗作用，但却不产生乙醛之类的风味物质（普通酸奶因为含有乙醛，故有黄油香味），所以发酵出来的酸奶是单纯的酸味。为了改善这类酸奶的风味，人们常常添加不同比例的果汁。常用的有温带水果如草莓、苹果、橘子、葡萄，热带水果如菠萝和芒果。终产品的包装是透明或半透明的，以便消费者能够看清楚所加果汁的颜色和种类。已有试验证明，添加草莓汁的发酵乳中 *Lactobacillus acidophilus* 的活菌数衰减得比添加其他果汁的都要快。

从表 5-11 可以看出，添加草莓汁仅 3%，就使发酵乳的半衰期降至 5d，而不含果汁或含其他果汁（达 10%体积比）的发酵乳的半衰期则长得多。试验还观察到，草莓汁引起的 *Lactobacillus acidophilus* 的快速衰减仅在产品暴露于光线中时才会发生。如果将产品置于暗室中，则不会发生快速衰减。这可能是添加草莓汁的发酵乳中发生了某种光化学反应，反应产物对细菌细胞有毒性。改进产品的包装就可延长这种产品的保质期。

表 5-11 添加果汁种类对发酵乳中 *Lactobacillus acidophilus* (CH5，Chr，Hansen strain) 半衰期的影响

发酵乳	产品 pH 值	储存温度/℃	初始菌数/(个/mL)	半衰期/d
牛奶	3.8	5	1×10^9	15
牛奶+3%草莓汁	3.8	5	1×10^9	5
牛奶+3%～10%橙汁	3.8	5	8×10^9	15
牛奶+3%～10%葡萄汁	3.8	5	1×10^9	15
牛奶+3%～10%苹果汁	3.8	5	9×10^9	15
牛奶+3%～10%芒果汁	3.8	5	1×10^9	15
牛奶+3%～10%菠萝汁	3.8	5	9×10^9	15

2. 决定菌体细胞稳定性的生物化学因子

(1) 能量供应

停止增殖的德氏乳杆菌菌体在仅含有葡萄糖的磷酸缓冲液中培养时，菌体细胞保持了中等程度的稳定性。作者认为，活跃的糖酵解作用和能量产生是维持菌体完整性、稳定乳杆菌菌体胞内蛋白质含量的前提。另外，过量的 ATP 产生引起乳杆菌菌体的不稳定。Thomas 和 Batt 的研究表明，乳酸链球菌的存活菌体在葡萄糖存在时糖酵解活力降低很快，而精氨酸产生 ATP 的速率比葡萄糖慢 7.5 倍，体系保持了更好的稳定性。这种情况与底物中 ATP 含量增加加速菌体死亡的情形类似。

(2) 镁离子

在不存在葡萄糖时，单独的 Mg^{2+} 对德氏乳杆菌的稳定性没有影响，但在葡萄糖存在时，极大地稳定了糖酵解作用。稳定机制尚不能阐明，但是糖酵解序列中的所有激酶都需要 Mg^{2+} 作为辅因子。德氏乳杆菌对 Mg^{2+} 的需要不能由 Mn^{2+} 替代。

(3) 氧的毒性

Gilliland 和 Speck 以及 Hull 等的研究表明，添加到酸奶中的嗜酸乳杆菌的不稳定性受到酸奶发酵剂中乳杆菌产生的过氧化氢的影响。他们发现，保加利亚乳杆菌发酵的牛奶对嗜酸乳杆菌具有拮抗作用，使得嗜酸乳杆菌的菌数下降迅速，这可以通过添加催化剂而得以解决。某些嗜酸乳杆菌也可以产生过氧化氢，例如将嗜酸性发酵乳置于空气中，在 NADH 氧化酶的作用下，产生的过氧化氢会积聚。在这种情况下，接种量增加，菌体的稳定性降低。因为过氧化氢的产生与菌体的浓度有关，随着菌体的增殖，NADH 过氧化物酶的诱导产生，过氧化氢会最终除去。其他的研究人员发现，有些还原剂，如巯基乙酸盐、半胱氨酸或 dithiothreitol，对停止增殖的德氏乳杆菌的糖酵解活力表现出更高的稳定性，其保护作用与其氧化还原电势有关。因此，氧的毒性可以通过关键代谢酶类的巯基基团的直接作用进行介导。

到目前为止，加入 Mg^{2+} 可以刺激停止增殖的乳酸菌的糖酵解活力和稳定性，维持较低的氧化还原电势，维持不断的能量供应。使用适宜的包装材料在非发酵的嗜酸性乳制品，如甜型嗜酸性乳和 Nu-Trish，可以满足上述条件。在这些产品中，可以在酪乳和巴氏杀菌奶中加入嗜酸乳杆菌的菌体，在低温下储存，以阻止发酵。

在发酵乳制品中，在可利用的碳源和能量耗尽之前，乳酸菌停止增殖。发酵后奶中的乳糖降低 30%～50%。已添加的糖类和乳脂肪提供的能源不会影响发酵的动力学，也不会影响储存中嗜酸乳杆菌的稳定性。人们也观察到牛奶中 2%的乳酸不会阻止嗜酸乳杆菌的增殖，也不会影响到最终的菌体浓度。菌体增殖停止主要归因于发酵物的耐酸性。

(4) 决定菌体酸稳定性的分子机制

由于多数微生物可以忍耐发酵剂环境中的宽 pH 值范围，很明显，胞内的 pH 值必须在极狭窄的范围内。事实上，所有微生物的 pH 值，包括极端的嗜酸菌，其胞内的 pH 值比较相似，接近于中性。在低温、低 pH 值时，双歧杆菌、乳杆菌的存活性较好，表明能量驱动的质子排阻不是维持低酸环境中这些菌体的 pH 值、存活性的主要机制。

乳酸菌以同型发酵、异型发酵或双歧途径发酵糖类，产生单一的产物或者乳酸、乙酸、乙醇和 CO_2 等的混合物。几乎所有的菌体内产生的微量的酸会从菌体中排阻除去。发酵乳中的乳酸浓度为 0.5%～1.5%（相当于 pH 值在 3.5～4.5），与选用的菌株和发酵时间有关。在生产发酵乳饮料时，最终产品的 pH 值在 3.8，有两个重要的原因，第一，此 pH 值远远低于乳蛋白质的等电点（pI4.6）；第二，低 pH 值阻碍了储存期间病原菌的污染和增殖。根据广为接受的 Mitchell 质子驱动能量产生的猜想，菌体和线粒体的主要功能是维持质子和电荷梯度。因此，细胞膜必须对质子和带电分子（如在中性 pH 值离子化的弱有机酸）有一定的通透性。乳酸菌产生的有机酸分布在菌体的周围。在低 pH 值时相当一部分有机酸以未解离的形式存在，未解离的有机酸阻止了发酵的进行。未解离的有机酸不带电荷，是亲脂性的，可以穿过细胞膜扩散到菌体中。在菌体内，pH 值较高，有机酸发生离解，形成离子和质子。为了维持菌体内中性的 pH 值，在质子转移 ATP 酶的作用下，水解 ATP，释放出质子。因此，其他的细胞功能剥夺了 ATP，细菌的存活性就无法维持。菌体酶类、其他的关键菌体组分的失活，也可以引起菌体的死亡。酸扩散到菌体的速率大于质子活跃的释放速率，引起菌体内 pH 值的降低，就会出现上述情况。未离解有机酸扩散穿过细胞膜的扩散速率是由扩散常数决定的，与温度有关。在较高的温度时，如在 25℃时，酸扩散到菌体的速率较快，引起乳酸菌存活率降低较快；在 4℃时，酸扩散速率较慢，菌体在较长的时间内可以保持良好的存活性。

很明显，乳酸菌的耐酸性、酸稳定性与膜的功能以及对未离解有机弱酸的通透性有关。相关报告表明，突变链球菌细胞膜的磷脂组成和它的耐酸性与培养基的 pH 值以及耐酸的、氧化硫的、细菌细胞壁的肽聚糖的不存在有关。具有不同程度的酸稳定性的乳酸菌膜组分的生物化学分析可以揭示出决定发酵乳中发酵剂菌株的稳定性。另外，人们注意到糖类代谢谱较宽的乳杆菌，如干酪乳杆菌在发酵乳中的存活性比那些具有较狭窄的糖类代谢谱的菌株（如嗜酸乳杆菌）要好。

（5）菌株改良的策略

在确定乳酸菌酸稳定性时，膜组分没有被确定，现在用于菌株改良的基因克隆是不可能的。由于酸耐受性是菌株酸稳定性的反映，在酸性环境中选择存活性更久的菌体是可能的。一个简单的筛选策略是周期性地传代培养突变的乳酸菌，或者采用连续培养体系以选择更多的酸耐受性菌株。这是因为在筛选程序中产酸量不是筛选的标准。菌体丧失产酸的能力，可以提高菌株的稳定性，这样可以维持适宜菌体的环境 pH 值。通过突变分离噬菌体抗性的乳酸菌菌株，观察到相似的现象。几乎没有得到所需要的菌株，因为分离的抗噬菌体菌株失去了它们产酸的能力。有研究表明，乳酸菌发酵乳糖的能力（lac）可以通过质粒进行介导，因此，可以通过这些质粒的缺失进行修饰。

Lee 和 Wong 提出将包含产酸量作为分离酸耐受乳杆菌的筛选标准的一套程序。筛选和分离产乳酸、酸耐受性的乳杆菌变体的程序基于两个假定：

① 乳基质的 pH 值的降低只是由于发酵中乳糖产生乳酸而引起的；

② 在低 pH 值时，只有酸耐受变体才可以继续增殖。

经过突变或体细胞杂交（原生质体融合）的乳杆菌菌体接种到含牛奶培养基的发酵罐中，培养基的 pH 值由 pH 控制器进行检测，当培养基的 pH 值低于设定的 pH 时（如 pH4.0），就会激活蠕动泵，将新鲜的牛奶培养基加入培养物中。分批发酵时，pH 值的降低是因为发酵过程中产生的乳酸。添加鲜牛奶可以恢复培养物的 pH 值，是因为新鲜牛奶的稀释作用。

罐内培养液的体积由两个液面探测器进行控制，一个安装在高液位，另一个安装在低液位。高液位传感器的信号由电子液位控制器放大，激活收获泵；收获泵也可以受到低液位传感器信号的控制，而关闭收获泵。

在培养体系中，乳杆菌的增殖产生的乳酸引起 pH 值的降低，可以通过加入新鲜的培养基而得以恢复。假定乳酸的产量是常数，乳杆菌的增殖可以通过测量添加到培养体系中的新鲜培养基的累计量而进行监控。

筛选程序的原理是由于酸耐受的乳杆菌菌体的增殖，更多的新鲜的牛奶培养基加入到培养体系中。因此，稀释速率与培养体系中总增殖速率有关。随着菌体的增殖，培养物的总体积随着时间而增加。当培养物的液面接触到插入罐体内的高液面传感器时，收获泵开始工作。当培养物的液面降低，接触到低液位传感器时，泵停止工作。这样另一个筛选循环开始启动。当菌体增殖时，因为添加的新鲜培养基的稀释作用，菌体的浓度保持在基本恒定的水平。

培养基的 pH 值降低到某一临界值时，菌体的增殖速率开始降低。因此，菌株生长速率的提高，表明乳杆菌酸耐受性的提高。菌体的增殖速率越大，新鲜培养基加入到培养物中的速率越快，这样稀释速率也越大。因此，筛选过程是全自动控制的，筛选的频率和压力是由发酵剂菌株的内在电势决定。这些因子在小规模的筛选突变体方面具有重要的意义。

通过以上的筛选程序，筛选到几株产乳酸的嗜酸乳杆菌、干酪乳杆菌、植物乳杆菌，在发酵乳中的存活期超过 40d。

第四节 益生菌乳制品

嗜酸乳杆菌、双歧杆菌等可以用于生产嗜酸菌素片、微生态口服液、保健制剂等。这些产品的主要目的是治疗各种肠道功能异常，如抗生素治疗的后续康复、调节消化道菌群平衡、多种肝病、长期便秘、慢性十二指肠炎、儿童消化道溃疡以及放射治疗的后续治疗。乳杆菌制剂的生产工艺相对简单、菌种耐氧性好，效果较显著。常用的乳杆菌有 *Lb. acidophilus*、*Lb. casei*、*Lb. rhamnosus* GG、*Lb. plantarum* 和 *Lb. breve* 等。由牛奶和双歧杆菌活菌制成的药用产品有 Bifider® （日本）、Bifidogène® （法国）、LioBif® （前南斯拉夫）。

随着技术的进步，以酸奶、冰激凌以及其他发酵产品为载体，增加益生菌的摄入。在欧洲，超过 45%的乳品企业加工制造含有益生菌的乳产品。益生菌乳制品等市场需求量逐年增加。在一些欧洲国家，含有益生菌，特别是嗜酸乳杆菌和双歧杆菌的发酵乳占到当前欧洲市场总发酵乳制品产品的 10%～20%。值得一提的是，在益生菌乳生产开发方面，嗜酸乳杆菌添加的比例略占优势。因为双歧杆菌在加工和保藏过程中都需要严格的厌氧条件，要保持较高的活菌数及活力尚存在一定的技术困难。

一、乳制品作为益生菌载体的优势

乳品工业已经发掘益生菌作为开发新型功能性产品的工具。干酪乳杆菌 Shirota 的分离株以及将其成功结合到称为“Yakult”的发酵乳制品促使了 1935 年 Yakult 公司的诞生。功能性食品市场主要被肠道健康产品占据，尤其是益生菌乳制品，占到超过一半的功能性食品的销售额。这些事例是：法国达能公司的 Actimel 和 Activia，芬兰 Valio 公司的 Gefilus，丹麦的 AB 乳制品或发酵乳，瑞典 Skane mejerier 的 Pro Viva，意大利的 Kyr，美国 Lifeway 的豆乳产品（Soytreat），日本的 Yakult，德国的活力（Vitality）、双歧杆菌牛奶、生物酸奶和 Biogarde，斯洛伐克的 Biokys，瑞典的嗜酸乳杆菌牛奶或 Philus，芬兰的 Evolus，瑞典的 Aktifit、Symbalance 或 LC1。其他的在美国或全世界范围销售的产品还包括 Good start natural®，Biogaia AB Reuteri Drops，DanActive™ 乳饮料，Danimals® 酸奶，BiogaiaAB Probiotic Life Top Cap 或者 Yo-Plus™ 酸奶。更多的产品被列在相关的综述和 Prado 等的文章中。Shortt 撰写的综述中列出了 FOSHU 批准的含有乳酸菌的产品，如明治乳业的保加利亚酸奶 LB81、双歧杆菌原味酸奶、Takanashi Drink Yoghurt Onaka-He-GG 以及大量的 Yakult 产品。

乳制品作为益生菌最佳载体还有非常重要的工艺方面的原因，相当多的发酵乳制品经过优化后的发酵工艺有利于发酵菌种的存活。此外，现有的冷藏运输、销售和储存条件与方式都可以最大限度地保证加入产品中的益生菌的存活。部分传统发酵乳制品本身就有一些常被用作益生菌的乳酸菌参与整个发酵过程。例如在 Kefir 发酵过程中，就有大量乳酸菌参与，并且从中分离出多种益生菌（图 5-10）。此外，从生产角度而言，益生菌能非常方便地融入现有的生产工艺。以 *Lb. acidophilus* 甜性乳和发酵乳为例，分别与保鲜奶或酸奶的发酵工艺非常接近（图 5-11）。

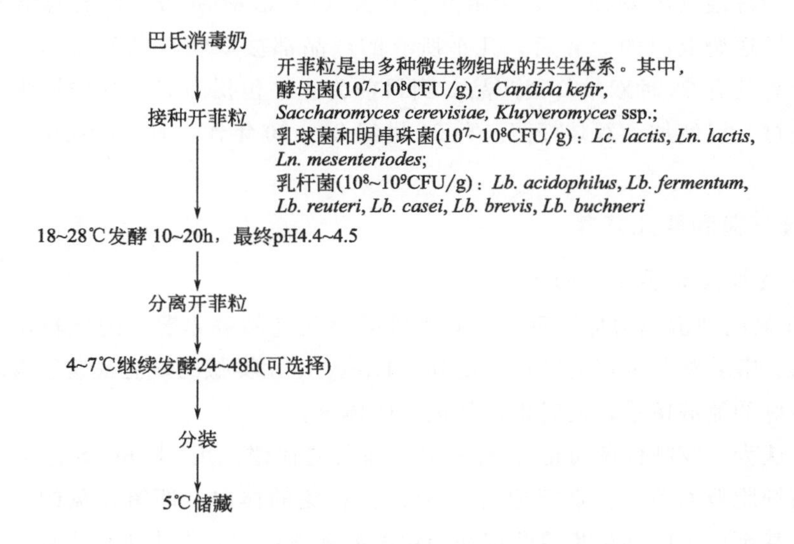

图 5-10　开菲乳（Kefir）的生产工艺

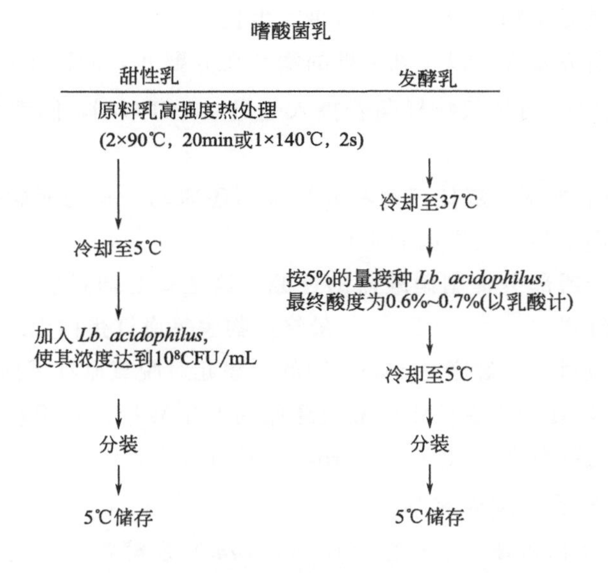

图 5-11　甜性乳和发酵嗜酸菌乳的生产过程

需要指出的是，其他发酵食品（如发酵酱、泡菜等）也可以作为益生菌的载体，少数产品已经上市。

二、双歧杆菌及其制品

双歧杆菌在益生菌食品中的应用受到重视，尤其在日本和欧洲。Hughes&Hoover 对双歧杆菌在益生菌食品中的应用情况进行了总结。在 20 世纪 40 年代，双歧杆菌乳被用作治疗婴儿营养不良的手段。在日本，最早的双歧杆菌产品是1971年森永乳业生产的含有长双歧杆菌（*B. longum*）和嗜酸乳杆菌（*Lb. acidophilus*）的低脂乳。自1977年该公司开展送奶上门的业务后，几乎所有的产品都被双歧杆菌所占据。到1984年，日本市场上总共有53种双歧杆菌产品。到目前为止，包括酸奶在内的许多产品的配方都重新调整过，以便加入双歧杆菌。自20世纪80～90年代，日本酸奶的总销售量几乎翻了一倍。

1. 双歧杆菌和婴儿营养

（1）双歧杆菌和婴儿间的关系

① 婴儿氮的截留和增加体重。对有无乳果糖代乳品喂养婴儿的比较试验表明，有乳果糖的膳食喂养婴儿的氮的获得量更高。Horecny用类似的试验证实了含乳果糖的膳食婴儿有最好的氮截留量，同时也增加最多的体重。

Mayer认为，双歧杆菌可能影响宿主氨基酸的代谢，用^{32}P和^{35}S标记蛋氨酸的两歧双歧杆菌细胞喂养兔，发现标记磷的61%留在兔的体内，即留在兔的肝、胃、肌肉和血液中，甚至更多的标记蛋氨酸留在白兔的肝和血液中，但未进行人体试验。

② 维生素的获得。人们已知双歧杆菌能合成维生素，包括维生素B_1、维生素B_2、维生素B_6、维生素K等，但它们在人的结肠吸收较为缓慢，它们对婴儿营养的贡献也不清楚，且许多肠道微生物需要维生素以供其生长。

对婴儿代谢的研究发现，以含乳果糖的膳食喂养婴儿，尿液中维生素B_6的排泄减少，1～2个月婴儿口服两歧双歧杆菌若摄入超过10^9CFU/d，能产生较高的含维生素B_1的尿液和血液。

③ 硝酸盐还原的抑制。双歧杆菌和乳杆菌不还原硝酸盐为亚硝酸盐，它可产生有机酸，以抑制肠道内硝酸盐还原菌的生长。

双歧杆菌可完全或部分抑制硝酸盐的还原，这主要是通过肠道其他微生物来实现的，亚硝酸氧化血红蛋白Fe^{2+}为Fe^{3+}，最终产物脱氧血红蛋白无结合氧的能力，故发生硝酸盐的还原反应对人体健康是十分不利的。婴儿对脱氧血红蛋白较儿童和成人更为敏感，由于婴儿胃液$pH>4$更易使硝酸盐还原为亚硝酸盐，食用较高含量的硝酸盐膳食的婴儿常患脱氧血红蛋白症（methaenroglobinaemia）。

（2）双歧杆菌和婴儿膳食辅剂

① 婴儿配方食品和两歧双歧杆菌（*B. bifidum*）发酵物。两歧双歧杆菌发酵物添加于人工婴儿膳食中以改善肠道菌群的状况。Levesque等添加冷冻干燥的两歧双歧杆菌（*B. bifidum*）发酵物（10^7CFU/d）于婴儿代乳品中，2～3d后发现婴儿粪便中双歧杆菌的数量相当于母乳喂养婴儿的70%，在服用终止后仍能保持。Schneegans等通过对健康和疾病婴儿做试验发现，两歧双歧杆菌冷冻干燥发酵物添加于膳食中的有效率达75%，但对母乳喂养婴儿低于这一水平。

许多研究者研究了两歧双歧杆菌发酵物对婴儿肠道感染的预防作用，发现口服组和控制组患肠道感染的概率为1∶8。目前，商业化双歧杆菌的婴儿食品包括：a. 含乳果糖和两歧双歧杆菌的干基配方Lactana-B；b. 含两歧双歧杆菌、嗜酸乳杆菌和*Pedio-*

coccus acidilactici 的干基乳粉，它由两歧双歧杆菌、嗜酸乳杆菌和 *Pediococcus acidilactici* 混合发酵剂发酵浓缩乳（20%～25%TS）为原料，菌混合比为 1∶0.1∶1，发酵温度为 31℃，达到期望的酸度后冷却，加其他配料后喷雾干燥而得成品。*S. lactis* 也用于干基婴儿食品的加工，也有用嗜酸乳杆菌单独发酵生产的代乳品，其嗜酸乳杆菌达 10^8～10^9CFU/mL，酸度为 0.45%～0.72%乳酸度（50～80°T）。

② 两歧双歧杆菌（*B. bifidum*）的预防和治疗作用。两歧双歧杆菌可用于抗生素治疗后的菌群平衡，如含两歧双歧杆菌 Lactana-B 的婴儿喂养可防止青霉素治疗后 *Candida albicans* 的过度增长，两歧双歧杆菌和嗜酸乳杆菌有助于抗生素治疗后消化不良的预防，这些菌在服用停止 7d 后，仍有 50%患者的粪便中可测得该类菌的存在。患败血症的早产儿紊乱的肠道微生物也用双歧杆菌发酵物得以平衡。两歧双歧杆菌可用于肠道病原菌感染急性痢疾的辅助治疗。

两歧双歧杆菌对婴儿的菌性小肠结肠炎有治疗作用，两歧双歧杆菌冷冻干燥发酵物可在 60%的情况下消灭肠道病原性大肠杆菌（*E. coli*），若和乳果糖一起服用，有效率达 80%以上。许多肠感染和不良反应发生在小肠，此处乳杆菌的数量远高于双歧杆菌，用两歧双歧杆菌和嗜酸乳杆菌可有效地矫正这种情况。

③ 婴儿和儿童混合喂养的发酵乳制品。出生 4～6 个月的婴儿喂养包括母乳喂养或人工喂养，代乳品要求有接近人乳的化学组成。

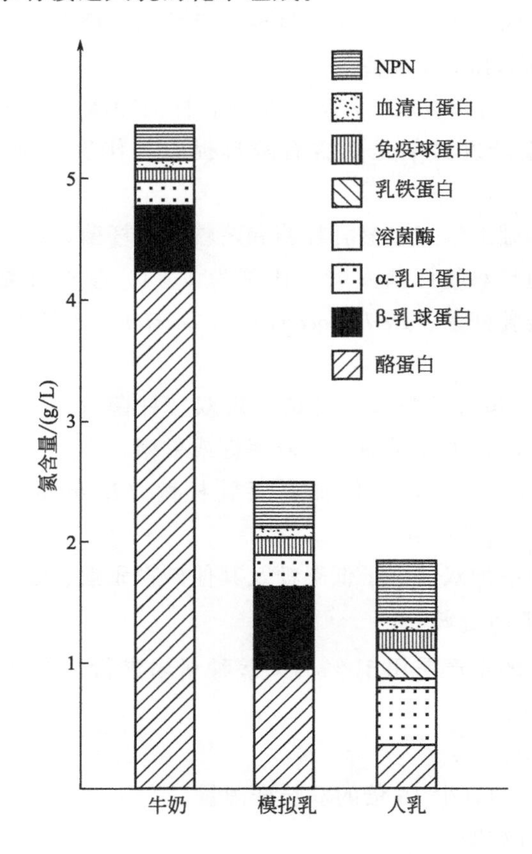

图 5-12 牛奶、模拟乳和人乳的蛋白质组成

人乳、模拟乳和牛奶蛋白质的差异性如图 5-12 所示。从图中可以看到这种差异很大，除蛋白质外，脂肪、糖类、矿物元素和维生素均有明显的差异，将在有关章节中详细讨论。

除食用和母乳组成相近的改性牛奶外，4～6 个月婴儿喂食发酵乳也是一种较好的方法，由于发酵乳中的营养素较牛奶本身更易吸收；若两歧双歧杆菌和酸奶发酵剂相结合，发酵物中的蛋白质水解比例更高，变化的程度依赖于两歧双歧杆菌的比例，故这种发酵物对婴儿更有益。

双歧杆菌除产乙酸外，还产生 L（+）-乳酸，嗜酸乳杆菌产 DL-乳酸，保加利亚乳杆菌（*L. bulgaricus*）产 D（—）-乳酸。L（+）-乳酸被婴儿在呼吸过程或葡萄糖（或葡糖苷）合成时完全代谢，D（—）-乳酸仅有慢速部分代谢，故在尿液中被排泄，对婴儿尤其是出生第一周的婴儿应用仅含 L（+）-乳酸的发酵乳是十分重要的，这是为了防止婴儿无能力运送大量的 D（—）-乳酸而引起代谢酸中毒。

钙在发酵乳中的吸收率较高，发酵菌可以诱导抗体的形成；许多发酵菌可以在胃肠道中存活，并和肠道微生物形成有益竞争，如嗜酸乳杆菌、两歧双歧杆菌、干酪乳杆菌（*L. casei*）和发酵乳杆菌（*L. fermentum*）较保加利亚乳杆菌（*L. bulgarieus*）和嗜热链球菌（*S. thermophilus*）有更好的胃肠道存活性。

2. 发酵工艺条件的确定

目前含双歧杆菌的工业化发酵乳制品如下所述。

用两歧双歧杆菌、嗜酸乳杆菌和嗜热链球菌发酵的发酵乳，两歧双歧杆菌的母发酵剂是由灭菌乳接种 10%Bifidum 制备的。

发酵乳（Biograde）由两歧双歧杆菌、嗜酸乳杆菌和嗜热链球菌发酵而成。两歧双歧杆菌的母发酵剂和生产发酵剂是用含有酵母提取物作生长刺激物质的热处理乳制备的。

在酸奶发酵剂的基础上添加嗜酸乳杆菌和两歧双歧杆菌，生产特制酸奶。

用奶油发酵剂和两歧双歧杆菌发酵（比例为 1∶1）生产儿童食用的鲜干酪甜食。用两歧双歧杆菌和嗜酸乳杆菌、*Pediococcus acidilactici*（比例为 45∶10∶45）发酵生产婴儿和儿童食用乳粉。

发酵饮料 Mil-Mil，包含两歧双歧杆菌、短双歧杆菌（*B. breve*）和嗜酸乳杆菌混合菌，该产品含胡萝卜汁，加少量甜味剂麦芽糖或果糖。

用长双歧杆菌（*B. longum*）、保加利亚乳杆菌（*L. bulgaricus*）和嗜热链球菌（*S. thermophilus*）生产的发酵乳。

双歧杆菌发酵产物中加双歧因子低聚糖及其他矿物元素、维生素的复合性食品。

（1）发酵剂接种量的选择

纯双歧杆菌发酵乳的生产采用 10%的大接种量来进行，应用大接种量的技术重要性（有时达 20%）如下：

① 产酸速率的改变；

② 和酸奶菌种比，约含少 10 倍的双歧杆菌量；

③ 非常快地度过对数期；

④ 酶较大量转移；

⑤ 有一个期望的短发酵时间。

10%接种量产品原料的 pH 值下降为 6.0～6.35，对双歧杆菌的起始繁殖没有重要影响，应快速搅拌已接种的接种物以防止可能的质地缺陷（不均匀性）。表 5-12 表示了不同接种量、不同酸度发酵剂对产品 pH 值降低的影响。

表 5-12　不同接种量、不同酸度发酵剂对产品 pH 值降低的影响

接种量	在不同 pH 值生产乳接种发酵剂后的变化		
	4.71	4.32	3.76
5%	6.48	6.43	6.22
10%	6.35	6.28	5.94
15%	6.23	6.12	5.72
20%	6.14	6.02	5.50

较大接种量 8%～10%也用于 BTA 型发酵乳，两歧双歧杆菌、嗜酸乳杆菌和嗜热链球菌间的比例可能是不同的。在应用浓缩深冻发酵剂直接接种时，500L 乳可添加 70g 发酵剂，直接接种有以下好处：

① 无母发酵剂或中间发酵剂的制备；

② 不需要实验室进行母发酵剂的传代和保持；

③ 防止在混合发酵剂中其他菌的生长；

④ 发酵剂可免受污染；

⑤ 有利于防止噬菌体的滋生和危害；

⑥ 发酵剂的活性高。

（2）发酵条件的选择

接种时菌浓度为 10^8CFU/mL，pH 值为 4.7。

① 接种温度。接种温度的选择依赖下列因素：a. 双歧杆菌生长的最适温度；b. 发酵的期望时间；c. 发酵物的终止酸度；d. 繁殖的速率；e. 应用的冷却设备；f. 混合发酵剂中不同菌生长的偏好温度。双歧菌的接种温度为 36～42℃，对于 BTA 混合发酵剂，接种温度是 38～42℃。

② 培养时间。培养时间的选择依赖下列因素：接种量、在牛奶中菌的繁殖能力、发酵酸化的速率和密度、接种温度、对数周期和传代时间。要求在培养时间内至少获得 10^7～10^8CFU/mL 的菌数，为防止污染物生长，应缩短培养时间。

③ 快速产酸方法。对于快速产酸的纯双歧杆菌发酵乳，培养时间为 6～8h，应用混合发酵剂是 2.5～4h。

④ 慢速产酸方法。慢速产酸是指培养时间≥12h 的情况，常应用于下列情况：a. 利用夜间发酵罐的能力；b. 利用一天开始时包装机的能力；c. 在混合发酵剂中存在重要生理价值的非快速产酸菌。只有在以上特殊情况下，才应用慢速产酸的方法生产酸奶产品。

⑤ 培养过程中发酵菌的繁殖。在酸奶加工过程中，菌数达 10^9CFU/mL，应用纯双歧杆菌或 BAT 混合发酵剂，发酵乳中双歧杆菌的量可达 10^7～10^8CFU/mL。相对较少

量的双歧菌是由于：其生长速率慢；发酵乳的条件不处于双歧杆菌生长的最适情况；对该类发酵剂培养时间相对短；在混合发酵剂中缺乏同酸奶发酵剂菌的共生关系。

Sasaki 等报道混合发酵剂中两歧双歧杆菌的生长情况如下：*S. faecalis* 的生长速率不受嗜酸乳杆菌存在的影响，但后者的生长被抑制；嗜酸乳杆菌的生长不受两歧双歧杆菌的影响，但除非起始两歧双歧杆菌和嗜酸乳杆菌的比例为 $10^4:10^3$，否则，嗜酸乳杆菌抑制两歧双歧杆菌的生长；两歧双歧杆菌存在时，粪链球菌（*S. faecalis*）大量生长，但两歧双歧杆菌的生长不理想，只有在二者比为 $10^6:10^1$ 时，两歧双歧杆菌能较好地生长。

3. 双歧杆菌制品的加工技术

Mayer 应用双歧杆菌进行婴儿食品的生产，Malyoth 等将双歧杆菌应用于发酵乳制品。双歧菌发酵乳具有以下的营养和技术特征：较轻的酸味；后发酵的能力有限，包括在后期的冷链储运消费过程也是如此；和其他发酵乳制品比，较少发生苦味；双歧杆菌可用于加工乳制品和药品；形成具有生理活性的 L（+）-乳酸；双歧菌特别适用于加工发酵乳饮料；双歧菌可生产兼具营养和生理功能的发酵乳制品。

含双歧杆菌酸奶和普通酸奶相比，存在以下的问题和差异：双歧菌在正常情况下于乳中的培养较为困难；接种量大，故母发酵剂的量也大；存在变化的温爽口味；产酸慢、产品凝结差、黏度低；在低 pH 值储存过程中，双歧菌快速死亡；包括缓冲容量在内的原料乳的总固形物量增加；因长的培养时间和慢速产酸要有较好的灭菌工作。

双歧酸奶除发酵剂、发酵条件不同于一般酸奶外，原料要求、净乳、标准化、均质、杀菌均和一般酸奶相同。

（1）*产品形成的动力学*

① 纯 Bifidum 发酵乳。表 5-13 是不同培养时间后双歧杆菌菌数和产酸量的变化情况。产品的最终酸度较高，因为双歧杆菌在 pH4.6 以下迅速死亡。

表 5-13 培养时间和双歧杆菌菌数、产酸量的关系①

培养时间/h	0		17		24		41	
测定菌株	酸度/°SH	菌数/(CFU/mL)	酸度/°SH	菌数/(CFU/mL)	酸度/°SH	菌数/(CFU/mL)	酸度/°SH	菌数/(CFU/mL)
YIT4002②	14.0	4.2×10^7	57.6	4.9×10^9	84.4	4.8×10^9	108.8	7.3×10^8
YIT4006	13.6	7.0×10^7	40.0	2.3×10^9	54.0	8.9×10^8	68.0	5.8×10^8
YIT4005	14.0	4.5×10^7	55.6	5.0×10^9	78.4	4.6×10^9	100.4	3.1×10^9
B. longum	14.4	3.7×10^7	20.8	6.2×10^7	26.6	5.4×10^7	25.2	1.0×10^7
B. breve	14.4	4.0×10^7	26.8	5.1×10^7	31.2	3.6×10^7	36.8	1.1×10^7
B. adoles	13.6	3.4×10^7	17.6	1.8×10^7	18.4	1.2×10^7	20.4	6.4×10^6
B. infantis	14.0	6.0×10^7	18.0	4.6×10^6	19.2	1.2×10^6	21.2	1.0×10^5
B. bifidum	13.6	4.0×10^7	23.6	6.0×10^7	26.4	3.9×10^7	30.0	2.4×10^7

① 再制乳粉（16%TS），接种量 2%，培养温度 37℃。

② YIT—抗氧性诱变双歧杆菌。

② BTA 发酵乳。发酵乳中双歧菌较其他两种菌的含量低，但其递增速率较快。

(2) 双歧发酵乳的冷却

下列因素影响双歧发酵乳的冷却：①Bifidus 乳产酸慢于酸奶产酸，发生过度酸化的概率小；②如选择合适的菌株（pH 值最小为 4.3），不会发生过度产酸现象；③冷却设备若简单，可节省能耗，如搅拌型酸奶可灌装后直接冷却。

凝乳处理和包装同一般搅拌型酸奶、凝固型酸奶。

(3) 双歧杆菌酸奶的储存

Bifidus 酸奶的储存品质是应用发酵剂、储存温度、污染程度、污染菌的生长速率和包装质量的函数。概括起来有以下几方面：

卫生状况和 Bifidus 酸奶的储存、保质密切相关。

产品的后发酵和最终产品的 pH 值很重要，纯 Bifidus 发酵的后发酵较弱，混合发酵剂 BAT 酸奶也由于高 pH 值，处于酶活性最小的温度，仅有弱的后发酵（图 5-13）。

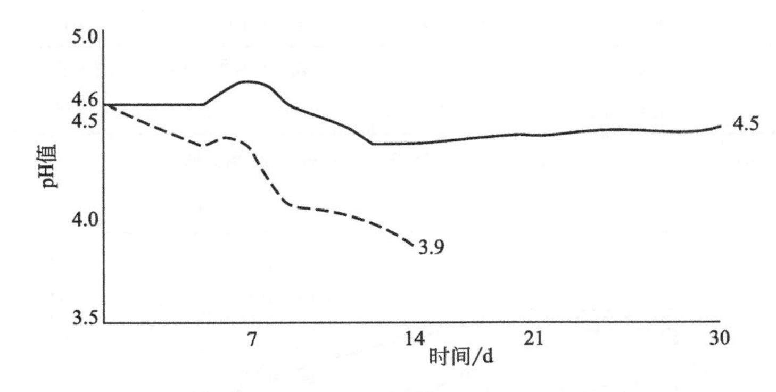

图 5-13 含双歧杆菌脱脂酸奶储存后发酵情况

虚线表示 20～22℃、实线表示 10～12℃，产品应用混合发酵剂 MSK（*B. bifidum*、*L. acidophilus* 和 *S. thermophilus*）和添加 0.1%～0.5%酸奶发酵剂发酵而成

储存过程中，双歧杆菌的生长速率依赖于不同因素，其生长速率和活菌数量按应用情况变化，若发酵乳作为普通酸奶食用，菌数变化无特殊重要性，但若其应用于膳食治疗，大量双歧杆菌的存在是十分重要的。按 Reuter 的观点，治疗产品服用应高剂量、高菌数以确保其迅速通过胃而有足够高的活菌数，最大剂量为 10^{10}～10^{11}CFU/d，一般剂量是 10^{8}～10^{9}CFU/d，有时为 10^{6}～10^{7}CFU/d。

在 pH4.3～4.7 的发酵乳中，双歧杆菌在 1～2 周的储存可减少 2 个对数周期，即经 0.5～1 周的储存，菌数下降 10 倍，具体情况如表 5-14、表 5-15 及图 5-14 所示。

表 5-14 发酵乳中双歧杆菌对数减少时间

pH 值	储存起始 Bifidus 数/(CFU/mL)	降低 10 倍时间(*D* 值)/周	4～6℃达到此最小值的储存时间(计算值)/周	
			10^{5}CFU/mL	10^{6}CFU/mL
4.70	10^{8}	1	3	2
4.70	10^{7}	1	2	1
4.30	10^{8}	0.5	1.5	1
4.30	10^{7}	0.5	1	0.5

表 5-15 Bifidus 储存时间随 pH 值的变化（5℃，10d） 单位：CFU/mL

pH 值	菌株	储存时间/d				
		0	3	5	7	10
6.6	V	4.7×10^{8}	3.8×10^{8}	3.7×10^{8}	4.0×10^{8}	3.0×10^{8}
	S	4.5×10^{8}	3.1×10^{8}	6.8×10^{7}	4.2×10^{7}	2.1×10^{7}
5.6	V	5.0×10^{8}	3.8×10^{8}	2.4×10^{8}	3.0×10^{8}	2.3×10^{8}
	S	4.9×10^{8}	3.1×10^{8}	5.5×10^{7}	1.9×10^{7}	2.1×10^{6}
4.6	V	4.2×10^{8}	5.1×10^{8}	4.2×10^{8}	2.0×10^{8}	9.3×10^{7}
	S	4.5×10^{8}	1.0×10^{8}	3.6×10^{5}	4.0×10^{3}	$<10^{2}$
4.3	V	4.6×10^{8}	4.0×10^{8}	2.1×10^{8}	6.9×10^{7}	3.0×10^{7}
	S	4.2×10^{8}	3.9×10^{8}	2.1×10^{4}	$<10^{2}$	$<10^{2}$
4.1	V	4.7×10^{8}	9.5×10^{8}	3.4×10^{7}	5.6×10^{6}	4.3×10^{5}
	S	4.5×10^{8}	4.1×10^{8}	1.0×10^{3}	$<10^{2}$	$<10^{2}$
4.0	V	5.0×10^{8}	7.0×10^{8}	8.0×10^{5}	2.8×10^{5}	2.9×10^{4}
	S	4.9×10^{8}	1.2×10^{8}	$<10^{2}$	$<10^{2}$	$<10^{2}$

注：V 为 *B. bifidum* YIT 4005，pH4.0 耐酸；S 为 *B. bifidum*，标准菌株。

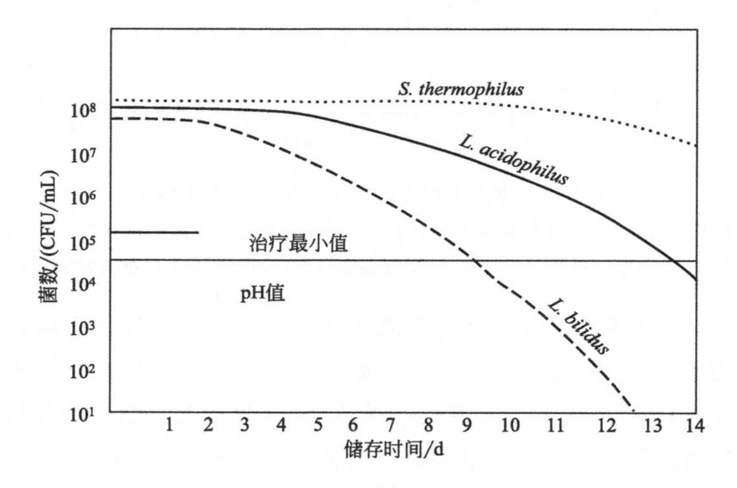

图 5-14 BTA 发酵乳中菌数的储存下降（pH4.5，14d）

表 5-16 Bifidus 含量、食用量和摄入菌量的关系 单位：CFU/mL

产品菌数	摄入产品后相当的食用菌数		
	100g	120g	180g
1×10^{2}	1×10^{4}	1.2×10^{4}	1.8×10^{4}
1×10^{3}	1×10^{5}	1.2×10^{5}	1.8×10^{5}
1×10^{4}	1×10^{6}	1.2×10^{6}	1.8×10^{6}
1×10^{5}①	1×10^{7}	1.2×10^{7}	1.8×10^{7}
1×10^{6}	1×10^{8}	1.2×10^{8}	1.8×10^{8}
1×10^{9}	1×10^{11}	1.2×10^{11}	1.8×10^{11}

① 有治疗作用的最小菌含量（以食用 100g 计）。

从表5-16可以看出，若要达到一定的菌数，必须食用一定量的产品（100～180g/d），如食用100g含Bifidus 10^6CFU/mL的发酵乳，相当于10^8CFU/mL Bifidus被摄入，但若含Bifidus是10^5CFU/mL，则相当于10^7CFU/mL Bifidus被使用，若以食用100g产品计，Bifidus的含量最小值为10^5～10^6CFU/mL。

4. 双歧杆菌酸奶产品常见的缺陷

双歧杆菌酸奶产品常见的缺陷有以下几个方面。

① 外观缺陷。表面有气孔、乳清析出现象。

② 风味缺陷。太酸或太淡、酵母味、干酪味、酸败味、苦味、醋味和芳香味不足是其常见的风味缺陷。风味也受生长因子添加的影响。

③ 质构缺陷。乳清析出、汤状、砂感或黏液状是常见的质构问题。

④ 卫生缺陷。大量污染物如Coliforms、酵母、霉菌生长。

随着双歧乳制品种类、数量的不断增加，对有关双歧菌制品的许多问题应该法规化、程序化，对双歧菌的摄取量、菌数水平、菌数测定方法目前尚无标准可遵循，日本的企业间自行制定的“发酵乳、乳酸菌饮料公平竞争法规”上规定，双歧菌的含量不得少于10^7CFU/mL，但由于没有规定双歧菌的测定方法，许多制品达不到此标准。目前找出一种对全部双歧菌适用，且对含有其他乳酸菌的混合发酵制品中双歧菌测定也适用的简单方法，是十分困难的。双歧菌的测定分为非选择培养基和选择培养基两种方法，厌氧培养时一般选用钢丝棉法和气体填充法，一般应用非选择性培养基，用钢丝法进行厌氧培养，在相同培养基上同时进行非厌氧培养，然后观察菌落性状、形态、好氧性发育情况，记录双歧菌的数量，此法称为光冈法，为了更好地开发研制新型双歧菌制品和保证现有双歧菌制品的质量，尽快建立双歧菌通用的测定方法是十分必要的。

三、嗜酸乳杆菌和嗜酸乳杆菌乳

1922年，Cheplin和Rettger报道了嗜酸乳杆菌可以在肠道中存活和定植，是人体肠道重要的益生菌。研究表明，嗜酸乳杆菌对食物中滋生的肠道病原菌有拮抗作用，可以稳定正常的肠道微生物区系，具有抗癌作用，能降低血清胆固醇。近年来，嗜酸乳杆菌与其他菌株结合或采用其他生产方式，发展了多种新型的嗜酸性发酵产品。

1. 概述

嗜酸乳杆菌是一类革兰阳性杆菌，杆的末端呈圆形，大小为（0.6～0.9）μm×1.5μm×1.6μm，单个、成对或以短链形式存在，不运动，无鞭毛，无芽孢，过氧化氢酶阴性，不产生细胞色素。嗜酸乳杆菌是微需氧菌，无氧或较低的氧分压环境下在固态基质表面生长，5%～10%的二氧化碳促进了嗜酸乳杆菌的增殖。表5-17列出了该微生物的生理、生化特性。

2. 营养需求

嗜酸乳杆菌有复杂的营养要求，需要较低的氧分压、可发酵的糖类、蛋白质及其降解产物、核酸的衍生物、脂肪酸、微量元素、大量的B族维生素以满足它们的生长。

表 5-17 嗜酸乳杆菌的生理和生化特性

性状	特异性	性状	特异性
肽聚糖的类型	Lys-D-Asp	电泳迁移率	
磷壁酸	甘油	D-乳酸脱氢酶	1.50
乳酸构型	DL	L-乳酸脱氢酶	1.30
异染颗粒	不存在	G+C含量/%	34～37

(1) 糖类的发酵

嗜酸乳杆菌可以发酵大量的糖类（表5-18）。反应的最终产物乳酸对最终产品的风味、质构和保存性均有重要的影响。

表 5-18 嗜酸乳杆菌的鉴定特性

特性	增殖情况	特性	增殖情况
生长情况		甘露糖	+
15℃	−	蔗糖	+
45℃	+	阿拉伯糖	−
牛奶中的酸度/%	0.8	葡萄糖酸盐	−
糖类代谢		甘露糖醇	−
苦杏仁苷	+	松三糖	−
纤维二糖	+	鼠李糖	−
七叶苷	+	核糖	−
果糖	+	山梨醇	−
葡萄糖	+	木糖	−
半乳糖	+	蜜二糖	d
乳糖	+	棉子糖	d
麦芽糖	+	海藻糖	d

注：+表示90%以上的菌株阳性；−表示90%以上的菌株阴性；d表示11%～89%的菌株阳性。

β-半乳糖苷酶催化乳糖水解为葡萄糖和半乳糖。嗜酸乳杆菌属同型发酵，葡萄糖通过EMP途径代谢，产生乳酸。乳酸的产量是1.8mol/mol葡萄糖，同时产生少量的其他化合物。乳杆菌通过Leloir途径催化半乳糖。Hickey发现，嗜酸乳杆菌利用乳糖降解产生的葡萄糖，而半乳糖则释放到培养基中。嗜酸乳杆菌对其他糖类的利用先后顺序为：葡萄糖≥果糖>蔗糖>半乳糖。

(2) 微量元素

乳杆菌的增殖需要Mg和Mn等元素。Wooley报道，Mn可以刺激嗜酸乳杆菌的生长。Gnebus观察到除了Mg和Mn元素，Fe也可以促进嗜酸乳杆菌的增殖。

(3) 氨基酸和维生素

乳杆菌的合成能力是有限的。因此，这些微生物的生长，需要从外源加入大量的氨基酸和维生素。表5-19列出了嗜酸乳杆菌对维生素的需求。

表5-19 嗜酸乳杆菌对维生素的需求

维生素	研究者		维生素	研究者	
	Rogosa	Koser		Rogosa	Koser
生物素	N	E	吡哆醛	E、S	E、S
叶酸	E	E	核黄素	E	E
烟酸	E	E	硫胺素盐酸盐	N	N
泛酸盐类	E	E	维生素 B_{12}	N	N

注：E表示必需维生素，N表示非必需维生素，S表示刺激因子。

(4) 脂肪酸

不饱和脂肪酸可以刺激嗜酸乳杆菌的生长，而饱和脂肪酸具有抑制作用。在不饱和脂肪酸中，油酸的需求已经证实。

(5) 核酸的衍生物

嗜酸乳杆菌的生长需要核酸的衍生物，如腺嘌呤核苷的脱氧核糖、腺嘌呤、胸腺嘧啶、鸟嘌呤、胞嘧啶、黄嘌呤、次黄嘌呤、脱氧核糖磷酸盐、尿嘧啶、脱氧尿苷、5-甲基嘧啶-1,2-脱氧核糖。

3. 产品的生产

嗜酸性产品在很多国家均有生产。

(1) 嗜酸性乳

在前苏联，嗜酸性乳的发酵剂由两类嗜酸乳杆菌组成，一株菌是产黏的；另一株菌是非产黏的，以一定的比例混合以获得理想的产品。牛奶经加热、冷却，接种量为5%，接种后的牛奶于42～45℃保持3～4h，发酵的酸度达到90～100°T。产品的黏性与维持产品均一的质地有关。即使产品受到激烈的搅拌，也不会形成团块，乳清不会析出。产品分装在250mL、500 mL的玻璃瓶中销售。

(2) 甜型嗜酸性乳

为了克服风味缺陷，非发酵型的嗜酸性乳得到发展，在美国作为甜型嗜酸性乳进行销售。这种产品以巴氏杀菌乳作为嗜酸乳杆菌摄入的载体。Myers将嗜酸乳杆菌增殖在无菌的培养基中，收获菌体，以一定的比例加入巴氏杀菌乳中，得到与通常的嗜酸性乳相应的产品。研究证明，这种非发酵的嗜酸性乳具有巴氏杀菌乳的风味，在2～5℃可以保存7d，也可以利用嗜酸乳杆菌的浓缩发酵物制备风味良好的嗜酸性乳。

(3) 冰激凌作为载体

Duthie等研究了使用冰激凌作为嗜酸乳杆菌载体。在硬质冰激凌储存期间，嗜酸乳杆菌的数目波动很轻微，在28d的储存中超过2×10^{6}CFU/mL的活菌。Kaul和

Mathur也将嗜酸乳杆菌加入冰激凌中，生产冷冻乳制品。嗜酸乳杆菌的存活率在93%～96%，在−20℃储存10d后，菌数开始降低。

(4) 嗜酸酵母乳

原料奶经过杀菌、冷却，按5%的比例进行接种。发酵剂菌株由嗜酸乳杆菌、酵母菌株（如*Candida pseudotropicalis*和*Saccharomyces fragilis*）共同组成。使用啤酒、葡萄酒、面包酵母时，在巴氏杀菌前加入2%～3%的蔗糖。接种后的牛奶装入瓶中，于30℃培养直至凝固。在18℃保存12～18h，酵母菌猛烈增殖，产生酒精、二氧化碳。产品冷却到8℃以下，酸度为100～120°T。

(5) 大豆嗜酸性产品

豆奶是东南亚国家最受欢迎的饮料之一。最近十多年中，传统上不消费大豆食品的国家，大豆食品的消费量也呈现明显的增加趋势。许多研究证明，豆奶是嗜酸乳杆菌增殖的优良的培养基。调整豆奶中蛋白质和糖类的含量，利于嗜酸乳杆菌的增殖。

4. *L. acidophilus* 在商业化产品中的稳定性

自20世纪70年代开始，美国即有非发酵含有益生菌的液态乳可供选用，这种产品的第一代是通过*L. acidophilus*的浓缩制备物加工而成的，后来，双歧杆菌也被添加于乳中。在乳中期望*L. acidophilus*和双歧杆菌两株菌均达到2×10^6CFU/mL的水平，以实现对人体的健康作用。但目前在美国仅有加州和俄勒冈州对非发酵乳中益生菌的活菌数有法律的规定，其他国家在这类产品中的益生菌数尚无明确规定。消费者希望提供一种技术上有保证且成本适中的益生菌浓度标准，而不是以有益人体健康的最低限量为标准。

四、其他益生菌发酵乳

1. 浓缩发酵乳

浓缩发酵乳生产方式包括传统纱布过滤法、离心浓缩、膜浓缩和添加蛋白粉等。不同国家和地区对该类产品有不同的名称，如拉布内（Labneh)、希腊酸奶（Greek yoghurt)、希腊型酸奶（Greek style yoghurt）和伊米尔（Ymer）等。关于益生菌在浓缩发酵乳制品中的应用较少，Amer等研究了固形物和脂肪含量、脂肪替代物或者植物油ABT发酵对于制备浓缩发酵乳的影响。部分高产胞外多糖的菌株，包括双歧杆菌、嗜酸乳杆菌和Y发酵剂，用来发酵低脂肪羊奶，6～8℃冷藏21d后活菌数均可达到2×10^6CFU/g。

伊米尔（Ymer）是19世纪30年代起源于丹麦的一种浓缩发酵乳制品，现代工业化生产使用超滤工艺浓缩牛奶至蛋白质含量为6%（质量分数)，SNF含量为11g/100g，再进行加热、均质和接种乳酸乳球菌乳酸亚种和乳酸乳球菌双乙酰亚种，于18～20℃下发酵18～20h至pH值为4.4～4.6。发酵完成后，将产品进行搅拌、冷却，并于5℃下静置1d，再搅拌均匀进行包装。丹麦阿拉（Arla）食品公司已经商业化生产嗜酸乳杆菌发酵的伊米尔产品。

2. 酵母发酵产品

传统的冰岛酸奶（Skyer）是起源于冰岛和挪威的浓缩发酵乳制品，具体是将脱脂乳进行两次发酵，第一阶段为 Y 发酵剂发酵，第二阶段采用能够利用乳糖的酵母进行发酵。其制备工艺为将牛奶加热至 90～100℃后冷却至 40℃左右接种发酵剂，并加入少量的凝乳酶。发酵 5h 左右 pH 值可降低至 4.7，接着冷却至 18～20℃，接种酵母发酵 18h，pH 值进一步降低至 4.2，使用纱布过滤乳清，排乳清 24h 后 pH 值继续降低至 3.8～4.0。现在工业冰岛酸奶的工艺与传统工艺不同，工业化生产通常不添加凝乳酶和酵母，发酵浓缩物采用离心机分出来乳清后，将乳清使用超滤进行浓缩至与冰岛酸奶成品相同的固形物含量，并将乳清超滤截留物中的乳清蛋白进行回收，以提高产量。还有一种类似于浓缩发酵乳的工艺来生产冰岛酸奶，即将原料乳进行超滤浓缩，提高其固形物含量后，再进行发酵。目前在欧洲市场尚未有益生菌冰岛酸奶产品在售，美国公司西吉（Siggi）制成的冰岛酸奶中使用了嗜酸乳杆菌和动物双歧乳杆菌。

开菲尔（Kefir）是一种含有二氧化碳的发酵乳制品，使用多种微生物即开菲尔菌群发酵而成。通常这类菌种包括乳酸乳球菌乳脂亚种、乳酸乳球菌乳酸亚种、开菲尔乳酸菌（*Lactobacillus kefir*）、短乳杆菌、嗜酸乳杆菌和肠膜明串珠菌，以及可利用乳糖的酵母（如克鲁维酵母 *Kluyveromyces* spp.）和不可利用乳糖酵母（如酿酒酵母 *Saccharomyces* spp.）和假丝酵母菌（*Candida* spp.）等。这些菌种通过蛋白质和发酵产的多糖黏附在一起。酵母发酵赋予开菲尔特征风味，且产生二氧化碳和酒精（＜2mL/100mL）。开菲尔加工可使用传统的开菲尔菌种，现代生产方式多使用直投式（direct vat inculation，DVI）菌种，接种量为 2～10g/100mL，发酵 18～24h 后破乳冷却。开菲尔发酵剂在发酵完成后，还可再次从发酵酸奶中分离，经水洗或不水洗后再利用发酵。直投菌种的发酵最佳温度是 32～35℃，终点 pH 值为 4.4～4.5。

对于商业化开菲尔发酵剂仍有争议，虽然其中含有嗜热链球菌、酵母以及其他益生菌，但仍缺乏传统发酵剂赋予产品的感官特征，如杀口感、酒精产量和风味等。在美国等国家，没有传统生产和食用开菲尔的习惯，这类产品通常作为健康产品进行声明。开菲尔本身就被认为是益生菌，而无须补充额外的信息来特别强调包含哪些菌种。

关于开菲尔发酵剂的益生特性，已经有大量的研究开展了动物实验和人体实验，但是与目前益生菌研究遇到难点相同，在动物实验中具有良好益生特性，并不能代表临床研究同样有较好的益于健康的表现。Golowczyc 等研究发现，从开菲尔中分离出的乳酸杆菌，喷雾干燥工艺虽然导致细胞受损，但是仍有潜在的益生特性；从开菲尔中分离出的植物乳杆菌 CIDCA 83114 可用于制备益生菌发酵乳 。世界不同国家的研究者也纷纷从本土开菲尔产品中分离出益生菌，如 Chen 等从中国台湾传统产品中分离出开菲尔菌种 M1，Leite 等从巴西开菲尔产品中分离出开菲尔菌种 8U 和副干酪乳杆菌副干酪亚种 MRS59，以及 Sabir 等从土耳其开菲尔产品中分离出来的乳杆菌、乳球菌和片球菌等。

马奶酒（Koumiss）产品中通常会接种开菲尔菌种，但是目前尚未有商业化生产益生菌马奶酒产品。沙美尔（Sameel）是沙特阿拉伯国家游牧民族传统发酵乳制品，是使用未经巴氏杀菌的牛奶、羊奶或者骆驼奶在自制的皮袋中发酵制成 。Al Otaibi 采集了沙特阿拉伯不同地区的沙美尔样品，并从中进行筛选、分离和鉴定益生菌，不同地区产品中都可以分离出植物乳杆菌、副干酪乳杆菌副干酪亚种、假丝酵母、戊糖乳杆菌、劳氏隐球菌（*Cryptococcus laurentii* ）和酿酒酵母等。

3. 霉菌发酵产品

维力（Viili）发酵乳是芬兰传统的发酵乳制品，工业化生产始于19世纪50年代，其使用中温菌（包括乳酸乳球菌乳酸亚种、乳酸乳球菌乳脂亚种、乳酸乳球菌双乙酰亚种和肠膜明串珠菌乳脂亚种）和白地霉（*Geotrichum candidum*）共同发酵制成，发酵条件为20℃，发酵20h至pH值下降至4.3。传统工艺中，维力所用原料乳不需要进行均质，可在牛奶的表面形成奶油层，白地霉在表面生长，形成类似于卡霉贝尔（Camembert）和布里（Brie）奶酪表面的绒毛。在芬兰地区有各种维力类型产品，包括低脂、低乳糖和水果风味等产品，当地居民习惯于早餐或者作为零食来食用。目前已有添加鼠李糖乳杆菌LGG的维力产品在售。

五、益生菌发酵乳的质量控制

益生菌发酵产品研究和开发，需要考虑几个重要问题：益生菌的增殖，大多数益生菌在牛奶中生长缓慢，需要添加增殖因子，例如某些肽类能够促进益生菌的生长；选择适合益生菌生长的发酵温度；加工工艺或者配方，抑或是与其他菌种混合，导致其无法增殖；不良风味的控制，一些益生菌如双歧杆菌，代谢产生的醋酸风味；某些发酵剂会产生抑菌成分，如高浓度的乳酸或者过氧化氢，会抑制益生菌的生长；某些发酵剂发酵的代谢产物，或其生长耗氧降低牛奶中的氧气含量，却能够促进益生菌的生长。实际工业生产中不建议通过提高发酵温度来提高益生菌的数量，因为会产生不良风味。

近年来，常温发酵乳制品风靡全球。最早一款常温酸奶产品产自西班牙帕斯卡公司，2009年光明乳业股份有限公司成功开发上市国内第一款常温酸奶产品，随后国内各大乳企纷纷上市该类产品，截至2019年，该类产品销售额近500亿。与低温酸奶比较，常温酸奶是将发酵后的牛奶进行巴氏杀菌灭活其中发酵剂，从而达到常温保存效果。除了常温酸奶，各类常温型益生菌发酵乳饮料也是乳品市场重要的乳品品类，该类产品概念来自于低温发酵型乳饮料，如养乐多产品。常温酸性产品的卖点为强调多种益生菌发酵，产生有利于人体健康的代谢产物等。国际乳品联合会（IDF）对发酵酸奶已有定论：酸奶发酵过程中所产生的代谢物质具有独特的营养价值。

但是随着消费者健康意识的增加，还是不断有消费者质疑常温发酵乳制品的营养特性。目前有厂家商品化特殊设计的吸管，如LifeTop吸管，吸管中可以装入冷冻干燥的益生菌粉。吸管的材质为压制铝箔，可以有效防止氧气和水分。已经商业化的产品中含有10^8CFU/mL的活性益生菌，且可以在25℃下存储12个月。这种设计适合于常温的中性和酸性产品。

第五节 婴幼儿营养中的益生元和益生菌

根据2004年欧洲咨询委员会题为“生活质量和生活资源管理计划”的报告中提出的标准，益生元和益生菌可以称为功能食品。功能性是指食品（而非膳食补充剂），除了其固有的营养价值外，还可以积极影响生物体的特定功能，改善人的健康和福祉，并降低疾病的风险。

一、胃肠生态系统的发育与生理状况

胃肠道菌群、肠道上皮细胞和黏膜免疫系统构成了一个高度整合的体系，称为胃肠道生态系统。胎儿的肠道是无菌的。出生时，胃肠道逐渐被共生细菌定植，形成所谓的菌群，这对于肠道结构和功能的发展至关重要。根据细菌对人的健康影响，细菌可分为三类：有益细菌、潜在有害细菌以及既有致病作用又有有益作用的细菌（表 5-20）。

表 5-20 肠道细菌的分类

分类	种名
有益细菌	双歧杆菌 乳杆菌 真杆菌
潜在有害细菌	金黄色葡萄球菌 梭状芽孢杆菌 变形杆菌 假单胞菌(如铜绿假单胞菌)
条件致病菌	韦荣球菌 链球菌 拟杆菌 肠球菌

肠道菌群受到遗传因素、分娩类型、母体细菌菌群、营养类型以及暴露于外界的明显影响。在通过自然分娩而出生的婴儿中，微生物定植始于母体产道。微生物的定植模式与母亲的阴道和会阴微生物区系相似。肠球菌、链球菌、葡萄球菌和乳杆菌是第一批定植细菌。剖宫产婴儿的肠道微生物群取决于周围环境，其特征是双歧杆菌和拟杆菌属细菌含量低、梭菌含量高。

在婴儿生命的头两天，高氧化还原的肠道环境促进兼性需氧菌菌株的生长，如大肠杆菌和链球菌。后来，上述菌株诱导的氧化还原电位逐渐降低，创造了有利于双歧杆菌、拟杆菌和梭菌等专性厌氧菌生长的条件。在生命的第一周之后，这些厌氧菌约占组成肠道菌群的 80%。健康足月婴儿的肠道在出生后的头几天内继续存在简单、不稳定的微生物群。第一周之后，菌落变得复杂，但也更稳定和持久，每克粪便中约有 10^9～10^{10} 个微生物。

从第二周开始，无论分娩的类型如何，肠道菌群的发育都受到营养物质的明显影响。用配方奶喂养的婴儿似乎会存在更复杂的微生物群，主要表现为厌氧菌，如肠球菌、克雷伯菌、肠杆菌、梭状芽孢杆菌，和少量的双歧杆菌、拟杆菌和乳杆菌。另一方面，母乳喂养婴儿的肠道菌群的特征是以双歧杆菌为主，葡萄球菌、链球菌和乳杆菌为辅（数量极少）。配方奶喂养的婴儿和母乳喂养的婴儿之间的肠道定植差异可能与某些母乳成分对微生物菌群的影响有关。对于寡糖和免疫应答的某些体液介质，如分泌型 IgA、细胞因子和生长因子（如 IL-1，IL-6，IL-8，G-CSF，M-CSF，TNF-α 和 IFN-γ），在母乳中特别丰富。

一些数据表明，与外界的不同接触也可能在内生菌群的发育中起重要作用。这对于早产婴儿尤其重要。在早产婴儿中，延迟喂食、频繁的抗生素治疗以及暴露于医院的微生物区系会导致非病原性共生菌定植延迟，并增加病原菌定植的风险。在早产儿的粪便中发现最普遍的属是肠球菌、肠杆菌、大肠杆菌、葡萄球菌、链球菌、梭菌和拟杆菌属。这种定植模式尽管与用配方奶喂养的足月儿非常相似，但似乎在早产儿和双歧杆菌属中持续更长的时间。细菌在早产儿中的建立要晚得多，并且速度要慢得多。

早产婴儿肠道生态系统的特殊性是基于这样的事实，即肠道菌群早期出现的那些细菌的停留时间会长于后来进入的细菌，且很难改变。病原体的不当定植在坏死性小肠结肠炎（NEC）的致病性中起着重要作用。肠道菌群一旦稳定，就不会发生质变。断奶开始时，婴儿的细菌菌群的组成会进一步变化，尤其是在母乳喂养婴儿中。婴儿开始食用固体食物后，微生物区系的组成逐渐达到最终形态，其特征是厌氧菌相对稳定。第二年之后，其菌群显示了成年菌群的所有典型特征（表 5-21）。

表 5-21 影响肠道菌群组成的因素

出生几天	出生第一周后	断奶后
分娩方式	饮食类型	高丰度的厌氧菌： 拟杆菌
阴道分娩：	母乳喂养的婴儿：	双歧杆菌属
链球菌	高丰度菌	真细菌
葡萄球菌	双歧杆菌	梭状芽孢杆菌
肠球菌		消化链球菌
乳杆菌属	低丰度菌	链球菌
	葡萄球菌	梭杆菌属
剖宫产分娩：	链球菌	韦荣球菌属
高丰度菌	乳杆菌属	
梭状芽孢杆菌		低丰度的需氧菌：
低丰度菌	配方奶粉喂养的婴儿：	埃希氏菌
双歧杆菌属	高丰度菌	肠杆菌属
拟杆菌属	肠球菌	肠球菌
	肠杆菌属	克雷伯菌属
	克雷伯菌属	乳杆菌属
	梭状芽孢杆菌	变形杆菌属
		链球菌
	低丰度菌	葡萄球菌
	双歧杆菌属	
	拟杆菌属	
	乳杆菌属	

续表

出生几天	出生第一周后	断奶后
	早产儿： 肠球菌 埃希氏菌 肠杆菌属 克雷伯菌属 葡萄球菌属 拟杆菌属 链球菌 梭状芽孢杆菌 住院治疗的婴儿： 克雷伯菌属 肠杆菌属 拟杆菌属 梭状芽孢杆菌	

胃肠道不同部位的微生物区系在数量和质量上都存在差异。厌氧菌，如拟杆菌、真杆菌、链球菌属和镰刀菌属，通常在大肠中被发现，在直肠中其存在率高达99%。结肠的菌群也存在丰度差异，并显示出腔内和黏膜菌群之间的差异，该差异进一步细分为黏膜层菌群、隐窝菌群和黏附于结肠细胞的菌群。

大量研究表明，由双歧杆菌属和乳杆菌属组成的“双生菌群”可通过刺激免疫系统，抑制病原菌的生长，改善营养物质和矿物质的吸收来有益于人体健康，并促进维生素合成和产气。结肠中菌群的主要作用是通过发酵从上消化道末端消化的食物中获取能量。每日总能量需求的约8%～10%来自结肠中的细菌发酵。短链脂肪酸（SCFA），例如乙酸、丁酸和丙酸，是结肠中发酵的主要产物。丁酸盐通过大肠黏膜的上皮代谢，并在其营养作用中发挥重要作用。

肠道菌群还通过促进肠道黏膜淋巴组织［肠道相关淋巴组织（GALT）］的正常发育而发挥重要的免疫调节作用。完整的黏膜屏障，合适的细菌定植，肠道免疫防御系统的充分激活以及肠道炎症的调节可确保微生物群与肠道上皮之间的正常的相互作用。总体而言，微生物群和肠道免疫系统之间的相互作用使后者能够产生抑制性免疫反应（例如口服耐受性）以及诱导性反应，例如合成IgA类抗体。口服耐受的作用是抑制针对食物抗原和共生细菌抗原的免疫反应，从而使人们避免发生炎症性肠道疾病和对食物的超敏反应。分泌型IgA的作用是保护肠黏膜免受肠道致病菌侵袭，并阻止常驻细菌和食物抗原进入人体。大量证据表明，通过特定受体发送信号，肠细菌可以影响上皮细胞的功能，确定T细胞分化和对T细胞依赖性抗原的抗体反应并调节肠道免疫反应。分泌型IgA的产生是抗体对病原体抗原反应的主要组成部分。此外，细菌菌群的定植导致Th2反应（过敏原）对Th1反应（抑制性）的调节，这可能会降低免疫的高反应性。

W. E. Sandine 和 B. Koletzko 等证明了双歧杆菌抑制病原微生物生长的能力，从而减少肠道感染的发生率。他们认为该抑制过程的基本机理与肠道 pH 值降低直接相关。肠道 pH 值降低是由碳水化合物发酵过程中产生大量的乳酸和乙酸引起的。此外，肠道菌群可以产生活性杀菌剂，即细菌素，可以攻击梭状芽孢杆菌、大肠杆菌和其他潜在病原微生物。在肠道常驻菌群、上皮细胞和肠道相关淋巴组织之间微妙平衡的变化对于理解幼儿和成年期许多胃肠道和全身性疾病的生理病理学至关重要。

二、益生元

1. 定义

益生元是指能够通过充当内源微生物的营养底物来促进肠道微生物菌群生长的有机物质。根据欧洲非消化性低聚糖项目（ENDO）提出的定义，益生元是非消化性低聚糖，可以刺激和促进人双歧杆菌和乳酸菌的生长或代谢。益生元一般具有以下特征：

① 它们不能在上消化道中水解或吸收；

② 它们必须是结肠中一种或几种细菌（如乳酸杆菌和双歧杆菌）的选择性底物；

③ 它们必须能够将肠道菌群改变成对宿主微生物更健康有益的成分。

2. 特征

以完整形式到达结肠的每种饮食成分都可能是益生元。益生元包括各种寡糖（果糖、半乳糖、异麦芽糖、木糖和大豆寡糖）、乳果糖和乳糖蔗糖。虽然它们具有不同的化学组成，但所有不可消化的低聚糖可以抵抗消化道的酶（如乳糖酶、蔗糖酶-异麦芽糖酶、麦芽糖酶-葡萄糖淀粉酶、糖化酶和淀粉酶）。

研究最多的非消化性低聚糖（NDO）是在母乳中发现的，称为人乳寡糖（HMOS）和非乳源衍生的 NDO，例如低聚半乳糖（GOS）和低聚果糖（FOS）。它们是碳水化合物，由 3～10 个单糖单元组成，如半乳糖、果糖、*N*-乙酰葡萄糖胺、唾液酸；它们通过其特征性的糖苷键相互连接。

3. 人乳寡糖（HMOS）

母乳被认为是婴儿营养中的金标准。母乳提供婴儿健康成长和发育所需的所有必需营养素。人乳寡糖通过促进富含双歧杆菌的肠道微环境发挥其作用。这些寡糖仅次于乳糖（约 6%）和脂质（约 4%）的含量，是人乳中第三重要的成分。在初乳中发现寡糖的浓度（>2%）最高。在成熟牛奶中，寡糖含量稳定在 1.2%～1.4%。

HMOS 在乳腺中通过特定的酶（糖基转移酶）合成。这些酶催化单糖单元次序添加到基本的乳糖分子（葡萄糖-半乳糖），从而形成线性和分支性的分子。这些线性和分支性分子的形成与 *D*-葡萄糖、*D*-半乳糖、*N*-乙酰-葡萄糖胺分子中的 β-糖苷键以及与 *L*-岩藻糖和唾液酸中的 α-糖苷键有关。基本分子的 *L*-岩藻糖键与母体血型 Lewis 抗原的分泌成分有关。乳酸-*N*-四糖是母乳中发现的最突出的低聚糖。研究表明，HMOS 组分的特征在于结构的多样性，包括 1000 多种不同的分子，它们的浓度和组成因人而异，并且在母乳喂养期间有所不同。这些 HMOS 也以其游离形式存在或与大分子（例如乙二醇蛋白、乙二醇脂质或其他）连接。

由于人的肠道不会释放可切割 α-糖苷键或 β-糖苷键的胞内酶，因此 HMOS 对肠道酶消化产生抵抗力。由于它们的低消化率，尽管某些肠道细菌会释放能够代谢它们的糖苷酶，但仍可以在母乳喂养的婴儿的粪便中发现 HMOS。

4. 非人乳寡糖

(1) 动物乳中的低聚糖

在其他动物的乳汁中发现的低聚糖浓度非常低，远不及人乳。另外，动物乳中发现的低聚糖的分子结构比 HMOS 的分子结构简单得多，复杂程度要低得多。这些化合物的制备是相当困难的，并且不能大量生产。这就是为什么尚无使用非人类寡糖作为益生元的临床试验的原因。

(2) 非乳源寡糖

非乳源寡糖可以从细菌、酵母和植物中获得；它们可以从天然来源提取，从单体或小寡糖合成，或通过天然聚合物水解生产。从植物产品（大豆、菊苣）中可提取菊糖、木糖寡糖和麦芽糖寡糖等。FOS 和 GOS 是通过糖基转移酶从简单的糖（如蔗糖和乳糖）经酶促合成获得的。

儿科试验中最常用的非消化性低聚糖是：GOS，特别是短链的 GOS；短链和长链 FOS（scFOS 和 lcFOS）；菊粉；乳果糖；乳果糖和 scGOS 的混合物；scFOS 和 lcFOS 的混合物；半乳糖醛酸寡糖与 scGOS 和 lcFOS 的混合物；scGOS 和 lcFOS 的混合物。

粪便中双歧杆菌的数量、双歧杆菌与细菌总数的百分比以及短链脂肪酸的产生通常用于评估益生元效果。基于这些标记，有足够的证据将 GOS、FOS 和菊粉称为益生元。

菊粉和 FOS（果糖的聚合物和低聚物）分别是某些植物物种（例如菊苣、大蒜、洋葱、韭菜、朝鲜蓟、香蕉和谷物）中作为碳水化合物发现的食物成分。它们被分类为 β（2→1）果聚糖，是指主要具有果糖基-果糖型糖苷键的碳酸盐。菊粉是分散的 β-果聚糖的混合物，其链长在 2～60 个单元之间不等，平均聚合度等于 10 个单糖单元。市场上出售的菊粉是通过热水处理从菊苣根中提取的，菊苣根含有 15%～20%的菊粉和 5%～10%的 FOS。最终产物是由菊粉组成的粉末，其菊粉的平均聚合度为 10～12 个单糖单元，并且单糖和二糖（例如葡萄糖、果糖和蔗糖）的比例较小（约 6%～10%）。一种更精制的菊粉（高性能菊粉）出现在市场上，它的平均聚合度为 25 个单糖单元，并且产生较少胃肠道副作用（如肠胃胀气和腹部张力）。

FOS 的生产方式有两种：通过酶水解菊苣提取的菊粉，使用黑曲霉的菊糖酶或通过蔗糖的酶促合成。所得的 FOS 显示四个单糖单元的平均聚合度，并且可以仅由果糖链组成，也可以由果糖和末端葡萄糖的组合组成。

GOS 是由一个葡萄糖分子和几个半乳糖分子组成的寡聚体的混合物。它们天然存在于诸如豆类、乳制品和某些发酵乳制品的食品中。它们是由米曲霉的 β-半乳糖苷酶（6-半乳糖基乳糖）诱导的乳糖生物合成获得的。GOS 的特征是聚合度介于 2 个和 8 个单糖单元之间，并且具有 1～6 个键。其中有半乳糖-β-(1-6)-葡萄糖、半乳糖-β-(1-6)-半乳糖、半乳糖-β-(1-3)-葡萄糖和半乳糖-β-(1-2)-葡萄糖。前两个存在于酸奶和一些发酵乳制品中，与乳糖不同，由于具有 β-(1-6)-键，它们可以抵抗人乳糖酶的消化作用。

毒理学研究排除了先前描述的非消化性低聚糖的任何诱变、致癌或致畸作用。菊粉和 FOS 已被分类为食品成分，而不是添加剂，并获得了 GRAS 认证（通常公认安全）。

GOS 也已被批准为天然成分，并且不受欧洲共同体对新食品的限制。

欧美的公司倾向于使用更多的菊粉、GOS 和 FOS，而日本的公司则主要使用从植物中提取并由乳糖或蔗糖合成的异麦芽低聚糖和木糖寡糖。建议将 scGOS 和 lcFOS 的混合物（比例为 9∶1）用于新生儿配方，目的是提供与人乳相当的益生元作用。

还有许多其他原因需要评估非消化性低聚糖而不是单个组件的有效性。首先，细菌菌群的组成非常复杂，因此其发育可能需要各种底物。另一个原因是 HMOS 的巨大结构变异性，这是充分刺激母乳喂养的婴儿形成独特的肠道菌群所必需的。

(3) 作用机制

研究最多、最广为人知的益生元的作用机理是母乳中寡糖部分，可以归纳为以下 4 个主要作用。

① 生物量效应。在大肠中发现的许多 HMOS（占 40%～60%）具有生物量效应，可通过减少类杆菌、梭菌的含量来促进双歧菌群的选择性生长。随后的发酵代谢决定了 SCFA（丁酸）、某些氨基酸（如精氨酸、半胱氨酸和谷胱甘肽）、多胺、生长因子、维生素和抗氧化剂的产生。这些物质在定居于肠黏膜并参与许多代谢过程的细菌的营养需求中起着至关重要的作用。甚至非人乳寡糖，如 FOS、GOS 和菊粉，也会刺激双歧杆菌和乳杆菌的生长和活性，从而抑制梭菌、克雷伯菌、肠杆菌和拟杆菌属细菌。短链脂肪酸除了用作能源外，还对黏膜产生营养作用，降低肠道 pH 值，不利于病原菌的生长。

② 纤维效应。大肠中的许多 HMOS（约占总数的 30%～50%）具有纤维效应。它们通过粪便排出，增加粪便量和排便次数。

③ 免疫调节作用。HMOS 还起着重要的免疫调节作用。它们通过厌氧菌发酵产生短链脂肪酸，例如丁酸盐，可以降低上皮细胞的谷氨酰胺需求，有利于细胞的免疫活性。

④ 抗感染作用。抗感染作用通过直接和间接机制表达。直接机制与 HMOS 的化学结构有关，这与细菌在肠黏膜上皮上识别的结合位点相似，它们充当可溶性受体，能够与病原体及其毒素竞争性结合并阻断其作用。例如，富含甘露糖的糖蛋白可以竞争与大肠杆菌 1 型菌毛的结合，而唾液糖苷可以与同一细菌的菌毛结合。据报道，HMOS 对肠道致病性大肠杆菌、空肠弯曲杆菌、志贺菌和结肠弧菌所致的肠胃炎有保护作用。母乳中的低聚糖的这种保护作用也存在于上呼吸道，阻断了某些肺炎链球菌和流感嗜血杆菌菌株的黏附。

表 5-22 列出了母乳中的致病菌和寡糖受体，它们可以作为与细菌和病毒等病原微生物结合的特异性受体。间接抗感染作用是由肠道 pH 值降低起作用。

表 5-22 母乳中的致病菌和寡糖受体

细菌	受体
大肠杆菌(1 型菌毛)	甘露糖糖蛋白
大肠杆菌(肠毒素)	岩藻糖基化低聚糖
大肠杆菌	岩藻糖基化的四糖和五糖

续表

细菌	受体
大肠杆菌	唾液酸(α2-3)乳糖和糖蛋白
肺炎链球菌	中性寡糖
铜绿假单胞菌	*N*-乙酰葡糖胺
血链球菌	唾液酸乳糖
肺炎支原体	唾液酸(α2-3)糖蛋白
肺炎支原体	唾液酸对-*N*-乙酰基乳糖胺
甲型流感病毒唾液酸(α2-6)	乳糖
乙型流感病毒唾液酸(α2-6)	乳糖

三、益生菌

1. 定义

细菌要被定义为益生菌，必须满足欧盟明确的一些特定要求：

① 有详细的定义和类型；

② 无致病作用（即产生毒素和细胞毒素；有肠侵袭性、病原体黏附、溶血、血清学致病和抗生素抗性基因的存在）；

③ 抵抗胃酸和胆汁；

④ 能黏附到肠上皮层；

⑤ 定植结肠的能力；

⑥ 有效的临床健康效果；

⑦ 安全性；

⑧ 对病原菌有竞争拮抗作用。

有研究认为，益生菌必须是“人类起源”，并且必须以其活的形式被摄入。

2. 特性

表 5-23 列出了主要的益生菌。儿科临床试验中更多研究属于乳杆菌、双歧杆菌和链球菌属。乳酸杆菌属中最常研究的益生菌是鼠李糖乳杆菌 GG、嗜酸乳杆菌、干酪乳杆菌、约氏乳杆菌和罗伊乳杆菌。双歧杆菌属中最常研究的益生菌是短双歧杆菌、婴儿双歧杆菌、乳双歧杆菌和长双歧杆菌。嗜热链球菌是链球菌属中最常见的微生物。除这些细菌外，还有一些益生菌，如布拉酵母菌。

表 5-23 主要的益生菌

属	种名
乳杆菌	嗜酸乳杆菌 鼠李糖乳杆菌 乳杆菌 罗伊乳杆菌 短乳杆菌 植物乳杆菌 干酪乳杆菌

续表

属	种名
革兰阳性球菌	嗜热链球菌 中间链球菌 屎肠球菌
双歧杆菌	两歧双歧杆菌 婴儿双歧杆菌 长双歧杆菌 嗜热双歧杆菌 乳双歧杆菌
酵母	布拉酵母菌

婴儿配方奶粉和富含益生菌的食品在全球范围内广泛存在。在北美，对于如鼠李糖乳杆菌、干酪乳杆菌和罗伊乳杆菌等益生菌，饮料和其他食品中所含益生菌的具体菌株和数量的详细描述已充分记载。乳双歧杆菌是唯一经过美国 FDA 评估，从出生开始就可以用于特定用途的婴儿配方食品中的益生菌。

益生菌若用于治疗目的，则应通过胶囊或片剂摄入。当用于儿科时，作为预防方法，如在急性腹泻以及抗生素引起的腹泻和过敏的情况下，将选定的益生菌通过饮食，则长期摄入更为实用。相对于日常补充剂使用，这种方法有助于降低成本。益生菌的另一个问题是它的稳定性。为了达到健康和治疗效果，益生菌的日剂量需要为 10^{8}～10^{10}CFU。

3. 作用机制

益生菌对人体的作用机制可分为直接和间接机制（表 5-24）。直接机制是基于益生菌与乳酸杆菌属、双歧杆菌属、致病微生物、拟杆菌属和大肠杆菌之间的竞争。

益生菌作用机制表现在：与病原体竞争某些营养素，竞争性抑制病原体的接收位点；通过增加紧密连接的黏附力降低黏膜的通透性；抑制细菌易位；产生抑菌有机酸（细菌素）；较低的管腔 pH 值；黏蛋白组成的变化；受体和毒素的水解；IL-10 和 TGF-β 的产生；减少促炎细胞因子的产生，例如 TNF-α、IL-1、IL-6、IL-8 和 IL-12。

表 5-24　益生菌的作用机制

作用方式	影响
直接	营养竞争 竞争黏附受体或位点 产生细菌素 产生的 SCFA 改变黏蛋白的组成 内腔 pH 值下降 黏膜通透性降低

续表

作用方式	影响
间接或免疫介导	产生黏液 IgA 和 IgM 的分泌 刺激蠕动 毒素受体发生降解 补体,嗜中性粒细胞和肥大细胞的活性 对食物和普通细菌 IL-10 和 TGF-β 的耐受性降低 坏死因子减少

间接或免疫介导的益生菌作用机制包括增加肠屏障功能和改变免疫应答。研究表明，这些细菌可以明显影响肠道微生物的组成、黏膜的屏障和通透性。

据报道，益生菌对肠内和全身黏膜免疫均具有积极作用。一些乳杆菌可以在抗异位方向上调节生物体的细胞因子模式，通过增加 T 细胞和巨噬细胞产生的细胞因子，促进 Th1 细胞因子的分布，增加抗炎细胞因子和减少促炎细胞因子的产生来调节肠道炎症。因此，益生菌通过影响肠道菌群的组成，对免疫反应的各个方面起作用。

4. 副作用

有一些文献报道了益生菌产生的副作用。在接受广谱抗生素治疗的严重受损患者中，极少有由布拉酵母菌酵母引起的真菌病。含有肠球菌的益生菌可能会对早产儿造成困扰，因为它们会引发新生儿败血症。相比而言，乳杆菌属更安全，它们具有较低的致病风险。益生菌可能会将其抗生素抗性转移到病原菌，且其通常是携带者。乳杆菌不存在此问题，因为它们的抗生素抗性已编码在无法转移的染色体上。尽管如此，应进一步研究遗传物质转移的风险。

5. 合生元

改变肠道生态系统的另一种方法是合生元的使用。合生元是指有益于宿主的益生元和益生菌混合物，通过选择性刺激益生菌生长或通过激活一种或几种细菌的代谢而产生有益作用，从而改善了益生菌在胃肠道中的存活和定植，促进宿主健康。

四、益生元在儿科中的使用

ESPGHAN 在 2004 年宣布，不建议将益生元用于婴儿病症的预防和治疗用途。但是，在随后的几年中，进行了许多研究以评估益生元在婴儿中的使用，其目的是：

① 验证非人乳低聚糖是否可以模拟母乳的益生元作用；

② 验证非人乳低聚糖是否也对免疫系统的出生后发育产生积极影响，例如提供保护以防止感染和过敏。

1. 非人乳寡糖和母乳的益生元作用

一些研究表明，非人乳寡糖能够通过明显增加双歧杆菌、降低粪便 pH 值和增加 SCFA 的产生来达到母乳的益生元作用。2002 年的两项研究（一项针对足月婴儿，另一项针对早产婴儿）显示出现较低的粪便 pH 值、粪便密度降低、耐受性好和无副作用。两项研究均使用 9∶1 比例的 GOS 和 FOS 混合物。

双歧杆菌的作用通常与粪便 pH 值降低和短链脂肪酸组成改变有关。使用 GOS 或 scGOS/lcFOS 混合物的研究显示粪便 pH 值降低，而仅使用 scFOS 的研究则没有。婴儿摄入含有 scGOS/lcFOS 的混合物，粪便中的 SCFA 组成与母乳喂养婴儿的粪便相似。

即使将配方奶粉与菊粉结合在一起，也观察到了双歧作用和短链脂肪酸产生量增加。

scGOS/lcFOS 混合物可促进婴儿双歧杆菌的生长，同时降低青春双歧杆菌。Moro 等进行了一项研究，在一组母乳喂养的 6 周期间婴儿的试验中进行，芽孢杆菌的数量（70%）在 5d 内减少到 20%，而婴儿双歧杆菌的数量增加。在喂食 scGOS/lcFOS 益生元整合的配方奶粉的婴儿组中获得了相似的结果，但在未喂食益生元的配方奶粉的婴儿组中未获得类似的结果。

2. 非人乳寡糖与感染和过敏的预防

大量研究表明，一些单独或混合使用的非人乳低聚糖具有免疫调节和保护作用，可以显著降低婴儿感染和过敏的发生率。Saavedra 等指出，在断奶食品中添加 scFOS（0.55g/15 g 谷物；1.2g/d）可减少感染。Firmansyah 等报道了在食用了与 scGOS/lcFOS 益生元相结合的谷类食品的儿童中，接种疫苗的儿童体内血浆的 IgG 含量升高（$P<0.05$）。

Moro 等报道了在一组高危婴儿中，以国际标准诊断的特应性皮炎的累积发生率较低和感染百分率较低。

实验两年后进行的后续研究进一步证实了益生元可以减少过敏性症状的发生。补充益生元混合物会显著降低 IgE、IgG1、IgG2 和 IgG3 在血液中的含量，但不能降低 IgG4。在对 326 个足月新生儿进行的一项研究中，食用添加了 scGOS/lcFOS 益生元混合物的配方奶可以降低出生后头几年的感染发生率。但 Duggan 等并未观察到 scFOS 对临床病程和腹泻发生率有任何影响。

Arslanoglu 等对 134 名具有特定家族病史的足月婴儿进行了一项双盲随机对照研究。在 134 名婴儿中，有 66 名婴儿在出生后的前 6 个月中接受了低过敏原配方，其中添加了 8g/L 的 scGOS/lcFOS 共混物，而其余 68 名婴儿接受了安慰剂配方，并添加了 8g/L 的麦芽糊精。这项研究的目的是评估过敏表现（特应性皮炎、反复发作的气喘、荨麻疹的发作）和感染（主要是尿路的反复感染、抗生素感染、发烧）的发生率，研究了在治疗期间内，也研究了治疗以后的头 2 年的情况。作者先前已证明，益生元可以在治疗期间显著降低过敏性高风险婴儿的特应性皮炎和感染的发生率。通过这项特殊的研究，作者不仅证实了变态反应和感染的发生率降低，还发现在饮食长时间干预后，早期使用益生菌补充配方食品即可起到预防作用。当饮食干预开始得很早（在生命的第二周）并持续 6 个月时，可以对免疫系统产生长期影响。因此，在治疗后的 18 个月中，进行了以下观察：特应性皮炎的总发病率降低了 50%以上、安慰剂为 27.9%，而用 scGOS/lcFOS 混合物治疗的组为 13.6%；以及其他过敏相关症状的发生率降低。与安慰剂组相比，服用 scGOS/lcFOS 补充剂的婴儿出现较少的上呼吸道感染（$P<0.01$）、泌

尿道感染（$P=0.06$）和抗生素治疗周期更短（$P<0.05$）。这些数据表明，早使用益生元混合物可显著降低出生后头 2 年内的感染、过敏和使用抗生素的发生率。

综上可得出结论，幼儿中食用益生元（主要是 GOS/FOS 混合物）可能有助于肠道免疫系统的启动机制。该作用可通过促进免疫耐受机制来实现，该机制是出生后的最初几年以及成年后感染和过敏发生率较低的基础。

3. 非人乳寡糖及其功效

非人乳寡糖的常见作用是调节便秘，并在功能性便秘的情况下产生软便。一些研究表明，在青少年饮食中添加 16.8g FOS 可以使钙吸收增加 12%，而有关非消化性低聚糖对脂质代谢的积极作用的数据则存在争议。

五、益生菌在儿科中的使用

1. 急性腹泻

要研究腹泻，必须检查在肠道生态系统（尤其是内生菌群）正常平衡中有相似组织病理学变化的不同临床表现。腹泻可能是由胃肠道的病毒或细菌感染（病毒或细菌性结肠炎、旅行者的腹泻）引起的。可以解释益生菌治疗急性腹泻的有效性的机制是：

① 改善肠屏障功能；

② 抑制病原菌对黏膜的黏附和定植；

③ 促进与宿主的先天性和适应性免疫系统的相互作用；

④ 刺激抗原特异性 IgA 的产生。

为了检验益生菌在治疗和预防急性腹泻中的作用，已经进行了许多临床试验。LGG、植物乳杆菌、干酪乳杆菌代田株、某些双歧杆菌是治疗急性腹泻的益生菌。它们可以显著减少腹泻的持续时间和症状，特别是由轮状病毒引起的腹泻。大量的荟萃分析以及随机和对照的临床试验表明，益生菌可以显著减少急性腹泻症状的持续时间，减少其严重程度和住院时间（约 1d）。

一项荟萃分析显示所给予的剂量与腹泻持续时间的减少之间存在显著的关联。结果表明，为了获得一致的治疗效果，阈值剂量必须高于 1000 万个，从而有可能超过“抗定植性”。

益生菌也可用于预防急性腹泻。在法国的 5 个中心进行了一项前瞻、双盲、随机研究，即补充益生菌或合生元的 3 种不同婴儿配方食品试验。治疗期持续 8 个月，每个婴儿接受 14～16 周的治疗。这项研究表明，长双歧杆菌 BL999 和鼠李糖乳杆菌 LPRs 的混合物即使在治疗后 5 个月也可以起到延续作用并显著降低腹泻的发生率。该研究还证实了益生菌和益生元的各种混合物的安全性。其他许多临床试验也表明，在儿童期食用益生菌可明显降低急性腹泻的发生率。使用 LGG 或双歧杆菌补充剂可有效治疗婴儿的其他类型的急性腹泻，例如医院相关性的腹泻。

对 34 项随机和安慰剂对照试验的荟萃分析表明，益生菌可以显著降低患儿急性腹泻的风险，降低 57%，以及住院的发生率及其持续时间。所使用的益生菌菌株，如乳杆菌、LGG、嗜酸乳杆菌和布拉链球菌的保护作用可能关联。据报道，即使在早产儿中，使用大肠杆菌的特定菌株（Nissle 1917 菌株和 O83：K24：H31 菌株）也可以预防腹泻的发生。

2. 抗生素相关性腹泻

服用抗生素的小儿患者中约有20%会发展出与抗生素有关的腹泻。抗生素可以通过破坏肠道菌的抵抗力和促进某些微生物（最常见的是梭状芽孢杆菌）的生长而直接影响正常的菌群。Surwicz等证明了与抗生素同时使用布拉酵母可以使腹泻的发生率降低50%以上。在随机双盲研究以及使用LGG或其他乳杆菌后进行的其他后续荟萃分析中，也证实了相同的结果。

对涉及766名婴儿的六项随机对照研究的荟萃分析表明，益生菌（如LGG、乳双歧杆菌和嗜热链球菌）将腹泻的风险从28.5%（安慰剂水平）显著降低到11.9%。腹泻的一个特定亚组是梭状芽孢杆菌（艰难梭菌）引起的。这种细菌对假膜性结肠炎有影响。Gorbach等证明LGG减少了由梭状芽孢杆菌（艰难梭菌）引起的反复腹泻发作。

LGG可以帮助成年人和儿童减缓艰难梭菌引起的感染的再次发作。总之，基于研究工作和进行的荟萃分析，似乎益生菌可以显著降低腹泻的风险。

3. 坏死性小肠结肠炎

坏死性小肠结肠炎是早产儿的一种典型的肠道炎症性疾病，其特征是肠黏膜完整性丧失，出现便血和肠肺炎。它还伴有全身性炎症反应，并伴有心脏呼吸并发症和严重的血液动力学不稳定。由于以下因素，早产儿特别容易患坏死性小肠结肠炎：肠道菌定植延迟，ICU中发现的环境微生物定植，抗生素的使用，未成熟的黏膜暴露不足，并增加了抗原和细菌转移的风险。微生物群的组成和平衡在坏死性小肠结肠炎的生理病理学中起至关重要的作用。以下是益生菌可以预防坏死性小肠结肠炎的机制的总结：

① 共生菌群增加，减少病原菌定植和黏膜黏附；

② 改善肠黏膜屏障的完整性，防止细菌和细菌产物转移进入血液；

③ 暴露于细菌产品后肠道炎症的调节；

④ 改善耐受机制；

⑤ 益生菌在预防坏死性小肠结肠炎中的潜在益处也在动物试验研究中得以验证。

Hoyos等1999年进行的一项研究表明，益生菌可以降低早产儿坏死性小肠结肠炎的发生率。在这项研究中，哥伦比亚市的1237名各种重症监护病房的患者在整个住院期间均接受了嗜酸乳杆菌和婴儿双歧杆菌益生菌治疗。与一年前未接受任何益生菌治疗的同一单位住院的1282例婴儿相比，坏死性小肠结肠炎的发生率和相关死亡率显著降低（分别为$P<0.0002$和$P<0.005$）。

同样，三个连续的随机和对照临床试验研究了益生菌及其降低坏死性小肠结肠炎风险的能力。与对照组相比，这三项试验中的两项表明，将嗜酸乳杆菌和婴儿链球菌一起使用给一组，并将嗜热链球菌和双歧杆菌使用给另一组，坏死性小肠结肠炎的发生率显著降低（$P<0.05$）。Dani等在2002年进行的一项多中心研究中，LGG的使用似乎并未明显降低坏死性小肠结肠炎以及细菌性败血症或尿路感染的发生率。但有许多其他研究表明，益生菌可有效降低坏死性小肠结肠炎。

一项随机和对照试验的荟萃分析研究了益生菌在降低坏死性小肠结肠炎的第2阶段或更高阶段中的有效性。该研究包括七项试验，涉及总共1393名婴儿。接受安慰剂的婴儿中有6%发生坏死性小肠结肠炎，接受益生菌治疗的婴儿中只有2%发生坏死性小肠结肠炎。

因此，大量的研究（大多数是随机和对照临床试验）表明，某些类型的益生菌在降低早产和极低出生体重（VLBW）婴儿坏死性小肠结肠炎的发生率和严重程度方面极为有效。

4. 过敏

有研究报道，在有过敏史的儿童中，到 2 岁时，特应性疾病的发生率达到 50%。据文献报道，特异性皮炎的累积发病率在 13%～44%之间，在最近几十年中显示出增加的趋势。过敏性疾病的病因是多方面的，家族病史是最重要的因素之一，因此高危婴儿的一级预防至关重要。

一些作者认为，发达国家的高过敏性疾病是由于过度的卫生所致，这导致婴幼儿较少受到微生物刺激，从而促进了 Th2 型免疫应答（卫生假说）。特异性疾病的免疫病理学是以对泛素环境过敏原或食物过敏原的 Th2 反应为特征。在早期免疫功能发育中，导致 Th2 型反应异常的因素以及因此引起的过敏性疾病仍然是未知的。Th2 型应答是受通常针对抗原的 Th1 型应答以及调节性 T 细胞的致耐受性应答所调节。肠道菌是婴儿免疫系统发育的重要成熟信号。大量的流行病学研究报告指出，婴儿肠道菌群组成的变化通常与过敏性疾病的发生有关。特应性婴儿在对过敏原产生敏感性之前，其肠道菌群中双歧杆菌的数量低于在非特应性婴儿肠道中的。假说是双歧杆菌可以通过主要抑制 Th2 型应答（促变应性）来有效提高非细菌抗原的耐受性。益生菌的作用机制可概括如下：调节肠道微生物，促进肠屏障功能，通过诱导分泌性 IgA 的产生促进免疫系统成熟，调节树突状细胞和调节 T 细胞。

许多临床试验已经研究了益生菌在特异性皮炎的预防和治疗以及在过敏性鼻炎的治疗中的应用，使这些病的发生率和严重性均显著降低。涉及益生菌预防婴儿过敏性疾病的首批研究之一涉及婴儿母亲，研究可追溯至 2001 年。这项双盲、安慰剂对照研究的目的是通过对 159 名有高度过敏风险的婴儿的母亲服用 LGG 或安慰剂来评估益生菌降低婴儿特异疾病风险的能力。治疗开始于分娩前 2～4 周，一直持续到婴儿出生后的头 6 个月。母亲接受益生菌治疗的婴儿在出生后的头 2 年内特异性湿疹的发生率显著降低。

在另一项临床试验中，使用了益生菌（对母亲和婴儿使用）和益生元（仅对婴儿使用）。研究表明，过敏母亲的乳汁中 TGF-β2 的浓度较低。母乳中发现的 TGF-β2 是至关重要的，因为它增加了肠黏膜产生 IgA 的能力，从而诱导了婴儿的免疫耐受性。实际上，益生菌补充剂（LGG 和乳双歧杆菌 Bb-12）会增加母乳中 TGF-β2 的浓度。

在断奶期间使用益生菌如 LGG、乳双歧杆菌、发酵乳杆菌或罗伊乳杆菌，对获得免疫耐受性非常有用。数项研究表明特异性皮炎得到改善，血清炎症标志物降低。Saglani 等报道，成人过敏性哮喘的典型临床表现已经以儿童气喘的形式出现（在 1～3 岁之间）。4 个荟萃分析已证明益生菌在预防和治疗特异性皮炎和食物不耐受中的功效。

六、其他儿科方面的用途

1. 便秘

便秘的特点是腹腔运动较慢，大便量少而干燥，排便痛苦、不适，出现腹胀。据估计，功能性便秘影响了总人口的12%～30%。

在便秘中使用益生菌的作用有：刺激结肠运动、肠道菌群改变而减少了通过肠道时间。

安慰剂的双盲随机对照研究表明，添加乳果糖、LGG可以治疗婴儿便秘。有研究表明，在牛奶或酸奶中添加益生菌可以减少便秘患者的肠蠕动时间并增加每天的大便量。Koebnik等在安慰剂治疗的双盲随机对照研究中叙述了类似结果，是关于接受干酪乳杆菌治疗的慢性便秘持续4周的患者。

2. 炎症性肠病

克罗恩病和溃疡性结肠炎是慢性病，常常是致残性疾病，其目前的治疗效果不是很好，并且可能引起许多副作用。作为屏障的肠黏膜功能的改变可以使腔内抗原菌逐渐激活具有遗传倾向的受试者的免疫和炎症级联反应。某些细菌产物，如肽聚糖、脂多糖，能够选择性结合膜受体（toll样受体、TLR1～TLR9）或细胞质受体（NOD1和NOD2），能够激活核转录因子、共刺激作用的细胞因子和黏附分子的转录。受炎症性肠病（IBD）影响的受试者的耐药菌群可能改变。因此，炎症反应是遗传易感性，是免疫耐受性丧失和黏膜微生物群改变的结果。

益生菌在炎症性肠病中的作用可能与以下方面有关：

① 抑制不良微生物；

② 改善黏膜和上皮屏障的功能；

③ 调节黏膜免疫系统。

在两项不同的研究中，Gionchetti等报道，如果能够预防和治疗眼袋炎，使用8种益生菌中3类益生菌（四种乳杆菌、三种双歧杆菌和一种链球菌，共计10^{12} CFU）的混合物有效预防和治疗了眼袋炎。溃疡性结肠炎是结肠切除术和回肠造口术并发症的结果。

3. 过敏性肠综合征

一些研究人员假设其发病机理可能源于结肠或小肠菌群的定性或定量变化，同时双歧杆菌数量减少，或小肠细菌过度生长，或肠道菌群与宿主生物之间相互作用出现变化。

受肠易激综合征影响的许多受试者的肠道研究表明粪便细菌发生了变化，即乳杆菌属和双歧杆菌的数量减少，而拟杆菌、大肠杆菌和厌氧菌的数量增加，肠道气体的产生增加。Bausseman等在2005年的一项研究中报告说，与安慰剂相比，对50名婴儿进行LGG治疗，持续6周，并没有改善腹部疼痛，但确实降低了腹部紧张的发生率。但是在其他工作中，清楚地证明嗜酸乳杆菌确实改善了大约一半的肠易激综合征患者的症状。

4. 幽门螺杆菌感染

益生菌，尤其是嗜酸乳杆菌、短乳杆菌、LGG和乳酸双歧杆菌，实际上可以减少与传统疗法相关的副作用，并且胃黏膜感染的迹象降低了尿素酶的活性、肉碱的脱羧酶活性，并增加了多胺的浓度。在一项随机的前瞻性试验中，将1～3种益生菌菌株（干酪乳杆菌、嗜热链球菌和保加利亚乳杆菌）给予受幽门螺杆菌定植影响的婴儿。仅当将所有三种益生菌菌株与传统的三联疗法联合使用时，才能观察到更高的幽门螺杆菌根除率。但目前可获得的报告不建议使用益生菌来根除或预防小儿患者的幽门螺杆菌感染。

5. 乳糖不耐症

乳糖不耐症是由于无法消化乳糖而引起的临床综合征，其症状可能包括腹痛、腹胀、腹泻，有时还会出现恶心和呕吐。乳糖被肠内乳糖酶水解成葡萄糖和半乳糖，后者是微绒膜的必需糖蛋白。该酶位于隐窝-绒毛轴上（大部分位于绒毛的上部），使其很容易受到黏膜损伤。

有两种不同类型的乳糖吸收不良：一级吸收和二级吸收。一级乳糖吸收不良是遗传相关的，是亚洲、非洲、非裔美国人和地中海人口的典型特征。二级乳糖吸收不良是多种获得性疾病的结果，例如病毒性肠胃炎、腹腔疾病、变应性肠胃炎和放射性肠炎，这些都会损害肠绒毛。

在大多数肠内乳糖酶含量低的人中，未吸收的小肠中的乳糖到达结肠，在结肠中菌群经过细菌发酵，形成短链脂肪酸和氢气。结肠黏膜吸收短链脂肪酸减少了许多乳糖不耐症患者中乳糖吸收不良的影响。

由于益生菌（如乳杆菌和双歧杆菌）增加了β-半乳糖苷酶（乳糖酶）的产生，因此有理由建议它们可用于治疗这种疾病以改善乳糖在小肠中具有良好的消化能力，并减轻与小肠吸收不良有关的症状。此外，益生菌可以潜在地促进难以吸收乳糖酶的人们以其他两种方式进行消化：通过提供乳糖酶或在病毒感染或抗生素治疗的情况下恢复正常的肠道菌群。

1985 年，Gilliland 的研究首次证明益生菌可以改善乳糖吸收不良的症状。在两项不同的临床研究中，乳糖不耐症受试者食用富含益生菌的酸奶后其症状显著减轻。

6. 呼吸道感染

关于使用益生菌治疗和预防呼吸道感染的数据仍然很少。益生菌可以保护呼吸道病理的机制仍然未知。一些研究报告称，接受 LGG 治疗的婴儿患耳炎、鼻窦炎、支气管炎和肺炎的发生率低于未接受治疗的婴儿。但是，一项双盲安慰剂对照研究报告称，乳杆菌 Bb-12 或罗伊乳杆菌（ATCC 55730）的使用没有任何保护作用。但这些数据涉及仅持续 12 周的随访。因此，需要进一步的研究以验证益生菌在预防和治疗呼吸道感染中的有效性。

7. 尿路感染

益生菌可以有效治疗儿童的尿道感染（多数是女性），尤其是早产儿。在 20 世纪 70 年代初期，影响女性泌尿道的大多数病原体都是从自己的肠道菌群中产生的，它们从会阴穿过阴道到达膀胱。

使用益生菌预防尿道感染的基本原理源自有趣的观察，口服某些益生菌菌株（鼠李糖乳杆菌 GR-1 和发酵乳杆菌 RC-14）治疗 1 周后，因为使用了相同来源的菌株，即从阴道黏膜分离出的益生菌制备的口服治疗剂。因此，这些乳杆菌可产生非常有效的微生物屏障，其可干扰病原体在尿道的定植。

对早产儿进行的一些研究表明，补充 LGG 的配方奶粉具有降低尿道感染发病率的趋势，但这种趋势并不明显。如果每周一次阴道内使用乳杆菌 GR-1 和罗伊乳杆菌 RC-14，它们可以减少尿道感染的复发，如果每天口服两次，它们可以恢复以乳杆菌为主导的正常阴道菌群。2001 年进行的一项研究报告了口服益生菌后泌尿生殖道感染完全缓解的第一批临床证据。益生菌的使用可以帮助避免副作用以及与长期使用抗生素有关的耐药菌株的出现。

第六节 益生菌在其他乳品中的应用

一、益生菌在干酪中的应用

益生菌干酪的生产，尤其是成熟干酪，需要考虑益生菌与干酪用传统发酵剂如乳酸菌、酵母或者霉菌的共生关系。传统干酪用发酵剂可能会抑制益生菌的生长。益生菌干酪加工过程中考虑干酪中水分含量、盐含量以及发酵剂在发酵和成熟过程中产酸和营养成分利用情况等，成熟期超过 3 个月的干酪产品还应当考虑干酪的生化性质和质构的变化等。研究表明，低酸性或者蛋白质和脂肪质构较为复杂的干酪种类，适合于益生菌生长，且有助于益生菌在人体肠道的定植，这些干酪品种包括菲达（Feta）、切达、高达、埃门塔尔干酪和瑞士干酪、干酪蘸酱以及夸克和奎塞夫雷克干酪（Queso Fresco）等。

开发益生菌干酪的技术难点是如何保证产品在整个货架期内有足够的益生菌数量，成熟过程中不会导致不良的质地和风味。因此需要结合不同的干酪类型来选择相应的益生菌。Gardiner 等使用益生菌作为次级发酵剂，与乳酸菌共同发酵，另一种方式是加入喷雾干燥制备的含有益生菌的乳粉；Hayes 采用微胶囊技术用来保护婴儿双歧杆菌和长双歧杆菌，以提高这些益生菌在切达和克雷斯赛尔（Grescenza）等干酪产品中的稳定性；在半硬质干酪或者硬质干酪加工盐渍阶段，加入双歧杆菌凝胶珠中（即将双歧杆菌固定于卡拉胶形成的凝胶珠中并冷冻干燥制成），干酪成熟 24 周后，双歧杆菌的活菌数为 10^7 CFU/g；还可以将益生菌在牛奶水解物中活化后，再接种至干酪中，以增加活菌数。

1. 益生菌干酪加工菌种的选择

干酪用益生菌应当是安全的、具有益生特性的，且能够耐胃肠道应激压力和干酪的各种加工条件。有研究表明，益生菌切达干酪制备过程中，动物双歧杆菌 BB12 与长双歧杆菌 BB536 比较，前者制成的干酪中具有较高的水分含量和蛋白质水解程度，风味也较佳。帕斯塔菲拉塔（Pasta Filata）加工中需要将干酪凝乳加热至 55℃，然后再在 70℃的盐水中进行拉伸，高温处理的加工条件会抑制微生物的生长。用于干酪加工的益生菌需要具备一个重要的特性，即在较长的成熟期内，都有较高的存活率。例如，嗜酸乳杆菌、干酪乳杆菌、干酪乳杆菌干酪亚种和动物双乳乳杆菌用于全脂、半脂和低脂切达干酪中，在成熟期 270d 仍能保持足够的活菌数。乳制品中益生菌数量$\geqslant 10^6$ CFU/g，才能够起到促进人体健康作用，这需要较好的益生菌接种量，且益生菌在干酪加工或者成熟过程中具有较好的增殖性。

2. 干酪与益生菌种群之间的关系

(1) 影响干酪中益生菌活菌数的因素

干酪产品的 pH 值、酸度、含氧量、盐或糖含量、食品添加剂、水分含量和其他营养成分，以及益生菌与其他菌种的相互作用等，都会影响干酪产品中的益生菌数量。

干酪发酵成熟过程中，影响益生菌活性的因素包括乳酸或者其他有机酸的含量、过氧化氢、细菌素、抗生素或者益生菌间营养竞争等。为了选择适合于干酪加工的益生菌，通常先小规模进行试验，确定每个菌株最适合的生长条件。两阶段发酵能够有效增加干酪中益生菌的活菌数，但在接种主发酵剂前，需先使益生菌增殖成为优势菌株。干酪产品保质期较酸奶产品长，如半硬质干酪产品的成熟期长达 1～2 年，因此如何保证益生菌在整个干酪加工过程、成熟和储藏期间的活菌数极具挑战性。大部分干酪初始 pH 值为 5.0，在成熟过程中 pH 值上升，同时酸度下降。由于干酪切割后压制成的凝块大小不同，因此干酪中心的酸度和表层的酸度不同。Abraham 等研究表明卡门培尔干酪的表面和中心 pH 值分别为 6.8 和 7.5。

Sharp 等于 2008 年进一步研究比较了干酪乳杆菌 334e（对红霉素具有耐药性）在酸奶和低脂肪切达干酪中的生长趋势，结果表明该益生菌在切达干酪中 3 个月后仍有较好的稳定性，在酸奶中三周的稳定性与干酪相当。切达干酪能够保护益生菌的细胞耐受过低的肠道 pH 值，试验表明 pH 值为 2 的条件下，干酪中益生菌在 120min 后由 10^7 CFU/g 降低至 10^4 CFU/g，而酸奶产品中益生菌在 30min 内即降低至 10CFU/g 以下。干酪的储存条件差异为长期保持益生菌活力提供了有利条件。干酪的氧化还原电位大概为－250mV，因此干酪为厌氧系统，只有兼性厌氧和严格厌氧的微生物能够生长。Abraham 等研究了卡门培尔奶酪的表面和中心氧化还原电位（E_h）在成熟期间会发生变化，当表面的 E_h 从＋330mV 增加至 360mV，中间部位的 E_h 由－300mV 降低至－360mV，这个变化是由干酪表面的微生物代谢引起的。干酪在成熟数周内，表面微生物不断消耗氧气，形成的厌氧环境适合于双歧杆菌的生长。

除了保证干酪保质期中的活菌数量，还需保证其在胃肠道应激条件下的存活率。食品的成分可影响益生菌在胃肠道中的存活率。与液态食品比较，质地致密的干酪更能有效地保护益生菌，使其在肠道内定植，这是因为干酪产品质地致密、较高的缓冲能力和高脂肪含量等，能够为益生菌提供保护体系，有助于益生菌耐受胆碱和胃酸中的低 pH 值。Araujo 等研究发现制作农家类型干酪产品过程，加入菊粉可显著提高德氏乳杆菌对肠道胆碱环境的耐受性。氧气浓度和 pH 值也是影响益生菌存活率的重要因素，例如乳酸杆菌、婴儿双歧杆菌、短杆菌和长杆菌等兼性厌氧，在较低的氧气浓度下也可以生长，但是青春双歧杆菌（*B. adolescentis*）在较低的氧气浓度下即可以抑制其生长。

Stanton 等研究表明，副干酪乳杆菌副干酪亚种 NFBC 338 和 NFBC 364 等，在干酪成熟 3 个月时数量可达 2.9×10^8CFU/g，且在成熟 200d 后仍能保持此数量。丙酸菌可用来制作瑞士干酪，且某些菌株具有益生特性，费氏乳杆菌谢氏亚种（*Propionobacterium freudenreichii* subsp. *shermanii* SI41）能够耐酸和胆盐，且能够促进双歧杆菌株生长。粪肠球菌 PR88 可有效治疗肠道应急综合征，并已用于干酪的生产。在芬兰，嗜酸乳杆菌和双歧杆菌用来制作低脂肪干酪，这些微生物能够产生降血压的生物活性肽。含有鼠李糖乳杆菌 LGG 的干酪，有助于牙齿健康。能够产生抑菌物质的双歧杆菌菌种，可降低农家干酪中假单胞菌（*Pseudomonas*）数量。鼠李糖乳杆菌和费氏丙酸杆菌谢氏亚种能够抑制梭菌属、霉菌和酵母的生长。

如果干酪加工工艺或者成熟过程中，涉及高温蒸煮或者高浓度盐水腌渍，不适合制作益生菌干酪，这些工艺条件都会显著降低益生菌含量。为了保证干酪中益生菌数量，可使用低浓度盐渍、真空包装、预先在牛奶中接种、加入增殖剂（如菊粉和低聚果糖）以及保护细胞免受外界环境影响的技术（如微胶囊包埋、以亚致死量接种或者生物膜固定化技术等）。微胶囊能有效提高益生菌在胃肠道中，以及加工过程中的存活率。研究表明，帕斯塔菲拉塔的加工中，微胶囊包埋可以有效提高副干酪乳杆菌 LBC 的存活率。乳酸菌属和双歧杆菌属是干酪加工中最常用的益生菌。

双歧杆菌亚种（包括青春双歧杆菌、动物双歧杆菌和长双歧杆菌等）和乳杆菌亚种（包括嗜酸乳杆菌、发酵乳杆菌、干酪乳杆菌、鼠李糖乳杆菌、罗伊乳杆菌和乳酸乳杆菌等）是益生菌干酪中最常用的发酵剂。益生菌在干酪中的生长主要受到加工条件和干酪类型的影响。新鲜干酪时最适合益生菌生长，因为其不需要成熟且保质期短。也有研究表明，硬质或者半硬质干酪的质地更适合益生菌生长，但是这些干酪成熟过程也会影响益生菌的存活率。芬兰的维利奥（Valio）公司的 Jatila 和 Matilainen 对于硬质干酪中鼠李糖乳杆菌 LGG 存活率进行了长达 5 年的跟踪，结果发现活菌数保持在 2×10^7 CFU/g。益生菌可在干酪发酵时与发酵剂一起添加，也可排完乳清后加入，还可以在添加发酵剂前就加入益生菌以使益生菌迅速增殖。Bergamini 等发现在添加发酵剂前加入益生菌，形成的干酪质地较脆，且 pH 值较低。考虑到半硬质干酪的感官和理化指标，直接加入益生菌效果最好。Daigle 等使用微滤牛奶生产益生菌切达干酪，将微滤牛奶用稀奶油进行标准化，并添加天然的酪蛋白磷酸盐截留物后，使用婴儿双歧杆菌进行发酵，该方法制备的干酪中，益生菌能够较好地增殖，且在 12 周的成熟过程中不会对干酪的质量产生不良作用。

益生菌在干酪上的生长趋势受很多因素影响，如干酪类型、加工工艺、益生菌的种或者株差异性，以及益生菌与干酪中其他微生物的相互作用等。例如，Zehntner 测试了两株格氏乳杆菌（*Lb. gasseri*）与干酪传统用发酵剂在半硬质干酪中的稳定性，结果发现其中一株可以产生乳酸菌素的格氏乳杆菌 K7，在 90d 保质期内活菌数能够高于 10^6 CFU/g，但是另一株在短期内就下降至检不出。Matijasic 将格氏乳杆菌 K7 和嗜热链球菌同时用于发酵制备干酪，在保质期末活菌数以及干酪的其他指标都保持较好。

耗氧的嗜热链球菌菌株和厌氧双歧杆菌混合使用时，可以显著提高双歧杆菌的存活率。干酪的质地会影响益生菌在肠道内的存活率，Masuda 等研究表明，从人体中分离的菌株嗜酸乳杆菌和格氏乳杆菌用于新鲜干酪，发现益生菌能够耐受人体的胆盐和胃肠道环境。Makelainen 等研究了干酪质地对于鼠李糖乳杆菌 HN001 和嗜酸乳杆菌 NCFM 代谢活力的影响，使用三种模型来模拟人体上消化道、结肠和结肠上皮细胞，结果发现干酪中益生菌在模拟人体上消化道中存活率较高；在结肠上皮细胞模型中，干酪的质地有利于环氧合酶表达。Gobbetti 等推测双歧杆菌的存活率与盐浓度有关，如果浓度高于

4%（质量分数），会导致克雷斯赛尔（Grescenza）干酪中益生菌数量显著下降。Yilmaztekin等研究了嗜酸乳杆菌LA-05和双歧杆菌BB-02在白渍干酪（White brined）中的存活情况，结果发现在成熟90d过程中数量显著下降，尤其是双歧杆菌BB-02，但是保质期末益生菌的数量仍然高于10^6CFU/g。Daigle等研究发现切达干酪中的双歧杆菌在第1周成熟过程中数量显著下降，约为0.5倍，而在后续11周保质期内，活菌数量较为稳定。盐类不是影响益生菌数量的唯一决定因素，尤其是对双歧杆菌亚种的影响，但是盐离子类型会影响双歧杆菌亚种的生长类型和代谢活力。例如钙离子和钠离子，能够引起双歧杆菌的微观形态、产酸能力和其他生长特性的变化。Gomes等提出增加益生菌接种量至3.5%～7%，即为2.0×10^9～3.4×10^9CFU/g，可以使得高达（Gouda）干酪能够达到正常的酸化速率。Yilmaztekin等比较不同益生菌接种量2.5%[(1.0～1.3)$\times10^9$CFU/g)]和5.0%[(2.0～2.1)$\times10^9$CFU/g]嗜酸乳杆菌LA-05和双歧杆菌BB-02在盐渍土耳其干酪中的生长情况，虽然所有干酪中活菌数变化趋势相同，但是较高接种量的干酪在90d成熟完成后，具有较高的活菌数。

益生菌的选择也要考虑其与干酪主发酵剂如嗜热菌或者中温菌的生长情况。Ziarno等研究发现目前条件无法生产纯益生菌干酪，因为益生菌在牛奶中生长情况较差，缺乏蛋白酶活力。研究者还发现，益生菌对于中温菌发酵剂没有不良影响，然而随着成熟温度由6℃增加至14℃，益生菌数量增加，尤其是嗜酸乳杆菌。相反，Gobbetti等研究发现克雷斯赛尔干酪14d的成熟过程中，随着嗜热链球菌产乳酸增加，婴儿双歧杆菌数量下降。Souza和Saad研究了米纳斯（Minas）新鲜干酪中嗜热链球菌发酵剂与嗜酸乳杆菌LA-05的共生作用，研究发现嗜热链球菌不会影响嗜酸乳杆菌LA-05的生长，除了有稍许后酸，整体干酪质量没有显著影响。

（2）益生菌干酪的生化特性

益生菌除了能够增加干酪的健康益处，还能够保持或者改善干酪的感官性质和理化性质。蛋白质水解是干酪成熟过程中主要的生化反应过程之一，引起蛋白质水解的因素主要是由于凝乳物质（纤溶酶和凝乳酶等）和胞外蛋白酶等引起的，而在干酪成熟初期，益生菌基本不会引起干酪的蛋白质水解。影响蛋白质水解程度的条件包括成熟温度和相对湿度等。Kasimoglu等研究发现，嗜酸乳杆菌593N制成的白渍土耳其干酪中可溶性氮含量在成熟期（90d）内不断增加。Ozer等研究得到相似的结果，其研究中使用益生菌为微胶囊包裹的嗜酸乳杆菌LA-05和双歧杆菌BB12。Bergamini等研究发现，益生菌对于切达干酪的蛋白质水解程度有限。Ong和Shah发现在较高的温度条件下，益生菌干酪的蛋白质水解速率增加，且长双歧杆菌B1941、动物双歧杆菌乳酸亚种、副干酪乳杆菌L278和L26、嗜酸乳杆菌L4962和L10可显著加速蛋白质水解作用。这与Bergamini等的研究结果一致，其研究发现接种了嗜酸乳杆菌的半硬质干酪中的自由氨基酸含量显著增加。Bergamini等在另外一项研究中对比了三种益生菌包括嗜酸乳杆菌、副干酪乳杆菌和乳双歧杆菌，在半硬质干酪中的蛋白质水解能力，其中乳双歧杆菌对于蛋白质水解无影响，副干酪乳杆菌影响很小，而嗜酸乳杆菌显著影响次级蛋白质水解。

目前关于干酪用益生菌的研究中，多从传统的天然干酪中分离乳酸菌属，并将其用于干酪生产，以期提高干酪的质量，这类乳酸菌通常认为是GRAS微生物。干酪中益生菌的蛋白质水解能力主要与其肽水解能力相关，一些乳酸菌能够改变没有主发酵剂的天然切达干酪的初级蛋白质水解。水溶性肽和自由氨基酸含量是评价益生菌蛋白质水解能力的重要指标。Milesi等从不同的食源中分离了鼠李糖乳杆菌，并用于半硬质和软质干酪的加工，发现其有较强的肽水解活性。而在相同的干酪基质上，副干酪乳杆菌L190和植物乳杆菌L191的蛋白质水解活性较弱。研究者还发现，鼠李糖乳杆菌会引起干酪的后酸现象，从而降低产品的质量。益生菌的添加方式也会影响蛋白质水解情况，Santillo和Alvenzio在制作佩科里诺（Pecorino）干酪时，将嗜酸乳杆菌LA-5、双歧杆菌BB-12和长双歧杆菌BB-46加入凝乳酶液中，以评估添加方式对于蛋白质水解的影响。结果发现，含有双歧杆菌的干酪中α_s-酪蛋白的水解产物、非酪蛋白氮和水溶性氮等含量较高，这种方法可用于加速干酪的成熟。瑞士乳杆菌在益生菌干酪中应用广泛，因其具有较高的内源性肽活力。Jensen等研究发现，不同的瑞士乳杆菌菌株水解酪蛋白的能力有差异。蛋白质水解程度与成熟条件有关，Gomes等研究发现，相对湿度由85%增加至95%、成熟温度由5℃升高至10℃能够改变山羊干酪中蛋白质水解途径，在9%相对湿度和10℃条件下，成熟期可以缩短至25d。

脂肪水解是影响益生菌干酪风味和物理性质的另一个重要因素。虽然益生菌的脂肪和酯类水解能力有限，但是其对于风味的影响很显著。Kalavrouzioti等在凯法洛蒂里（Kefalotyri）干酪中接种副干酪乳杆菌亚种DC412和鼠李糖乳杆菌L705，成熟过程中脂肪水解速度很快。与影响蛋白质水解因素相同，成熟温度也会影响山羊干酪中自由脂肪酸的含量，相对湿度对于脂肪水解没有显著影响。Ozer等研究了在白渍土耳其干酪中，微胶囊化嗜酸乳杆菌LA-05和双歧杆菌BB-12脂肪水解情况。研究表明，未经微胶囊包埋益生菌干酪中，自由脂肪酸的含量显著较低。相反，使用乳化法或者挤压方法制成的微胶囊中，脂肪水解会更快。

Gobbetti等发现双歧杆菌在克雷斯赛尔干酪中水解长链脂肪酸的能力有限，还有研究者发现在硬质或者半硬质意大利传统干酪中，如篮筐普列赛（Canastrato Pugliese）干酪中，加入双歧杆菌亚种会增加丁酸C4∶0、己酸C6∶0、癸酸C10∶0和油酸C18∶1含量。传统佩科里诺干酪生产，凝乳酶中加入益生菌包括长双歧杆菌、乳双歧杆菌和嗜酸乳杆菌，脂肪水解速率是对照（不添加益生菌样品）速率的2倍。干酪中脂肪水解后产生的脂肪酸，可以促进双歧杆菌的生长。如果月桂酸和肉豆蔻酸占据牛奶中甘油三酯的比例分别为3.6%和10.5%，能够抑制双歧杆菌的生长，而8.5%丁酸、23.5%的棕榈酸和10%的油酸能够促进双歧杆菌生长。关于干酪成熟过程中，游离脂肪酸对于双歧杆菌生长的影响有待进一步系统地进行研究。

非发酵剂乳酸菌利用乳糖后代谢产生有机酸的副产物，如甲酸和乙酸，过多的有机酸会影响干酪的风味平衡。合适的成熟温度可以保证干酪中的微生物共生生长，从而获得高品质的干酪。益生菌产生的有机酸的含量和类型与菌种和菌株类型有关，例如副干酪乳杆菌可代谢产生乙酸。双歧杆菌亚种代谢通过果糖-6-磷酸途径，每1mol果糖产生2mol乳酸和3mol乙酸。低浓度的乙酸对干酪的风味有积极的影响，然而过多的乙酸会导致不良风味。游离氨基酸能够作为产生乙酸的前体物质，增加益生菌干酪中自由氨基酸的含量可能会产生较高含量的乙酸。Ong 和 Shah 研究了 6 种不同益生菌对于切达干酪中有机酸含量的影响，其中 6 种益生菌包括长双歧杆菌 1941、副干酪乳杆菌 279、嗜酸乳杆菌 4962 和 LAFTI L10、动物双歧杆菌 LAFTI B94，以及干酪乳杆菌 LAFTI L26，产生的主要有机酸包括乳酸、乙酸、丁酸和柠檬酸等。在成熟过程中，乳酸、乙酸和丁酸浓度增加，而柠檬酸、琥珀酸和丙酸含量不变。

干酪的风味形成与一系列复杂的生化反应代谢有关，包括蛋白质水解、脂肪酶解和糖酵解等。发酵剂和非发酵剂两者能够很好地平衡干酪的风味，成熟条件、牛奶类型、加工工艺等都会不同程度地影响干酪的风味。乙醛、双乙酰、丙酮、乙偶姻、丁酸、2-丁醇、甲醇和丙酸是切达干酪和盐渍干酪中主要呈现风味的成分。与乳酸乳球菌比较，益生菌对于干酪风味的贡献较小。副干酪乳杆菌通过代谢乙酸或者氧化甲醇产生乙醛。Cichosz 等研究表明使用益生菌副干酪乳杆菌、嗜酸乳杆菌或者鼠李糖乳杆菌制成的高达干酪，感官评价得分较高。通过固相微萃取方法，发现干酪中含有高含量的丁酸、丙酸和少量的丙酮、甲醇和双乙酰等成分。Sarantinopoulous 等使用粪肠球菌生产菲达干酪，产品中含有大量的丙酮。干酪的主要发酵剂和辅助益生菌发酵剂，能够在干酪中代谢产生特定种类的酶，从而影响产品风味。代谢途径中第一步的关键酶是氨基酸转移酶，能够代谢支链氨基酸（如亮氨酸、异亮氨酸和缬氨酸）、芳香氨基酸（如苯丙氨酸、酪氨酸和色氨酸）和含硫氨基酸（蛋氨酸）。副干酪乳酸菌亚种 CHCC4256 有较高的氨基酸转移酶活性，在半硬质干酪中可以代谢产生高浓度的芳香成分。

3. 益生菌在各种干酪中的应用

(1) 益生菌在硬质干酪中的应用

硬质干酪中发酵剂通常为嗜热菌和中温菌，干酪产品水分含量≤38%，且成熟期较长。

传统的意大利磨碎干酪产品包括佩科里诺（Pecorino）干酪、西西里羊奶酪（Pecorino Siciliano）和拉古萨（Ragusano），是使用牛奶或者热处理后的羊奶为原料，添加传统的羔羊凝乳酶涂抹物制成的。Santillo 和 Albenzio 使用多种益生菌组合制备干酪，包括嗜酸乳杆菌 LA-05（RP-L）、动物长双歧杆菌乳双歧亚种 BB-12 和长双歧杆菌长双歧亚种（RP-B），在成熟阶段，乳酸菌和双歧杆菌的数量分别为 10^8CFU/g 和 10^9CFU/g。加入双歧杆菌后能够提高干酪中蛋白质水解能力，成熟 60d 后，可溶性酪蛋白氮 、水溶性氮和 α-酪蛋白氮含量都有所增加。嗜酸乳杆菌干酪中氮含量较高，在 60d 成熟后，长双歧杆菌长双歧亚种和嗜酸乳杆菌中的 γ-酪蛋白含量是对照样品的 2 倍。成熟期末，由于蛋白质水解作用，长双歧杆菌长双歧亚种制备干酪硬度较低。Santillo 等还研究了益生菌包埋对于嗜酸乳杆菌 LA-05（RP-L）、动物长双歧杆菌乳双歧亚种 BB-12 和长双歧杆菌长双歧亚种（RP-B）在佩科里诺干酪中的存活率，成熟 120d 后，乳酸菌和双歧杆菌的活菌数量分别为 10^7CFU/g 和 10^5CFU/g。Caggia 等从拉古萨和西西里羊干酪中分离出 177 株乳酸菌，并与商业化的鼠李糖乳杆菌 LGG 的益生特性进行对比研究，从中选出 13 株进行多重 PCR 技术分析，结果显示 9 株属于鼠李糖乳杆菌、4 株属于干酪乳杆菌干酪亚种。通过模拟体外消化实验发现，鼠李糖乳杆菌 FS10 和副干酪乳杆菌副干酪亚种 PM8 最具研究前景。

圣若热岛（Sao Jorges）和帕玛森（Parmigiano Reggiano）是葡萄牙和意大利的硬质干酪产品，Dias从中分离出的益生菌菌株包括鼠李糖乳杆菌、副干酪乳杆菌副干酪亚种、布氏乳杆菌、弯曲乳杆菌和动物双歧乳杆菌乳酸亚种。Ristagno等使用干酪乳杆菌DPC 2048（对氯霉素和对细菌素敏感，可作为指示菌）以及副干酪乳杆菌副干酪亚种DPC 4715（产生细菌素）共同发酵制备益生菌干酪，8℃下成熟6个月后，指示菌的生长没有受到抑制，且没有细菌素产生。副干酪乳杆菌副干酪亚种DPC 4715对纤溶酶和组织蛋白酶D敏感，在干酪的生产过程中，可以被凝乳酶或者内源性牛奶蛋白酶水解。鼠李糖乳杆菌L 6134和甘露寡糖可用于切达干酪的生产，成熟2个月后，乳酸菌的数量>10^8CFU/g 。Desfosses Foucault等研究了乳酸乳球菌、动物双歧杆菌乳酸亚种BB-12、鼠李糖乳杆菌RO011和/或瑞士乳杆菌RO052共同发酵制备切达干酪，结果发现成熟6个月过程中，添加益生菌可加速乳酸乳球菌的数量减少，尤其是瑞士乳杆菌RO052；三种益生菌共同使用时数量下降，动物双歧杆菌乳酸亚种BB-12下降尤为明显。Zhang等研究发现植物乳杆菌K25制备干酪能够降低小鼠的血清胆固醇含量。

（2）益生菌在半硬质干酪中的应用

大多数半硬质干酪水分含量约为40g /100g，帕特格拉斯（Pategras）是阿根廷的一种传统半硬质干酪，是使用嗜热链球菌、嗜酸乳杆菌LA-05、副干酪乳杆菌副干酪亚种DSM和动物双歧杆菌乳酸亚种DSM发酵制成，成熟60d后该类干酪中游离脂肪酸（free fatty acids，FFAs）含量同艾达姆（Edam）干酪，益生菌数量为（7.5～9.1）×10^{10}CFU/g，且不会对干酪的感官性质带来不良影响。

加里奥（Coalho）是巴西传统半硬质羊奶酪，de Oliveira等研究了干酪中益生菌嗜酸乳杆菌LA-05、副干酪乳杆菌副干酪亚种和动物双歧杆菌BB-12在模拟肠道消化条件下的存活率，结果发现所有菌株从（7～8）×10^{10}CFU/g下降至（5.5～6）×10^{10}CFU/g。益生菌菌株还能够抑制干酪成熟过程中单核细胞增生李斯特菌和金黄色葡萄球菌的增殖。

关于荷兰干酪和高达干酪中的益生菌研究较多。Aljewicz和Cichosz研究了干酪中副干酪乳杆菌副干酪亚种LPC37、嗜酸乳杆菌NCFM和鼠李糖乳杆菌HN 001的存活率及其对于病原菌的影响，研究发现成熟过程中病原菌数量下降。另一项研究中，Aljewicz和Cichosz测定了鼠李糖乳杆菌HN001对于干酪中矿物质含量的利用情况，并且研究了使用棕榈油代替脂肪对于高达干酪中益生菌的影响，结果表明，嗜酸乳杆菌NCFM会影响干酪用发酵剂乳酸乳球菌的数量，且嗜酸乳杆菌NCFM数量与干酪类型和贮存时间有关，在成熟干酪中有较高的活菌数，副干酪乳杆菌副干酪亚种LPC 37在干酪中的活菌数大于嗜酸乳杆菌NCFM。

（3）益生菌在盐渍干酪中的应用

盐渍干酪的水分含量为50%～55%，多产于中东地区。拜亚兹（Beyaz）是土耳其传统干酪，是以牛奶、山羊奶和绵羊奶为原料制成的软质、半硬质或者硬质干酪。Kilic等研究了传统干酪发酵用发酵剂乳酸乳球菌乳酸亚种、乳脂亚种和其他几种益生菌对于干酪的影响，包括发酵乳杆菌AB518和AK4120、植物乳杆菌AB1665和AC1882。制成的干酪在4℃下存储120d，保质期末益生菌活菌数为7.4×10^7CFU/g。

Yerlikaya 和 Ozer 使用不同益生菌，包括植物乳杆菌、鼠李糖乳杆菌、嗜酸乳杆菌和干酪乳杆菌与嗜热链球菌共同发酵制备拜亚兹干酪，在 4℃下成熟 28d 后，益生菌活菌数为（7～9）$\times 10^{10}$ CFU/g。感官评价结果显示，干酪乳杆菌和嗜热链球菌共同发酵制成干酪得分显著高于其余几种益生菌。

伊朗白盐渍干酪与土耳其的拜亚兹干酪类似，是使用不同的哺乳动物乳为原料制成。Zomorodi 等研究了超滤法生产益生菌干酪，其中益生菌包括干酪乳杆菌 ATCC 39392、植物乳杆菌 ATCC 或者双歧杆菌 ATCC 29521，对比了微胶囊包埋和未经包埋（对照）对干酪中益生菌的影响。结果发现，进行包埋的菌种存活率显著高于未经包埋的益生菌干酪样品；且包埋菌种制成的干酪流变性与对照样品没有显著差异，感官性质评分高于对照样品。动物双歧乳杆菌 ATCC 25527 和鼠李糖乳杆菌 ATCC 7469 分别与乳酸菌共同发酵制备干酪，干酪中双歧杆菌在 6～8℃下放置 45d 后活菌数为（6～7）$\times 10^{10}$ CFU/g，至 60d 时数量增加至$>8\times 10^{10}$ CFU/g，而乳酸菌在相同保质期内数量稳定在（6～7）$\times 10^{10}$ CFU/g。在含有金黄色葡萄球菌和单核细胞增生李斯特菌的生牛奶中添加薄荷精油，并与乳酸菌发酵剂和副干酪乳杆菌（10^{8}～10^{9}CFU/mL）共同发酵制备伊朗白盐渍干酪，结果发现较低含量的薄荷精油即可影响产品中的病原微生物生长。阿卡维（Akkawi）是流行于黎巴嫩、叙利亚和约旦的盐渍干酪，使用氯化钾部分取代氯化钠可显著影响益生菌干酪（含有干酪乳杆菌和嗜酸乳杆菌）中的水分含量、可溶性氮含量、钙含量和干酪乳杆菌的数量。成熟 30d 后，干酪乳杆菌和嗜酸乳杆菌的数量都为 7×10^{10} CFU/g 。在菲达干酪中加入动物双歧杆菌乳酸亚种 BB-12 和嗜酸乳杆菌 LA-05，对比研究微胶囊包埋（挤压和乳化方式包埋）和未经包埋（对照）对于活菌数的影响，研究结果发现，保质期末，这两种益生菌经微胶囊包埋干酪中活菌数量都$>10^{7}$ CFU/g，与初始比较下降了 10CFU/g，而对照样品下降了 10^{3}CFU/g。多米亚蒂（Domiati）是埃及传统的盐渍干酪，El Kholy 研究了嗜酸乳杆菌 LA-05 和长双歧杆菌长双歧亚种 ATCC15707 对于牛奶中金黄色葡萄球菌和大肠杆菌的抑制作用。结果表明，两种益生菌都可以显著抑制病原微生物的生长，且对于金黄色葡萄球菌的抑制率显著高于大肠杆菌 O157∶H7。嗜酸乳杆菌 LA-05 对于病原菌的抑制效果优于长双歧杆菌长双歧亚种 ATCC15707 。

（4）益生菌在软质干酪中的应用

Cardenas 等研究了唾液乳杆菌（*Lactobacillus salivarius*）CECT 5713 和 PS2 ，与乳酸乳球菌共同发酵对于新鲜干酪的影响，4℃存储 28d，唾液乳杆菌 CECT 5713 和 PS2 活菌数分别为 6.7×10^{10} CFU/g 和 6.6×10^{10} CFU/g ，比接种时降低了 1.37×10^{10} CFU/g 。塔拉加（Tallaga）是埃及传统软质干酪，接种鼠李糖乳杆菌和乳酸乳球菌双乙酰亚种可以降低干酪中的金黄色葡萄球菌数量。山羊奶制成的软质干酪中，粪肠球菌 CECT7121（5×10^{4}CFU/mL）能够抑制金黄色葡萄球菌的生长，但是不会影响乳酸乳球菌和乳酸菌的生长。帕尼拉（Panela）是墨西哥传统软质干酪，干酪制作中可单独接种短双歧杆菌 ATCC 15700 和鼠李糖乳杆菌 ATCC 53103，或者两种同时接种，并在牛奶中添加蚕豆淀粉（益生元），4℃存储 30d 后，单独接种时干酪中的活菌数分别为 7.1×10^{10} CFU/g 和 8.8×10^{10} CFU/g，混合接种制成的干酪中活菌数为 9×10^{10} CFU/g，干酪的口感没有显著性差异。

在农家干酪中加入干酪乳杆菌和鼠李糖乳杆菌 LGG，8℃存储 28d 后两种益生菌含量都＞10^6 CFU/g，干酪中乳酸和乙酸含量以及生物活性肽含量增加，且干酪中单增李斯特菌（*L. monocytogenes*）数量在 20d 时下降了 10 倍。Pereira 等研究了抗氧化物质，包括抗坏血酸、葡萄糖氧化酶、半胱氨酸和茉莉花提取物等对瑞士干酪的影响。

米纳斯·弗雷斯卡（Minas Frescal）是源于巴西米纳斯州的一种传统软质干酪。Dantas 等使用酶凝乳和直接酸化牛奶的方式制备米纳斯·弗雷斯卡干酪，并接种干酪乳杆菌（*Lb. casei* Zhang），可降低牛奶 pH 值至 4.94，且在保质期内蛋白质水解程度较高。酶凝乳和酸化工艺均不会影响干酪乳杆菌活菌数，21d 冷藏保存后，两种方式制成干酪中乳酸菌含量分别为 9.0×10^{10} CFU/g 和 8.1×10^{10} CFU/g。直接酸凝干酪产品感官评价得分较高，与未添加干酪乳杆菌的干酪样品比较，干酪乳杆菌会降低整体喜好度的得分。Felicio 等采用乳酸乳球菌乳酸亚种和嗜酸乳杆菌制成米纳斯·弗雷斯卡干酪，平均的益生菌数量是 9.0×10^{10} CFU/g，加入精氨酸或者减少盐含量不会影响产品的质量和接受度。

克拉迪（Kradi）是喜马拉雅一代传统干酪，接种不同的益生菌干酪乳杆菌、植物乳杆菌和短杆菌能够延长其在 4℃的保质期至 30d。Mushtaq 等研究表明，加入益生菌不会影响干酪的理化性质，且酸度和抗氧化性质显著高于未添加益生菌的对照样品。在存储过程中，对照样品中的嗜冷菌、酵母和霉菌数量显著增加，而接种益生菌干酪中病原菌数量下降。

（5）益生菌在非成熟干酪中的应用

帕斯塔菲拉塔（Pasta Filata）是一类生产过程中需要进行热烫拉伸的干酪总称。马索里拉干酪（Mozzarella）就是其中最著名的一种。Ozer 等在土耳其传统干酪卡萨（Kasar）中，接种微胶囊包埋的嗜酸乳杆菌和动物双歧乳杆菌乳酸亚种，与乳酸乳球菌共同发酵，并以未经包埋的益生菌作为对照样品。结果表明，热烫工艺使得对照样品中益生菌数量急剧下降，但是微胶囊包埋样品中益生菌数量没有显著变化。Ortakci 等研究以半脱脂牛奶为原料制备马索里拉干酪，加入采用海藻酸钠微胶囊包埋的副干酪乳杆菌副干酪亚种 LBC1e，接种量为 10^8CFU/g，并以未经包埋的益生菌样品作为对照（LBC 1f）（接种量为 10^7CFU/g），LBC 1f 和 LBC 1e 在干酪凝乳、拉伸工艺完成，以及 4℃存放 42d 后，活菌数量分别为 5.9×10^7CFU/g 和 5.4×10^8CFU/g，2.1×10^7CFU/g 和 3.2×10^8CFU/g，以及 3.2×10^7CFU/g 和 2.5×10^8CFU/g。

斯卡莫扎（Scamorza）奶酪是意大利南部使用绵羊奶发酵制成的，类似于马索里拉类型干酪，Albenzio 等对比研究了长双歧杆菌和动物双歧杆菌乳酸亚种混合发酵，与单独接种嗜酸乳杆菌对于干酪性质的影响。pH 值为 4.6 条件下，双歧杆菌菌种的蛋白质水解能力较强，且能够产生各种生物活性肽。

二、益生菌在冰激凌、冷冻甜点和冷冻酸奶中的应用

冰激凌、冷冻甜点和冷冻酸奶具有丰富的营养成分如乳蛋白、脂肪和乳糖等，风味

良好，且大部分冰激凌的 pH 值为 5.5～6.5，是益生菌适合的载体。需要注意冷冻工艺和保质期对于益生菌活菌数量的影响。有多种添加益生菌的工艺，包括在冰激凌基料与益生菌混合后再冷冻，或者部分牛乳先发酵以增加益生菌的活菌数量，再与冰激凌基料混合，还可将冰激凌基料全部发酵或者冰激凌基料与益生菌酸奶混合后再进行冷冻。

Hekmat 和 McMahon 评价了益生菌在冰激凌基料中的增殖效果，结果发现－18℃冷冻 17d 后嗜酸乳杆菌和双歧杆菌的数量分别为 4×10^{6}CFU/mL 和 4×10^{7}CFU/mL。防止菌种细胞在冷冻过程中受到损害至关重要，Acu 等详细综述了不同微胶囊包埋益生菌在冰激凌中的应用，可以显著提高益生菌的存活率。冰激凌加工中，选择合适的菌株也很重要，如约氏乳杆菌（*Lactobacillus johnsonii* LA1）能够耐受冰激凌中的高糖渗透压，且冷冻条件亚致死性损害较小 。

Sagdic 等研究表明，冰激凌中添加酚类成分后，干酪乳杆菌代田株能够保持较高的活菌数。Hale Öztürk 等研究了不同品种桃金娘（生长于地中海地区的莓类），对于山羊乳冰激凌中的干酪乳杆菌 431 存储和冷冻过程中的活菌数变化，以及冰激凌中的总酚含量和抗氧化活性。结果表明，不同品种桃金娘，成熟后表皮为黑色和白色，均可促进干酪中乳杆菌 431 的增殖。冷冻过程中，活菌数下降 0.8～1.32 倍，在整个存储期内数量保持稳定。打发率是冰激凌产品重要的评价指标，打发过程中会带入冰激凌体系大量的空气，需氧的微生物如乳酸菌属比双歧杆菌属更适合在含氧条件下生长。益生元可以促进益生菌的增殖，膳食纤维和低聚糖是冰激凌产品中常用的益生元。

A. S. Akalin 等比较了五种不同来源的膳食纤维，包括苹果、柑橘、燕麦、甘蔗和大麦，对于益生菌冰激凌的理化性质、流变性、质构、感官性质以及益生菌活菌数的影响（－18℃冷冻 180d）。结果发现，除了柑橘和甘蔗纤维，所有冰激凌在 180d 嗜酸乳杆菌数量$>7\times10^{10}$CFU/g，在 150d 时双歧杆菌数量$>6\times10^{10}$CFU/g。

Priscilla Diniz Lima da Silva 等研究了添加或者不添加动物双歧杆菌乳酸亚种 BLC1 对于山羊奶冰激凌的理化性质、融化性和感官性质的影响，并评价了加工工艺、冷冻存储和体外模拟胃肠道条件对于益生菌活菌数的影响。结果表明，加入动物双歧杆菌会降低产品 pH 值，但是不会影响产品的打发性和融化特性。冷冻存储 120d 后，益生菌存活率高达 84.7%，在体外胃肠道模拟实验中，胆碱和胰酶导致活菌数下降 3.82 个 log 值。总体来说，添加了动物双歧杆菌的羊奶冰激凌具有较好的感官性质，且在整个保质期内（120d）活菌数可保持在（6～7）$\times10^{10}$CFU/g。

冰激凌的配方、胶体性质以及微观结构，冰晶形成的速率和结构等都会影响益生菌的活菌数，常见的技术问题见表 5-25。

表 5-25　益生菌冰激凌加工中存在的技术问题

因素	问题	解决方法
原料的筛选，如果肉/果汁	终产品高酸度导致益生菌存活率下降，风味不佳	使用较低酸度的天然果肉/果汁为原料
	配料对于益生菌的生长有抑制作用	对于所有原辅料进行发酵筛选，评估其对于益生菌活菌数的影响

续表

因素	问题	解决方法
制备含有益生菌的发酵液	较低的 pH 值条件下益生菌数量下降	控制发酵过程的 pH 值
		增加接种量
		选择能够耐受低 pH 值的菌种
打浆	氧气会抑制厌氧或者微需氧益生菌的生长	选择耐受氧气的菌株
冷冻工艺	冷冻会导致益生菌的活菌数减少	增加接种量
		避免冷冻过程中温度的波动

冰激凌加工中添加水果类配料，虽然有助于提高产品的口味，但是大部分水果会降低冰激凌的 pH 值，从而影响对 pH 值敏感的微生物的活菌数，例如与乳酸菌比较，双歧杆菌属对于 pH 值更为敏感。为提高益生菌的耐酸性，可通过亚致死压力条件进行筛选，即将其菌株置于 pH 2～3 条件下特定时间，以选育出能够耐受低 pH 值的菌株。也可以在冰激凌基料中添加益生菌之前，以可接受的水平添加化学化合物（碳酸盐和柠檬酸盐），以通过化学反应消除酸性胁迫。所得产物将在随后发酵的工艺中代谢，进一步为益生菌的生长提供有利条件。

商业化的益生菌多为直投式产品（direct vat set，DVS），在冰激凌中可采用两种方式进行添加，可以直接添加至巴氏杀菌后的冰激凌基料中一起发酵，或者将发酵好的酸奶加入杀菌后的冰激凌基料中。后一种工艺，是现在冷冻酸奶冰激凌常用的加工方式，接种后需要严格控制产品发酵 pH 值，较低的 pH 值可能会导致产品活菌数下降，也会给产品的风味带来不良影响，可以选择提前终止发酵，例如 pH 值为 5.0～5.5 时停止。

影响冰激凌产品中益生菌活菌数与菌株的选择、微生物之间的生长关系、微生物代谢产生过氧化氢和最终产品的酸度等有关。Akalin 和 Erisir 调查了加入不同的益生元，如菊粉和寡糖对于冰激凌产品质量以及嗜酸乳杆菌 LA-05 和动物双歧杆菌 BB-12 存活率的影响。菊粉和寡糖会影响冰激凌的黏度，添加了菊粉的冰激凌有较高的膨胀率，且融化点改变。寡糖能够提高冰激凌中益生菌的含量，较高的菊粉含量会抑制冰激凌中益生菌的含量，尤其是动物双歧杆菌 BB-12。Ballsyg 等研究了嗜酸乳杆菌、保加利亚乳杆菌和鼠李糖乳杆菌制备不同甜味剂配方（阿斯巴甜和蔗糖）的冰激凌，－20℃冷冻保存 6 个月，每月跟踪测定产品中益生菌的活菌数。结果表明，不同的甜味剂不会影响保质期内益生菌活菌数量。

膨胀率用来评价冰激凌基料打发充气后的体积增加情况。通过搅打工艺并入空气，有助于冰激凌形成致密轻盈的质地，且会影响产品的硬度和融化特性。可采用微胶囊包埋益生菌的方式，来解决充气膨胀工艺导致的冰激凌产品中氧敏感性益生菌数量降低的问题。Homayouni 等研究了微胶囊技术对于两种益生菌在冰激凌中存活性的影响，包括干酪乳杆菌 LC-01 和双歧杆菌 BB-12，对比了采用 1%淀粉包埋和不经包埋条件下，两种益生菌在冰激凌产品中的存活情况。结果发现，－20℃条件冷冻 180d 后，两种益生菌由最初的 5.1×10^9CFU/mL 和 4.1×10^9CFU/mL 分别下降至 4.2×10^6CFU/mL 和 1.1 ×10^7 CFU/mL。

冰激凌中形成的冰晶，会引起益生菌的细胞壁损坏或膜破裂，微生物细胞内部的冰和细胞外培养基中的溶质浓缩也可能会使益生菌细胞破裂。微生物细胞的脱水速度取决于细胞膜的通透性，也与其体积与表面积有关，而表面积取决于细胞的形状和大小。冰晶的大小会随着冷冻速率的增加而减小，而细胞内形成较大的冰晶会对细胞造成更大的损害。

研究表明，使用多羟基化合物取代冰激凌中的蔗糖，不会导致冰激凌中双歧杆菌数量下降。冰激凌中加入水果或者谷物类膳食纤维，有助于提高冷冻保存 60d 后嗜酸乳杆菌的数量 。Urszula Pankiewicz 等研究了不同的脉冲电场参数（pulsed electric field ，PEF）条件下，鼠李糖乳杆菌 B442 富集钙离子的效果。测定了冰激凌生产 24h 后的化学组成、pH 值、融化速率和质构，以及颜色和益生菌数量变化，同时测定了细胞内和冰激凌基料中钙离子的变化。当以 3.0 kV/cm 的场强和 200μg/ mL 的钙浓度施加脉冲电场时，细胞中 Ca^{2+}的积累最高。使用 PEF 处理的鼠李糖乳杆菌 B 442 发酵牛奶制成的冰激凌，产品中的干物质、脂肪、蛋白质和碳水化合物含量最高，融化速率最低，颜色参数 a^* 和 ΔH 没有差异。

三、益生菌在乳脂类产品中的应用

使用乳脂肪和大豆油制成的脂肪含量为 60%（质量分数）的产品中，接种干酪乳杆菌 ACA DC212.3 和婴儿双歧杆菌 ATCC 25962 进行发酵。在保质期内双歧杆菌的数量下降速率较乳杆菌快。Hussein 和 Abo Fetoh 使用不同来源的脂肪生产搅打稀奶油，包括乳脂肪、棕榈油等，接种中温菌和嗜热菌发酵，并添加益生菌嗜酸乳杆菌和双歧杆菌，在打发之前添加不同的风味成分，如可可粉和香草籽等，5℃下冷藏 9d 后，不同配方的产品打发时间、乳清分离情况和打发率不同。嗜酸乳杆菌和嗜热链球菌的数量为 10^6 CFU/mL，高于双歧杆菌和保加利亚乳杆菌。感官评价结果显示，添加益生菌的产品得分较高。Ekinci 等研究了脂肪含量为 52%（质量分数）的发酵稀奶油，同时接种保加利亚乳杆菌和嗜热链球菌，并接种单株益生菌包括嗜酸乳杆菌、双歧杆菌和苏式丙酸杆菌（*Propionibacterium thoenii* ），或保加利亚乳杆菌和嗜热链球菌与上述两种益生菌共同发酵，其中含有 2%（质量分数）的植物油如葵花籽油、大豆油和榛子油，结果表明所有组合试验中，益生菌的活菌数>10^6CFU/g，且含有双歧杆菌的样品中共轭亚油酸（conjugated linoleic acid，CLA）的含量较高，每克脂肪中含量约为 0.73mg。Yilmaz Ersan 研究了单株益生菌发酵稀奶油对产品中的脂肪酸含量的影响，包括动物双歧杆菌乳酸亚种、嗜酸乳杆菌乳酸亚种和鼠李糖乳杆菌。结果发现，冷藏 15d，所有样品中的中链脂肪酸和饱和脂肪酸含量增加。此外，动物双歧杆菌乳酸亚种发酵产品中，亚油酸、亚麻酸、单不饱和脂肪酸和多不饱和脂肪酸含量较高，嗜酸乳杆菌发酵的产品中饱和脂肪酸含量较高。

四、 益生菌在乳基甜点中的应用

Helland 等在布丁加工中，添加嗜酸乳杆菌 LA-05、双歧乳杆菌 BB-12、嗜酸乳杆菌 NCIMB 701748 和鼠李糖乳杆菌 LGG 。益生菌使用之前，先将其在 MRS 培养基上 37℃培养 2d，通过离心收集发酵产物中的菌体，使用磷酸钾 0.05mol/L（pH＝7）清洗，再将菌体采用含有 10%的蔗糖的林格溶液溶解后置于－80℃下存放。布丁的加工工艺为：将布丁基料 90℃蒸煮 20min，于 121℃杀菌 15min 后冷却至 37℃，将上述扩培后的菌体接种至布丁中达到活菌数为 7×10^{10}CFU/g，继续 37℃下培养 12h 至活菌数为（8～9.1）$\times10^{10}$CFU/g，冷却至 5℃存储。

Buriti 等研究了益生菌在慕斯产品中的应用，其为制备添加果汁和果肉的乳基慕斯产品，将嗜酸乳杆菌 LA5（接种量为万分之 0.1～0.2）接种至 20mL 经过热处理的牛奶中，并于 37℃下培养 150min。巴氏杀菌后的慕斯基料，冷却至 40℃，添加上述的益生菌培养发酵基，成品中益生菌数量可达（6.5～7）$\times10^{10}$CFU/g。Corrêa 等研究了益生菌在椰子冻中的应用，其将乳双歧杆菌 BL 04 和副干酪乳杆菌副干酪亚种 LBC 82 在 20mL 灭菌乳中 37℃培养 120min，添加至椰子冻中，成品中的活菌数可达（6～7）$\times10^{10}$CFU/g。Magariños 等研究了谢氏干酪乳杆菌和动物双歧杆菌 BB-12 在乳基甜点中的应用，首先将益生菌接种于含有 0.05%盐酸半胱氨酸溶液、2%果糖和 1%酵母提取物的牛奶中，分别在 38℃和 32℃下培养，两株菌发酵 3.12h 和 1.25h 后 pH 值都可以达到 5.0，制备产品中的谢氏干酪乳杆菌和动物双歧杆菌 BB-12 的活菌数分别为 9.17×10^{10}CFU/g 和 9.54×10^{10}CFU/g，在 5℃下冷藏 14d 后产品中菌数量下降至 8×10^{10}CFU/g。

Helland 等研究了含有益生菌乳基甜点在 5℃下保存 21d 后，发酵产生的有机呈香成分的变化。在保质期末，鼠李糖乳杆菌 LGG 代谢产生高浓度的乳酸（约为 10%）、柠檬酸（18.19%）、羟基丁酮（1.094%）和乙醇（0.091%）；嗜酸乳杆菌 L 1748 代谢产生的乳酸含量较低，约为 0.5%（质量分数）。研究人员发现，将嗜酸乳杆菌 LA5 和动物双歧杆菌 BB-12 共同发酵产生的羟基丁酮和乙醇含量较低，分别为 33.6mg/kg 和 3.5mg/kg。使用鼠李糖乳杆菌 LGG 单独发酵制成的布丁产品，在冷藏放置 21d 后，双乙酰含量为 18mg/kg。加入聚葡萄糖（6%）不会影响其呈香成分和发酵速率。食品天然成分和添加剂，如甜味剂、天然或者人工的色素和香精、增稠剂、稳定剂和调酸物质等，不仅会影响乳基甜点的风味、外观和质地等，也会影响益生菌的活菌数。Vinderola 等研究了几种食品成分和添加剂对于乳品中常用乳酸菌种存活性的影响，包括双歧杆菌属、嗜酸乳杆菌和副干酪乳杆菌。研究结果发现，蔗糖、草莓、香草和香蕉香精如果添加量过高，会抑制益生菌生长。15%～20%（质量分数）的蔗糖添加量会抑制双歧杆菌的生长。天然色素，包括姜黄、胭脂红和胭脂虫红不会影响益生菌的生长。

菊粉和低聚果糖在食品加工中广泛用作益生元，两者可提高益生菌在肠道中的存活性。Buriti 等使用菊粉部分取代或者全部取代番石榴慕斯中的乳脂肪，模拟胃肠环境发现菊粉可促进嗜酸乳杆菌 LA5 增殖，其体外模拟胃肠道条件为加入胃蛋白酶（3g/L）、脂肪酶（0.9mg/L）、胰酶（1g/L）和胆汁（10g/L），pH 值从 1.6±0.3 到 7.2±0.3 不等，37℃下反应 6h。冷藏 1d，所有慕斯产品中嗜酸乳杆菌数量为 7.6×10^{10}CFU/g。对照样品中 6h 嗜酸乳杆菌 LA5 的数量即低于 1.24×10^{10}CFU/g，而采用菊粉部分或者全部取代脂肪的慕斯产品中益生菌存活率显著高于对照样品（$P<0.05$）。Alegro 等

的研究结果与上述结果相反，其发现添加或者不添加菊粉并不会影响副干酪乳杆菌副干酪亚种 LBC 82 在巧克力慕斯中的数量。

欧布蕾（Oblea）是墨西哥传统甜点，水分含量较低，质地类似于威化饼干，Trujillo-de Santiago 等以山羊甜乳清为原料，使用婴儿双歧杆菌或者嗜酸乳杆菌发酵制备欧布蕾，其中所添加的菊粉、抗性淀粉和结冷胶等，对于产品加工（尤其是干燥工艺）和存储过程中益生菌的活菌数有重要影响。结果发现，即便经过 75℃干燥处理，终产品中婴儿双歧杆菌或者嗜酸乳杆菌数量高达（8～9）$\times 10^{10}$CFU/g。研究表明，乳清蛋白浓缩物可提高产品中的益生菌活菌数。Buriti 等评价了番石榴慕斯产品中，使用乳清蛋白浓缩物部分或者全部取代乳脂肪，4℃冷藏 28d，嗜酸乳杆菌数量增加至 6×10^{10}CFU/g，而对照样品（不含乳清蛋白浓缩物慕斯产品）中活菌数下降至少 100 倍。Romano 等将两种益生菌鼠李糖乳杆菌 LGG 和 RBM 526 发酵液，分别与栗子提取物混合后干燥，再添加至栗子慕斯（5%蛋白质含量）中，可提高益生菌在模拟肠道环境中的存活率。

参考文献

[1] Ouwehand Arthur C，Kirjavainen Pirkka V，Shortt Colette. Probiotics：mechanisms and established effects. International Dairy Journal，1999，9：43-52.

[2] Salminen S，Laine M，Wright A. Development of selection criteria for probiotic strains to assess their potential in functional foods：a Nordic and European approach. Bioscience and microflora，1996，15：61-67.

[3] Marteau P，Rambaud J C. Potential for using lactic acid bacteria for therapy and immunomodulation in man. FEMS Microbilogy Review，1993，12：207-220.

[4] Saulnier D M A，Spinler J K，Gibson G R，et al. Mechanisms of probiosis and prebiosis：considerations for enhanced functional foods. Current Opinion in Biotechnology，2009，20：135-141.

[5] Conway P L，Gorbach S L，Goldin B R. Survival of lactic acid bacteria in the human stomach and adhesion to intestinal ceils. I Dairy Sci，1987，70：1-12.

[6] Goldin B R，Gorbach S L. The effect of milk and *Lactobacillus* feeding on human intestinal bacterial enzyme activity. Amer J Clin Nutr，1984，39：756-761.

[7] Goldin B R，Gorbach S L. The effect of oral administration of *Lactobacillus* and antibiotics on intestinal bacterial activity and chemical induction of large bowel tumors. Dev Indus Microbiol，1984，25：139-150.

[8] Kaplan，Christopher，Astaire J C，et al. 16S ribosomal DNA terminal restriction fragment pattern analysis of bacterial communities in feces of rats fed *Lactobacillus acidophilus* NCFM. Appl Environ Microbiol，2001，67：1935-1939.

[9] Sanders M E，Klaenhammer T R. The scientific basis oflactobacillus acidophilus NCFMTM functionality as a probiotic. J Dairy Sci，2001，84：319-331.

[10] Tejada-Simon M V，Lee J H，Ustunol Z，et al. Ingestion of yogurt containing *Lactobacillus acidophilus* and *Bifidobacterium* to potentiate immunoglobulin a responses to cholera toxin in mice. J Dairy Sci，1999，82：649-660.

[11] Kirjavainen P V，Tuomola E M，Crittenden R G，et al. In vitro adhesion and platelet aggregation propertie of Bacteremia-associated lactobacilli. Infect Immun，1999，67：2653-2655.

[12] Schrezenmier J，der Vrese M. Probiotics，prebiotics and synbiotics—approaching a definition. Am J Clin Nutr，2001，73（suppl）：361S-364S.

[13] Langhendries J P，Detry J，Van Hees J. Effects of a fermented infants formula containing viable bifidobacteria

on the fecal composition and pH of healthy full-term infants. J Pediatr Gastroenterol Nutr，1995，21：177-181.

[14] Fuller R，Perdigon G. Probiotics 3：Immunodulation by the gut microflora and probiotics. Dordrecht：Kluwer Academic Publishers，2000.

[15] Juntunen M，Kirjavainen，Ouwenhand A C，et al. Adherence of Probiotic bacteria to human intestinal mucus in healthy infants and during rotavirus infection. Clin Diag Lab Immunol，2001，8：293-296.

[16] Alander M，Satokari R，Korpela R，et al. Persistence of colonization of human colonic mucosa by a probiotic strain，*Lactobacillus rhamnosus* GG，after oral consumption. Appl Environ Microbiol，1999，65：351-354.

[17] Klein G，Pack A，Bonaparte C，et al. Taxonomy and physiology of probiotic acid bacteria. Intl J Food Microbiol，1998，41：103-125.

[18] 郭本恒．保健与功能食品．哈尔滨：黑龙江科技出版社，1995：254-298.

[19] Watkins B D，Miller B F. Competitive gut exclusion of avian pathogens by *Lactobacillus acidophilus* in gnotobiotic chicks. Poultry Sci，1983，62：1772.

[20] Tagg J R，Dajani A S，Wannamaker L W. Bacteriocins of gram-positive bacteria. Bacteriology Review，1976，40：722.

[21] Sato K，Saito H，Tomioka H. Enhancement of host resistance against Listeria infection by *Lactobacillus casei*：efficacy of cell wall preparation of *Lactobacillus casei*. Microbiology Immunology，1988，32：1189.

[22] Noh D O，Gilliland S E. Influences of bile on cellular integrity and β-galactosidase of *Lactobacillus acidophilus*. Journal of Dairy Science，1993，76：1253.

[23] Oda M，Hasegawa H，Komatsu S，et al. Antitumor polysaccharide from *Lactobacillus* species. Agricultural Biological Chemistry，1983，47：1623.

[24] Gilliland S E. Acidophilus milk products：a review of potential benefits to consumers. J Dairy Science，1989，72：2483.

[25] Gilliland S E，Walker D K. Factors to consider when selecting a culture of *Lactobacillus acidophilus* as a dietary adjunct to produce a hypocholesterolemic effect in humans. J Dairy Sciences，1990，73：905.

[26] Derek K Walker，et al. Relationship among bile tolerances，bile salt deconjugation，and assimilation of cholesterol by *lactobacillus acidophilus*. Journal Dairy Science，1993，76：956-961.

[27] 郭本恒．益生菌．北京：化学工业出版社，2004：238-246.

[28] 张和平，张列兵．现代乳品工业手册．2 版．北京：中国轻工业出版社，2012：973-975.

[29] 刘振民，唐晓峰，任彬彬．嗜酸乳杆菌的生理特性及应用．中国乳业，2003，5：28-30.

[30] Brij K Mital，Satyendra K A Garg. Acidophilus milk products：manufacture and therapeutics. Food reviews international，1992，8（3）：347-389.

[31] Gilliland S E. Assimilation of cholesterol by *Lactobacillus acidophilus*. Applied and Environmental microbiology，1985，49（2）：377-381.

[32] Geoffrey W. Smithers and Mary Ann Augustin，Advances in Dairy Ingredients. published by Wiley-Blackwell，2013：272-274，282-286.

[33] O'Hara A M，Shanahan F. Gut microbiota：mining for therapeutic potential. Clinical Gastroenterology and Hepatology，2007，5：274-284.

[34] Ziegler E，Vanderhoof J A，Petschow B，et al. Term infants fed formula supplemented with selected blends of prebiotics grow normally and have soft stools similar to those reported for breast-fed infants. Journal of Pediatric Gastroenterology and Nutrition，2007，44：359-364.

[35] Kim S H，Lee D H，Meyer D. Supplementation of infant formula with native inulin has a prebiotic effect in formula-fed babies. Asia Pacific Journal of Clinical Nutrition，2007，16：172-177.

[36] Arslanoglu S，Moro G E，Schmitt J，et al. Early dietary intervention with a mixture of prebiotic oligosaccharides reduces the incidence of allergic manifestations and infections during the first two years of life. The Journal

of Nutrition，2008，138：1091-1095.

[37] Weizman Z，Asli G，Alsheikh A. Effect of a probiotic infant formula on infections in child care centers：comparison of two probiotic agents. Pediatrics，2005，115：5-9.

[38] Kukkonen K，Savilahti E，Haahtela T，et al. Probiotics and prebiotic galacto-oligosaccharides in the prevention of al-lergic diseases：a randomized，doubleblind，placebo-controlled trial. The Journal of Allergy and Clinical Immunology，2007，119：192-198.

[39] Abrahamsson T R，Jakobsson T，Bottcher M F，et al. Probiotics in prevention of IgE-associated eczema：a double-blind，randomized，placebo-controlled trial. The Journal of Allergy and Clinical Immunology，2007，119：1174-1180.

[40] Kassinen A，Krogius-Kurikka L，Makivuokko H，et al. The fecal microbiota of irritable bowel syndrome patients differs significantly from that of healthy subjects. Gastroenterology，2007，133 (1)：24-33.

[41] Marshall J K，Thabane M，Borgaonkar M R，et al. Postinfectious irritable bowel syndrome after a food-borne outbreak of acute gastroenteritis attributed to a viral pathogen. Clinical Gastroenterology and Hepatology，2007，5：457-460.

[42] Reid G，Hammond J A，Bruce A W. Effect of lactobacilli oral supplement on the vaginal microflora of antibiotic treated patients：randomized，placebo-controlled study. Nutraceut Food，2003，8：145-148.

[43] Azlin M，Tianan J，Dennis A S. Improvement of Lactose Digestion by Humans Following Ingestion of Unfermented Acidophilus Milk：Influence of Bile Sensitivity，Lactose Transport，and Acid Tolerance of *Lactobacillus acidophilus*. Journal of Dairy Science，1997，80：1537-1545.

[44] Denize O，Letícia V，Gastón A，et al. Sensory，microbiological and physicochemical screening of probiotic cultures for the development of non-fermented probiotic milk. LWT-Food Science and Technology，2017，79：234-241.

[45] Gardiner G E，Bouchier P，O'Sullivan E. A spray-dried culture for probiotic cheese manufacture. International Dairy Journal，2002，12：749-756.

[46] Masuda T，Yamanari R，Itoh T. The trial for production of fresh cheese incorporated probiotic *Lactobacillus acidophilus* group lactic acid bacteria. Milchwissenschaft，2005，60 (2)：167-171.

[47] Gomes A M P，Vieira M M，Malcata F X. Survival of probiotic microbial strain in a cheese matrix during ripening：Simulating of rates of salt diffusion and microorganism survival. Journal of Food Engineering，1998，36 (3)：281-301.

[48] Kasimoglu A，Goncugoglu M，Akgun S. Probiotic white cheese with *Lactobacillus acidophilus*. International Dairy Journal，2004，14 (12)：1067-1073.

[49] Ong L，Shah N P. Probiotic Cheddar cheese：influence of ripening temperatures on survival of probiotic microorganisms，cheese composition and organic acid profiles. LWT-Food Science and Techonology，2009，42 (7)：1260-1268.

[50] Kalavrouzioti I，Hatzikamari M，Litopoulou-Tzanetaki E，et al. Production of hard cheese from caprine milk by the use of two types of probiotic cultures as adjuncts. International Journal of Dairy Technology，2005，58 (1)：30-38.

[51] Ozer B，Kirmaci H A. Functional milk and dairy beverages. International Journal of Dairy Technology，2010，63：1-15.

[52] Zhang L，Zhang X，Liu C，et al. Manufacture of Cheddar cheese using probiotic *Lactobacillus plantarum* K25 and its cholesterol flowering effects in a mice model. World Journal of Microbiology and Biotechnology，2013，29：127-135.

[53] de Oliveira M E G，Garcia E F，Gomes A M P，et al. Addition of probiotic bacteria in a semi-hard goat cheese (coalho)：Survival to simulated gastrointestinal conditions and inhibitory effect against pathogenic bacteria. Food Research International，2014，64：241-247.

[54] Aljewicz M，Cichosz G，Nalepa B，et al. The effect of milk fat substitution with palm fat on lactic acid bacteria counts in cheese like products. LWT- Food Science and Technology，2016，66：348-354.

[55] Dantas A B，Jesus V F ，Silva R A. Manufacture of probiotic Minas Frescal cheese with *Lactobacillus casei* Zhang. Journal of Dairy Science，2016，99：18-30.

[56] Felicio T L，Esmerino E A，Vidal V A S. Physico-chemical changes during storage and sensory acceptance of low sodium probiotic Minas cheese added with arginine. Food Chemistry，2016，196：628-637.

[57] Ozer B，Tamime A Y. Membrane processing of fermented milks. Membrane Processing，Dairy and Beverage Applica-tions. Oxford：Wiley Blackwell，2013：143-175.

[58] Ortakci F，Broadbent J R，McManus W R. Survival of microencapsulated probiotic *Lactobacillus paracasei* LBC 1e during manufacture of Mozzarella cheese and simulated gastric digestion. Journal of Dairy Science，2012，95：6274-6281.

[59] Hekmat S，McMahon D J. Survival of *Lactobacillus acidophilus* and *Bifidobacterium bifidum* in ice cream for use as a probiotic food. Journal of Dairy Science，1999，75：1415-1422.

[60] Akalin A S，Unal G，Dinkci N. Microstructural，textural，and sensory characteristics of probiotic yogurts fortified with sodium calcium caseinate or whey protein concentrate. Journal of Dairy Science，2012，95：3617-3628.

[61] Homayouni A，Payahoo L，Azizi A. Effects of probiotics on lipid profile：A review. American Journal of Food Technology，2012，7：251-265.

[62] Ekinci F Y，Okur O D，Ertekin B，et al. Effects of probiotic bacteria and oils on fatty acid profiles of cultured cream. European Journal of Lipid Science and Technology，2008，110：216-224.

[63] Helland M H，Wicklund T，Narvhus J A. Growth and metabolism of selected strains of probiotic bacteria in milk and water based cereal puddings. International Dairy Journal，2004，14：957-965.

[64] Buriti F C A，Saad S M I. Chilled milk based desserts as emerging probiotic and prebiotic products. Critical Reviews in Food Science and Nutrition，2014，54：139-150.

[65] Magarinos H，Cartes P，Fraser B. Viability of probiotic microorganisms（*Lactobacillus casei* Shirota and *Bifidobacterium animalis* subsp. *lactis*）in a milk based dessert with cranberry sauce. International Journal of Dairy Technology，2008，61：96-101.

第六章

益生菌微生态制剂

微生态制剂是在微生态学理论指导下，调整肠道微生态失调，保持微生态平衡，提高宿主健康水平或促进有益菌生长及其代谢产物分泌的一类制剂，包括益生菌、益生元或合生元微生态制剂。

第一节　用于医疗的微生态制剂

益生菌在医药方面的应用，主要起源于食品保健的功效。美国是微生态制剂产业发展速度最快的国家之一，其益生菌制剂主要是双歧杆菌和嗜酸乳杆菌。在日本，224 种特定保健食品中有 150 种是整肠类保健品。其他一些发达国家，如英国、德国和法国等也开发出多种微生态制剂产品并投入生产和使用。我国卫生部于 2014 年公布了 10 种可用于保健食品的益生菌菌种。欧美及日本等发达国家，在微生态制剂行业发展早，投入大，技术成熟，设备先进，其产品种类丰富、质量稳定。相比而言，我国的微生态制剂产业发展相对缓慢，主要表现为产品种类单一、市场竞争力较弱。

一、医用益生菌的使用标准

益生菌菌种的选择是微生态制剂发挥功效的最关键因素，主要遵循以下原则。

① 安全性。要求菌种无致病性和感染性，不与病原微生物产生杂交种，毒理试验合格。

② 有效性。菌株具有益生作用，能够在肠道定植，抑制致病菌的增殖，维持肠道微生态平衡，提高肠道屏障功能。

③ 耐受性。菌株具有良好的耐受肠道酸性和胆汁环境特性，极端环境下不易失活。

④ 稳定性。菌株活性不受外界胁迫环境影响，储存期间活性无显著变化。

1. 益生菌的安全性

动物模型和临床试验已经证实了益生菌的益处，包括抗感染特性、缓解肠道炎症、提高免疫调节、预防过敏性疾病等，是功能性食品的良好候选者。目前大量新的细菌菌株正在被鉴定并被纳入食品和药品中，但并非所有菌株都被科学证实其功能性和安全性，由于益生菌菌株的特异性，因此无法假定所有的益生菌菌株都具有安全性。

(1) 益生菌的致病性和感染性

尽管益生菌的定义认为益生菌无致病性和传染性，但由于经常能从临床感染中分离出与普通益生菌属于同一物种的菌株，导致人们担心益生菌可能具有传染性。也有报道称，在有潜在免疫损害、慢性疾病或虚弱的病人身上，发现乳酸杆菌和双歧杆菌可能通过细菌移位和其他途径侵入宿主体内，引起感染。关于益生菌安全性的一个理论问题是，大多数益生菌被认为具有良好的黏附性，摄入后可能对那些肠屏障不成熟的新生儿或早产儿带来潜在危险。虽然益生菌与临床病理条件有关，但不具有普遍的传染性机制。对每一种特定益生菌菌株的短期和长期效应进行安全性评估，对于益生菌选择和表征的研究，尤其是针对特定高危人群的菌株，将具有重要意义。

(2) 专家委员会关于使用益生菌的建议

国际上对于益生菌的安全性达成了基本共识。历史上，与食品相关的乳酸杆菌和双歧杆菌被认为是安全的，原因是长期食用的食品或食品制备过程中一直含有这些微生物。2004年欧洲儿科胃肠、肝病和营养学会（ESPGHAN）提出临床试验中使用的益生菌被认为是安全的，然而对于益生菌对人体潜在的副作用，如高危人群的感染却缺乏研究与监测，这对于安全性的研究十分必要。2006年北美儿科胃肠、肝病和病营养学会（NASPGHAN）指出益生菌是安全的，包括儿童群体，但在静脉导管留置等患者群体中的益生菌建议谨慎使用。FAO/WHO制定了益生菌评估准则和建议标准和方法，建议至少对益生菌菌株进行以下测试：抗生素耐药模式；某些代谢活动的评估；人体试验副作用评估；消费者不良事件流行病学监测（上市后）；若被评估的菌株属于已知的哺乳动物毒素产生菌属，则必须对其进行毒素产生试验；若被评估的菌株属于已知溶血潜力的菌属，则需要测定溶血活性。也有建议通过针对免疫缺陷动物模型对益生菌无传染性进行评估，以增加对益生菌安全性的信心。

(3) 益生菌安全性评价

益生菌菌株的安全性评估通常由体外试验和体内试验构成，包括单个菌株的固有特性以及不同剂量菌株对宿主的影响。

① 益生菌安全性的体外试验。肠道微生物群在许多代谢活动中发挥着重要作用，包括复杂的碳水化合物消化、脂质代谢和葡萄糖代谢平衡。因此，用益生菌调整肠道微生物群理论上可能与宿主的某些代谢效应有关。益生菌菌株的一些固有特性可能是有害的，如胆汁盐过度解聚、黏蛋白降解、氨生成、血小板聚集活性或抗生素抗性。在评估益生菌菌株的安全性时，建议对这些可能的有害活动进行分析。

a. 抗生素耐药性的测定。由于抗生素的广泛使用，导致耐药细菌急剧增加，对人类和动物的健康构成巨大威胁，并带来重大的经济损失。与任何细菌一样，一些益生菌也存在抗生素耐药性。这种抗性可能与染色体、转座子或质粒定位基因有关。细菌耐药性分固有性耐药和获得性耐药两种。细菌本身具有耐药基因是固有性耐药，即耐药基因位于细菌的染色体上，属于细菌的遗传特征，如多数革兰阴性杆菌耐万古霉素等。固有性耐药机制由细菌遗传基因的突变导致，通常情况下不能在细菌间进行耐药基因的水平转移。获得性耐药是细菌通过基因突变或基因添加获得耐药性，与染色体、转座子或质粒定位基因有关，通过可移动的遗传因子将耐药性基因片段从一种菌传递给其他菌，使其他菌获得耐药性基因片段而具有耐药性。典型细菌的抗生素耐药性评估方案如图 6-1 所示。

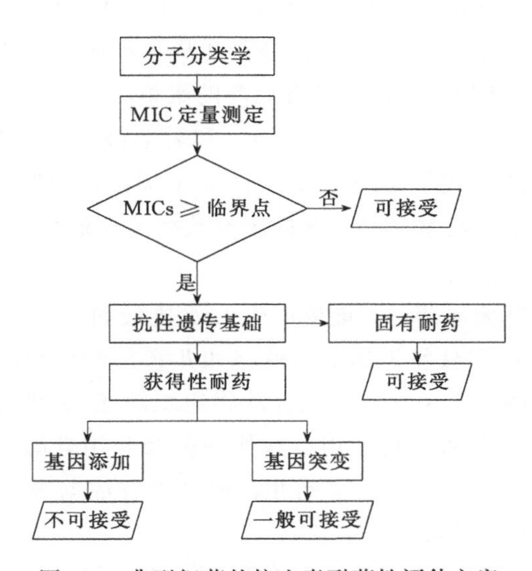

图 6-1 典型细菌的抗生素耐药性评估方案

动物饲料添加剂和产品研究小组（FEEDAP）更新评估细菌对人类或兽医抗生素耐药性的标准。建议对抗生素的最低抑菌浓度（MIC）以及粪肠球菌、球菌、乳酸杆菌和芽孢杆菌的 MIC 断点进行检测。如果某一抗生素耐药性已经超过 MIC 值，则应通过接合实验测试耐药性的转移性。如果未检测到基因转移，则应筛选该菌株是否存在已知的抗生素耐药基因。那些获得性耐药微生物菌株不应作为饲料添加剂使用，除非能够证明这是染色体突变的结果。

b. 菌株鉴定。大多数益生菌菌株属于乳酸杆菌属和双歧杆菌属，但其他乳酸菌如屎肠球菌、嗜热链球菌，甚至非乳酸菌如少量大肠杆菌也是益生菌。由于涉及安全和监控管理，益生菌的分类必须准确。FAO/WHO 建议菌株应根据国际命名法命名，并存放在国际公认的菌种库中保藏。菌株鉴定应通过表型试验进行，然后通过 DNA/RNA 杂交和 16S rRNA 测序等方法进行遗传鉴定。目前，对一种细菌进行全基因组测序，有助于对细菌进行准确的鉴定和分类。

c. 有害代谢物。乳酸杆菌和双歧杆菌消化食物蛋白质过程中产生的胺，被认为是评估益生菌有害影响的指标参数。马丁等利用 Bover-Cid 和 Holzapfel 方法在含有氨基酸的脱羧酶培养基中培养 6 株乳酸杆菌，评估生物胺的生成情况。所有被检测的乳酸杆菌都没有产生生物胺，表明它们的脱氨酶活性很低。研究发现，双歧杆菌均比肠道菌群中的细菌具有更低的脱氨酶活性。

微生物分解结合胆汁酸产生的胆汁盐也是一种潜在有害物质，可能与结肠癌的发生有关。目前还没有足够的临床证据表明胆汁盐对人体是有害的。报道发现，乳酸杆菌属和双歧杆菌属缺失能够水解结合胆汁酸的酶活性，欧盟欧洲产品安全执法网络（PRO-SAFE）未将胆盐降解能力作为益生菌安全性评价的一项，认为该指标与益生菌的安全性无关。

益生菌的另一个体外安全性试验是血小板聚集活性，与感染性心内膜炎有关。Harty 等对从心内膜炎感染分离到的 5 株鼠李糖乳酸杆菌和 16 株实验室内鼠李糖乳酸杆菌进行了检测，结果发现从感染部位分离到的菌株全部具有血小板凝集反应，而实验室菌株只有一半具有此反应。Kirjavainen 等发现从主动脉感染中分离的乳酸杆菌比从泌尿系或呼吸道感染中分离的乳酸杆菌具有更高的聚集活性，但并不是所有菌株都具备，如鼠李糖乳杆菌 HN001（*Lrhamnosus* HN001）和乳双歧杆菌 HN019（*Bifidobacterium lactis* HN019）并没有聚集活性。现今已成功建立了细菌性心脏内膜炎的动物模型。使用该模型的研究结果显示，与常见的心脏内膜炎致病菌（葡萄球菌和链球菌）相比，益生菌的致病可能性是前者的百分之一到万分之一。

益生菌特别是乳酸杆菌属菌株，能够产生 L-型乳酸和 D-型乳酸并作为其代谢产物，而 D-型乳酸的大量产生会导致特定高危人群（如儿童）发生短肠综合征，因此 D-型乳酸是儿童益生菌使用中的一个关注点。哺乳动物组织缺乏 D-型乳酸脱氢酶无法代谢 D-型乳酸，仅有少量能够被人体吸收利用，其他细菌会利用乳酸产生丁酸盐等物质。D-型乳酸中毒仅限于患有短肠综合征的婴幼儿，但尚未有证据表明健康婴幼儿服用产 D-型乳酸的益生菌会导致任何不良反应。

② 动物试验。动物试验结果无法直接外推到人类，但动物试验的毒性研究通常被认为是评估急性毒性的可靠工具。出于科学和伦理的角度，开展动物试验前应在体外试验完全结束的情况下进行，一株益生菌菌株在人体或动物广泛使用前，必须通过体内试验对其安全性进行评价。

在喂养时间较短（7～8d）的模型中，Zhou 等评估了三种乳酸杆菌菌株的急性口服毒性，发现 LD_{50} 高于 50g/（kg·d）［10^{11}CFU/（小鼠·d）］，该剂量是人类正常食用益生菌量的 700 倍，在所有小鼠中均未检测到菌血症，未观察到细菌向其他组织转移。此外也检测出长双歧杆菌的 LD_{50} 为 50g/（kg·d），鼠李糖乳杆菌 LGG 的 LD_{50} 为 6g/（kg·d）。喂养时间较长（7～8d）的模型中，加氏乳杆菌（*Lactobacillus gasseri*）和棒状乳杆菌（*Lactobacillus coryniformis*）的 LD_{50} 高于 50g/（kg·d），不会引起菌血症，也不会增加细菌向肝脏或脾脏的移位。

在益生菌对免疫功能不健全模型的安全性方面，Wagner 等使用菌株罗伊乳杆菌（*L. reuteri*）、嗜酸乳杆菌 NCFM（*L. acidophilus* NCFM）、乳双歧杆菌 Bi-07（*B. lactis* Bi-07）和鼠李糖乳杆菌 LGG（*L. rhamnosus* LGG）对无胸腺裸鼠进行益生菌定植，发现在成年无胸腺裸鼠中没有观测到不良反应，但使用 *L. reuteri* 和 LGG 定植会导致部分新生无胸腺裸鼠的死亡，说明益生菌对免疫缺陷的新生动物可能具有一定的危险性，这一结果似乎暗示免疫损害可能使新生儿面临益生菌感染的特殊风险。益生菌与无菌动物的结合也被用作安全标准。例如，给无菌小鼠注射长双歧杆菌，导致该菌株在肠道定植，并将长双歧杆菌转移到肠系膜淋巴结、肝脏和肾脏。然而转移的细菌既没有引起感染，也没有任何有害影响。

③ 人体试验。益生菌安全性的人体临床试验应在体外评价和动物试验评价结束后，并在含有该种益生菌的产品进入市场前进行。目前使用的益生菌多数为双歧杆菌和乳酸菌，它们通常被视为安全的，因此这些菌株的安全性研究并不是必须的。临床研究内容通常包括对服用前后粪便的异同、排便频率、胃肠道疾病、血清及免疫标志的变化等。迄今为止，益生菌的临床试验主要集中于对益生菌的益生功效证实，关于菌株安全性评价及不良反应、特殊病患等危险群体的安全性问题的研究报道还比较少。

益生菌在儿童中的应用一直备受争议，尤其是在新生儿中。有足够的数据支持 6 个月和 6 个月以上健康儿童使用益生菌是安全的。欧洲儿科胃肠、肝病和营养学会（ESPGHAN）委员会发现在后续配方中使用益生菌（设计用于喂养 5 个月以上的儿童）未出现问题。益生菌在成人中的应用很多，大多数研究报告显示，益生菌组和安慰剂组之间的不良反应发生率无显著性差异。益生菌在老年人中应用的安全性同样受到关注。有研究表明，老年人摄入长双歧杆菌（*B. longum* 46）、*B. lactis* HN0019 和 *L. rhamnosus* HN001 都是安全的。

益生菌的最基本要求是安全性，关于益生菌的安全性和功能性已有大量的科学试验证实并有足够的文献支持。尽管益生菌被普遍认为对健康人群是安全的，但也不能忽视益生菌可能导致的潜在危害，尤其是对特殊病患人群的临床研究不能忽略。同时益生菌生产企业应严格按照相关标准与法规进行益生菌菌种的筛选与生产。现今由于各国对益生菌的规定不同，在国际水平上还缺乏统一的益生菌安全性评价方法和管理要求。

2. 益生菌有效性评价

益生菌能发挥至少一种有科学依据支撑的可促进健康的作用。选择益生菌时，必须根据生理需要，选择可在人体中发挥作用的益生菌，以确保其应用效果。

3. 益生菌耐受性评价

(1) 对胃酸和胆酸耐受性评价

人体胃酸环境 pH 值为 2.0～3.0，摄入的大部分微生物因酸胁迫能力有限而失去活性。为保证益生菌能够安全到达肠道，耐酸性是益生菌的必备特征。目前耐酸性评价选择 pH 值为 1.0～4.0。人体小肠中胆汁酸浓度为 0.3%，胆汁盐的耐受性受菌株特异性影响，通常胆盐耐受性浓度选择为 0.1%～1%。

(2) 对温度耐受性评价

对温度耐受性强的菌株，其产品的保质期也更长。将活化的待测菌株在一定温度下进行水浴，随后在冷水中快速降温，经培养后检测菌株的存活率，通常用于评估冷冻干燥时的菌株活力水平。

(3) 对肠上皮细胞黏附评价

肠上皮细胞表面覆盖着一层黏蛋白黏液，黏蛋白具有细菌黏附结合位点。黏附实验包括体外细胞黏附模型、体外黏液黏附模型、体外肠组织模型和体内黏附模型。体外细胞模型常以 Caco-2、HT-29、IEC 等细胞系建立模型，方法简单，能快速直观检测益生菌黏附能力，但无法模拟宿主肠道内黏附真实环境。体外黏液蛋白模型模拟了肠道黏液蛋白，与细胞黏附模型相比，更能反映益生菌的真实黏附特性，但无法模拟黏液的特异性与真实性，具有局限性。体外肠组织模型是通过动物肠组织分离进行体外培养而建立的，模拟程度高，但具有培养条件复杂、体外存活时间短、成本高的缺点。体内黏附模型常选人肠道细胞、猪肠道细胞和鸡肠道细胞作为研究模型，是目前最普遍和最准确的黏附力评估模型之一。

益生菌黏附性的分析方法如下。

① 直接计数法。释放黏附在细胞上的待测菌，通过测定活菌数，计算黏附率。

② 贴壁共培养染色观察计数。将待测菌与细胞共培养，清洗去除未黏附的细菌后，采用甲醇固定，经革兰染色，使用显微镜观察并计算黏附率。

③ 荧光标记法。异硫氰酸荧光素是应用较多的标记物，将其与底物温育后冲洗，戊二醛固定细胞处理后，直接在流式细胞仪或荧光显微镜下观察黏附的细菌数目。

④ 细菌特异性抗体。制备细菌或表面物质的单克隆抗体，用该抗体与细胞做 ELISA 或蛋白印迹实验，该法能准确定位菌株的黏附位点，但易出现交叉反应。

⑤ 其他方法。杨丽梅等利用 Triton-X 处理黏附于 Caco-2 细胞的双歧杆菌，利用实时荧光定量 PCR 定量检测双歧杆菌，与直接镜检法差异不显著，检测时间由 48h 缩短至 4h。共聚焦扫描电镜可直接对肠道细菌进行三维观察。

(4) 对抑制致病菌活性评价

益生菌对宿主肠道中致病菌的抑菌特性是重要指标之一。大肠杆菌、金黄色葡萄球菌、沙门菌、志贺菌等是用于测定益生菌抑菌活性的病原指示菌。检测方法包括以下几种。

① 牛津杯法。将不同指示菌涂布于平板，放置牛津杯，加益生菌上清液，培养后根据测定的抑菌圈直径判断抑菌活性。

② 双层平板法。益生菌培养液点种于平板上培养，经氯气处理，将加有指示菌的软琼脂倾注于改良平板表面，培养后测定抑菌圈直径。

③ 琼脂扩散法。将加有指示菌的软琼脂倾注于琼脂平板上，在平板培养基上打孔，将益生菌上清液或菌泥重悬液加至孔中，培养后测定抑菌圈大小。

④ 点种法。在软琼脂培养基中加入指示菌液，将益生菌菌液点种于琼脂平板（涂布指示菌）表面，培养后测定抑菌圈直径。

⑤ 滤纸片法。将益生菌菌液加至 6mm 的滤纸片上，置于琼脂平板（涂布指示菌）上，培养测定抑菌圈直径。

4. 益生菌稳定性评价

稳定性评价是益生菌微生态制剂质量控制研究的主要内容之一。益生菌菌株具有遗传稳定性，尤其是经过驯化、诱变和基因重组的菌种，应具有稳定的生物学和遗传学特性，突变率低，可避免产生毒副作用，同时菌株应具有较好的可控性，具有调控免疫反应的能力。

二、益生菌微生态制剂临床应用

1. 防治腹泻

（1）抗生素相关性腹泻

抗生素相关性腹泻（antibiotic associated diarrhea，AAD）的病因和发病机制复杂，尚未完全清楚。当前主要认为抗生素的滥用一方面抑制了肠道内正常菌群的生长，某些新的菌种过度繁殖，或促进肠道菌群耐抗生素基因的变异，提高潜在致病菌的侵袭风险，破坏肠道微生态平衡。另一方面，肠道微生态结构的改变影响肠上皮细胞黏液素、细胞因子和抗菌肽的分泌，削弱肠上皮屏障，使得肠道处于易感染状态，同时会产生对宿主有害的脂多糖和肽聚糖等，肠道黏膜屏障损伤，消化吸收障碍，继发腹泻。《益生菌儿科临床应用循证指南》中推荐使用布拉酵母菌、酪酸梭菌二联活菌散、双歧杆菌三联活菌散、双歧杆菌乳杆菌三联活菌片。

（2）艰难梭菌相关性腹泻（*Clostridium difficile*-associated diarrhea，CDAD）

艰难梭菌是CDAD的致病菌，死亡率高达15%～24%。艰难梭菌产生的致命毒素主要是肠毒素和细胞毒素，两种毒素与人肠上皮细胞受体结合后，刺激活化肠黏膜上皮细胞的cAMP，肠液过度分泌，水分和电解质大量丢失。肠毒素还能刺激T-84细胞、外周单个核淋巴细胞产生IL-8而导致炎症反应，降低中性粒细胞凋亡，加强毒素作用。《益生菌儿科临床应用循证指南》中推荐使用布拉酵母菌。

（3）感染性腹泻

引起肠道感染性腹泻的病原体有沙门菌、志贺菌和肠致病性大肠埃希菌等。这些病原体分泌毒素侵袭肠壁刺激机体产生炎症反应，分泌促炎细胞因子和趋化因子，引起肠黏膜充血、水肿和渗出，进而引起腹泻。

微生态制剂防治腹泻的作用包括：调整微生态失调（含量和比例等）；产生有机酸、抗菌物质及营养竞争等，对致病菌产生拮抗作用；刺激宿主发生特异性免疫，产生抗毒素以维持生态平衡。制剂治疗时原则上选用多联菌制剂或几种制剂联合使用，严重或急性期宜扩大使用，维持用药1周或1个月以上。双歧杆菌三联活菌散联合布拉酵母菌散能有效治疗小儿抗生素相关性腹泻，IgG、IgA和IgM水平上调，腹泻发生率显著降低。

2. 治疗炎症性肠病

炎症性肠病（inflammatory bowel disease，IBD）主要有克罗恩病和溃疡性结肠炎，目前IBD的特异性致病因素仍不清楚，临床上认为炎症性肠炎是由肠道微生物菌群失衡、免疫因素、基因遗传因素及环境和心理因素协同造成的。从IBD患者结肠、直肠和回肠中分离出副结核分枝杆菌、禽分枝杆菌副结核亚种、黏附侵袭型大肠埃希菌、空肠弯曲杆菌、艰难梭菌、真菌等，可能是导致IBD发生潜在感染型致病菌。

微生态制剂防治IBD的作用包括：营养物质竞争，阻碍有害微生物繁殖；产生有机酸、氢氧化物、抗菌物质等，对致病菌产生拮抗作用，抑制毒性产物产生；阻碍黏附位点；刺激免疫，恢复肠道黏膜屏障功能完整性；诱导肠上皮细胞基因表达，促进肠道上皮分泌黏液，形成保护屏障。双歧杆菌三联活菌肠溶胶囊与美沙拉嗪联合治疗 IBD 效果较好，缓解患者腹痛、腹泻、脓血便、里急后重等症状。嗜酸乳杆菌、肠球菌及 VSL＃3 制剂等能够缓解和轻度改善溃疡性结肠炎的炎症程度和临床症状，降低术后抗生素治疗的副作用，预防和缓解溃疡性结肠炎术后并发症。

3. 根除幽门螺杆菌

幽门螺杆菌（*Helicobacter pylori*，Hp）可以引起胃溃疡、慢性胃炎的发生，严重感染时，会导致胃癌的发生。随着 Hp 耐药性上升，抗生素治疗的根除率已低于 80%。研究发现，在抗 Hp 的抗生素疗法中加入一些益生菌（双歧杆菌、嗜酸乳杆菌等）能够有效提高根除率。益生菌定植肠道内，能调节宿主微生态平衡，通过代谢产物竞争性黏附、抑制炎症反应等方式提高 Hp 根除率，减少抗生素相关不良反应。

4. 治疗肠易激综合征

肠道易激综合征（irritable bowel syndrome，IBS）是一种肠道功能失调症状，有腹痛症状，伴有便秘或腹泻，排便后腹痛症状缓解。根据 Rome Ⅳ标准分类，IBS 依据粪便状态可分为腹泻型 IBS-D、便秘型 IBS-C 和交替型 IBS-A。针对 IBS 与患者性别之间关系的一项荟萃分析表明，女性患者为 IBS-C 亚型概率更大，男性患者是 IBS-D 亚型概率更高。IBS 亚型之间临床症状也存在区别，Shah 等以腹痛严重程度、干扰度、腹痛频率和腹痛位置为判断标准，发现 IBS-C 患者腹痛严重程度、干扰度和腹痛频率高于 IBS-D 患者，而 IBS-D 和 IBS-A 患者在腹痛严重程度、干扰度和腹痛频率间无显著差异。IBS-C 和 IBS-A 患者腹痛位置面积更大，IBS-D 腹痛面积较小。

IBS 患者肠道菌群组成与正常人群差异显著。16S rRNA 结果显示 3 种 IBS 亚型患者肠道菌群乳杆菌属（*Lactobacillus*）消失，粪便中双歧杆菌/大肠杆菌值<1，益生菌肠道定植能力差。IBS-C 和 IBS-D 患者柯林斯菌属（*Collinsella*）减少，IBS-C 患者罗氏菌属（*Roseburia*）数量提高，IBS-A 患者阿里松菌属（*Allisonella*）和拟杆菌属（*Bacteroides*）提高。肠道菌群失调会引起内脏高敏感性，这是 IBS 临床特征之一，主要是由于促炎因子和抑炎因子分泌紊乱造成的。

治疗 IBS 的机制一般认为是益生菌定植在肠道上皮细胞上，通过营养物质竞争、代谢产物分泌及产细菌素等抑制致病菌的过度生长，阻碍致病菌在肠道上皮细胞上的黏附，维持肠道的微生态平衡，改善或增强肠道生物屏障功能，参与免疫系统的调节等。使用双歧三联活菌制剂联合马来酸曲美布汀和复方谷氨酰胺胶囊治疗 IBS-D 患者后发现，患者肠道内的大肠杆菌及粪肠球菌的数量下降，乳酸杆菌、双歧杆菌和类杆菌的数量上升，对 IBS-D 患者肠道菌群起到有效调节作用，使其获得有效的治疗效果。服用枯草杆菌和屎肠球菌后，IBS-C 患者腹痛、腹胀、便秘及排便次数评分显著高于对照组，患者临床症状得到改善，临床疗效大幅提高。

三、医疗微生态制剂种类及制备方法

医疗微生态制剂多种多样，按菌活力划分可分为活菌制剂、死菌制剂、细菌代谢物制剂等；按微生物的种类可将其分为芽孢杆菌制剂、乳酸杆菌制剂、酵母类制剂及复合

制剂；按照制剂类型可分为胶囊制剂、片剂制剂、颗粒制剂、微胶囊制剂和液体制剂（乳饮料、口服液）等。

1. 胶囊制剂

胶囊制剂是微生态制剂最主要的剂型，它是将益生菌及其辅料填充至胶囊中的一种制剂。其具有生产工艺简单，运输携带方便，不受光、空气和热的影响等优势，缺点是液体和易吸湿物料无法制备成胶囊。

2. 片剂制剂

片剂制剂也是微生态制剂常见剂型之一，是将益生菌及其辅料加压制备而成，一般进行包衣，制成肠溶片，保护菌株不受胃酸影响，降低氧胁迫伤害。其具有产品形状稳定、剂量准确、服用携带方便、成本低廉等优点，缺点是婴幼儿不易吞服，储存条件苛刻，菌株存活率低，有效期短。由于高温压片，片剂活菌数量相对较少。

3. 颗粒制剂

颗粒制剂是将益生菌及其辅料混合制成具有一定粒度的干燥颗粒状制剂。与片剂一样，其生产工艺简单，携带和服用方便；必要时对颗粒进行包衣，赋予颗粒防潮性、缓释性和肠溶性特征；可直接吞服或冲水饮用，冲饮时水温不宜超过 40℃，以防活菌数降低。

4. 粉剂制剂

粉剂制剂大多为益生菌的冻干粉制剂，通过低温冷冻干燥技术加工而成。其优点是储存时间长，活菌数高。粉剂制剂与颗粒制剂相似，可直接口服或冲水饮用，冲饮时水温不超过 40℃。

5. 微胶囊制剂

医疗微生态制剂加工储存中的冷冻、干燥和通过人体胃肠道等极端环境因素均会导致菌体细胞存活率下降。胶囊化包埋能够为乳酸菌提供一个物理屏障来抵抗外界环境的影响，降低加工储存和消化过程中的损失。微胶囊技术根据加工方式不同可分为挤压技术、乳化技术等。

挤压技术是微胶囊制备最常用的手段之一，基本原理是将含有益生菌的胶体溶液滴入至交联剂中进而形成凝胶微粒。液滴形成的方式有静电场、共挤压、转盘和射流切割等。挤压技术可以制备的微胶囊粒径范围广，但颗粒形成速度慢，较难实现大规模的生产。

乳化技术是将胶体和菌体的溶液在植物油中进行乳化分散，然后诱导形成凝胶，诱导方式主要有离子凝胶、酶凝胶和界面聚合法。离子凝胶可保持益生菌有较高生存率，但无法很好地控制微胶囊颗粒大小；酶凝胶法制备采用的壁材在部分国家被禁止用于食品中；界面聚合法是通过油/水或水/油乳化液进行凝胶，常用于保存菌种发酵活力，但凝胶形成后需额外的分离步骤除去油，导致生产耗时且不连续。

除微胶囊技术外，流化床、喷雾干燥和冷冻干燥等也是常见的微生态制剂胶囊化包埋手段，表 6-1 列举了几种手段的优缺点。

表 6-1 微生态制剂胶囊化包埋手段的优缺点比较

乳酸菌微胶囊包埋手段	优点	缺点
流化床	成本低;可全程控制温度	技术手段复杂;制备时间长
喷雾干燥	工艺简单、可连续化操作;包壁材料选择范围广;操作成本低	包埋率低、出风温度高导致菌体存活率低
冷冻干燥	与喷雾干燥比,条件较温和,菌体存活率较高	能耗高;冰晶形成和高渗透压胁迫对菌体有损伤,需添加抗冻剂

微胶囊技术中包埋材料的选择是一项艰巨的任务，理想的包埋材料应为食品级，具有良好的生物相容性以及形成凝胶的能力，并具有包埋和保护乳酸菌的功能。

海藻酸盐是乳酸菌微胶囊最常用的多糖材料，将含有菌体和海藻酸钠的溶液滴入至含有 Ca^{2+} 的溶液中，Ca^{2+} 将海藻酸钠中的 Na^{+} 置换，液体瞬间变成了凝胶颗粒并将菌体包埋其中。提高海藻酸钠微胶囊稳定性的另一途径是在其表面覆盖壳聚糖涂层，由于壳聚糖分子量小，能够较快地扩散至海藻酸钠中，形成的凝胶颗粒密度和强度更高，可避免因凝胶结构破坏导致的菌体释放问题，并对 Ca^{2+} 螯合剂以及其他抗凝乳剂等严苛的不利因素具有较强的抵抗性能。抗性淀粉具有不被胰酶分泌的淀粉酶分解、到达直肠后可发酵利用等特点，因此可作为乳酸菌定向输送的良好载体。其他多糖也具有潜在的菌体细胞保护效果，如 κ-卡拉胶、黄原胶、邻苯二甲酸乙酸纤维素和羧甲基纤维素钠等。

蛋白质因其食用安全性和形成凝胶的强度高以及通透性可控等优势，成为近年来乳酸菌包埋的重要壁材。此外，通过与酸、碱和金属离子的交联作用，蛋白质在室温即可形成结构致密的凝胶颗粒，且反应温和，是热敏感生物活性成分的理想包埋材料。副干酪乳杆菌（*Lactobacillus paracasei*）和乳双歧杆菌（*Bifidobacterium lactis*）利用牛奶通过酶凝乳方式制备的微胶囊在 pH2.5 培养 90 min 后，活菌数存活率显著提高。利用酪蛋白和抗性淀粉冷冻干燥制备的微胶囊，可显著提高双歧杆菌 Bb12（*Bifidobacterium* Bb12）在低温低酸条件下的菌体存活率。此外乳清蛋白、明胶、大豆蛋白等也具有相似效果。

四、常见的医疗微生态制剂

益生菌医疗微生态制剂主要用于治疗或缓解肠道菌群失调引起的病症，包括腹泻、腹胀、腹痛、便秘等。国内外知名的医疗微生态制剂见表 6-2。

表 6-2 国内外知名的医疗微生态制剂

名称	主要菌株	活菌数	剂型	功效
金双歧(双歧杆菌乳杆菌三联活菌片)	长双歧杆菌、嗜热链球菌和保加利亚乳杆菌	0.5×10^{7} CFU/片(长双歧杆菌)	片剂	治疗肠道菌群失调引起的腹泻、慢性腹泻及便秘
培菲康(双歧杆菌三联活菌散)	长双歧杆菌、嗜酸乳杆菌和粪肠球菌	10^{7} CFU/粒	胶囊剂	主治因肠道菌群失调引起的急慢性腹泻、便秘及消化不良、腹胀等

续表

名称	主要菌株	活菌数	剂型	功效
妈咪爱(枯草杆菌二联活菌颗粒)	屎肠球菌和枯草芽孢杆菌	1.35×10^{8}CFU/g(屎肠球菌)、1.5×10^{7}CFU/g(枯草芽孢杆菌)	颗粒剂	适用于因肠道菌群失调引起的腹泻、便秘、胀气、消化不良等
丽珠肠乐(双歧杆菌活菌胶囊)	双歧杆菌	0.5×10^{8} CFU/粒	胶囊剂	用于肠道菌群失调引起的肠功能紊乱,如急、慢性腹泻以及便秘等
乳酶生	酸乳杆菌、肠球菌	3×10^{7}CFU/g	片剂	用于消化不良、腹胀及小儿饮食失调所引起的腹泻、绿便等
整肠生(地衣芽孢杆菌活菌胶囊)	地衣芽孢杆菌	2.5×10^{8} CFU/粒	胶囊	用于真菌或细菌引起的急、慢性肠炎以及腹泻,也可用于其他原因引起的肠道菌群失调防治,对葡萄球菌和酵母样菌有拮抗作用
爽舒宝(口服凝结芽孢杆菌活菌片)	凝结芽孢杆菌	5×10^{7} CFU/片	片剂	治疗因肠道菌群失调引起的急、慢性腹泻以及慢性便秘、腹胀和消化不良
亿活(布拉酵母菌散)	布拉酵母菌	1.3×10^{9}CFU/g	颗粒剂	治疗成人和儿童腹泻,及肠道菌群失调所引起的腹泻症状
VSL#3	双歧杆菌、嗜酸乳杆菌、植物乳杆菌、副干酪乳杆菌、保加利亚乳杆菌、嗜热链球菌	2.25×10^{10} CFU/粒	胶囊	对肠易激综合征和溃疡性结肠炎有效
乳酸菌口含片(chewable acidophilus with bifidus)	嗜酸乳杆菌、双歧杆菌	4×10^{9} CFU/片	片剂	补充肠道益生菌;调节肠道菌群平衡,增强免疫力
乐畅 PRO-IB (Leven PRO-IB)	双歧杆菌、嗜酸乳杆菌、干酪乳杆菌、副干酪乳杆菌、植物乳杆菌、唾液乳杆菌、乳酸乳球菌	2.5×10^{9}CFU/g	粉剂	抑制大肠杆菌、艰难梭菌的生长,并修复肠道屏障,调节抗炎细胞因子的产生;改善 IBD 患者包括腹泻、便秘、腹痛、痉挛、腹胀的相关症状
乐畅 PRO-CR (Leven PRO-CR)	乳双歧杆菌、两歧双歧杆菌、乳双歧杆菌、长双歧杆菌、干酪乳杆菌、植物乳杆菌、鼠李糖乳杆菌	1.0×10^{9} CFU/g	粉剂	抑制艰难梭菌和金黄色葡萄球菌生长,并产生乳酸刺激肠蠕动;减少儿童便秘后的常见现象:排便失禁和腹痛;增加孕妇排便次数,减少排便的费力、不净、阻塞感以及腹痛的症状

续表

名称	主要菌株	活菌数	剂型	功效
乐畅 PRO-SC (Leven PRO-SC)	乳双歧杆菌、嗜酸乳杆菌、副干酪乳杆菌、植物乳杆菌、唾液乳杆菌、乳酸乳球菌乳酸亚种	1.0×10^{9}CFU/g	粉剂	抑制大肠杆菌、粪肠球菌、枯草芽孢杆菌、梭状芽孢杆菌生长，并有助于加强肠道屏障，调节抗炎细胞因子的产生，显著减轻胃肠道不适的症状
乐畅 PRO-AD (Leven PRO-AD)	两歧双歧杆菌、乳双歧杆菌、嗜酸乳杆菌、副干酪乳杆菌、植物乳杆菌、鼠李糖乳杆菌、唾液乳杆菌	1.0×10^{9}CFU/g	粉剂	抑制梭状芽孢杆菌、粪肠球菌、大肠杆菌、枯草芽孢杆菌的生长，有效缓解抗生素导致的胃肠不适症状

五、现有问题与对策

1. 菌种使用不规范，具有盲目性

我国的益生菌筛选工作仍然存在一些问题，包括菌种来源不规范、生物特性不清晰、菌株信息不透明、遗传特性不稳定等。国内有些生产厂家的菌种并没有严格按照微生物的标准进行筛选，部分生产厂家设备简单，产品中杂菌超标，甚至包括未经批准和安全性未知的菌种，导致益生菌产品质量参差不齐，无明显功效。此外，有关产品的耐药性和耐药基因转移情况也未见报道。

2. 评价标准和质量标准尚不健全，具有随意性

国内尚未有益生菌的具体制造标准和检验规程，部分生产厂家生产工艺较随意、质量检验不规范，导致产品品质不佳，稳定性差，活菌数低。此外，国内有关微生物功效的研究仅局限在产品试验效果的观察上，对宿主的安全评价试验与益生作用机制研究较少。

综上，为保证益生菌微生态制剂的品质，应严格从菌种的选择上保证其有效性，在生产工艺上严格把控质量关，同时保证可追溯性，拥有完善的质量保证体系，能够沿着供应商原料采购、工厂生产控制到成品运输一整个产业链进行监控和双向追溯。同时，随着对益生菌安全性评价方法和有效性评价方法研究的深入，迫切需要加快相关法规和标准的制定，加强益生菌产业的规范管理和行业监督管理，以保障产业持续、健康发展。

第二节　益生元

益生元（prebiotic）是一类能够被宿主微生物选择性利用而对寄主产生有益影响的物质，包括低聚半乳糖（galactooligosaccharides，GOS）、低聚果糖（fructooligosaccharides，FOS）、菊粉和聚葡萄糖等，益生元往往不能直接对机体产生影响，一般都是通过促进寄主微生物，即益生菌来产生益生功能。合生元是益生菌与益生元的混合物，可提高活菌制剂在肠道中的定植，选择性地促进一个或有限的几个有益机体健康的微生物生长代谢，给宿主带来有益影响。

一、益生元的种类

益生元是一类非消化性食物成分，通过选择性刺激结肠中一种或几种细菌的生长繁殖，产生对宿主健康有益的效果。益生元需满足以下标准：不可消化性（耐受胃酸、酶消化和肠道吸收）；能被肠道微生物发酵；选择性刺激肠道细菌的生长和活性。

常见的益生元为低聚糖类，包括低聚果糖 FOS、低聚麦芽糖、低聚半乳糖 GOS、低聚木糖、菊粉等。此外一些微藻类（螺旋藻、节旋藻等）和多糖（云芝多糖等）也可作为益生元使用。

目前研究的益生元主要包括母乳低聚糖和非乳源益生元。由于母乳低聚糖结构复杂，难以复制，动物乳源低聚糖结构简单，含量非常低，制备困难，因此现有的益生元补充均来自非乳源益生元，即植物来源益生元，如上所述，主要有低聚果糖、低聚半乳糖、菊粉、甘露低聚糖、低聚壳聚糖、低聚木糖、低聚异麦芽糖、大豆低聚糖、水苏糖、棉子糖等。这类益生元通常有着较低的黏度和甜度，口感更佳，并且水溶性良好，受酸环境和热环境影响较弱，不易与矿物质结合，易于保存。

二、益生元的来源与制备方法

1. 动物来源

牛奶中富含乳糖，通过异构化和转糖基化分别形成乳果糖和低聚半乳糖 GOS。研究发现，罗伊乳杆菌 L103 和 L461 的 β-半乳糖苷酶被认为是将乳糖转化为 GOS 的合适生物催化剂。当乳糖浓度为 205 g/L 时，乳糖转化率接近 80%，获得最大 GOS 产率（38%）。GOS 对消化酶具有抗性，并由特定的结肠细菌发酵，因此显示出双歧活性。

2. 植物来源

豆类、卷心菜、球芽甘蓝、西兰花、芦笋和全谷物等食品富含棉子糖。大豆低聚糖由棉子糖和水苏糖组合而成，来源于大豆乳清。咖啡甘露寡糖由甘露糖、甘露三糖和甘露四糖组成，来自 220℃高压蒸汽水解的咖啡渣。菊粉是利用植物多糖酶解从菊苣根中提取的益生元。谷物在酶解作用下可产生低聚木糖。GOS 是通过单糖或双糖为底物，利用 β-半乳糖苷酶为生物催化剂合成的。果聚糖是在洋葱、香蕉、小麦、洋蓟、大蒜等食品中发现的一组天然低聚糖，食品工业来源一般从菊苣中提取或蔗糖制造。瓜尔种子的胚乳被用于生产瓜尔胶，瓜尔胶被分子量在 1000～100000 之间的 β-甘露聚糖酶部分水解时作为膳食纤维。

抗性淀粉存在于生的马铃薯、煮熟和冷却的淀粉制品和未成熟的水果中，由于加工对淀粉的影响，许多商品食品中也含有大量的抗性淀粉。部分产品和原料中抗性淀粉含量见表 6-3。抗性淀粉一般通过以发酵底物形式促进乳杆菌和双歧杆菌生长、作为膳食纤维促进机体健康，及作为益生菌的包埋材料提高稳定性来发挥益生功能。抗性淀粉的理想剂量约为 20g/d，因微生物发酵特性不同会导致其摄入剂量有所区别，研究发现 2.5～5g/d 低剂量已显示出益生效应，如短链低聚果糖、大豆低聚糖、低聚半乳糖和Ⅲ型抗性淀粉在给药后 7d 内可显著增加粪便中双歧杆菌的数量。

表 6-3 部分食物来源的抗性淀粉含量

来源	抗性淀粉/(g/100g)	来源	抗性淀粉/(g/100g)
豆类植物	17.7～25.4	意大利面	3.3
大麦	18.2	熟制意面	2.9
玉米	25.5	玉米粉	11.0
白米	14.4	米粉	1.6
小麦	13.2	小麦粉	1.7
燕麦	7.2	燕麦卷	8.5
马铃薯制品	2.0～4.8	面包	1.4～1.9

抗性淀粉与 FOS 或菊粉具有协同效应，共同食用后，由于肠道微生物的发酵特异性，大肠前端微生物优先使用 FOS，进行快速发酵，而变性淀粉则是缓慢降解，用于结肠后端的微生物发酵代谢。抗性淀粉与菊粉联合使用对大鼠肠道钙镁离子吸收平衡具有促进作用，代谢产生的短链脂肪酸提高了矿物质的吸收。

3. 微生物来源

木霉菌来源的木聚糖酶产木糖低聚糖比其他微生物来源的酶效率更高。GOS 的商业化生产是利用来自米曲霉的 β-半乳糖苷酶。FOS 由多个植物和微生物中的果糖基转移酶作用而来。

4. 益生元制备

益生元可通过多种方法制备获取，包括天然物提取、化学合成、微生物发酵、酶水解和转化等，当前工业生产中最为常用的制备方法为酶水解和转化。具体制备过程可分为三步：酶的发酵生产；采用酶法合成低聚糖；通过分离纯化得到益生元。在制作过程中，为提高益生元产量，一般采取基因工程改造手段来增强酶活性。用于催化合成益生元的主要酶类型是水解酶（EC 3.2）和糖基转移酶（EC 2.4）。常见益生元的酶法制备如图 6-2 所示。

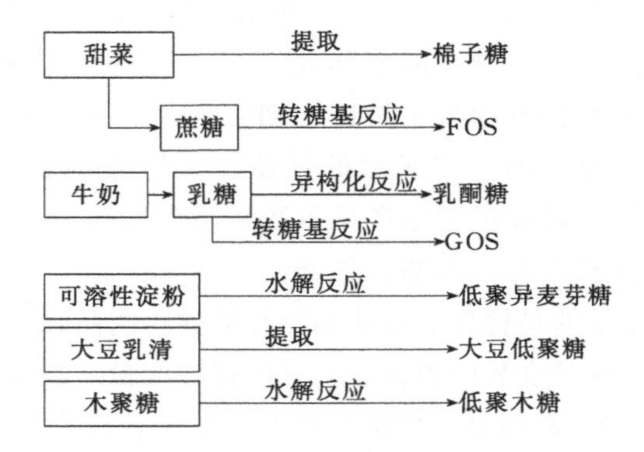

图 6-2 常见益生元的酶法制备

三、益生元的作用机制

由于益生元不易消化，它们完全可供肠道内的细菌使用，并与肠道微生物群相互作用（见图 5-15）。益生元将肠道微生物群的组成转移到与宿主健康状况相关的组成上。随着微生物群组成的改变，益生元转化成的细菌代谢物类型也随之改变，例如产生更多的短链脂肪酸（SCFA），SCFAs 在肠道有重要作用。丁酸盐在维持各种上皮细胞类型的代谢、增殖和分化方面起着至关重要的作用。这些代谢产物中的许多被吸收到血液中，进入与许多生理过程相互作用的系统循环。益生元通常从以下几个方面发挥功能作用：提高短链脂肪酸的产生或组成变化，使结肠 pH 值轻度降低，粪便重量增加；提供一种更低 pH 值环境，调节和刺激肠道菌群；降低腐败、有毒、致突变或遗传毒性物质和细菌代谢物，以及次级胆汁酸和促癌酶的浓度；由低聚糖增加双歧杆菌和乳酸杆菌表现出低的葡萄糖醛酸酶和硝基还原酶活性；含氮终产物和还原酶减少；丁酸的产生加强了肠上皮的再生（即通过其促凋亡能力）；与矿物质吸收相关的结合蛋白或活性载体的表达增加；免疫增强与黏蛋白产生的调节。

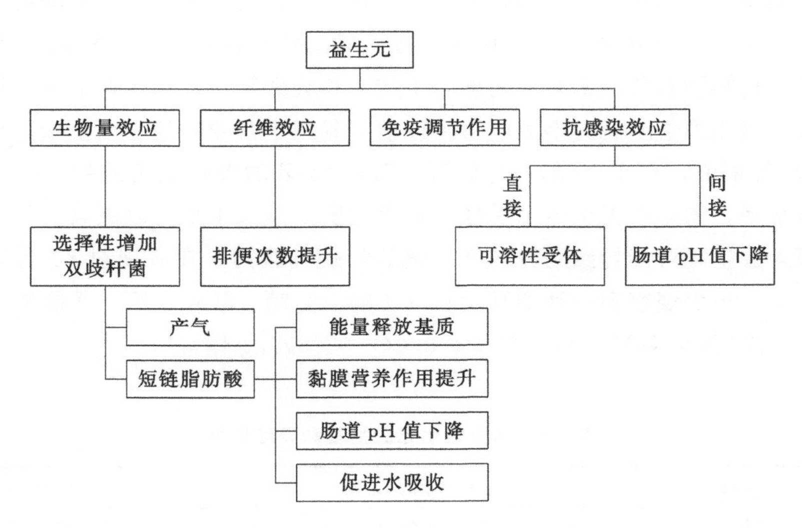

图 6-3　益生元作用机制示意

组学，尤其是转录组学和蛋白质组学，有助于揭示乳杆菌和双歧杆菌的寡糖代谢。细菌有几种途径代谢碳源，有时是菌株特异性的。这些途径包括分解寡糖和多糖的细胞内、细胞外或细胞膜相关的酶［如糖苷水解酶（GHs）］，在复杂的细胞膜糖类转运体系［主要是 ATP 捆绑盒式（ABC）系统］的协助下进行。

除了淀粉酶和果聚糖蔗糖酶（levansucrase），乳杆菌中与寡糖降解有关的代谢酶是细胞内酶，因此转运体系在益生元代谢过程中起关键作用。

当生长在 GOS 培养基时，嗜酸乳杆菌 NCFM 经诱导表达 lac 操纵子，该操纵子编码乳糖渗透酶（lactose permease）LacS；诱导产生参与半乳糖代谢的两种 β-半乳糖苷酶（GH2 和 GH42）以及两个转录调节因子（transcriptional regulator）。缺失 LacS 的突变菌株不能在含有 GOS、乳糖、乳糖醇为碳源的底物中生长，这证实这些酶存在于细胞质。同一菌株在乳糖醇基质中生长，可观察到 LacS 和 GH2 产生量增加。在胆汁酸存在时，可观察到嗜酸乳杆菌为适应肠道环境过量表达了 lac 操纵子；操纵子编码的蛋白质起着重要作用。相似地，嗜酸乳杆菌的 FOS 代谢依赖 ABC 转运系统，因为呋喃果糖苷酶位于细胞内。

双歧杆菌的 FOS、GOS 的代谢经历多个步骤，经过 ABC 型转运体系转运寡糖分子，结合和内化再经过特定的细胞内糖苷水解酶的降解。产生的中间产物通过莱洛伊尔、糖酵解、双歧途径进一步代谢。

β-半乳糖苷酶也表现出了转糖基活性，促进了来自乳糖的益生元物质的合成。

长双歧杆菌婴儿亚种（*B. longum* subsp. *infantis*）在 GOS、FOS 和人乳寡糖等不同碳源的环境中生长，蛋白质组学研究表明其过量表达了特异性的 GHs；但是在所有条件下只有 4 种 GHs 被诱导产生，目前鉴定的有 6 种 GHs。相似的途径也在潜在的益生元候选物的代谢过程出现，如 β-葡聚糖和低聚木糖。

四、益生元的使用

低聚糖的糖苷键不易被肠道消化酶水解，在胃肠道的上部区域很难降解，能够完整地到达结肠，作为可发酵底物供肠道微生物发酵，提高肠道中双歧杆菌和乳杆菌菌落数，代谢产生短链脂肪酸（乙酸、丙酸、丁酸）和乳酸等，进一步调节改善机体代谢。

部分低聚糖作为益生元的潜力已得到评估，其用于营养目的的剂量和持续时间如表 6-4 所示。总的来说，从 3g/d 的短链低聚果糖到 8g/d 的混合短长链菊粉等，均是健康有益的剂量水平，同时根据个体耐受性，益生元安全摄入水平可以更高。但也有报道发现，过多摄入益生元可能导致肠胃胀气、腹部疾病和腹泻。在一项对 80 名健康先证者进行的试验中，至少观察到一种测试症状（头痛、打嗝、肠胃气胀、肠收缩或排便）的摄入量在 3～41g 低聚果糖之间，相当于 0.04～0.06g/kg 体重。

表 6-4 部分益生元的剂量和持续时间

益生元	剂量/(g/d)	时间/d
菊粉	8～40	15～64
低聚果糖	4～12.5	8～12
低聚半乳糖	7.5～15	7～21
大豆低聚糖	10	21
乳果糖	3～20	14～28

益生元也可用作补充剂和特殊食品，通过简单方便的食用方法提高益生元的消耗量，为消费者获得特定类型的益生元和剂量提供途径。常见的益生元是水溶性的，溶于水时完全透明，所以它们在食品中的应用广泛，可以直接洒在食物上，或制备成饮料，或作为胶囊、片剂或咀嚼片服用，如运动饮料、减肥粉、即食蛋白替代品、营养棒等特殊食品。与普通食品相比，这些食品通常含有低聚果糖、某些形式的菊粉或抗性淀粉，其纤维和益生元含量优势明显。

五、益生元的医疗用途

目前益生元已被用于医疗行业，常见于肠内营养产品，其中益生元的作用机制如表6-5所示。通常制备成益生元富集的液体产品，摄入后通过发酵提高结肠中短链脂肪酸水平，使肠道功能正常化并保持其完整性，并在肠道中促进益生菌的定植。这些特性使得益生元适用于抗生素相关性腹泻、各种肠易激综合征（包括结肠炎）患者，以及在接受药物营养治疗的配方饮食时用于一般肠道维护。当摄入量较合理时，益生元也能导致氮排泄的改变，有利于肾患者食用。

表 6-5 益生元作用机制

功能	益生元	作用机制
缓解便秘	乳果糖、FOS、GOS	微生物渗透效应及其调控
肝性脑病治疗	乳果糖	细菌吸收氮并使结肠环境酸化，从而减少含氮化合物分解为氨和其他潜在的脑毒素
炎性肠病 IBD	菊粉、FOS、GOS	调节共生菌和病原菌的免疫应答
预防胆固醇结石	低聚糖（低聚果糖、低聚异麦芽糖、低聚半乳糖、棉子糖和大豆低聚糖）	促进双歧杆菌生长
预防肠源性感染	低聚糖	有助于增强对感染的抵抗力。大多数双歧杆菌都具有清除功能

人类健康效力验证基于预测因子标记物进行表征，这一环节需要进行机制和流行病学研究来验证。由于人类肠道菌群的组成没有完全特征化，不同属、种或菌株的存在、缺失或某些水平的意义还不清楚，因此寻找与益生菌、益生元相关的生物标志物仍是一大障碍。

六、益生元的评估

2007年FAO提出益生元评估的整套流程，包括产品特性、功能特性、益生元资质和安全性等（图6-4）。益生元产品特性包括来源、纯度、化学成分和结构、载体、浓度以及摄入数量。益生元功能声明不仅需要有直接证据，包括宿主前后生理指标，胃肠道、阴道或皮肤等其他部位微生物群的调节等，还需要将特定部位的特定功能、生理效应及其时间效应相关联。益生元成分可以是化学物质或食品级成分，健康效益是可测量的，能够调节宿主体内微生物组成或活动变化。

益生元的安全评估包括以下几个方面。

① 益生元产品在目标宿主中有安全使用记录，如一般公认的安全（GRAS）或其等效评价（如欧盟安全资格认证QPS），如果不具备则建议不必进行下一步动物和人类毒理学研究。

② 需建立最低症状和副作用的安全消费量。

③ 产品不得含有污染物和杂质，污染物能够被识别和测量，并对杂质进行良好表征，必要时提交毒性评估。

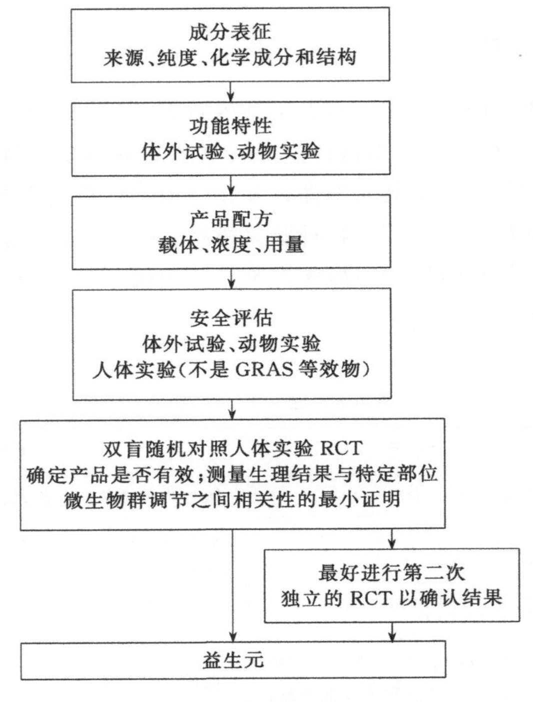

图 6-4 益生元评估流程

④ 益生元不能以对宿主产生长期有害影响的方式改变微生物群。

动物模型可用于确定益生元对宿主毒性产生的影响，在对产品特征不明而导致潜在毒性缺乏了解的情况下，必须满足相关标准，增加功能性成分的测试范围以得出安全暴露水平。参考标准包括以下几种。

a. 活性成分和相关物质具有良好的特性，充分了解文献中现有数据推荐的人体剂量，无毒性可能。

b. 其他物质（如杂质）具有良好的特性，未有文献报道具有潜在毒性。

c. 制造过程具有标准化和可重复性。当益生元活性成分没有完全特征化或没有足够的数据来评估潜在毒性时，需要进行体外和体内毒理学研究，包括致突变性、致畸性、药物代谢动力学、特殊药理学研究以及长期喂养研究等临床前毒理学信息来评估功能成分。

目前观察到的益生元副作用是代谢物中的二氧化碳和氢气会引发腹胀腹鸣。但对于大部分益生元来说，只要限定在一定的剂量范围内，就不会产生严重胀气等副作用。益生元毒性极小，部分非消化性益生元可经常摄取的有效剂量为：FOS 3.0g/d、GOS 2.0～2.5g/d、大豆低聚糖 2.0g/d、低聚木糖 0.7g/d。

第三节 益生菌的固定化和微囊化

近年来，食品工业已将益生菌掺入微粒中，以开发可以提高消费者健康状况的新的和更多样化的功能性食品。

包埋是在完全包含在胶囊壁内的内部基质周围形成连续涂层的过程，但固定化是指在基质内部或沿基质的捕获。因此，固定材料的一小部分可以暴露在表面，而包埋材料则不是这种情况。被包埋的物质可以称为核心材料、填充物、内部相或有效载荷相，而实施包埋的物质可以称为涂层、膜、壳、载体材料、壁材料或外相。食品或加工过程中所有用于包埋的原材料应为天然食品成分或其他具有 GRAS（一般公认安全）状态的成分或为食品级材料。

目前不同的包埋技术使得直径从几纳米到几毫米的颗粒均成为可能。一般认为，微胶囊化过程产生的固体颗粒大小在 1～1000μm 之间。

与药物、色素、香料和芳香物质及细菌等的包埋相关的技术是复杂的。尤其是聚合物基体系统以微粒的形式得到了广泛的应用。根据微粒的结构，在储层类型（微胶囊）和基质类型（微球）以及这些主要类型的其他组合中对微粒进行了细分。它们是以固态或分子态均匀分布的网络组成的致密粒子，称为微球。如果它们是由包含生物活性剂的内芯组成的颗粒，覆盖着一层厚度不等的层（图 6-5），则被称为微胶囊。

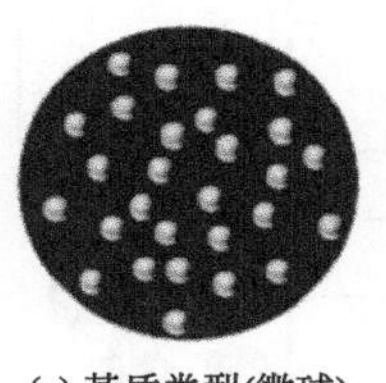
(a) 基质类型(微球)

(b) 规则储层类型(普通微胶囊)

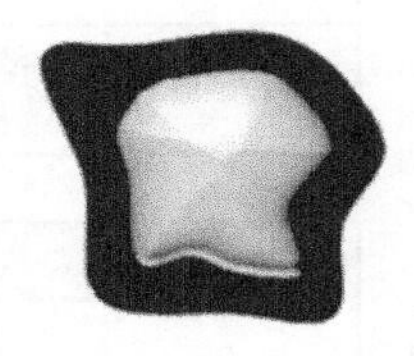
(c) 不规则储层类型(不规则微胶囊)

(d) 多壁储层类型(微胶囊)

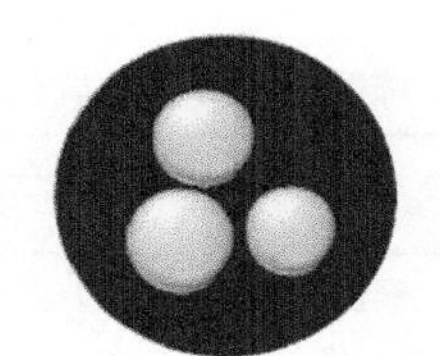
(e) 多芯储层类型(微胶囊)

图 6-5 某些形态的微粒

微胶囊化是一种将固体、液体或气体材料包埋在微型密封胶囊中的技术，在特定条件的影响下，微胶囊化可以控制释放速率。可以将包埋的目的分为活性成分的固定化、保护、控制释放、结构化和功能化。

这项技术的首次尝试记录可追溯到 20 世纪 30 年代，但第一个使用微胶囊材料的产品出现在 1954 年。在食品工业中，第一项研究始于 20 世纪 50 年代末。1975 年首次将乳酸菌（LAB）固定在马鞍型填料，随后将乳酸杆菌包裹在海藻酸钙珠中。在医药行业，有一个重要的贡献，是微胶囊允许开发控制释放配方。

益生菌包埋技术是在细胞培养技术（固定化细胞培养技术，ICT）的基础上发展起来的。益生菌包埋有两个限制，即微生物大小（直径通常在 1～5μm 之间），这妨碍了纳米技术的使用；以及细胞必须保持活力。益生菌胶囊化的主要目的是提高这些产品在保质期内的生存能力，保护细胞免受食物基质和胃肠道中不利环境的影响，并使其在肠道中以一种可行和代谢活跃的状态释放。

已经提出了不同的方法来提高这些敏感微生物对不利条件的抵抗力，例如适当选择耐酸和胆汁的菌株，使用不透氧的容器，经两步发酵、适应压力、加入微量营养素（如肽和氨基酸）和保护剂（如糖和低聚糖）以及使用微胶囊。

包埋成功后，内部生物活性物质应释放到外部，在那里可能实现其有益的作用。核心物质从微粒中释放有四种典型机制：胶囊壁的机械破裂、壁的溶解、壁的熔化和壁的扩散。不太常见的释放机制包括消融（壳的缓慢侵蚀）和生物降解。

一、微胶囊化

微胶囊化方法的选择取决于核和涂层材料的性质、颗粒的大小和形态以及所需的释放机制。其中许多工艺都是从制药和化学工业中改变而来的。一般来说，微胶囊化可分为三个主要阶段，如图 6-6 所示。

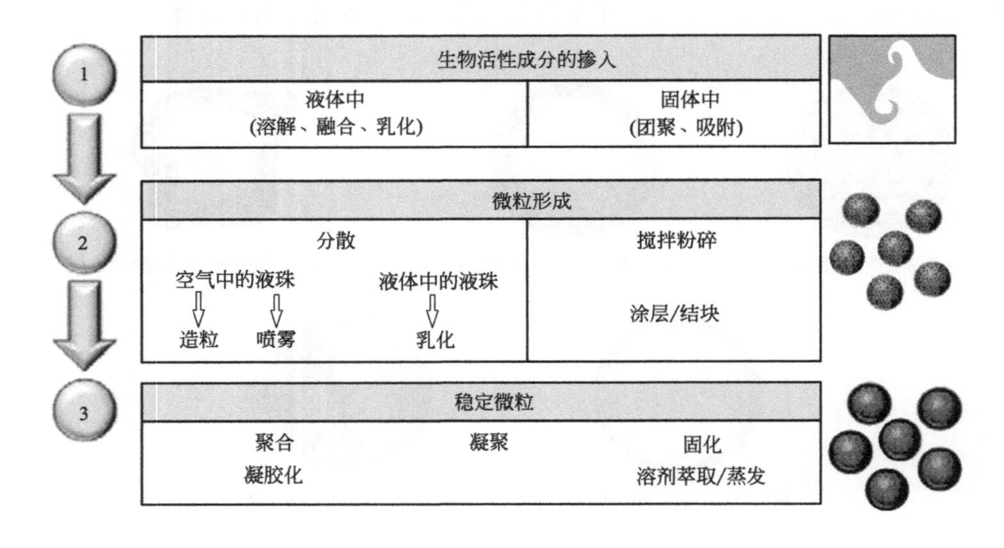

图 6-6 描述微粒生产三个主要阶段的总体计划

在固相或液相中加入生物活性化合物是微胶囊化的先决条件，但始终是必要的。如果该相为液体，则该步骤可能涉及混合或分散过程。如果这个阶段是固态的，这个步骤可能涉及团聚、吸附、干燥等过程。第二步是分成更小的颗粒，包括机械操作。对于液体系统，它被分散在空气中（滴下或喷洒）或另一种不混溶的液体中（乳化）；对于固体系统，可以通过研磨或筛分进行分离；之后，在搅拌（流化床或平底锅涂层）中向微粒喷射溶液，直到获得良好且均匀的涂层。第三步是通过化学、物理化学或物理过程稳定前一阶段形成的微粒。

1. 包埋材料

有几种材料被用于包裹益生菌，包括海藻酸盐、胶体（结冷胶和黄原胶）、卡拉胶、醋酸纤维素邻苯二甲酸酯、壳聚糖、淀粉、明胶、牛奶蛋白、乳清蛋白和许多其他材料（表 6-6）。

表 6-6　食品用常用包埋材料

材料类别	举例
碳水化合物	淀粉和淀粉制品（糊精、天然淀粉、变性淀粉） 糖（果糖、葡萄糖、麦芽糖、蔗糖、玉米糖浆） 纤维素（羧甲基纤维素、羟甲基丙基纤维素、邻苯二甲酸醋酸纤维素） 壳聚糖 树胶（结冷胶、黄原胶、阿拉伯胶、海藻酸钠、卡拉胶、琼脂、果胶） 环糊精
脂类	蜡（蜂蜡、巴西棕榈蜡） 单甘酯和甘油三酯 天然油脂 磷脂 氢化油脂
蛋白质	肽、面筋、酪蛋白、明胶、白蛋白和其他蛋白质

2. 包埋剂

包埋剂的选择取决于许多因素，其中，与被包埋材料的非活性、微粒形成的过程和释放机制最相关。理想的包埋材料必须在高浓度下呈现低黏度，并且在过程中易于处理；具有低吸湿性，便于处理和防止团聚；有密封和将活性材料保持在胶囊结构内的能力；为活性物质提供最大限度的保护，使其免受不利条件的影响，如光照、pH 值、氧气和活性成分；溶于常用溶剂；具有活性物质所需的释放特性；在口服时不会产生令人不快的味道；且具有适合的成本。可生物降解聚合物和可生物降解聚合物的天然混合物或合成的通常用于药物的控制释放。

二、微胶囊化方法

微胶囊化过程本身可分为两个主要阶段，即分为微粒形成阶段和稳定微粒阶段。

1. 微粒形成

微胶囊化的第一步是将含有益生菌的相分成直径为微米级的小颗粒。微粒的形成取决于含有活性物质的分散体系。可以采用液体基质分散（挤出、喷涂、乳化）或几种固体基质技术（空气悬浮涂层、聚丙烯腈涂层）。

（1）液基分散

液体基质的分散可以在空气或其他液体中进行。如果在空气中进行，它可以简单地通过重力作用、滴液、产生水垢或雾化（或喷雾）来制造。滴液是生产微粒最简单的技术。通常通过滴液，形成的颗粒非常大（直径 2～5mm）。

造粒是一种小聚集体，通常是一个固形球体，由熔化的物质形成。待充填的材料在熔化时必须是低黏度液体，在室温下必须是固体，它是通过让熔化的物质液滴凝固（冻结或凝结）而形成的。

雾化通常形成气雾。气雾是一组非常小的液滴或固体颗粒分散在一种气体中的动态集合，如果液体基质分散在另一种液体中，所使用的技术就是乳化。

① 挤压。挤压最重要的特征之一是孔的大小，开口（喷嘴）的内径越小，颗粒越小。

挤压法是用于益生菌包埋的最常用技术之一。这类挤压技术通常没有风险，但有时是一种非常复杂的微胶囊化技术。

通过挤压的益生菌包埋包括在低温下使用高压迫使含有细胞的液体分散液通过喷嘴。如果挤压发生得很慢，当重力作用超过表面张力时，形成的液滴将下落。如果挤压发生得更快，就会形成一股液体射流。如果挤压（液滴形成）发生在受控模式下（与雾化喷射相反），则该技术称为造粒。如果外部材料可以瞬间凝固，则造粒是非常有用的技术。如果挤压仅通过重力作用完成，则形成的颗粒较大，因此有必要使用辅助技术减小液滴的尺寸。

利用挤压工艺制备获得的微粒都在几百微米。在大多数涉及固定活细胞的应用中，微粒的尺寸需要很小（小于 1mm）并小心控制。通过挤压技术制成的海藻酸钠珠的大小通常从 2～4mm 不等。

其中一个改进是使用基于喷射的方法，可以举出一些非常有前途的方法，如静电技术、同轴流喷射、空气动力辅助喷射（AAJ）、喷嘴共振技术、旋转圆盘技术等。

a. 静电发生器。Amsden 和 Goosen（1997）提出了一种在外加电场的情况下通过针头挤压液体的方法。通过在下落液滴中施加静电势（图 6-7），电荷在其表面积聚，产生与表面张力相反的斥力。使用这种设备产生微粒是基于在喷嘴顶部形成单个液滴。

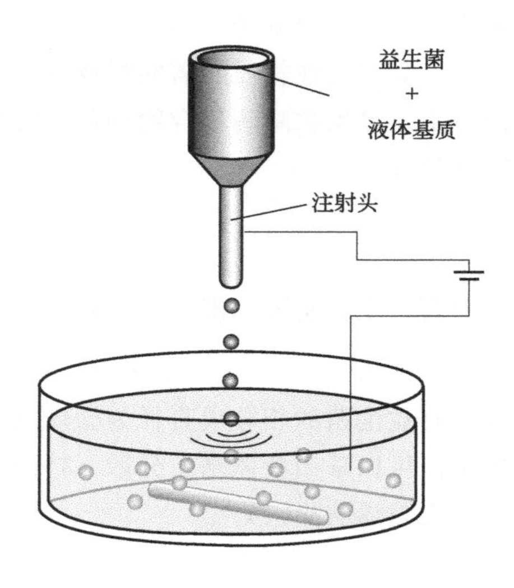

图 6-7　静电发生器原理

该设备主要由 0～10kV 高压电源、电压大小调节开关、持针器和安全笼组成。一些研究小组利用不同的外加电压，如 6.5～7.5kV，开发了其他装置。液体分散液可通过输液泵输送。

产生的微粒直径主要由喷嘴直径、电压和针头与溶液之间的距离决定。在高压（10kV）下可以获得小于 20μm 的小尺寸微粒，使用的电位在 10～25kV 之间。这项技术的主要缺点是反应速率很低，但由于液滴只能一滴接一滴地形成，因此其固有的局限性很小。因此，它只用于小批量生产。

b. 同轴气流珠发生器。该仪器的基本原理（图 6-8）是使用同轴气流推动喷嘴形成液滴。利用这种技术，可以产生直径为 200μm 的微粒。该仪器设计用于生产少量直径小于 500μm 的球形珠子（如海藻酸基质）。

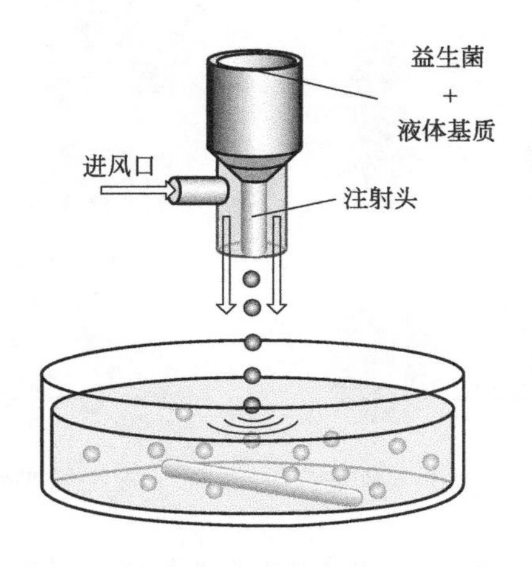

图 6-8 同轴气流珠发生器原理

产生的珠子直径主要由喷嘴直径、流量和应用的空气流量控制。这项技术的主要缺点是产量非常低，因此只适用于小规模生产。

c. 气动辅助喷射。空气动力学辅助喷射（AAJ）是主要的喷射加工方法之一。AAJ 是一种形成液体射流的压差现象，随后会产生无数的液滴（图 6-9）。

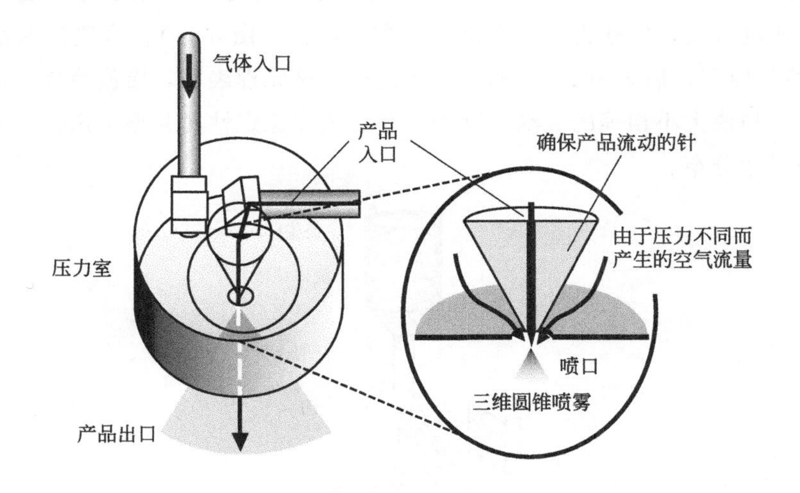

图 6-9 AAJ 设备的工作原理

产品通过一个中央针头进入，中心针头被封闭在一个压力室中，出口穿过冰层。出口孔中心与针轴成一直线，已在外部埋入。沉头导致空气动力学效应，因此当射流通过针孔时，其直径比在针孔处的直径小。液滴的大小由产品流量和腔室内的压力决定。产品流量由连接到产品喷嘴的注射泵控制。使用此类设备，可以获得非常小且均匀的颗粒

(10μm)，且有轻微的堵塞风险。这种独特的技术的优点是根据产品的物理特性，可以得到比针头直径更小的颗粒（见图 6-10）。

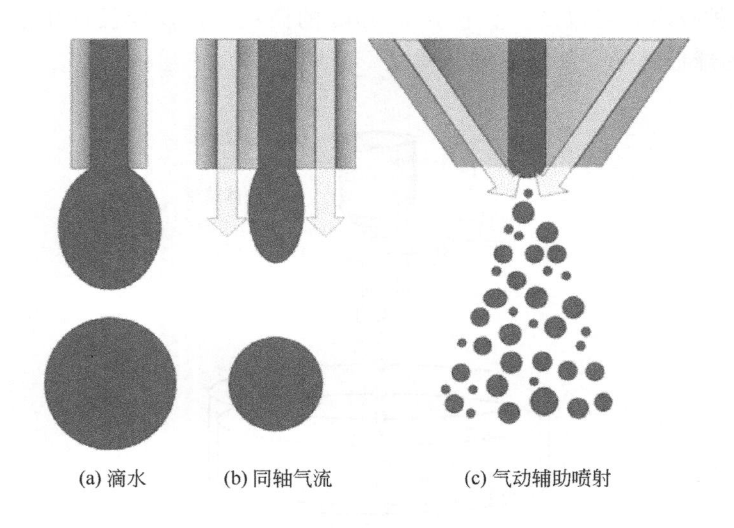

图 6-10 使用单轴挤压技术的制备方法、尺寸和模式

将 4 株益生菌（*L. paracasei* L26、*L. casei* 01、*L. acidophilus* Ki 和 *Bifidobacterium animalis* BB-12）用 AAJ 技术包埋在添加 L-半胱氨酸·HCl 的普通海藻酸盐或海藻酸盐中，并在不同温度下保存 6 个月，结果表明，该包埋方法仅在低温下有效，与菌株的敏感性无关。

d. 喷嘴共振技术。Berkland 等（2001）开发了一种基于液体通过以超声波频率振动的针头挤压的方法，以获得具有窄尺寸分布的微粒（图 6-11）。这项技术基于 Joseph Plateau 描述的原理，后来由 Lord Rayleigh 改进，该原理表明，层流液体射流在受到叠加振动时会破裂成大小相等的液滴。这种振动必须在稳定性的共振下进行，并产生非常均匀的液滴尺寸分布。

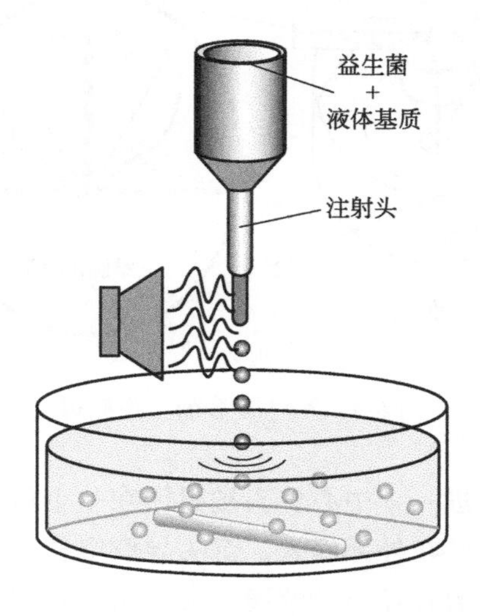

图 6-11 喷嘴共振技术原理

在喷嘴喷出的射流形成过程中，有分裂成小液滴的趋势。以特定频率施加振动，形成直径约为射流直径 2 倍的均匀液滴。影响颗粒尺寸的参数是频率、液体喷射速度和喷嘴直径。对于约 1mm 的大颗粒，该方法允许高液体流量，高达几升/小时。对于较小颗粒，流量按比例减小。在获得最佳振动后，该过程变得高度可重复性。如果分散液的黏度过高，共振会减弱，从而阻止或阻碍液滴的形成。该工艺对于生成 100～5000μm 之间的液滴非常有效，可以获得更小或更大的液滴。

如果需要均匀、单分散和小颗粒（直径从 0.1～2mm）以及可变化的量（从每批 10g 到 100kg），则可以采用此技术。

e. 射流切割技术。利用这项技术，液体作为一个连续的射流被高速地从喷嘴中挤出。在喷嘴的正下方，射流被一个旋转的切割工具机械地切割成圆柱形部分，该切割工具由连接在支架上的小金属丝制成。在表面张力的驱动下，切割后的圆柱段形成球形液滴（图 6-12）。这种方法的优点之一是液体的流速可以很高，但特别适用于高黏度的分散。产生的微粒的直径主要由喷嘴直径、刀具的旋转频率以及金属丝的数量和直径决定。该技术适用于实验室规模生产和工业规模微粒生产。

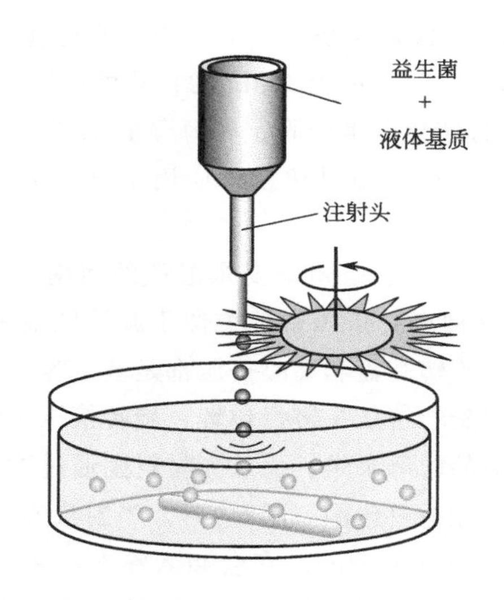

图 6-12　射流切割技术原理

f. 转盘技术。旋转悬浮分离（或离心悬浮分离涂层或旋转圆盘法）是一种微胶囊技术，最早由 Sparks 于 1987 年开发。该过程包括：将核心颗粒悬浮在液体涂层材料中；在核心颗粒之间的多余液体扩散到比核心颗粒直径更薄的薄膜的条件下，通过旋转圆盘装置浇注悬浮液。液体射流被引导到旋转圆盘（图 6-13），旋转圆盘使用离心力使液滴分裂。微粒离开圆盘后凝固。整个过程可能需要几秒到几分钟。

影响粒子大小的参数是旋转速度、圆盘的几何形状和液体射流的低速率。这种方法的优点是液体流速可以很高。除喷射切割法外，由于制备条件温和、不存在堵塞问题、工艺连续、电力成本普遍较低，该工艺对食品行业应用最有希望。

圆盘设计的主要目的是确保液体达到圆盘的速度，并在雾化液体中获得均匀的液滴尺寸分布。圆盘直径在小型实验室模型中为 5cm，在工业型烘干机中为 40cm。圆盘速

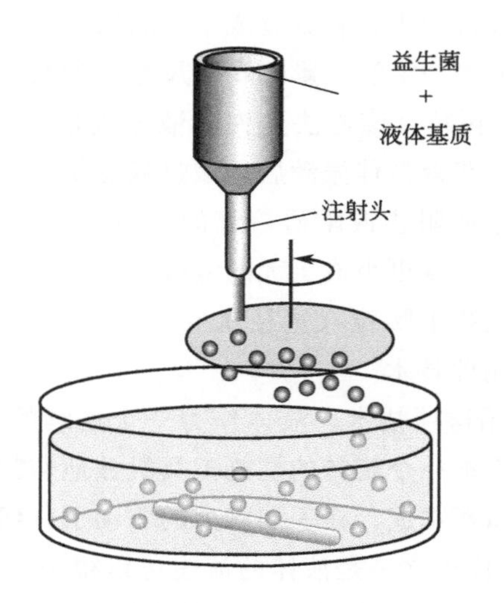

图 6-13 旋转圆盘技术原理

度范围从 1000～50000r/min。这是一个连续的过程，使得能够以较高的速率产生具有窄尺寸分布的给定尺寸的颗粒。30μm 至 2mm 的颗粒可通过该工艺进行包裹。Bégin 等（1991）研究了利用旋转平板雾化器生产固定在海藻酸钠凝胶中的生物催化剂，并获得直径为 1～3mm 的微粒。将旋转圆盘雾化技术应用于以酵母为模型系统的海藻酸钠微球制备，其粒径范围为 300～600μm。

g. 离心挤压。总部位于得克萨斯州圣安东尼奥的西南研究所（SwRI）在 20 世纪 60 年代开发了离心挤压。这种离心挤压系统类似于旋转圆盘系统，是一种利用旋转力产生液滴的液体共挤过程。旋转圆盘和离心挤压都是基于雾化方法。

在离心挤压中，液体用旋转挤压头进行包埋，旋转挤压头包含一个改进的双流体喷嘴，其中活性成分通过喷嘴的内部泵送，而外壳材料则通过喷嘴的外部泵送。在此过程中，核心液体射流被一层外壳材料包围（图 6-14）。当射流通过空气时，由于瑞利-泰勒不稳定性（Rayleigh-Taylor instability），它会滴入涂有壁液的核心液滴中。尽管液滴处于光照下，熔融壁可能会硬化，溶剂可能会从壁溶液中蒸发，或者可能出现其他机制，具体取决于包埋材料，导致微粒硬化。

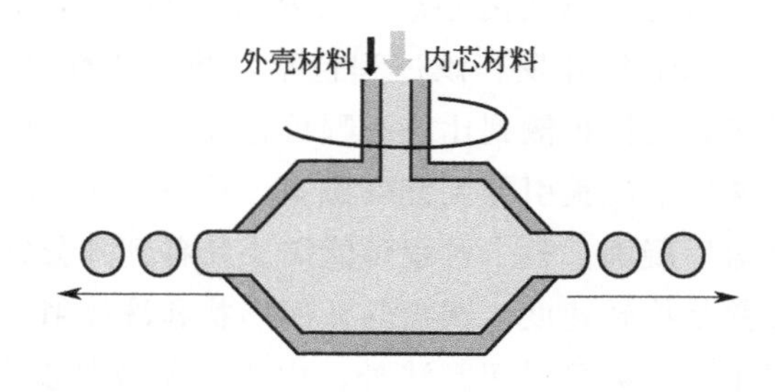

图 6-14 离心挤压工艺原理

从工业角度来看，旋转圆盘和离心挤压是传统雾化装置（如双流体喷嘴、压力喷嘴和旋转轮）的替代品，用于雾化涂层配方中的乳液或悬浮液。离心挤压是一种廉价的工艺，用于生产直径为400～2000μm的颗粒，生产率高，每个喷嘴每小时可生产22.5kg的微粒。

h. 微流控技术。在这种技术中，使用精密的微通道制造均匀的液滴，通过微通道挤压包埋材料。Huang等（2007）报道了利用微流控芯片和内凝胶反应制备单分散海藻酸钙微粒。该微流控芯片能够产生相对均匀的微粒，具有液滴直径主动控制、工艺简单、成本低、高通量等优点。通过改变相对鞘层/样品流量比，可以将微粒的粒径从80μm控制到800μm。微流控技术的最大优点是可以产生高度可重复的液滴尺寸。然而，使用这种方法的食品工业间歇过程可能难以扩大规模。

② 喷雾。喷雾（也称为雾化）是食品工业中最常用的方法之一，因为除了经济和灵活外，还能生产出高质量的产品。自20世纪50年代末以来，雾化和热风干燥（喷雾干燥包埋）已被应用于食品工业。微生物的喷雾干燥可追溯到1914年罗杰斯对干燥乳酸菌发酵剂的研究。1932年，英国A. Boake，Roberts&Co.，Ltd. 生产了第一批喷雾干燥香精粉，其中香精被包埋在一层薄的阿拉伯树胶膜中。

在喷雾过程中，细菌分散在液相中，该系统在气流中雾化。对于益生菌，必须在水相中分散。

首先制备含有益生菌活细胞的分散液或乳液。载体应具有良好的乳化性能，在高固体含量下具有低黏度，并且具有低吸湿性。这一过程的特点是将液体分散液喷洒在受控制的热风流（喷雾干燥）或冷风流（喷雾冷冻干燥）的室内。分散液通过快速旋转装置或喷嘴雾化成数以百万计的单个小液滴（图6-15）。该工艺使喷涂产品的接触表面积大大增加，产生微粒；溶剂的快速蒸发发生在与气流接触的微粒；溶剂蒸发后，回收干燥的微粒。

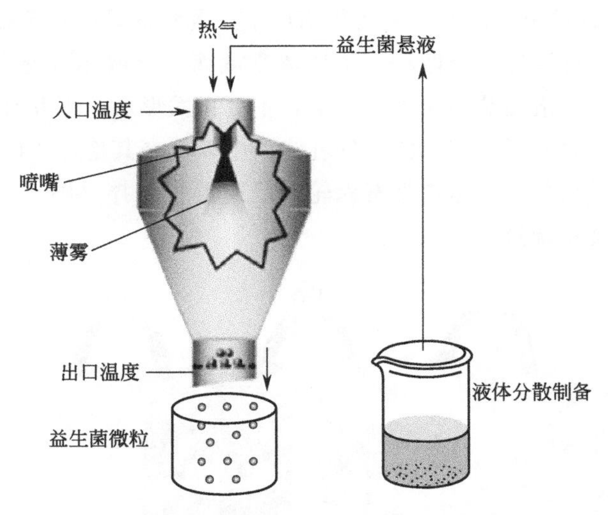

图6-15　雾化过程（喷雾）示意

雾化也可以发生在低温下（喷雾凝结或喷雾冷冻）。在这种情况下，细菌细胞处于冷气相的雾化溶液中，从而导致冻结液滴分散。然后，这些液滴可以通过冷冻干燥进行干燥。与喷雾干燥技术相比，该技术能耗大、加工时间长、价格高，尤其是在大规模生产中。一些更耐热的乳酸菌菌株可以喷雾干燥而不会明显丧失活力和活性，这与通过冷冻干燥获得的菌株的活力相当。Semyonov 等（2010）开发了一种利用喷雾冷冻干燥生产高活性副干酪乳杆菌微粒的新工艺。

喷雾的优点是制备速度快和过程成本低。这是一种简洁的技术，而不必清洗、分离微粒或处理废溶剂。该技术具有很高的重复性，适用于工业化应用。雾化过程的另一个优点是可以连续操作。包埋效率通常在 70%～85%之间变化。

这种方法的一个主要缺点是它是一种固定化技术，而不是包埋技术。这意味着一些生物活性成分可能暴露在表面。当考虑到益生菌的包埋发生一些水合作用时，细菌可能会泄漏。雾化的缺点包括设备成本和难以获得球形颗粒。该工艺的另一个缺点是，干燥阶段使用的高温可能不适合细菌细胞的包埋，因为它们会影响聚合物的性能或细菌的存活。雾化过程中产生的混乱会导致形成的颗粒大小发生很大的变化。适当控制雾化室的入口和出口温度可以使益生菌得到所需尺寸的胶囊。

为了提高益生菌的存活率，可以在干燥前向培养基中添加保护剂。Rodrigues 等（2011）研究了喷雾干燥乳清蛋白微囊化后，添加或不添加 L-半胱氨酸・HCl 的嗜酸乳杆菌 Ki、副干酪乳杆菌 L26 和动物双歧杆菌 BB-12 的存活率，结果表明，添加 L-半胱氨酸・HCl 的效果取决于益生菌菌株。海藻糖可以提高唾液链球菌喷雾冷冻干燥的存活率。Berner 和 Viernstein（2006）测试了几种不同保护剂对冷冻干燥乳球菌活力的影响，发现以脱脂牛奶或 MRS 肉汤（含糖）为基础的保护剂最有效。在植物乳杆菌和鼠李糖乳杆菌 GG 的冷冻干燥过程中，蔗糖、海藻糖和山梨醇被用作冷冻保护剂，其中蔗糖的效果最好。与单独使用复原脱脂乳（RSM）相比，向复原脱脂乳中添加聚葡萄糖可提高鼠李糖乳杆菌 E800 在喷雾干燥过程中的存活率。谷氨酸钠、蔗糖和低聚果糖与复原脱脂乳联合使用对喷雾干燥过程中两种益生菌 *L. kefir* 菌株的活力有保护作用。

③ 乳化。这些微粒也可以通过乳化作用产生。乳状液是两种不混溶液体的混合物，其中一种液体在另一种液体（分散相）中形成小液滴（分散相可能含有益生菌），以形成稳定的混合物。乳状液在热力学上不稳定，不会自发形成，因此有必要通过搅拌提供能量来获得乳状液。表面活性剂是添加到乳状液中以提高其稳定性的必要物质。

生产乳状液的最简单方法是在带有涡轮的反应器中搅拌（图 6-16），也可以使用带有静态混合器的连续系统获得乳化液。

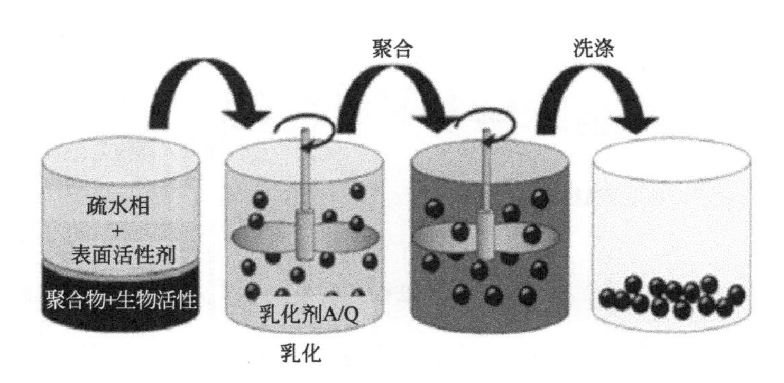

图 6-16 采用简单乳液技术（亲水活性成分）制备微粒的方案

作为固定敏感活细胞（微生物、藻类、植物和动物细胞）的一般方法，乳化技术是由 Nilsson 等（1983）首次开发的。

乳状液内相粒径越小，最终的微粒越小。微粒的大小基本上由搅拌速率控制，可在 25μm～2mm 之间变化。乳化作用可产生 0.2～5000μm 的大颗粒。虽然得到的微粒粒径很小，但这种方法的主要缺点是提供了较大的粒径范围和形状。例如，通过乳化技术制备的海藻酸钠微粒的大小通常在 20μm～2mm 之间变化。用乳化技术包埋嗜酸乳杆菌 LA1，形成的微粒直径在 100～300μm 之间。

乳化技术易于扩大规模，使益生菌存活率提高。然而，如果必须去除植物油，则成本可能会高。乳化法是针对食品应用的益生菌包埋最常用的技术之一。

稳定微粒有多种技术，例如溶剂蒸发、溶剂萃取、冷却、热交联和化学交联以及离子相互作用等。

Özer 等（2009）利用乳化技术将双歧杆菌 BB-12 和嗜酸乳杆菌 LA-05 包埋在白色盐浸奶酪中，验证了微囊化细菌时存活率的降低不明显，并且没有观察到感官特性的差异。丁和沙（2009）使用乳液技术测试了 5 种不同的包埋材料对 10 种益生菌的稳定性。研究结果表明，海藻酸钠、黄原胶、卡拉胶制成的颗粒菌在酸性胆汁盐的存在下，能显著提高益生菌的存活率。Shima 等（2007）研究了嗜酸乳杆菌加入水-油-水（W/O/W）乳状液内相中，发现它提高了模型胃液中细菌的存活率。

（2）固体基质技术

固体颗粒的划分可以通过研磨或筛分来完成。在搅拌下将溶液喷涂在微粒上（空气悬浮涂层或聚丙烯腈涂层），直到获得良好且均匀的涂层。

① 空气悬浮涂层。空气悬浮涂层最初是作为一种药物剂型的涂层技术而发展起来的。这种包衣技术最初是由威斯康星大学（University of Wisconsin）的药学教授 Dale Wurster 在 20 世纪 50 年代（Wurster，1959）开发的，用于包衣药片。由此产生的仪器（底部喷涂或 Wurster 涂层）通常包括垂直管、压缩机系统、加热系统、可调板系统和一个或多个雾化器。在垂直管中，引入待涂层颗粒；压缩机系统启动气流提升，由加热系统加热，防止颗粒物质在重力作用下沉积；可调节板系统调节空气速度；雾化器将涂层液体释放到颗粒上。

当向上流动的空气通过颗粒层达到足够的速度使其悬浮时，就会产生这种涂层。在传统的空气悬浮涂层中，流态化的基本概念取决于通过气流向上运动来平衡颗粒所受的重力，从而确保这些颗粒完全流态化。在这种类型的包埋中，核心粒子悬浮在空气中，涂层材料被雾化到腔体中，震动并沉积在粒子上。由于喷嘴浸没在气流中，同时将涂层材料喷射到固体颗粒中，这些液滴在接触之前会移动很短的距离，从而形成更为均匀的薄膜。当颗粒撞击腔体顶部时，其速度变慢，在重力的作用下被一个下降的空气柱抛出，空气柱再次将颗粒抛入流化床，在流化床中，颗粒再次被覆盖，循环再次开始（见图 6-17 中的底喷方式）。在固体颗粒上涂覆涂层是一个非常复杂的现象。均匀的涂层不是在随机取向的微粒通过雾化区的单一通道上形成的，而是在它们通过雾化区的连续通道上形成的，保证了涂层的完整性和均匀性。

另外还设计了其他空气悬架涂层系统，即顶部喷涂和切向喷涂。如图 6-17 所示的

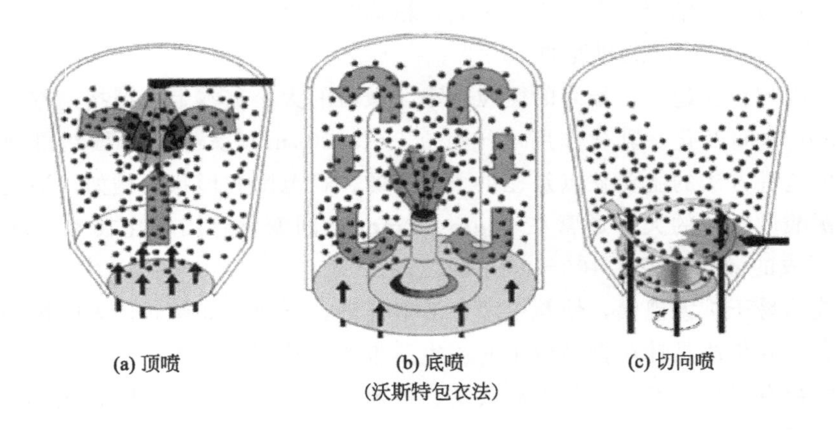

图 6-17 空气悬浮涂层技术分类

三种技术主要区别在于所采用的空气流化类型和喷涂涂层材料在喷涂室的位置不同。益生菌存在于细小的粉末颗粒中，这些粉末颗粒在罐中保持运动。益生菌是通过传统方法（如发酵、浓缩、冷冻干燥和造粒）来制备的。

当微粒被顶部喷涂系统覆盖时，微粒通常具有多孔表面和空隙，因此而产生的微粒的体积密度通常低于通过其他方法获得的体积密度。

切向喷涂系统结合了离心、高密度混合和流体床干燥的效率，形成了体积密度更高的产品，但仍有一些空隙体积。这种方法可以获得更少的脆性和更多的球形涂层颗粒。

流化床包埋是为数不多的技术之一，使得粒子可以被几乎任何类型的覆盖材料包裹。在食品应用中，涂层主要是脂基的，但也可以使用蛋白质或碳水化合物。

空气悬浮涂层（图 6-18）的优点是易于放大。由于食品工业需要低成本的大批量生产，使用 Wurster 设备的这种涂层仍然是第一选择。

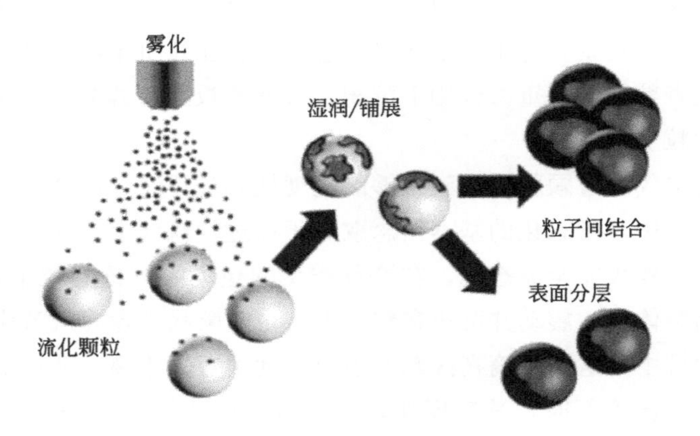

图 6-18 空气悬浮涂层

② 聚丙烯腈涂层。相对较大的颗粒可以被聚丙烯腈涂层包裹。固体颗粒的尺寸必须大于 600μm，才能用这种方法获得有效的涂层。该方法采用含有待涂层材料的旋转盘，在旋转盘上释放含有涂层材料的液体。旋转通过核心粒子均匀地分布这一层，形成

有利于溶剂（通常是水）蒸发的高比表面积的薄层。随着溶剂蒸发，涂层变硬并覆盖细胞核。该工艺广泛应用于制药行业，是包衣片剂最古老的工艺之一。

2. 稳定微粒

微粒制备的第三步也是最后一步是通过化学（聚合）、物化过程（凝聚、凝胶化）或物理过程（蒸发、固化、聚结）稳定微粒。

（1）固化

该方法包括将活性物质（如活菌）分散在熔融赋形剂中，然后在相同温度下用加热的不相容溶剂乳化该相。由于该相的形成需要加热，因此使用的温度比赋形剂的参考值高出几度。表面活性剂的加入有助于提高包埋的效率，因为它增加了活性物质的润湿性，从而导致更大程度地并入微粒中。然后将混合物冷却到熔点以下，直到内部相的液滴凝固。

（2）凝聚

最早也是应用最广泛的微胶囊技术之一是凝聚分离相。Tiebackx（1911）首次报道了凝聚现象，1929 年由 Bungenberg de Jong 和 Kruyt 在化学中引入凝聚一词，以描述液体体系中的大分子聚集现象，形成两个液相分离的胶体系统：一个富含聚合物（凝聚体），另一个是上清液。当条件改变时，发生简单的凝聚作用，导致大分子部分脱水，进而导致相分离。这可以通过将聚合物与不相容或不易溶解的溶剂混合、改变温度等来实现。在溶液中，这些脱水剂通过水竞争促进聚合物-聚合物相互作用。当两种或两种以上的聚合物和一种溶剂的混合物放在一起时，就会发生复合凝聚。

凝聚的三个基本步骤是：（阶段 1）形成三个不混相、（阶段 2）沉积涂层、（阶段 3）硬化涂层（图 6-19）。

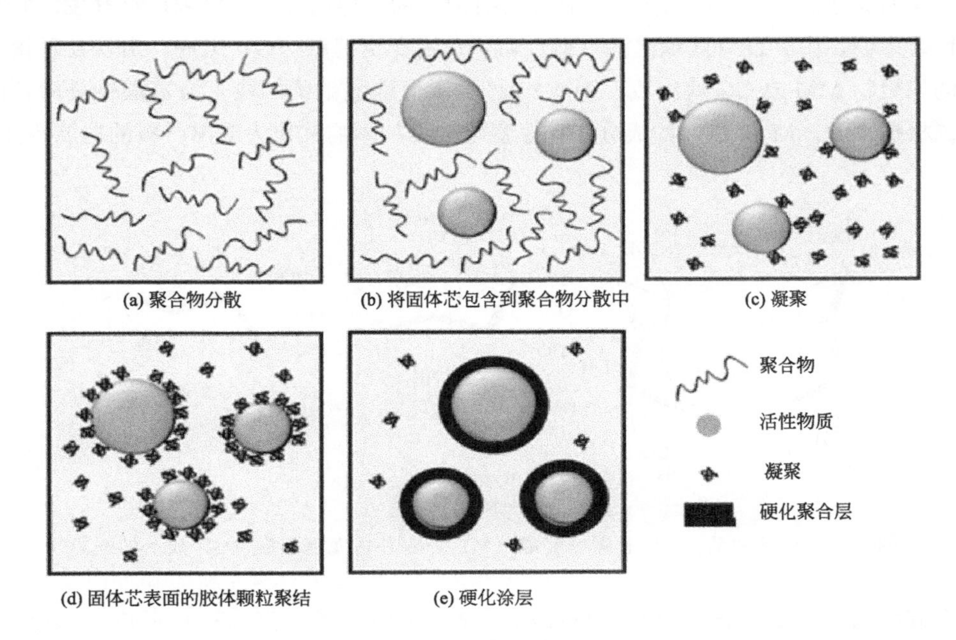

图 6-19 凝聚阶段

阶段 1 包括三个不互溶相的形成：液体运载工具、固体核材料和涂层材料。核心材料包含在聚合物涂层的分散体中。涂层材料相是一种液态不互溶聚合物，可通过温度变化、添加盐、添加非溶剂、添加不相容聚合物以及诱导聚合物-聚合物相互作用形成。阶段 2 包括将这些胶体颗粒沉积在包覆它的固体芯表面。通常，该固体芯必须与聚合物相容，且不溶于或微溶于凝聚介质中。阶段 3 通过交联、去溶剂化或热处理来稳定微粒。

尽管静电相互作用被认为是导致相反电荷聚合物之间相互作用的原因，但氢键和疏水相互作用也可显著促进复合物的形成。

通过凝聚法对大量的亲水胶体系统进行了微胶囊化评价，但研究最多、理解最清楚的系统可能是阿拉伯胶/明胶系统。然而，其他凝聚体系也具有非常好的性能，如明胶、卡拉胶、壳聚糖、大豆蛋白、明胶/羧甲基纤维素、β-乳球蛋白/阿拉伯胶和瓜尔胶/葡聚糖等。凝聚法具有一些优点，例如可以达到非常高的有效装载量，这是该方法最重要的特点之一。

限制凝聚体在包埋中使用的因素之一是它们对 pH 值和离子强度的敏感性。为了提高凝聚体的耐用性，可以使用化学试剂进行交联，例如戊二醛。加热和添加反聚离子或其他交联剂是可选的交联方法。酶交联剂在食品工业中更容易被接受。化学交联剂和热的应用都可能对包埋材料造成危害，如益生菌等活细胞。复合凝聚主要用于油的微胶囊化，但也可用于营养素、维生素、酶和益生菌。

(3) 凝胶化

凝胶化是制备微粒最常用的包埋技术之一。凝胶形成液滴在凝胶浴中的接触导致这些颗粒的形成。

天然高分子材料以其优良的相容性和可生物降解性，在制备含食品和药物的剂型中得到了广泛的关注。其中，海藻酸是一种非常有前途的天然高分子，已被广泛开发。它是一种线性杂多糖，由 β-D-甘露糖醛酸（M）和 α-L-古龙糖醛酸（G）组成，由从几种褐藻中提取的均聚物 MM 或 GG 块组成。图 6-20 显示了海藻酸钠的结构，海藻酸钠是海藻酸的钠盐。根据来源，M 和 G 中的成分和顺序变化很大，影响其作为支撑材料的功能特性。

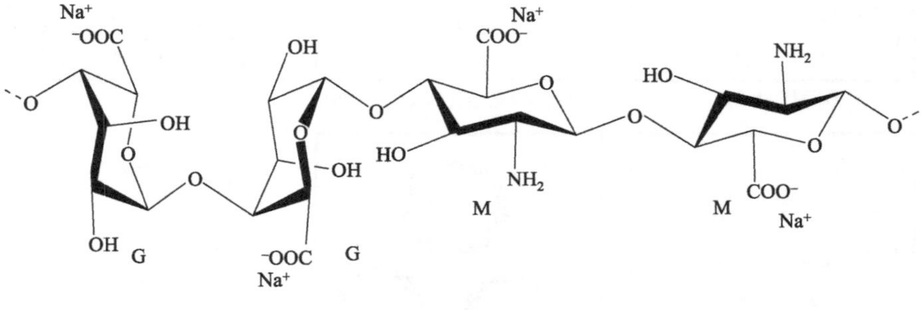

图 6-20 海藻酸钠：β-D-甘露糖醛酸（M）和 α-L-古龙糖醛酸（G）残基的嵌段

海藻酸（或海藻酸钠）可与二价阳离子或多价阳离子（例如钙）反应，形成交联，从而形成凝胶。使用钙离子形成凝胶主要发生在结构 GG 块中，因此形成称为“蛋盒”结构的块状（见图 6-21）。

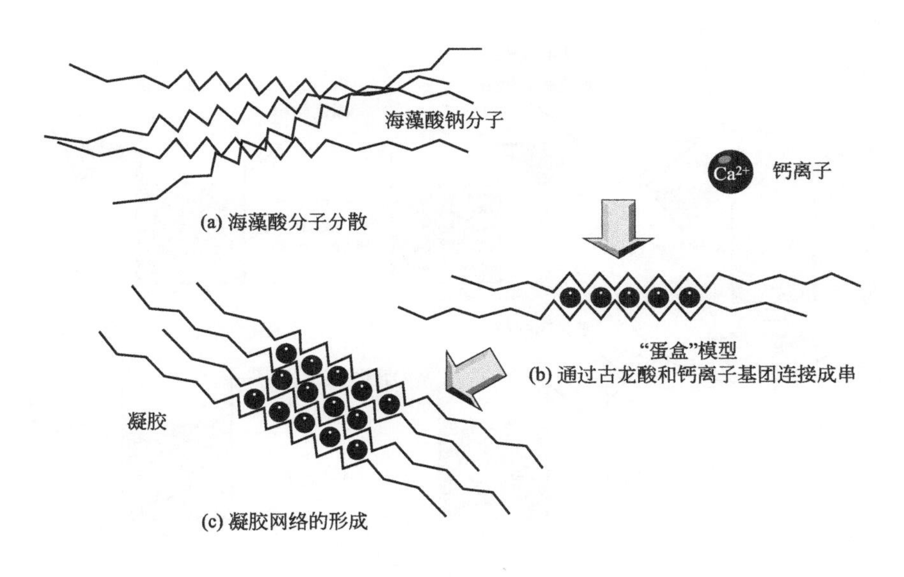

图 6-21 海藻酸钙凝胶的形成

由于离子键的作用，海藻酸钠溶液滴入钙离子浴中形成凝胶已被广泛应用。海藻酸钠凝胶在酸性 pH 值下相对稳定，但在碱性条件下容易分解。

可用于离子胶凝的其他聚合物体系有壳聚糖/三磷酸盐、果胶/钙、结冷胶/钙和羧甲基纤维素/铝。

凝胶化也可以通过喷洒热凝胶（喷雾冷却）获得，或者也可以先经过乳化然后再经过冷却或 pH 值变化后通过挤压形成。

乳化技术也可用于制备海藻酸钙微粒。在这项技术中，海藻酸钠水溶液分散在不相容的液相中，形成的凝胶液滴与钙离子反应，钙离子被添加到外相中，形成微球。亲水性药物和粒径小于 150μm 的微粒的包埋率很高。也可以使用其他凝结剂。Heidebach 等通过转谷氨酰胺酶催化含有益生菌细胞的酪蛋白悬浮液的凝胶化获得微粒，即副干酪乳杆菌的商业菌株。副干酪乳杆菌 F19 和乳双歧杆菌 Bb12 酪蛋白细胞被油包水乳液成功地包埋在凝胶基质中，在油包水乳液中，酪蛋白酸钠和结冷胶混合物形成基质，然后用葡萄糖酸-δ-内酯逐渐降低 pH 值进行凝胶化。采用酶促凝乳酶诱导凝胶法将副干酪乳杆菌 F19 和乳双歧杆菌 Bb12 微胶囊化在乳蛋白基质中。

也可以通过乳化内部凝胶化获得海藻酸钙微粒（图 6-22）。钙以不溶性盐（如碳酸钙或柠檬酸钙）的形式分散在海藻酸钠溶液中。该混合物在油相中乳化以获得 W/O 乳液，内部相中的钙通过外部油相酸化释放，导致海藻酸凝胶化。

(4) 溶剂萃取/蒸发

溶剂萃取技术通常被用于通过选择组分和制备配方来获得微粒和调节物理化学性质。这项技术包括聚合物溶液的制备，然后是它们的乳化液滴。这些过程的两个主要阶段是乳液的形成和溶剂的去除。活性剂在聚合物分散液中溶解或分散，该混合物在含有表面活性剂的水溶液中乳化。然后将该乳液添加到非溶剂（聚合物不溶于其中的液体介质）中，以溶剂萃取液滴。将所得乳液搅拌，直到挥发性溶剂蒸发，形成固体微粒。非

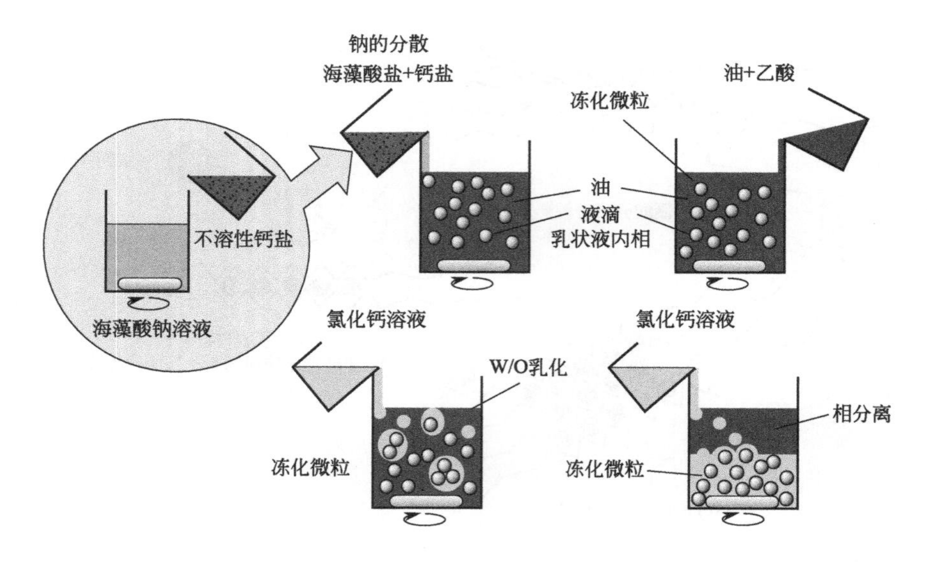

图 6-22 乳化内部凝胶化

溶剂的去除可以通过蒸发、冻干或雾化来实现。

在非挥发性溶剂的情况下，可以通过萃取进入连续相来去除。这种情况可以使用在连续相中具有较高溶解度的溶剂来完成，增加分散相和连续相之间的浓度差，或者通过向外相添加第三种溶剂来促进溶剂萃取。

在溶剂萃取技术中，选择聚合物的溶剂与非溶剂混溶。与溶剂蒸发法相比，溶剂萃取法产生的微粒具有更好的特性（更规则的形状、更小的尺寸、更小的直径变化），但由于更快地去除溶剂而产生的最大微粒孔隙率增加了表面积（更大的孔隙率）。

（5）聚合

聚合可以是原位聚合，也可以是界面聚合，即发生在分散体系的连续相和界面相中。

在原位聚合中，没有反应剂加入芯材，聚合只发生在连续相和连续相的一侧，在核心分散的内表面上。随着时间的延长，预聚物的尺寸将增大，并沉积在分散的芯材表面，形成固体涂层。获得的颗粒非常小，但通常具有高浓度的缔合单体。由于需要大量的有机溶剂和表面活性剂，同时也由于所用单体的毒性，所以不得采用外部有机相的乳液聚合。获得的颗粒具有均匀的涂层，其尺寸在 0.2～75μm 之间。

在界面聚合技术中，通过活性单体聚合可以在颗粒表面形成涂层。其特征是单体在两个不互溶相中聚合。如果内相是液体，则可以在该相中分散或溶解单体，并将混合物乳化在添加了芯剂的外相上。这就开始了液滴表面聚合物的形成。该技术可用于包埋微生物，以提高其在发酵过程中的效率。

聚合技术的使用受到与不发生反应的单体相关的毒性、涂层的高渗透性以及所形成膜的脆弱性的限制。

3. 其他方法

还有其他的微胶囊技术，由于价格高，很少被采用，但是对于某些特定的场合，也可以作为解决方案。

其中之一是应用脂质体。脂质体是一种球形的双层囊泡，能够包裹生物活性分子。脂质体是由极性脂质（主要是磷脂）在水溶液中分散而成的，英国血液学家 Alec D. Bangham（1964）首次对其进行了描述。脂质体可用作食品营养补充剂的载体。它们的直径从 25nm 到几微米不等。

另一种包埋方法是使用环糊精，它可以通过形成分子包合物来包裹分子结构。环糊精有亲水的外部和疏水的内部。这种疏水的内部可以通过改变葡萄糖单元的数量来改变。由于该技术中的包埋是在分子水平上进行的，其内腔非常小，因此β-环糊精的内腔直径约为 0.60～0.65nm，它不能用于包埋细菌。环糊精长期以来被用于风味包埋。

超临界流体是温度和压力高于临界点的任何物质。使用超临界流体可以最大限度地减少有机溶剂的使用和苛刻的制造条件。超临界流体可用于生产生物活性微粒。Moolman 等（2006）开发了一种在超临界二氧化碳中以聚乙烯吡咯烷酮（PVP）和聚醋酸乙烯酯-椰油酸之间的间聚物络合物形式包埋长双歧杆菌的方法。

在微模压技术中，非常小的模具可以用来制造具有适合尺寸和形貌的微粒。在这项技术中，将聚合物溶液倒入具有特定尺寸和形状的模具，然后调整溶液或环境条件以促进凝胶化。这种微模压技术能够制备形状可控的微尺度颗粒，甚至非球形颗粒。

静电微胶囊技术（electrostatic microcapsulation technique，静电凝聚）是一种将不同材料的细颗粒包裹在核心颗粒，形成一个高度多孔的包壳。由于这项技术的特点，它不能用来包埋活细胞，如细菌。

压缩涂层也是益生菌包埋的替代方法。以往的研究表明，在嗜酸乳杆菌酸性介质中，加压涂膜能显著提高其储存稳定性和保护性。在另一项研究中，琥珀酰化β-乳球蛋白被发现是一种合适的天然辅料，可用于制备含长双歧杆菌的片剂，并促进其在胃部条件下的存活。羧甲基高直链淀粉被提议作为大肠杆菌口服片剂的辅料，以确保其在胃中的保护和在肠中的传递。有人研究了羧甲基高直链淀粉和壳聚糖作为鼠李糖乳杆菌结肠给药的辅料。也有人研究了压力、基质形成辅料［如羟丙基甲基纤维素邻苯二甲酸酯（HPMCP）］或其他溶胀剂［如海藻酸钠、苹果果胶和羟丙基甲基纤维素（HPMC）］对发酵乳杆菌片中细菌存活的影响。

三、微粒特性

物理性质、释放特性和益生菌稳定性取决于微粒的固有特质和储存条件。微粒子的特性是保证包埋效果和预测体内行为的关键。

应考虑微粒的特性包括：微粒的一般结构、精细结构、粒径和粒度分布、壳和核的组成、产量以及释放特性和活性等。

用于包埋的材料的质量是获得具有适当特性和逐批再现性的产品的重要因素。在使用聚合物的情况下，必须在纯度和分子量方面对其进行有效控制。

用于微粒表征的技术多种多样。对于外部和内部结构，可以使用光学、电子和共焦显微镜观察。利用 X 射线衍射和热分析可以确定微粒的线结构。对于粒度和粒度分布，可以使用光学、电子显微镜和粒度分析仪。对于壳和芯的组成，可以采用热分析、化学、色谱和光谱分析等方法。产量可以通过检验来确定。就益生菌存活率和活性而言，可以进行几种微生物分析，以评估活细胞的数量及其代谢状态。

微粒中益生菌的释放速度将影响其治疗作用。这种释放通常由存在的微粒类型、包埋材料的分子结构、该材料对侵蚀或降解的抵抗力以及微粒的表面积和孔隙率决定。

为了保证微粒的特性，需要在体外和任何可能的情况下对微粒的释放曲线进行测试，在制药工业中，体外溶出度测试是药物开发和质量控制中最重要的工具之一。为确保益生菌在胃转运期间的存活，可在模拟胃液体（SGF）或模拟肠液体（SIF）中进行溶出度研究。

益生菌的释放行为也可以在体内测试。只有少数的活体研究是实验性的，被使用的动物如大鼠或小鼠。

四、结论和未来趋势

使用微胶囊化成分控制在人体内的释放情况，是解决食品工业面临的一些问题的很有前景的选择。这些问题与稳定性差、吸收不良、感官特性差、存活力低等有关。

最大的挑战是选择合适的微胶囊技术和最合适的包埋材料。尽管在化妆品和制药行业成功开发、制造和销售了各种胶囊产品，但微胶囊在食品行业的市场却相对有限。对于不同的包埋方法，消费者的健康和安全是需要考虑的因素，只有经过批准的食品材料才能用于这些包埋技术。消费者的环境意识在未来产品和技术的设计中也值得特别关注，因为有些产品和技术可能不环保。

要在食品中成功应用益生菌微粒，必须满足一些重要的要求。它们的产生过程不应降低活菌数或诱发亚致死性损伤，不应改变食品的感官特性，并应提供保护，以防止食品加工或食品基质环境造成的不利影响。它们还应保护益生菌细胞免受胃部酸性条件的应激，并应在肠内以高活性释放菌体。

益生菌的微胶囊化引起了一些特定的问题。益生菌在加工、储存和胃内条件下的存活明显取决于所用菌株。菌株的稳定性是选择合适益生菌的主要标准之一。包埋过程必须有助于提高益生菌的稳定性。在选择包埋材料时，必须考虑食品基质的环境。

益生菌包埋技术是从细胞培养（ICT）技术发展而来的。用于乳品系统中 ICT 应用的微粒子大多是由挤压法和乳化法生产。喷雾干燥也被用于包埋益生菌细胞，作为先前基于 ICT 的包埋方法的替代法。如今，绝大多数益生菌微粒是通过挤压技术、乳化技术和喷雾干燥技术生产。

微胶囊化产品开发时间较长，需要专用设备和多学科合作。通常在食品配料中使用的低利润阻碍了开发和实施新技术。在未来，益生菌包埋领域有望在新的包埋技术、新的包埋材料或包含这些生物活性剂的新商业应用方面取得新的进展。

第四节　益生菌剂型的开发

作为食品补充剂的剂型可以是胶囊、片剂、粉剂（小袋装）或液体以及药物剂型，除此以外，还包括栓剂、凝胶剂或滴眼剂。剂型开发要特别注意益生菌产品的预配制步骤以及微生物学、化学和制药技术领域的知识整合。

FDA 指南（2006）指出：作为治疗剂，益生菌出现在活的生物治疗产品（LBPs）中。生物治疗产品是生物产品：含有细菌或酵母等活的微生物；适用于疾病的预防、治疗或治愈；不是疫苗。

为了给宿主带来健康，口服益生菌需在不利的胃肠道（GI）条件下生存，并在到达作用部位时保持活力。因此，需要保护细菌免受胃环境的苛刻条件的损伤。

含有益生菌的制剂开发需要选择和确定具有经证实有治疗特性的菌株，选择赋形剂以及适合大规模生产口服剂型的方法。益生菌要先通过实验室测试，然后使用动物模型以及人体的肠道测试来评估该产品的安全性和功效。还应进一步表征益生菌产品的剂量反应关系。

表 6-7 列出了在欧洲几个国家销售的含有益生菌的产品。

表 6-7　在欧洲销售的含有益生菌的产品

益生菌产品	国家
Antibiophilus® Bioflorin® Doederlein® Symbioflor®	奥地利
Bioflorin® Lacteol®	比利时
Antibiophilus® Diarlac® Lacteol® Lyobifidus® UL-250®	法国
Antibiophilus® Hamadin® Hylac N® Omnisept® Symbioflor® Vagiflor®	德国
Lacteol® Lactofilus® Lactoliofil® Ultra Levura®	西班牙
Bio Acidophilus® Biodophilus®	英国
Lacteol® Antibiophilus® UL-250®	葡萄牙

益生菌菌株必须能够在工业条件下生长，并且能够在储存过程中大量存活且保持其

功能。在储存、加工和通过胃肠道过程中活细胞的减少是制备含益生菌剂型的重大挑战。研究表明，每天需要高于 10^9CFU 的口服剂量来恢复和维持肠道细菌平衡。

必须在不同的温度和相对湿度（RH）条件下研究益生菌的存活能力。这些温度和湿度条件应根据《国际人类药物注册技术要求会议》（ICH 2002）的指南进行选择。Ⅰ-温带区（如日本、北欧、美国、加拿大、俄罗斯）和Ⅱ-地中海亚热带区（美国、日本、南欧）的温度和相对湿度条件适用于25℃±2℃的实时测试条件和60%±5%的相对湿度，加速测试条件为40℃±2℃和75%±5%。

一、含益生菌制剂的生产

含益生菌制剂的生产应包括筛选微生物，这些微生物应具有在制造过程中生存的能力，此后可以长期存活，并且具有不变的特性。

益生菌产品通常利用微生物的冻干产物来生产。冻干是广泛用于保存生物样品的方法。在冷冻干燥期间，细胞经历极端的环境条件，例如低温和低湿度，这可能会对细菌细胞产生结构和生理上的损害，从而导致活力丧失。为了减少这些不良影响，通常在冷冻或冷冻干燥之前将保护剂添加到样品中。生物的活性成分应确保准确的剂量和良好的稳定性。

固体培养的益生菌制剂通常需要其他成分，例如稀释剂、黏合剂、润滑剂、助流剂甚至崩解剂。图 6-23 表示了几种类型的释放曲线。

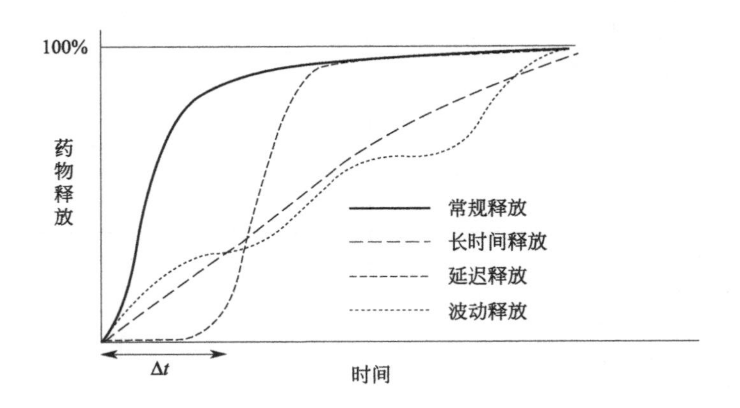

图 6-23 几种类型的释放曲线

在耐胃液情况下，益生菌的释放被延迟，直到剂型到达肠道。益生菌释放的主要原理是将耐胃液的 pH 值剂型更改为肠溶性 pH 值的剂型，从而激活其释放。

通过适当选择固体基质，可以更轻松地保护被包裹的细菌免受胃液的低 pH 值的损害。已经研究了合适的功能聚合物以生产固体剂型，其在胃液中保持物理完整性，在酸性 pH 值下使溶剂的渗透最小化以增加细菌存活率。

1. 粉剂

口服粉剂是一种制剂形态，由固体、疏松、干燥及不规则的颗粒组成。其可能包含生物活性化合物或着色剂、调味剂和甜味剂等。摄入口服粉剂能克服儿童甚至某些成年人吞咽片剂的困难。在口服粉剂的生产中，可采取措施以确保足够的粒度，这通常通过研磨或筛分来完成。表 6-8 中列出了市售的含有益生菌的口服粉剂。

表 6-8 市售的含有益生菌的口服粉剂

益生菌产品	组分
UL-250®	布拉酵母
Bacilor®	嗜酸乳杆菌
Antibiophilus®	乳酸杆菌
Lyobiidus®	双歧杆菌

2. 胶囊

胶囊是固体剂型，具有由明胶或其他适合的材料制成硬或软的外壳。胶囊有硬胶囊和软胶囊两种。益生菌通常优选硬胶囊。硬胶囊由一端封闭的主体和盖组成，用于盛装粉末。

硬胶囊的尺寸是标准尺寸，通常从最小的 0.13mL 到 1.37mL，对于人类给药，给人使用的最大尺寸为 0.95mL 或 0.93mL，具体取决于制造方式。明胶胶囊在 37℃时易溶于水。

粉末制剂通常需要赋形剂、杀菌剂、助流剂甚至崩解剂。

Zárate 和 Nader-Macias（2006）评估了三种经不同赋形剂（乳糖、脱脂牛奶和抗坏血酸）冻干的人类阴道乳酸菌的存活率和益生菌特性，并将其储存在置于玻璃瓶中的明胶胶囊，在 5℃的黑暗中放置 15 个月。研究证明了被测试的含抗坏血酸的胶囊单独使用或与乳糖、牛奶或两者结合使用时，乳杆菌可维持长达 12 个月的高存活力，而仅使用乳糖或脱脂牛奶冻干和储存会大大降低其存活率。

Reid 和 Bruce（2006）的一项研究表明，每天口服摄入含有鼠李糖乳杆菌 GR-1 和发酵乳杆菌 RC-14 的明胶胶囊 2 个月，可使阴道乳酸杆菌数量显著增加、大肠杆菌和真菌减少。

Ya 等（2010）研究了阴道益生菌胶囊对预防复发性细菌性阴道病（BV）的有效性，并得出结论，短期的益生菌预防措施耐受性良好，在治疗后的 11 个月内减少 BV 复发和阴道念珠菌感染的风险。表 6-9 列出了含有益生菌的市售胶囊。

表 6-9 含有益生菌的市售胶囊

益生菌产品	组分
Bactilsubtil®	枯草芽孢杆菌
Activecomplex Flora®	嗜酸乳杆菌和两歧双歧杆菌
Infloran Berna®	嗜酸乳杆菌和两歧双歧杆菌
Lacteol®	嗜酸乳杆菌
Antibiophilus®	乳酸杆菌
UL-250®	布拉酵母

3. 片剂

片剂是固体剂型，通常通过压缩均匀体积的颗粒（粉末或颗粒聚集体）获得。片剂是使用最广泛的药物剂型之一。

通过使用压片机将高压施加到均匀体积的粉末（直接压片）或颗粒（通过湿法或干法制粒获得）制备片剂（见图 6-24）。可以将片剂包衣保护其生物活性物质含量或改变其释放。

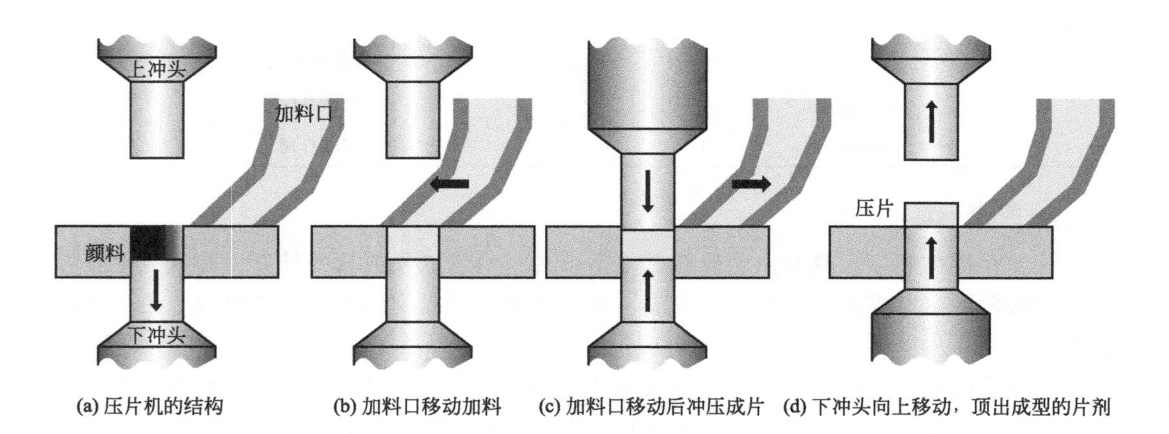

图 6-24 制备片剂

为了获得片剂，通常必须使用某种类型的赋形剂，例如稀释剂、黏合剂、崩解剂、润滑剂或助流剂。使用功能性聚合物的片剂可提高益生菌的稳定性，有助于剂量准确和给药方便，并可大规模生产含益生菌剂型。

通常，含有益生菌的片剂是通过直接压制赋形剂和冻干益生菌的混合物制得的。格拉夫等（2008 年）通过使用羟丙基甲基纤维素（HPMC）直接压制制备了含有冻干益生菌的基质片剂，羟丙基甲基纤维素是用于生产改良释放系统的最常用的亲水性聚合物之一。HPMC 具有形成凝胶屏障的能力，可限制益生菌的释放。

Klayraung 等（2009）评估了配方和加工参数对细菌存活率的影响，还通过直接压制制备了片剂。他们将精确称量的含有乳酸菌粉末和邻苯二甲酸羟丙基甲基纤维素的粉末混合物浸入模具中，并在 2～20 kN 的作用力下制成片剂。

可以设计片剂，通过使用合适种类的片剂赋形剂来改变益生菌对人宿主上皮黏膜的释放情况并增强其黏附性和定植性。表 6-10 中总结了用于生产含有益生菌的 GR 片剂的聚合物。

表 6-10 用于生产含有益生菌的 GR 片剂的聚合物

聚合物类别	参考文献
海藻酸钠与羟丙基纤维素的组合	Chan and Zhang，2002，2005
HPMC 醋酸丁二酸酯	Stadler and Vernstein，2003
羧甲基高淀粉酶淀粉	Calinescu et al. ，2005
羧甲基高淀粉酶淀粉与壳聚糖结合	Calinescu and Mateescu，2008
HPMC 邻苯二甲酸酯	Klayraung et al. ，2009

注：GR 为颗粒剂。

Chan 和 Zhang（2005）开发了一种片剂，其核心是被海藻酸钠包裹的嗜酸乳杆菌 ATCC 4356，在 25℃下储存 30d 后，其稳定性高于含有相同细菌的菌粉。

Stadler 和 Viernstein（2003）使用乙酸琥珀酸 HPMC（HPMCAS）以及海藻酸盐、苹果果胶和 Metolose^{TM}（甲基纤维素/羟丙基甲基纤维素）作为基质形成剂，开发了乳酸菌（LAB）的 GR 片剂。研究结果表明，需要高含量的 HPMCAS 以及中等或较高的压力（分别为 5kN 或 10kN）才能实现对胃液的抵抗力。

测试了新型赋形剂对益生菌的保护和肠道递送。Calinescu 等（2005）提出了羧甲基高淀粉酶淀粉（CM-HAS）的三种变体，作为配制含有冻干大肠杆菌的口服片剂的新赋形剂。作者还基于用于益生菌结肠递送的 CM-HAS 和壳聚糖的离子自稳定化，开发了一种新的亲水性系统，并发现壳聚糖的百分比和分子量的增加导致细菌释放速率的降低。CM-HAS 包衣单片片剂改变了壳聚糖分子量对细菌释放的影响，并改善了在模拟肠道条件下递送细菌的存活率。

Poulin 等（2011）研究了琥珀酰化 β-乳球蛋白作为新型功能性片剂赋形剂的效果。研究表明，直接压制长双歧杆菌 HA-135 和琥珀酰化 β-乳球蛋白的混合物制得的片剂可提高双歧杆菌在胃中的存活率，并在 4℃保存 3 个月后显示出良好的稳定性。

含有益生菌的片剂有很大一部分被设计用于阴道给药，目的是治疗外阴阴道疾病。在整个生产和存储过程中，应保持益生菌的存活率，并进行严格的质量控制，以确保最终产品的安全性和有效性。阴道益生菌制剂应提供较长的保留时间，以最大化释放益生菌，从而在阴道的不同部位发生定植。

大多数用于阴道的益生菌制剂包括一种或多种乳酸菌。例如，鼠李糖乳杆菌 GR1 与罗伊乳杆菌 B54 或 RC14 结合经研究表明，可以实现阴道定植。

4. 阴道栓剂

栓剂通常通过压缩或模制技术制得。成型技术是最常用的栓剂制备方法，其包括赋形剂的熔化，在较低温度下添加益生菌，以及将混合物倒入合适的模具中。通常使用的栓剂基质是硬脂、可可脂、聚乙二醇（PEG）的混合物以及各种凝胶状混合物。阴道栓剂相对于其他剂型具有某些优势：可以保持质量的均匀性，易于在不刺激的情况下应用于阴道内，不需要大量溶解介质来释放活性物质。

Uehara 等（2006）的研究显示了带有卷曲乳杆菌 *L. crispatus* GAI 98332 的阴道栓剂可以显著降低尿路感染的复发，而不会在治疗期间引起不良并发症。在这项研究中，一年内，每天两次给每位患者使用含 1×10^8 CFU 的阴道栓剂。

进一步评估含卷曲乳杆菌 CTV-05 的阴道栓剂预防尿路感染的安全性和有效性，Czaja 等（2007）对具有复发性尿路感染史的绝经前妇女进行了一项随机、双盲研究。得出的结论是，含有这种益生菌的阴道栓剂耐受性好。

Kaewnopparat 和 Kaewnopparat（2009）还使用不同的制备方法，使用 PEG 和 Witepsol H15 的混合物，开发了阴道栓剂，以比较干酪乳杆菌的存活能力，他们通过常规方法和中空型方法制备了阴道栓剂。渡边和松本（1986）开发了用空心型方法制备栓剂（图 6-25），目的是研究通过直肠途径给药时活性物质的有效性。就其快速释放和微生物稳定性而言，其所使用的基本赋形剂为 PEG 的混合物且其制备方法为中空型方法的阴道栓剂被证明最适合于阴道乳酸菌的给药。空心型方法可以消除加热过程对制备过程中乳酸菌存活的不利影响，以及这些微生物与栓剂赋形剂之间的相互作用。

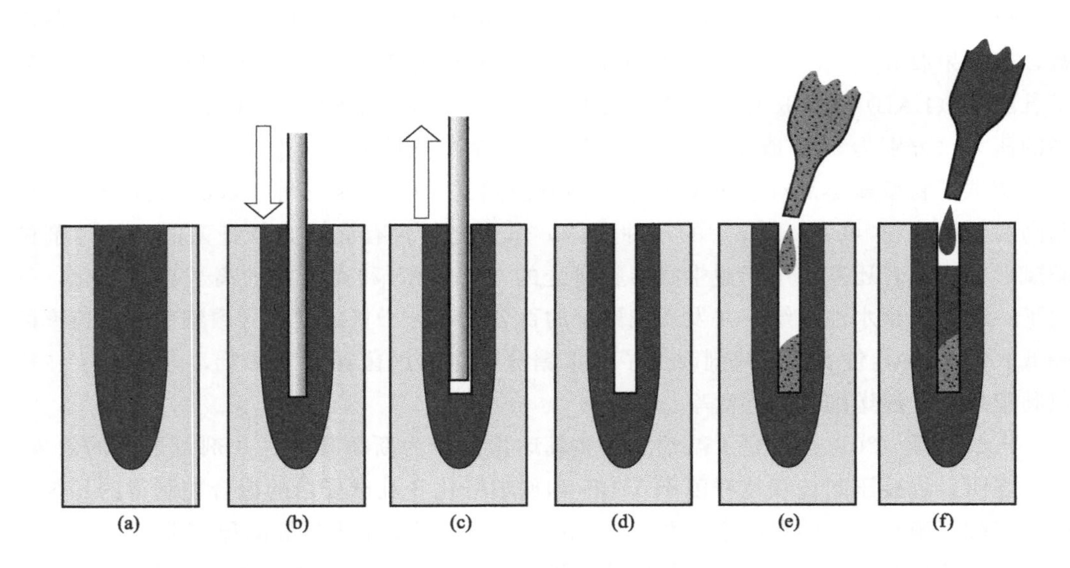

图 6-25 用空心型方法制备栓剂

(a) ～ (d) —用模具形成中间空心的过程；(e)、(f) —添加菌粉等

表 6-11 列出了国际市场上可用的阴道栓剂。

表 6-11 国际市场上可用的阴道栓剂（Nader-Macias，2008）

产品	益生菌组分
Vagiflor®（德国）	嗜酸乳杆菌
Lactinex®（阿根廷）	嗜酸乳杆菌
Tropivag®（阿根廷）	鼠李糖乳杆菌 Lcr35®
HLC Candaclear®（加拿大）	嗜酸乳杆菌
Intrafresh®（英国）	嗜酸乳杆菌

5. 其他剂型

(1) 口香糖和片剂

口香糖是固体制剂，其基料主要由旨在咀嚼但不可吞咽的物质组成。它们的活性物质通过咀嚼释放，然后溶解或分散在唾液中以进行局部或全身治疗。

片剂是固体制剂，通常以加糖的甜味剂为基质，旨在口腔中缓慢溶解或崩解。它们可以通过模制或通过压缩来制备。最近的临床试验表明，经常使用含益生菌的口香糖的成年人中，中度或重度牙龈的患病率降低。

唾液在口腔生物中起着重要作用。如果某些益生菌能够附着在口腔生物上，从而抑制病原体的生长和代谢，则可能对牙周健康有益。由于产酸细菌和可发酵碳水化合物之间细菌的相互作用，形成了龋齿。已有研究证明乳制品中的益生菌可以改变口腔微生态。

在另一项研究中，Cglar 等（2007）调查了潜在的抗龋剂，如益生菌和木糖醇的结合是否会增加唾液中细菌对龋齿的抑制作用，并评估了健康志愿者在饭后每天三次服用木糖醇和益生菌口香糖对唾液变形链球菌或乳酸杆菌的影响。口香糖包含两种罗伊乳杆菌菌株（ATCC 55730 和 ATCC PTA 5289），每个木糖醇口香糖颗粒均包含约 1.0 g 木糖醇作为单一甜味剂。这项研究的结果表明，含有益生菌或木糖醇的口香糖可以显著降低唾液变形链球菌的水平。然而，益生菌和木糖醇口香糖的结合似乎没有优势。

Twetman 等（2009）研究了短期使用益生菌口香糖的效果，其中包含两种罗伊乳杆菌菌株（ATCC 55730 和 ATCCPTA 5289），剂量为 10^8CFU/g。结果证明，短期摄入益生菌对口腔免疫反应的剂量有显著依赖性调节作用。Mayanagi 等（2009）研究了口服乳酸菌对龈上/龈下板中细菌种群的影响，将没有严重牙周炎的健康志愿者随机分为两组，分别接受唾液乳杆菌 WB21（2.01×10^9 CFU/d）和木糖醇片剂或含木糖醇的安慰剂治疗 8 周。结果表明，口服益生菌乳酸杆菌可减少某些牙周病细菌的数量，并有助于改善牙周病。

为预防和治疗口臭，用来自健康人的口腔微生物群的益生菌菌株定植来替代与口臭有关的细菌可能具有潜在的应用。如已证明漱口后在锭剂中服用唾液链球菌 K12 可以降低 85%参加测试的志愿者的口腔中挥发性硫化物的含量。

Iwamoto 等（2010）还研究了益生菌对口臭和口腔健康的影响，他推测使用唾液乳杆菌 WB21，口臭患者唾液中产生 H_2S 和 CH_3SH 的牙周病细菌的数量会减少。但是这项研究强调需要更好地了解口腔中益生菌的功能。

（2）凝胶

凝胶是半固体体系，由悬浮的无机小颗粒组成，形成小的离散颗粒的网络（两相凝胶），或者大的有机分子被液体渗透，从而在它们之间不存在明显的边界（单相凝胶）。凝胶可用于局部给药或口服给药。

Ahmad 等（2008）开发了一种生物黏附性阴道凝胶，用于治疗阴道感染，使用瓜尔胶、黄原胶和 HPMC K4M 作为生物黏附性聚合物，柠檬酸钠作为酸缓冲剂保持 pH 值为 4.4。为了治疗阴道感染，将克霉唑和甲硝唑与乳杆菌孢子一起用于制剂。结果表明，所开发的生物黏附凝胶比市售的阴道内药物传递系统具有更好的抗菌作用。

（3）滴眼剂

滴眼剂是用于滴入眼睛的无菌水性或油性溶液或悬浮液。Iovieno 等（2008）评估了嗜酸乳杆菌滴眼液在控制春季角膜结膜炎（VKC）症状中的功效。他们对 7 例轻度至中度 VKC 患者，在 4 周内，每天用盐溶液稀释的嗜酸乳杆菌（2×10^8 CFU/mL）的滴眼液。结果表明，益生菌滴眼液可改善 VKC 症状。但为证实乳酸杆菌对 VKC 的影响，还需进行双盲研究。

（4）丸剂

可以将丸剂定义为小的、流动的球形或半球形的固体单位，通常约 0.5～1.5mm，一般用于口服，通常通过滚圆法生产。抗生素或放射治疗导致的肠死亡可能导致病原微生物过度生长。将正常的菌群重新引入“无菌”的肠道中可能有助于解决此问题。已经通过滚圆法制备了含有细菌的丸剂，以评估加工对细菌存活的影响。将革兰阴性需氧菌

（大肠杆菌）、革兰阳性需氧菌（腐生葡萄球菌和枯草芽孢杆菌）和革兰阳性厌氧菌（枯草芽孢杆菌）与枯草芽孢杆菌的孢子分别引入配方中，将其滚圆挤出并干燥以产生丸剂。

在颗粒生产过程的每个阶段都采集样品，并检查细菌存活率。结果表明，孢子在该过程的所有阶段均存活。挤压、滚圆和干燥后，革兰阳性生物的存活水平显著高于革兰阴性大肠杆菌，其中 5%的婴儿双歧杆菌在干燥的小球中仍然具有活力。研究了挤出速度、挤压模长径比、挤出压力对更敏感的大肠杆菌的活力的影响。研究得出，死亡率不受挤出速度或模头长径比的影响，但是在 1～8000 kPa 范围内，存活率与挤压压力成反比。

二、剂型特征

为了指导剂型的开发，可以使用一些药典测试方法。这些在药典中充分描述的测试主要是为了确认药物或益生菌剂型的质量。药典是发布药物物质和产品质量标准的纲要。

质量测试的一致性、崩解测试、溶出/释放研究是为了确保固体剂型质量而应进行的测试。剂量测试的均匀性可以通过两种方法进行，即含量均匀性或重量变化。崩解测试是将固体剂型放在 37℃±0.5℃的浸没液体后是否在规定的时间内崩解。当剂型完全崩解或溶解在介质中时记录崩解时间，并从六次平行测量中计算出平均值。

溶出度测试是用于确定置于 37℃±0.5℃的浸没液体中的剂型活性成分的溶出度，可以使用篮筐（设备 1）、桨板（设备 2）、往复缸（设备 3）或低通孔（设备 4）（图 6-26）等。在指定的时间取出，过滤溶解液，并通过适当的分析方法评估释放的生物活性成分的量。对于含有益生菌的剂型，应该对释放的活细胞进行计数。

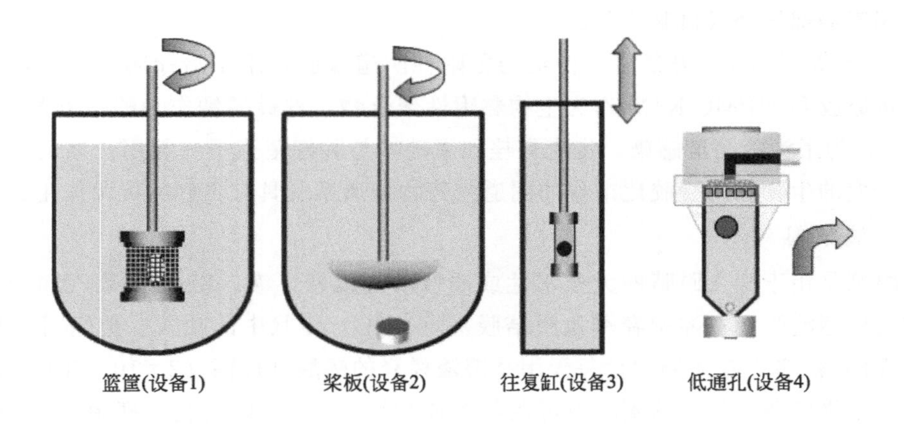

图 6-26　USP 溶出度测试仪

在制药行业，溶出度测试是药物开发和质量控制中最重要的工具之一。口服片剂的溶出度研究可以在模拟胃液（SGF）、模拟肠液（SIF）中进行。在 Poulin 等（2011）的报道中，片剂的溶解是在 SGF 和 SIF 中进行的。没有添加胰酶，因为初步研究表明该酶不会增加益生菌的存活能力。

除非用于延长局部作用，否则阴道片剂可以通过崩解起作用。对于阴道片的溶出度研究，应在模拟阴道液中进行。对益生菌微生物与阴道液相互作用的理解可以帮助设计改良的阴道益生菌制剂。为此，需要类似于体内条件的试验条件。

为了获得用于口服或阴道用的含有益生菌的片剂紧密的体外、体内的研究相关性，设计溶出度仪时必须考虑一些参数，包括溶出度介质的体积和组成。这些片剂是一种特殊的剂型，其中释放的细菌以其定植的方式附着在阴道膜上，形成针对阴道病原体的保护环境。

剂型保护源自长期保存期细胞的有效性的关键参数之一是益生菌细胞的稳定性。在质量控制中，除了技术特性外，还必须考虑功能特性。必须监控和优化诸如胆汁和酸的稳定性、黏附性、生产过程中的存活率以及定植特性等。

重要的是要考虑到益生菌是活生物体。因此，其数量会随着时间延长而减少。稳定性是益生菌提供健康益处能力的关键参数。益生菌应该能承受加工条件并在储存过程中存活。益生菌的稳定性与种类、菌株特性以及剂型的组成等因素有关。稳定性还受其他因素的影响，例如水分活度、温度、pH 值、渗透压和氧含量。

为了保证益生菌的活力，在制剂开发的所有步骤（发酵、浓缩、细胞洗涤、冷冻保护、冷冻干燥、研磨、混合和包装）中都需要特别注意。重要的是要指定生产和储存细菌的条件，以使批次之间的差异最小化，从而提高肠道产品中益生菌菌株的效率。

对于干燥或冻干制品，水分含量是一个关键参数，可能会影响微生物存活和产品在整个使用寿命中的质量。最终剂型是根据临床数据和生产性能确定的。

处于干燥状态的益生菌的稳定性和存活力受环境温度和水分活度的影响。低于30℃的温度和低于 0.20 的水分活度，可以通过保持微生物细胞膜的完整性来维持益生菌的活力。固体剂型（例如散剂、片剂和胶囊剂）的水分活度非常低，因此它们的储存时间更长。

Klayraung 等（2009）研究了含有益生菌的片剂在 10℃和 30℃的温度下的稳定性。研究表明，在 10℃下保存 6 个月的片剂显示出非常好的稳定性，几乎完全保留了活细胞的数量。在开发具有稳定保存期限的益生菌制剂时，必须考虑添加益生菌保护的赋形剂。例如，Champagne 等（1996）报道了添加明胶、黄原胶或麦芽糖糊精对四种乳酸菌在冻干过程中的存活率和储存稳定性的影响。结果表明，明胶改善了冷冻干燥的干酪乳杆菌、鼠李糖乳杆菌 RO11 和长双歧杆菌 RO23 在 20℃和 4℃下的保存稳定性。

Bora 等（2009）研究了缓冲剂、包埋剂、稀释剂、崩解剂、助流剂和润滑剂对凝结芽孢杆菌孢子在 40℃±2℃、相对湿度 75%±5%等条件下存活的影响。这项研究表明，相对湿度为 75%时，对凝结芽孢杆菌的孢子活力有不利影响，并且发现这些益生菌与所研究的赋形剂相容，但羧甲基淀粉钠除外。

在 Stadler 和 Viernstein（2003）的研究中，评估了片剂配制和制备过程中冻干的乳酸菌细胞的降解以及在人工胃液中的存活率。通过压片之前的混合粉末中和压片后的片剂中的活细胞数，来评估由于压片引起的细菌损伤。这些研究的结果表明，为了获得对胃液的抵抗力，需要高含量的 HPMCAS 以及高或中等强度的压实力。

Klayraung 等（2009）还研究了基质赋形剂和压缩力对益生菌存活能力的影响。研究还表明，以高压制力生产的片剂表现出缓慢的崩解时间和大于80%的细菌存活。此外，添加海藻酸钠的菌剂在模拟的消化液中出现较高的细胞存活，并且崩解时间约为5h。

布拉酵母菌是一种非致病酵母，具有良好的健康作用。但是，活酵母对环境条件敏感，口服后在粪便中的活力小于1%。因此，格拉夫等（2008）旨在制定剂型，能够保护益生菌布拉酵母菌免受酸性条件的损伤。藻酸盐微球和片剂能够保护酵母在酸性条件下免于损伤，并在pH 6.8下释放活细胞。这些研究人员得出的结论是，尽管两种制剂在酸性条件下均能有效保护布拉酵母菌，但与基质片剂相比，微球在肠道条件下有更高的包埋效率和使得活性益生菌更快释放。

据报道，为了提高益生菌的存活率，有必要经诱导使细胞预先暴露于亚致死性胁迫（例如盐、热、胆汁和低pH值）获得实现的胁迫耐受性反应。在暴露于致命的胁迫之后，这种预暴露可以显著提高益生菌的存活率。其他方法，包括细胞固定技术和微囊化，也已被证明可以改善某些益生菌菌株的耐胁迫性。Borges等（2012）研究了包埋对致死条件（25%NaCl、pH 3.0和55～60℃）下益生菌菌株（干酪乳杆菌、副干酪乳杆菌、嗜酸乳杆菌Ki和动物双歧杆菌BB-12）活力的影响。

三、益生菌剂型的包装和储存

使用的包装材料和储存条件对益生菌产品的质量和保质期至关重要。包装和存储方法必须避免水分、氧气、光线、微生物污染和高温的影响。冷冻干燥的产品存储在密封的玻璃安瓿或玻璃小瓶，对于干燥的产品，还可以用高阻隔塑料袋和泡罩包装。定制的益生菌棒状包装也是确保充分保护益生菌产品免受湿气和氧气有害影响的最佳方法之一。例如，将几种乳酸杆菌包装在三重铝箔热封包装。

第五节　益生菌的质量控制

近年来，随着益生菌理论研究成果在实践中的不断应用，益生菌得到了迅速发展。在我国，益生菌除了部分用于医药产品外，大部分都用于酸奶和保健食品。益生菌作为维持人体生命活动和身体机能的有益物质，不仅对人类健康发挥着重要的作用，也有效保证了人体生命体征的稳定运行，同时作为一类生物活性制品，需保证益生菌菌株的稳定、有效和安全。

市场对益生菌的需求量日益增加，人们对其质量标准问题的关注度也日渐提升，然而我国至今尚未建立起完整的益生菌标准法规和评价规范。目前，益生菌产业处于发展阶段，不仅种类多，而且评价指标和评价方法不统一，难以管理。因此，需要严格把关益生菌产品的标准规程和质量控制，以确保益生菌的有效性和安全性。

一、混合菌株体系的益生菌检测

根据联合国粮农组织（FAO）和世界卫生组织（WHO）联合专家委员会于2001年提出的益生菌科学定义，益生菌系指活的微生物，当摄取足够数量时，对宿主健康有益。中国食品科学技术学会于2020年发布的《益生菌科学共识》中，明确指出益生菌的3个核心特征：足够数量，活菌状态，以及有益健康功能。益生菌必须符合严格的标准，才能符合相应的产品宣称。乳制品中益生菌的数量是其产品发挥益生功效的重要条件。《食品安全国家标准 食品微生物学检验 乳酸菌检验》（GB 4789.35—2016）中仅规定了乳制品中乳酸菌总数至少要达到1×10^{6}CFU/mL，对于特定益生菌数量没有明确要求。

由于目前我国还没有活性益生菌发酵乳的产品标准及其检验方法标准，对益生菌发酵乳产品中活性益生菌数量的多少、益生菌发酵乳的保质期和贮存条件均未做明确规定，也没有一套完整的体系来进行监控，导致益生菌发酵乳在销售环节中，由于冷链不成熟、仓储管理不妥当等原因造成产品虽然在保质期内，但产品中的活性益生菌存活量已经大大降低，消费者食用后达不到理想的调节肠道微生态平衡、增强机体免疫力等保健作用，因此急需为生产企业和监管部门提供可准确计数发酵乳中各种益生菌活菌总数的检测方法，以控制益生菌发酵乳在生产、销售过程中的质量。同时建议国家有关部门尽快出台有关益生菌发酵乳的相关标准，严格规定其产品在保质期内的活性益生菌总数，以保证消费者的切身利益。目前，益生菌活菌计数仍面临着一些挑战。

① 基于培养方法的特定微生物计数需要专门的、标准化的方法，并且只能检测到在特定条件下进行繁殖的微生物，而与实际情况的活菌数可能存在着数量级上的差别。

② 标准方法仅对少数乳酸菌种有效，如ISO 20128/IDF 192：2006中的嗜酸乳杆菌计数方法和ISO 29981/IDF 220：2010中的双歧杆菌计数方法。

③ 对于活菌的定义必须达成一致。大多数益生菌能够很好地适应哺乳动物，而在其他环境中生存能力较差。当环境发生变化时，益生菌可能存在有代谢活性但是无法培养的状态。

④ 分子生物学检测方法不依赖于培养，且具有较高的灵敏度，然而无法很好地区分活菌和死菌。因此，采用何种方法能够较好地进行混合菌株体系中益生菌的鉴定和活菌计数仍有待进一步研究。

目前，混合菌株体系中益生菌检测通常包含以下几种方法。

1. 选择性平板培养法

平板培养法是乳制品中益生菌测定的标准方法，也是目前实验室中最常用的方法之一。其基本原理是：将待测样品进行梯度稀释使其中的微生物呈现为稳定的、均匀的单细胞状态，然后取合适的量接种到加热灭菌的培养基上。经培养，单个细菌生长为一个菌落。计算时根据稀释度和接种量换算成样品中的菌落总数。益生菌有好氧菌、厌氧菌和兼性厌氧菌之分，培养过程中注意培养方式和使用选择性培养基（表6-12），会使样品中的菌落总数更加准确。

表6-12 用于益生菌计数的选择性培养基

培养基	培养基成分	培养条件	菌种
TPY-NPNL	硫酸新霉素(20mg/L) 硫酸巴龙霉素(40mg/L) 萘啶酮酸(3mg/L) 氯化锂(600mg/L)	3d,37℃,无氧	*B. lactis* BB-12 *B. longum* BB-536

续表

培养基	培养基成分	培养条件	菌种
MRS-NNLP	萘啶酮酸(50mg/L) 硫酸新霉素(100mg/L) 氯化锂(3g/L) 硫酸巴龙霉素(200mg/L)	3d,37℃	*B. bifidum* BB-12 *B. bifidum* BB-02
MRS-LP	丙酸钠(3g/L) 氯化锂(2g/L)	3d,37℃	*B. animalis* ssp. *lactis* *Bifidobacterium* BB-12
MRS-LC	MRS+1%核糖	27℃	*L. acidophilus* *Bifidobacterium* spp. *L. casei*
MRS-NPNL	硫酸新霉素 硫酸巴龙霉素 萘啶酮酸 氯化锂	—	*Bifidobacterium* spp.
MRS 琼脂	0.5g/L L-半胱氨酸盐酸盐	—	*B. lactis*
WCM 琼脂	莫匹罗星	—	*Bifidobacterium* spp.
AMC	氯化锂、丙酸钠、碘乙酸、 TTC(2,3,5-三苯基氯化四氮唑)、 萘啶酮酸、多黏菌素 B	—	*B. longum*
RAF 5.1 琼脂	CAB 培养基 (columbia agar base) 棉子糖 (5g/L) L-半胱氨酸盐酸盐 (0.5g/L) 氯化锂 (2g/L) 丙酸钠 (3g/L) pH 值调整至 5.1	2d, 37℃, 无氧	*B. infantis*
mMRS	L-半胱氨酸盐酸盐 (0.05%)	4d, 37℃, 无氧	*B. bifidum* BB-02 *B. longum* BB-46
MRS-胆盐	胆盐	—	*Bifidobacterium* spp.
RCAAD	苯胺蓝 (0.3g/L) 双氯西林 (2mg/L) pH 值调整至 7.1	—	*Bifidobacterium* spp.
BA-山梨醇琼脂 BA-麦芽糖琼脂	山梨醇 麦芽糖	3d, 37℃, 无氧	*L. acidophilus*
MRS-M	麦芽糖	2d, 37℃, 有氧	*L. acidophilus*
MRS-克林霉素	克林霉素	—	*L. acidophilus* La-145 和 L10
MRS 琼脂	葡萄糖	3d, 37℃, 无氧	*L. acidophilus*
MRS-山梨醇	D-山梨醇	3d, 37℃	*L. acidophilus* LA-5
TGV 琼脂	胰蛋白胨、葡萄糖、 肉汁提取物、2%氯化钠	—	*L. acidophilus* Ki
RCABC	溴甲酚绿 克林霉素 pH 值调整至 6.2	—	*L. acidophilus* L10, CSCC 2400, CSCC 2422
MRS-胆盐	胆盐	—	*L. acidophilus*
营养琼脂	水杨苷	—	*L. acidophilus*

续表

培养基	培养基成分	培养条件	菌种
RCABV	溴甲酚绿(40mg/L) 万古霉素(10mg/L) pH 值调整至 5.5	2d,37℃,无氧	*L. paracasei*
NA-水杨苷	水杨苷	—	*L. paracasei*
MRS-万古霉素	万古霉素(1mg/L)	—	*L. casei*
MRS-红霉素	红霉素(5μg/L)	2d,30℃,无氧	*L. casei* 334e
MRS-万古霉素	万古霉素	3d,43℃,无氧	*L. rhamnosus*
NaLa 琼脂	乳酸钠	30℃,无氧	*Propionibacteria*
M17 琼脂	乳糖 —	45℃,有氧 2d,30℃	*S. thermophilus* *Lactococcus lactis* ssp. *cremoris*, *Lactococcus lactis* ssp. *lactis*
RCA	pH 值调整至 5.3	3d,45℃	*L. delbrueckii* ssp. *bulgaricus*

(1) 双歧杆菌

双歧杆菌是厌氧型菌种，与其他菌混合时可以被简单快速地在选择性培养基中区分鉴别出来。《食品安全国家标准》(GB 4789.35—2016) 中双歧杆菌计数方法是在 MRS 培养基中添加莫匹罗星锂盐和半胱氨酸盐酸盐，接种后厌氧培养，可以很好地将双歧杆菌分离出来，并进行计数。

MRS 琼脂培养基通常是双歧杆菌计数很好的选择。研究者对其配方进行了修改，以便于更好地计数。Blanchette 在 MRS 培养基中添加了 0.05%的 L-半胱氨酸盐酸盐和 1.5%的 Bacto 琼脂，用于天然干酪中婴儿双歧杆菌活菌计数。添加 L-半胱氨酸盐酸盐是作为还原剂，提供更严格的厌氧环境，有利于双歧杆菌等厌氧菌的生长。还有研究者在 NPNL 琼脂和 MRS 培养基中添加氯化锂和丙酸钠，来进行双歧杆菌的选择性计数。NPNL 中的硫酸新霉素和萘啶酮酸，能够分别抑制革兰阳性和革兰阴性杆菌。氯化锂作为选择性试剂，被广泛应用于双歧杆菌计数。制备 NPNL 培养基非常耗时，然而似乎是目前最有效的选择性培养基之一。

Mc Brearty 等通过在 TPY 培养基中添加 NPNL 试剂 (硫酸新霉素 20mg/L、硫酸巴龙霉素 40mg/L、萘啶酮酸 3mg/L、氯化锂 600mg/L)，考察了切达干酪中乳双歧杆菌 BB-12 和长双歧杆菌 BB-536 活菌计数情况。该培养基能够抑制乳杆菌、大肠杆菌和链球菌生长，选择性促进双歧杆菌生长。

使用单一培养基对商业化菌株进行区分是非常困难的，因而通常会选用多种选择性培养基进行双歧杆菌计数，包括 MRS-NPNL、MRS-牛胆盐、WCM、AMC 以及 RCAAD 等。这些培养基协同使用，能够有效避免嗜酸乳杆菌和发酵剂菌株的干扰，提高计数的准确性。

(2) 嗜酸乳杆菌

嗜酸乳杆菌是乳制品中添加量较多的益生菌，但一般与其他菌混合存在。研究证明，MRS-山梨醇在厌氧条件下只允许嗜酸乳杆菌生长，利用 MRS-山梨醇培养基可以在多菌种存在的乳制品中选择性计数目标菌。另外也可以在 MRS 培养基中添加克林霉素（体积分数 0.02%～0.05%）和环丙沙星（体积分数 0.2%～0.5%），可抑制保加利亚乳杆菌、双歧杆菌、嗜热链球菌等的生长。但这种方法只适用于乳制品中嗜酸乳杆菌含量不低于 10^4CFU/g 的情况。克林霉素和环丙沙星添加过多也会抑制嗜酸乳杆菌的生长，导致计数结果偏低。

Gomes 等研究发现，含有 2%氯化钠的 TGV 培养基（胰蛋白胨、葡萄糖和肉汁）能够较好地计数嗜酸乳杆菌 Ki。Van de Casteele 等报道，添加水杨苷的营养琼脂培养基和添加克林霉素的 MRS 培养基也可用于嗜酸乳杆菌计数。Tharmaraj 等研究发现，嗜酸乳杆菌在 BA-山梨醇培养基上经 37℃培养 72h，或者在 BA-麦芽糖培养基上经 43℃培养 72h，都可以较好地进行活菌计数。另外，还有研究者报道，添加溴甲酚绿和克林霉素的 RCA（强化梭菌琼脂）培养基和 MRS 培养基、添加 D-山梨醇的 MRS 培养基以及添加胆盐的 MRS 培养基，能够用于嗜酸乳杆菌的选择性计数。

在 MRS 平板上，嗜热链球菌与嗜酸乳杆菌的菌落形态有较大差别，因而不会干扰计数结果。嗜热链球菌菌落较小，呈白色点状；嗜酸乳杆菌菌落较大，呈浅灰色；副干酪乳杆菌呈米黄色。嗜热链球菌可以通过脱脂乳平板培养基（SMA）培养基进行计数，与乳杆菌存在明显的菌落差异。

嗜酸乳杆菌计数也不会受到双歧杆菌的干扰，因为双歧杆菌无法在含有克林霉素的 MRS 培养基上生长。

（3）副干酪乳杆菌

MRS-LC 培养基常常被用于副干酪乳杆菌计数。研究报道，LC 培养基能够对酸奶和发酵乳制品中的干酪乳杆菌进行较好的计数。其原理是，培养基 pH 值调整至 5.1 后，能够抑制嗜热链球菌生长；而保加利亚乳杆菌无法以木糖为碳源进行生长。因此，该培养基具有选择性。有研究者报道，嗜酸乳杆菌也无法在 LC 培养基上生长。

添加溴甲酚绿和万古霉素的 RCA 培养基（RCABV）也能被用于副干酪乳杆菌、干酪乳杆菌和鼠李糖乳杆菌计数。RCA 培养基需要在灭菌前调 pH 值至 5.5，并添加 0.2%的溴甲酚绿储液至终浓度为 0.004%、添加 2%的万古霉素储液至终浓度为 0.001%。

（4）干酪乳杆菌

干酪乳杆菌一般用含万古霉素的 MRS 培养基进行计数。MRS 培养基中的万古霉素终浓度为 1mg/L，在 37℃下厌氧培养 72h 后观察结果。干酪乳杆菌的选择性计数还可使用乳杆菌培养基（LC 琼脂），Talwalkar 等证明了这一培养基可以被广泛地用在含有干酪乳杆菌的益生菌制品中。LC 培养基一般在 27℃下厌氧培养 72h 后进行干酪乳杆菌选择性计数。然而混合菌株中不能包含鼠李糖乳杆菌，否则不能进行区分。

如果混合菌株中含有鼠李糖乳杆菌，则可使用扣除法进行干酪乳杆菌计数。先记录含万古霉素的 MRS 培养基在 37℃下厌氧培养 72h 后长出的总菌落数，然后扣除该培养基在 43℃下厌氧培养 72h 后长出的鼠李糖乳杆菌菌落数，就能得到干酪乳杆菌数目。

（5）鼠李糖乳杆菌

MRS 培养基经添加 99%的乙酸调整 pH 值至 5.2，得到的 MRSAC 培养基可用于鼠李糖乳杆菌计数，具有较好的选择性。另有报道，添加万古霉素的 MRS 培养基在

43℃下厌氧培养72h后，也能进行鼠李糖乳杆菌计数。

(6) 嗜热链球菌

嗜热链球菌作为发酵剂菌种，通常用添加乳糖的M17培养基在45℃下有氧培养后，进行计数。另有报道，链球菌也能用脱脂乳平板（SMA）进行计数。尽管在SMA上都能生长，然而链球菌和乳杆菌的菌落形态存在明显区别，因而能够进行选择性计数。

(7) 保加利亚乳杆菌

保加利亚乳杆菌是另一个重要的发酵剂菌种，通常与嗜热链球菌同时作为发酵菌，存在于同一种乳制品中。为更快、更方便地对保加利亚乳杆菌计数并减少在培养过程中杂菌的生长，一般用MRS（pH5.2）或RCA（pH5.3）培养基进行计数。培养基酸化能够保证在混合菌种中只生长保加利亚乳杆菌。培养条件一般为45℃，培养72h。

(8) 其他乳酸菌

乳球菌通常用M17培养基进行计数，培养条件为30℃，有氧培养3d；或者也可以提高温度，缩短培养时间，在37℃下有氧培养48h。

丙酸杆菌的最佳计数方法是扣除法。NaLa培养基经接种后，在30℃厌氧培养7d后进行菌落计数，减去相同培养基在培养3d时的菌落数，就能计算得到丙酸杆菌数量。丙酸杆菌菌落直径较大，约为1.0～2.5mm，菌落表面光滑，近棕色，边缘颜色较浅。

2. 图像观察计数法

随着技术的发展，近年来出现了越来越多的通过图像观察直接进行微生物计数的方法。高光成像技术是近年来在食品安全监测中新兴的一门快速无损检测技术，结合传统的光谱分析技术与图像分析技术于一体，能够同时捕获样本的光谱信息与空间位置信息。样品中的细菌能够通过显微镜直接观察，然而活菌计数需要很好地区分活菌和死菌。菌落在生长繁殖过程中，外部结构（形状、纹理）和内部结构（结构、成分）均会发生一定的改变。高光谱对菌落内部含氢基团较为敏感，由于不同菌种具有不同内部组分含量，因此可通过提取图像中像素点的光谱信息以达到鉴别及计数的目的。

石吉勇等采用高光谱技术对益生菌酸奶中各类益生菌进行鉴别及计数，解决混合发酵益生菌酸奶中多种益生菌同时存在的情况下对每种益生菌数量计数的难题，为快速、无损判断各类益生菌酸奶益生功能活性提供依据。结果表明，采用SNV预处理后的光谱在提高模型精度效果上最佳。当主成分数为9时，LS-SVM模型所对应的校正集识别率为99.20%，预测集识别率为93.33%，模型的识别率和稳定性为最佳计数模型。对比最佳模型菌落计数和传统计数法对自制酸奶中各种益生菌的计数结果，二者并无显著性差异（$P>0.05$），验证了高光谱技术对混合发酵酸奶中多种菌种同时存在情况下对每种益生菌同时计数方法的可行性。

荧光原位杂交技术（fluorescence in situ hybridization，FISH）出现于20世纪70年代末，是在原来的同位素原位杂交技术基础上发展起来的，是一种重要的非放射性原位杂交技术。它根据核酸序列碱基互补配对原则，通过特殊手段使带有荧光物质的探针与目标DNA或RNA接合，最后用荧光显微镜即可直接观察目标片段所在的位置，是通过图像观察进行微生物活菌计数的主要手段之一。该技术将荧光信号的高灵敏度、安全性、直观性和原位杂交的高准确性结合起来，借助相应的 FISH 操作系统和染色体成像系统就能实现整个 FISH 操作的自动化，最大限度地降低操作者和检测者的主观因素，确保结果的准确性和可重复性（图 6-27）。

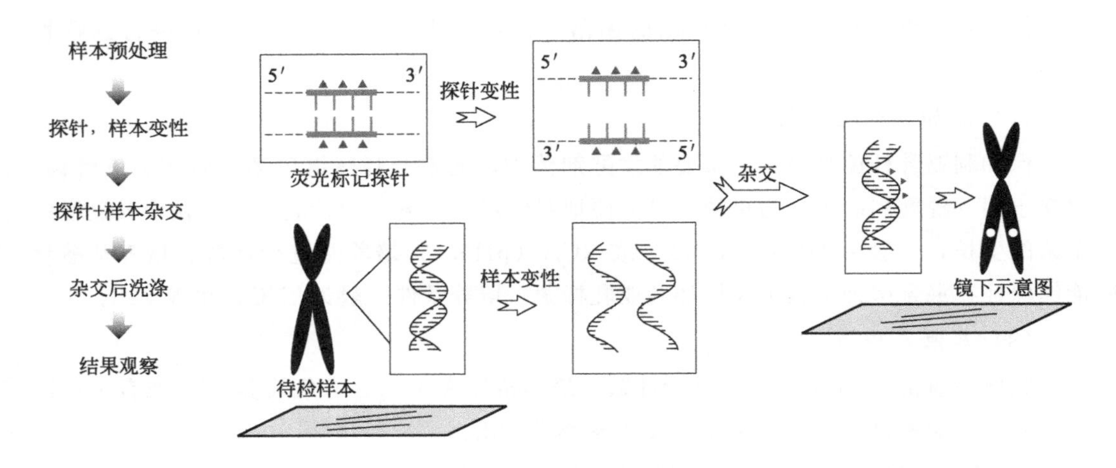

图 6-27 荧光原位杂交技术操作示意

激光共聚焦显微镜（CSLM）可用于微生物的直接荧光计数。数字影像的获取和分析，能够实现微生物的快速计数。Auty 等将该技术应用于乳品中活性微生物的快速检测，得到了较好的结果。然而 FISH 仍存在一些局限。一般来说，FISH 计数结果会高于平板计数，却又低于奶酪和冻干发酵剂中的实际菌数，表明介质对于检测结果可能存在较大影响。FISH 技术通常与菌种特异性的 qPCR 技术联合使用，以确保奶酪中益生菌活菌计数的准确性。

3. 核酸检测技术

（1）聚合酶链式反应（PCR）

PCR 反应技术是在体外发生的一种快速扩增目标核酸片段数量的方法，它能使微量的核酸在较短时间内呈指数级的增长。通过设计合适的引物，PCR 能够特异性扩增出目标基因片段，从而达到特定检测的目的。该方法已在食品的益生菌检测中广泛使用。

尽管 PCR 技术具有较高的灵敏度和较短的检测时间，然而基于 DNA 的扩增技术无法确保目标菌株的存活性，因而无法用于活菌计数。

技术的不断发展使得 PCR 技术与其他新兴技术结合，产生了一些以 PCR 技术为基底的衍生技术，包括反转录 PCR、实时荧光定量 PCR（RT-qPCR）、多重 PCR（M-PCR）、PCR-ELISA 技术、PCR-DGGE 技术、Lamp 技术等。这些 PCR 衍生技术主要用于某一样本中的微生物定性或微生物的菌群分布研究。

（2）反转录 PCR（RT-PCR）

RT-PCR 的作用原理是：在反转录酶的作用下，核糖核酸（RNA）首先被反转录为与其互补的 DNA 序列，随后作为模板进行 PCR 扩增。值得注意的是，信使 RNA（mRNA）一般只存在于活菌中，其在菌体内的半衰期非常短（仅为数秒），因而能够作为有效的活菌筛选标记。据报道，在菌体的某些状态下，核糖体 RNA（rRNA）也能够作为 RT-PCR 中活菌的筛选标记。RT-PCR 的指数扩增是一种很灵敏的技术，可以检测很低拷贝数的 RNA。

（3）实时荧光定量 PCR（RT-qPCR）

实时荧光定量 PCR 目前在微生物定量检测中应用较为广泛。其基本原理与普通 PCR 相似，只是在扩增的同时通过荧光染料或荧光标记的具有特异性的探针，跟踪标记 PCR 产物，实时监测反应过程并结合相应的软件分析，计算待测样品模板的浓度，最后通过标准曲线对未知模板逆推得出样品的含量（图 6-28）。

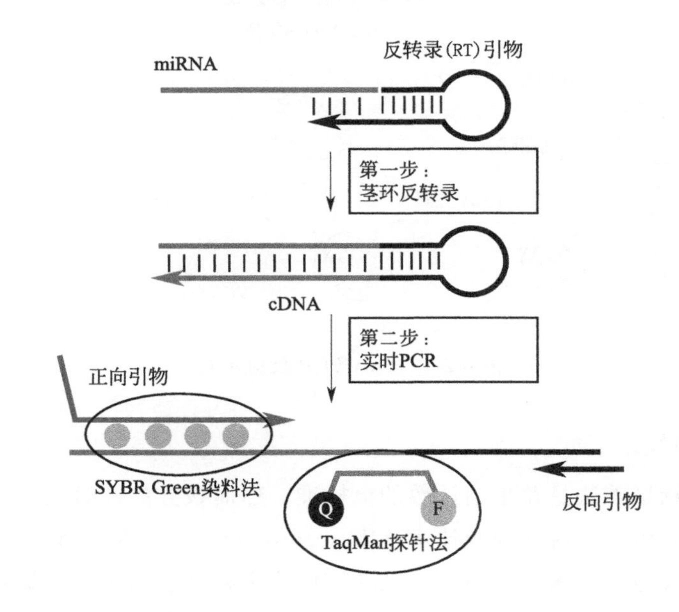

图 6-28 实时荧光定量 PCR 反应示意

miRNA 是一类由内源基因编码的长度约为 22 个核苷酸的非编码单链 RNA 分子；cDNA 为互补 DNA

其分为相对定量和绝对定量两种。相对定量是分别对目的基因和参比基因定量测定，再求出相对于参比基因的目的基因的相对量，最后再进行样品间相对量的比较。绝对定量是对未知样品的绝对量进行测定的方法，通过一系列稀释已知浓度的标准品制作标准曲线，对未知浓度的样品进行拷贝数的测定，所使用的标准品可以是 dsDNA、ssDNA 或 cDNA。根据上述原理，郭子好等将 RT-qPCR 应用到发酵物料中嗜酸乳杆菌地计数，并且准确地检测出样品中活菌含量为 1.5×10^{9} CFU/g。斯日古楞通过 16S rRNA 序列对发酵乳中的植物乳杆菌进行定量检测，并准确检测出样品中的植物乳杆菌数。

实时荧光定量 PCR 方法能够检测多菌复合发酵样品中特定菌株，检测效率高，特异性和敏感性强，已经被应用于混合体系中乳酸菌的定量检测。

（4）叠氮溴化乙锭或叠氮溴化丙锭 PCR（EMA-PCR、PMA-PCR）

EMA-PCR 和 PMA-PCR 是新兴的微生物计数方法，主要用于活菌检测。一般认为，活菌通常具有完整的细胞膜。EMA 是一种含氮的 DNA 嵌入型染料，只能进入细胞膜受损的菌体。EMA 与 DNA 共价结合后，在明亮的可见光下，叠氮基团会转变为具有高度活性的硝基自由基。同时，水分子能够失活未结合的 EMA，使得反应产物在溶液中呈游离状态。经 EMA 处理后，提取基因组 DNA，并进行 qPCR 分析。EMA 与 DNA 交联后将改变 DNA 结构，能够强烈抑制 PCR 扩增反应。因此，只有活菌中未结合 EMA 的基因组 DNA 能够作为模板进行 PCR 扩增。

然而，在有些研究中发现，EMA 仍然能够穿透完整的细胞膜，导致计数结果偏高。PMA 作为其类似物，比 EMA 效果更好，已成功用于多种体系中的活菌检测（图 6-29）。

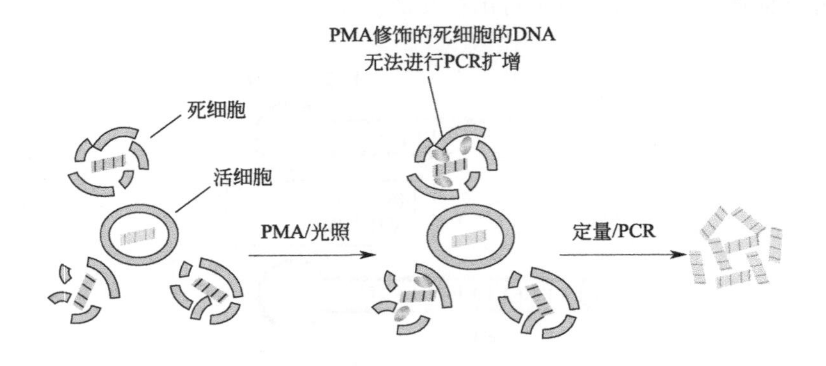

图 6-29 PMA-PCR 反应示意

4. 流式细胞技术

经典的微生物培养法是益生菌计数的金标准，然而该方法耗时长，且无法检测有活性、无法培养的微生物。流式细胞技术（flow cytometry，FCM）作为一种新兴的检测方法，是一种在细胞分子水平上通过单克隆抗体或染料染色后对单个细胞或其他的生物粒子进行快速定量分析的技术，能够有效区分混合益生菌产品中的活菌和非活菌，目前已广泛应用于食品、饮料等领域。

Chiron 等利用定制的多克隆抗体，采用流式细胞技术，对五种不同的益生菌（两歧双歧杆菌 R0071、婴儿双歧杆菌 R0033、长双歧杆菌 R0175、瑞士乳杆菌 R0052 和鼠李糖乳杆菌 R0011）进行了特异性检测。结果显示，抗体至少能够保持亚种水平上的特异性。将流式细胞技术与特异性抗体、核酸染料 SYTO 24 和碘化丙啶联用，成功应用于三种商业化产品中的益生菌活菌计数，并且能够实现相近菌株的区分。

Cassoil 研究发现 FCM 与标准的平板计数法相比在数值上会有较大的差异，但是其差异不会超过一个数量级。平板计数法只可以将活性较好的菌培养出来并计数，流式细胞术则是将受损但未死亡的细胞也计算在活细胞范围内，导致计数结果差异较大。另外，杨莉婷等利用 FCM 对生乳中细菌总数计数时，其检测限达到了 10CFU/mL，且与平板计数法结果比较发现具有显著的相关性（$P<0.01$）。

与常规培养法（＞48h）相比，FCM 操作简便，检测周期短，绝对定量和特异性检测时间非常迅速（＜2h），能够有效区分活菌和死菌，适合乳制品中益生菌的计数。

2015 年，在 ISO/IDF 发布的 ISO 19344 标准中，将流式细胞法列为乳酸菌发酵剂、益生菌发酵产品中活菌和无法培养微生物的检测方法。流式细胞技术每秒能够检测 200～2000 个细胞，并可记录不同的参数用于细胞分型，包括细胞膜的完整性、胞外酶活性、细胞质 pH 值、细胞膜电势等，都可用于判断细胞存活性，是一种简便、快速、灵敏的活菌计数新方法（图 6-30）。

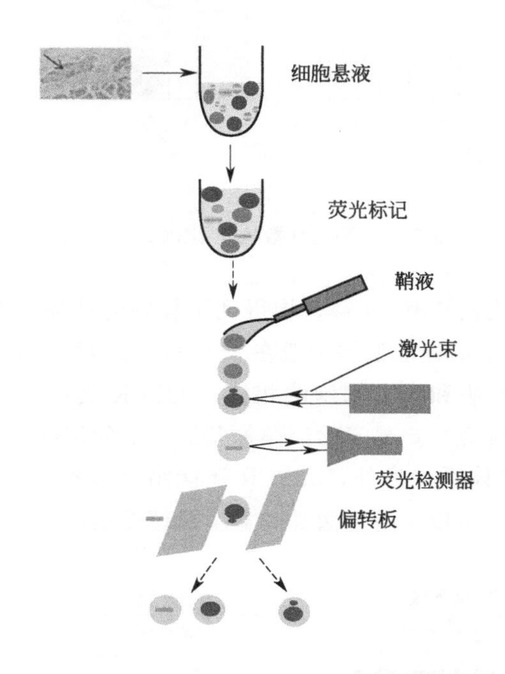

图 6-30　流式细胞技术检测原理示意

5. 数字 PCR

益生菌的健康功效具有菌株特异性，因此需要建立一种准确的、特定菌株的计数方法。基于芯片的数字 PCR（cdPCR）是近年来正在迅速发展的一种全新的核酸检测技术。与传统的定量 PCR 相比，cdPCR 不依赖于扩增曲线的循环阈值（Ct），也无须采用看家基因和标准曲线，因此具有高灵敏度、高精度、绝对定量等优点。cdPCR 技术首先将样品微量稀释并平均分布到芯片上的反应孔中（能够多达 20000 个），如果反应孔中含有目标 DNA 模板，可以在 PCR 反应完成后通过荧光计检测出来；然后根据泊松统计和荧光信号阳性比例，计算出样品中目标 DNA 的拷贝数。Hansen 等利用 cdPCR 技术，对商业化益生菌乳双歧杆菌 BI-04 和嗜酸乳杆菌 NCFM 进行了定量检测。通过设计和优化检测引物和探针，能够实现单一菌株或混合菌株的准确计数，并且通过加入叠氮溴化丙锭预处理，能够有效避免死菌的干扰。cdPCR 的准确率能够达到 95%，并且具有菌株特异性，耗时仅需数小时，有望替代传统的平板计数方法（图 6-31）。

Hansen 等还对数字 PCR 进行了改进，采用微滴数字 PCR（ddPCR），增大了样品检测的通量，减少了标准偏差。他们针对 50 个批次的商业化益生菌进行了检测，包括嗜酸乳杆菌 NCFM、乳双歧杆菌 Bi-07、植物乳杆菌 Lp-115、乳双歧杆菌 HN019、乳

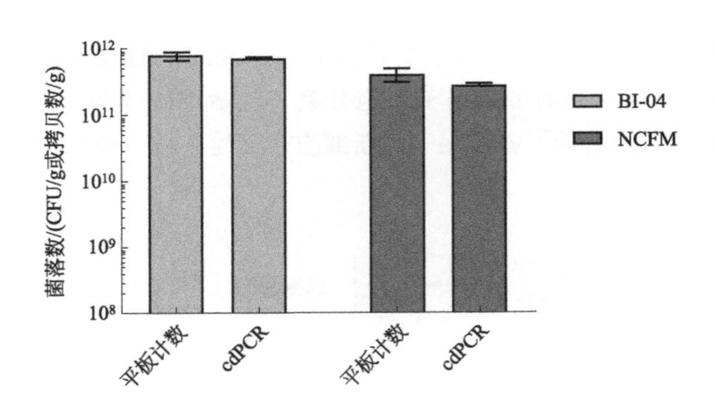

图 6-31 平板计数法与 cdPCR 法比较

双歧杆菌 BI-04 以及嗜酸乳杆菌 La-14，均得到了较好的结果。平板培养法的标准偏差一般在 15%，流式细胞法的标准偏差一般在 3%～7%，而 ddPCR 法能够将标准偏差降至 2%左右。与平板培养法和流式细胞法相比，ddPCR 具有操作简便、快速、特异性强、低成本、高通量等优点，更易于检测菌株基因组上的细微差别（甚至是单个碱基的差别），适用于混合菌株体系。另外，ddPCR 还能结合多种技术，检测基因表达水平，并估算相应酶的表达量，可以为特定菌株的益生机理提供依据（图 6-32）。

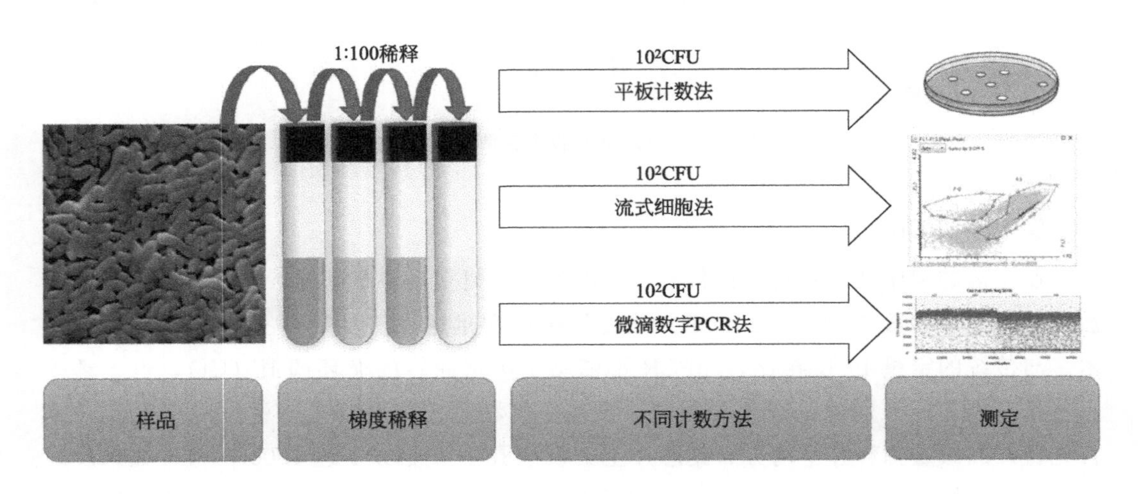

图 6-32 微滴数字 PCR

6. ATP 生物荧光法

ATP 是生命的能量来源，存在于活细胞中，含量相对稳定，但细菌死后几分钟内 ATP 便被水解，故而 ATP 与活菌量有直接联系。生物荧光法的原理是：荧光素酶将荧光素、氧和 ATP 作为底物，产生荧光现象。此方法在动物、植物、微生物及医药领域的检测中都有着广泛的应用（图 6-33）。ATP 在食品中的应用主要是检测食品中的细菌总数，并逐渐发展到检测乳制品中益生菌的总数。Wu 等优化了 ATP 快速定量检测方法，并确认可以快速测定固体或液体益生菌产品中细菌的活菌数。陈艺虹对啤酒中乳酸菌和酵母菌进行了检测，发现此方法可以快速方便地对细菌进行定量检测，但是只能对活的细菌进行定量，而对于灭活的细菌没有作用。

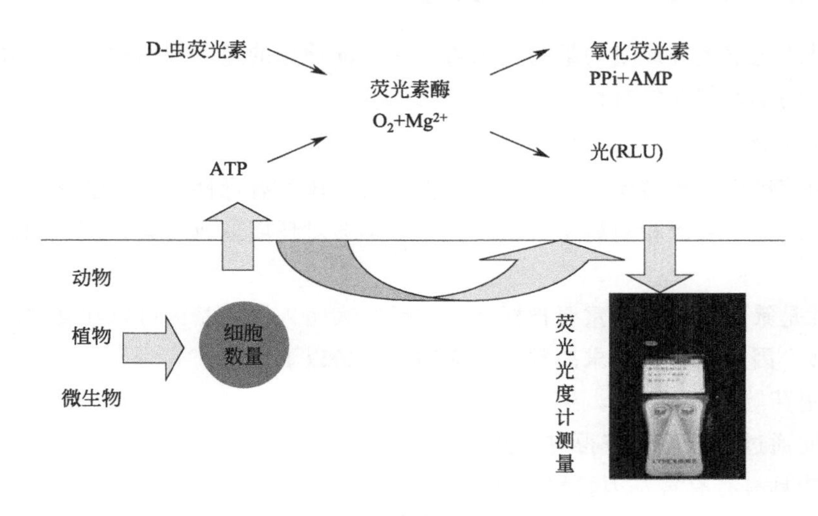

图 6-33 ATP 生物荧光法检测示意

7. 电子阻抗法

电子阻抗测量法的基本原理是：微生物在生长过程中能够使培养基中的阻抗和电极周边的双电层电极阻抗产生转变，这种变化与微生物的数量相关。黄吉城等运用电子阻抗法测定食品中的菌落总数，并与国标法相对比得出其差异性不大，但检测时间缩短了很多。杜寒春等将此方法运用到巴氏杀菌牛奶的菌落总数测定并绘制了标准曲线，得出其相关系数为−0.9907，可信度较高。顾其芳等将电子阻抗法应用到食品的乳酸菌定量中，对 324 份样品检验并绘制相关曲线，得相关系数为 0.95，用时仅为 18h，证明此方法在乳酸菌的定量中具有很好的应用性。此方法与平板计数法相比，结果无显著差异，且重现性较好、灵敏度高，具有广泛的实用性和适用性。

8. 宏基因组测序技术

宏基因组测序技术可以用于分析特定环境中微生物群体基因组成及功能、菌群的多样性与丰度，可以鉴定出复杂菌群组成，精确度可以到菌种乃至菌株水平。Patro 等运用宏基因组测序技术鉴定膳食补充剂样品中微生物活菌，用 K-mer 方法计算其丰度，可快速有效地识别各种膳食补充剂样品中物种水平，确定这些产品中特定微生物的存在。Seol 等将宏基因组测序技术与全基因组序列分析相结合，对嗜酸乳杆菌、植物乳杆菌、长双歧杆菌、动物双歧杆菌、鼠李糖乳杆菌等 126 个种的 597 株菌株进行了分析、检测，通过提高基因组图谱比对的深度和精度，有效减少了假阳性率，准确检测出混合体系中特定菌种的比例。

宏基因组测序技术可以检测出体系中所有的微生物，包括细菌、真菌和病毒的基因组，是目前检测最为全面的一种方法。然而现阶段成本仍然较高，大大限制了其应用范围。随着测序技术的不断发展，宏基因组测序和全基因组测序的成本将持续降低，利用该技术进行混合菌株体系中益生菌的检测具有广阔的发展前景。

二、益生菌的生物学及其功能特性评价

菌种是决定益生菌质量的最关键因素，为保证筛选的益生菌菌种安全、高效，需确定菌种的生物学及其功能特性。

(1) 安全性

益生菌菌种应来源清楚，有准确的分类，对人体没有毒性、致病性和传染性，不产生任何过敏反应，基因相对稳定，不易突变，不会对环境造成污染，符合国家相关法律法规。

耐药性是筛选益生菌的重要指标之一，研究表明，抗性基因可以在食物和肠道环境中发生转移。因此，符合要求的益生菌应同时具备以下条件。

① 无耐药等有害基因；

② 不能通过遗传修饰获得有害基因；

③ 不能具有将有害基因转移的潜力。

菌株是否有溶血性是筛选益生菌的先决条件之一。应使用特异性免疫血清进行定量凝集试验（凝集效价不低于原效价一半）。血平板培养是最常见的溶血性的评价方法之一，根据实验观察结果可以分为以下 3 类。

① α-溶血。又称草绿色溶血，菌落周围的培养基出现草绿色环；

② β-溶血。菌落周围形成界限分明、完全透明的溶血环；

③ γ-溶血。菌落周围的培养基没有变化。

益生菌产毒能力也是影响安全性的重要因素，检测的主要指标是生物胺。通常采用的方法有以下 2 种。

① 表型检测。有固体培养检测和液体培养检测，通过观察培养基的颜色变化或者采用高效液相色谱方法，定量测定培养结束后产生的生物胺的含量。

② 基因检测。通过多重 PCR 的方法，对与生物胺产生有关的基因（如酪氨酸脱羧酶等）进行检测。综上，结合表型检测和多重 PCR 检测，可以提高对于菌株产生生物胺评价的准确性。

通过检测参与毒力因子形成的相关毒力基因可实现毒力因子的检测。某些菌株会产生肠毒素、表面活性素、呕吐毒素等物质，需要测试毒素生产情况和安全性。

益生菌制剂的安全性检测一般采用较人用剂量多出数倍的试样（按体重计算），给小鼠口服，观察对小鼠健康是否有不良影响。取 2g 制品溶解在 8mL 无菌生理盐水中，20～22g 小白鼠 5 只，每只灌胃 0.5mL，每天 1 次，连续 3d，并观察反应至第 7 天，小鼠应健康存活，体重增加。

(2) 抑菌性

2002 年，世界卫生组织制定的食品益生菌评价指南提出，益生菌代谢产物要有有效的抑菌活性，益生菌对胃肠道固有病原菌的抑菌特性是一项重要的评价指标。铜绿假单胞菌、大肠杆菌、金黄色葡萄球菌等是用于测定益生菌抑菌活性的病原指示菌。检测方法概

括如下。

① 牛津杯法。将不同指示菌涂布于平板，并放置在牛津杯中，加待测菌的上清液，培养后，根据测定的抑菌圈直径判断抑菌活性。

② 双层平板法。待测菌培养液点种于平板上培养，经氯气处理，将加有指示菌的软琼脂倾注于改良平板表面，培养后，测定抑菌圈直径。

③ 琼脂扩散法。将加有指示菌的软琼脂倾注于琼脂平板上，在平板培养基上打孔，将待测菌上清液或菌泥重悬液加至孔中，培养 48h 测定抑菌圈的大小。

④ 点种法。在软琼脂培养基中加入指示菌液，将待测乳酸菌液点种于琼脂平板（涂布指示菌）表面，培养后，测定抑菌圈直径。

⑤ 挖块法。在平板培养基上涂布指示菌，将待测菌株在其相应的平板上培养后，打孔，用牙签挑取长有待测菌的琼脂块点至琼脂平板（涂布指示菌）上，培养测定抑菌圈直径。

⑥ 滤纸片法。在滤纸片上加入待测菌液，置于琼脂平板（涂布指示菌）上，培养测定抑菌圈直径。

（3）抗逆性

益生菌菌株应对高温、高湿、胃酸、消化酶和胆盐等环境有一定的耐受性，其生物活性得到保证，才能保证进入人体发挥益生功能，保护肠道微生态平衡。

人体胃酸（pH 值为 2.0～3.0）环境能够杀灭摄入的大部分微生物。为保证益生菌在胃肠道内发挥益生作用时的活菌数目，耐酸能力是益生菌必备的特征。目前，国内外对菌株的耐酸试验还没有统一的标准，通常选择 pH 值为 1.0～5.0。

益生菌产品的特征指标之一是益生菌对胆盐的耐受性。人体小肠中胆汁酸盐浓度平均水平为 0.3%，该指标是影响菌株存活率的重要因素。胆盐的耐受性随着益生菌种类的不同表现出较大差别。目前，国内外对菌株的耐胆盐试验还没有统一的标准，通常选择胆盐浓度在 0.1%～1.0%范围内。

对温度耐受性强的菌株，其产品的保质期也更长。将活化的待测菌株在一定温度下水浴一定时间，随后在冷水中快速降温，经培养后检测菌株的存活率。

（4）定植性

益生菌菌株能够在消化道黏膜黏附并存活、稳定定植在黏膜表面和产生代谢活性（如产生消化酶、有机酸等）。菌株能与常驻菌群竞争，产生抗菌物质，还能与病原菌拮抗，具有调控免疫反应的能力。因此，把益生菌在肠道黏附的定植性作为检验其应用效果好坏的重要指标。

黏附试验常选人肠道细胞、猪肠道细胞和鸡肠道细胞作为研究模型。黏附性的分析方法如下。

① 贴壁共培养测定活菌数。将待测菌与细胞共培养，清洗去除未黏附的细菌后，处理细胞，释放黏附在细胞上的待测菌，通过测定活菌数，计算黏附率。

② 贴壁共培养染色观察计数。将待测菌与细胞共培养，清洗去除未黏附的细菌后，采用甲醇固定，经革兰染色或吉姆萨染液染色，使用显微镜观察并计算黏附率。

③ 悬浮培养染色观察计数。制备鸡上皮细胞和猪上皮细胞，将等体积的菌悬液与

其混匀，倒置显微镜下观察细菌黏附情况。

④ 黏蛋白模拟。将无菌聚丙烯管或微孔板用黏蛋白包被，加入待测菌，孵育、洗涤后，通过测定活菌数，计算黏附率。

(5) 稳定性

目前较多益生菌产品采用天然菌株，应该选择具有较稳定的生物学特征和代谢特征的菌株作为生产用菌种。对于经过驯化、诱变或基因重组的菌株，则应该特别注意选择遗传学上稳定性好、突变率低的菌种，避免产生毒副作用。

生产用菌种应易于培养生产，适合于大规模工业生产，尽可能使生产工艺和流程简易化。同时，菌株应具有较好的可控性，确保在加工、贮藏和运输的过程中能维持其功能特性的稳定性，使益生菌具有良好的活性、理想的风味和工艺特性。

(6) 有效性

有研究表明，乳酸菌的益生功能具有菌株特异性，即使同一种属的乳酸菌也可能因株水平不同而产生不相同的生理活性。菌株的鉴别有助于确定其特定生理功能，也有利于准确地对菌株进行检测与流行病学研究。因此，明确乳酸菌的属、种、株对于保证菌株的益生功能具有十分重要的意义。

益生菌能发挥至少一种有科学依据支撑的可促进健康的作用。选择益生菌时，应根据使用目的和生理需要，结合体外试验、动物试验和临床试验等证实其有效功能，选择可在人体中发挥作用的益生菌，以确保其应用效果。

体外试验是评价益生菌功能的必需试验，实验结果也有利于阐述菌株相应的益生机制。体外益生功能评价试验一般包括 7 种常规试验，分别为对胃酸的耐受试验、对胆汁酸的耐受试验、黏附试验/人上表皮细胞黏附试验、对条件致病菌的拮抗活性试验、降低致病菌对消化道黏膜的黏附能力试验、胆汁盐水解酶活性试验以及对杀精子剂的耐药性试验（适用于阴道用益生菌）。同时，还包括其他特定的益生功效评价，包括调节肠道菌群、缓解便秘/腹泻、提高机体免疫力、降低血脂胆固醇水平、调节血压、抗肿瘤、改善认知能力等。

体外试验的结果并不能反映乳酸菌在体内的真实情况。因此，益生菌功能的研究结果应在动物试验或人体试验中得到证实。在某些情况下，动物模型可验证体外试验的结果，因此，鼓励在人体试验前先进行动物试验。体外试验的第一阶段重点关注安全性，而第二阶段则集中于菌株功效。

益生菌的体内有效性评价主要涉及机体和脏器状况的变化、血液病理学和生化指标的检测、耐酸和耐胆盐验证、抑菌模型的建立、黏附、定植和免疫调节等。益生菌调节宿主肠道菌群微生态的研究多采用肠道菌群紊乱模型动物，事先对无菌动物人工感染肠道细菌，如大肠杆菌、表皮葡萄球菌、粪链球菌等。通过检测粪便或肠道菌群，来观察双歧杆菌等益生菌的变化情况。人体实验检测指标包括双歧杆菌、乳杆菌、肠球菌、肠杆菌、拟杆菌和产气荚膜梭菌等。

益生菌降胆固醇能力的动物实验一般采用预防性或治疗性脂代谢紊乱模型，检测指标包括体重、血清总胆固醇、甘油三酯和高密度脂蛋白胆固醇等。在进行人体实验时，应对受试样品的食用安全性做进一步的观察。

目前，已有多种高血压动物模型用于评价益生菌调节血压的功能，如遗传型、神经原型、肾型、内分泌型高血压等。由于乳酸菌降血压的作用起效较慢，通常采用慢性实验性高血压模型为研究对象，检测收缩压等指标。

三、益生菌制剂质量控制体系

益生菌产品的生产工艺复杂且技术含量高，为保证益生菌类产品的高质量，除了使用经过一系列标准规程筛选的菌株，还应当在生产工艺上严把质量关，采用的生产工艺必须科学稳定，同时保证可追溯性，建立完善的质量控制体系，能够沿着供应商原料采购、工厂生产控制、成品运输这一整条线路进行动态监控和双向追溯。同时，随着对益生菌安全性评价方法和有效性评价方法研究的深入，迫切需要加快相关法规和标准的制定，加强益生菌产业的规范管理和行业监督管理，以保障产业持续、健康发展。

近年来，对于益生菌制剂的质量控制标准化问题日益受到关注。益生菌标准化是规范益生菌生产和提高产品质量的重要手段。根据《生物制品管理规定》和《新生物制品审批办法》等条例规定，益生菌属于生物制品范畴，对其质量管理、质量标准和质量检定都应按生物制品规定要求进行。

《生物制品管理规定》是我国生物制品的国家标准和技术法规，是我国生物制品领域中监督生产、产品质量控制及评价、监督上市后生物制品质量的法定依据，同时也是规范生物制品生产、科研的技术性指导原则和法规。它包括生产和检定的技术指标，它来源于生产，反过来又指导生产，不但规定了生产和检定技术指标，还对原材料、工艺流程、检定方法等作出了详细的规定，对产品质量起保障作用。《生物制品管理规定》既是目前国家对益生菌制剂实行监督的准绳，也是国家对益生菌制剂生产和质量的最低要求。

当前，益生菌制剂质量控制体系主要包括以下几个方面。

(1) 生产用菌种的保存和管理

作为一类生物性保健食品，其有效成分无论是活菌、死菌体抑或是菌体成分或代谢产物，都离不开菌种，都是由菌种扩大培养发展而得，是产品质量的直接保证，同时也是生产中的关键控制点。只有参照《生物制品管理规定》中有关筛选、质控、保存、使用等规定，才能生产出高质量的安全有效产品。

生产用菌种经审查认可，批准同意使用后，即应冷冻干燥一大批，并保存于2～3℃以备生产使用。冻干菌种启开后需按上述规定检定合格后才可投产。并且传代不应超过5代，因过多过频传代易造成细菌某些生物特性变异。菌种传代方法包括斜面、液体和半固体穿刺培养等，菌种在适宜培养基和适宜温度等条件下培育，生产用菌种可保存于4℃冰箱，少部分菌种在室温下保存更适宜。

生产用菌种要求长期延续保持原有特性，除良好的保存方法外，还需科学管理。菌种必须专人管理，经常定期检查，并应建立菌种档案资料，包括来源、历史、筛选、检定、冻干保存、数量、启开使用等完整的记录，这些都需专门管理部门专门人员承担。

(2) 洁净环境的保证

由于产品的特殊性，对种子室、灌装室的空气洁净级别要求较高，应在结净度10000

级环境中，层流罩下100级的洁净室中进行生产操作，因此必须选择符合要求的厂房、设备设施，这不仅直接关系到工艺的正确与否与产品质量的优劣，而且对车间的合理布局，减少空间，确保环境质量带来直接的影响。HACCP系统实施过程中，要求在厂房、设备等硬件设施满足洁净级别的车间投产，对确保产品卫生质量起到了至关重要的作用。关于洁净环境的维持，一是人员应具有良好的无菌操作技术，二是消毒灭菌过程要经过验证。在无终末灭菌产品的生产中，环境的监测至关重要，这也是GMP的基本要求，但较复杂监测项目的结果不一定能很好地反映出环境质量，过多的监测次数反而会由于采样人员、采样仪器的进入，破坏洁净质量，故认为通过环境的良好控制来代替监测次数的增加是比较合理的减少污染的方法。

(3) HACCP系统的实施

HACCP是食品企业采取的保证食品安全的预防性管理系统，是目前控制食品安全的最有效和最高效的方法，在未来的全球食品贸易中，工厂是否采纳HACCP将起着举足轻重的作用。建立和实施HACCP系统，能够使产品微生物指标不合格率显著下降。同时杜绝了倒罐、废弃整批产品等严重事件的发生，减少了不必要的检验成本，避免了大量物资、能源和人力浪费，因此认为该系统同国内外在其他领域的应用一样，可以有效、经济地保证产品安全质量，同时也为益生菌类保健食品GMP的制定提供了一定的科学依据。

(4) 物理性状检查

益生菌制剂应有均一的外观和色泽、大小一致的颗粒，可有轻微的酸味、芳香味等，但不可有刺鼻异味。若益生菌类产品散发出酸香味且没有霉味，可初步判断该产品中活菌数较充足，且霉菌量少，质量较好。

胶囊制剂菌粉颗粒大小应一致，悬液制剂不得有摇不散凝块或其他异物。片剂或胶囊剂加适宜溶剂后，崩解时间和溶解速度应在规定范围内。

(5) 有效微生物数量

益生菌制剂多以制剂中益生菌活菌数表示效力，是益生菌制剂重要的质量指标。为保证对原有肠道微生态系统产生影响，必须保证进入肠道的益生活菌数达到1×10^{7}～1×10^{10}CFU/g。活菌数的检测手段包括平板计数法、免疫法、显色培养基法和生物化学发光检测方法等。根据不同菌种的培养要求，选择适宜条件和培养方法。益生菌制剂装量应符合国家药典标准。

一般胶囊制剂或片剂按规程规定，测定方法应为：无菌称取3g制剂，加入适宜稀释液中，充分摇匀，作10倍系列稀释（根据不同制品不同指标），取最后稀释度0.1mL滴入适宜琼脂平皿上，共做3个平皿，并以“L”棒涂布均匀，置适宜条件下培育，到期观察每个平皿菌落生长情况，并计数，但必须注意，当平皿菌落数小于10或大于100时，都应重新调整稀释度重新测定。

(6) 水分控制

益生菌制剂中的水分含量高低会直接影响产品的稳定性，是影响制剂质量的重要指标。残余水分含量过高，则益生菌代谢旺盛，养料消耗快，易造成活菌死亡而失效；水分含量过低，菌体脱水，亦可造成活菌死亡。故益生菌制剂中水分含量要控制在1%～

3%。不同菌种的益生菌制剂，其含水量要求也有差异。水分测定方法很多，常用的有烘干失重法、五氧化二磷真空干燥失重法和费休法。

（7）卫生指标

益生菌类产品的卫生指标是指其中的有害微生物及有害物质。必须严格控制金黄色葡萄球菌、沙门菌等致病性菌的污染，同时防止包括真菌毒素、重金属等有害因素的污染。

口服活菌制剂不得污染大肠杆菌、铜绿假单胞菌、金黄色葡萄球菌、沙门菌和志贺菌等致病性细菌，检查时可采用致病菌选择特异培养基。参照口服药卫生学指标要求，口服活菌制剂非致病性杂菌数不得超过1000CFU/g，霉菌数不超过100CFU/g。对于非口服制剂，卫生学指标另有规定。

（8）产品保存期

益生菌类产品保存期一般是指在一定保存条件下，能够保持益生菌达到规定活菌数的最长时间。不同益生菌产品的保存期和保存方式都不同。随着保存时间的延长，益生菌类产品活菌数逐渐减少。活菌对光、热和潮湿较为敏感，真空厌氧包装和冷藏可延长益生菌类产品保存期。

符合上述质量控制体系的要求，才能生产出高质量的益生菌制剂。益生菌制剂的生产流程示意如图6-34所示。

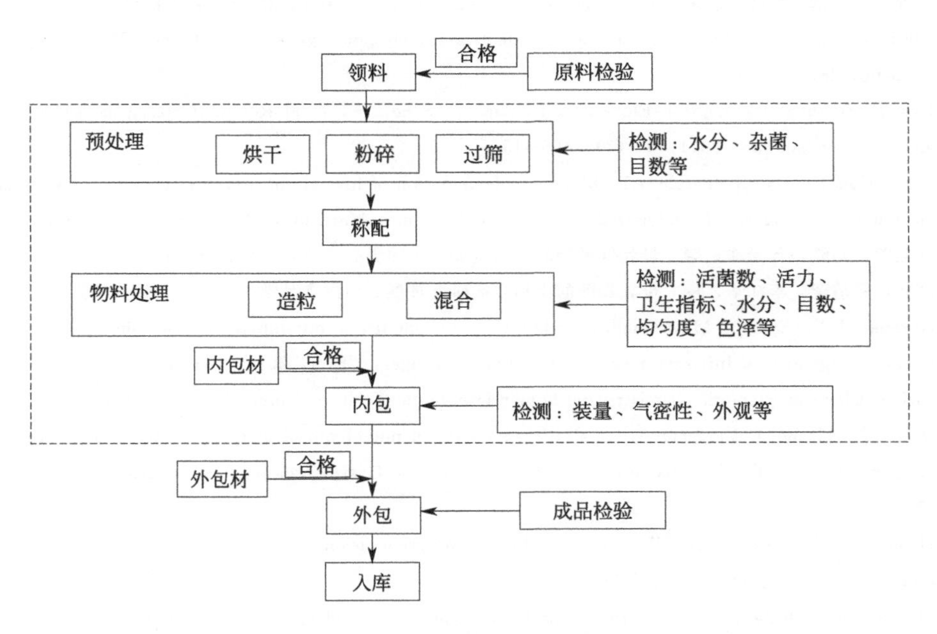

图6-34　益生菌制剂生产流程示意

虚线内为10万级洁净区；其他为一般生产区。虚线内环境温度≤28℃，空气相对湿度≤40%

参考文献

[1] Sanders Mary Ellen, et al. Safety assessment of probiotics for human use. Gut microbes, 2010, 1 (3): 164-185.

[2] Sanders Mary Ellen，et al. Effects of genetic，processing，or product formulation changes on efficacy and safety of probiotics. Annals of the New York Academy of Sciences，2014，1309 (1)：1-18.

[3] Markowiak Paulina，Katarzyna Śliżewska. Effects of probiotics，prebiotics，and synbiotics on human health. Nutrients，2017，9 (9)：1021.

[4] Reid，Gregor. Probiotics：definition，scope and mechanisms of action. Best practice & research Clinical gastroenterology，2016，30 (1)：17-25.

[5] Binns Nino，et al. Probiotics，prebiotics and the gut microbiota. ILSI Europe，2013.

[6] 李兰娟 . 医学微生态学 . 北京：人民卫生出版社，2014.

[7] Borriello S P，Hammes W P，Holzapfel W，et al. Safety of probiotics that contain lactobacilli or bifidobacteria. Clin Infect Dis，2003，36：775-780.

[8] Vankerckhoven V，Moreillon P，Piu S，Giddey M，et al. Infectivity of *Lactobacillus rhamnosus* and *Lactobacillus paracasei* isolates in a rat model of experimental endocarditis. J Med Microbiol，2007，56：1017-1024.

[9] Baumgartner A，Kueffer M，Simmen A，et al. Relatedness of Lactobacillus rhamnosus Strains Isolated from Clinical Specimens and Such from Food-stuffs，Humans and Technology. Lwt Food Science & Technology，1998，31 (5)：494.

[10] 洪青，刘振民，杭锋 . 益生菌/益生元对婴幼儿健康作用的研究进展 . 食品工业，2018，39 (05)：296-299.

[11] 洪青，刘振民，王国娇，等 . 益生菌及其制品治疗肠道易激综合征的研究进展 . 乳业科学与技术，2017，40 (05)：28-31.

[12] Charalampopoulos Dimitris，Rastall Robert A. Prebiotics and probiotics science and technology. Springer Science & Business Media，2009.

[13] 洪青，王钦博，杭锋 . 乳酸菌微胶囊制备研究进展 . 食品工业，2017，38 (06)：238-242.

[14] Vinti S，Chakkaravarthi S. Applications of prebiotics in food industry：a review. Ciencia Y Tecnologia De Los Alimentos Internacional，2017.

[15] Evangélica Fuentes-Zaragoza，Elena Sánchez-Zapata，Sendra E，et al. Resistant starch as prebiotic：A review. Starch/staerke，2011，63 (7)：406-415.

[16] Srinivasjois R，Rao S，Patole S. Prebiotic supplementation of formula in preterm neonates：a systematic review and meta-analysis of randomized controlled trials. Clinical Nutrition，2009，28 (3)：237-242.

[17] 逯莹莹，刘鹏，孙景珠，等 . 母乳低聚糖的研究进展 . 中国乳品工业，2018，46 (12)：23-28，33.

[18] 陈坚，邓洁莹，李江华，等 . 母乳寡糖的生物合成研究进展 . 中国食品学报，2016，16 (11)：1-8.

[19] Abraham B P，Eamonn M M Quigley. Prebiotics and probiotics in inflammatory bowel disease (IBD) Nutritional Management of Inflammatory Bowel Diseases. Springer，Cham，2016：131-147.

[20] Richert Clemens. Prebiotic chemistry and human intervention. Nature communications，2018，9 (1)：1-3.

[21] Magne F，Hachelaf W，Suau A，et al. Effects on faecal microbiota of dietary and acidic oligosaccharides in children during partial formula feeding. Journal of Pediatric Gastroenterology & Nutrition，2008，46 (5)：580-588.

[22] Helena P，Mccartney A L，Gibson G R. Probiotics and prebiotics in infant nutrition. Proceedings of the Nutrition Society，2007，66 (3)：405-411.

[23] Markowiak P，Katarzyna L. The role of probiotics，prebiotics and synbiotics in animal nutrition. Gut pathogens，2018，10 (1)：21.

[24] Krumbeck J A，Maldonado-Gomez M X，Ramer-Tait A E，et al. Prebiotics and synbiotics：dietary strategies for improving gut health. Current Opinion in Gastroenterology，2016，32 (2)：1.

[25] Hyun-Jik O，So-Hyun K，Ju-Yeoul B，et al. Hydrodynamic micro-encapsulation of aqueous fluids and cells via'on the fly'photopolymerization. Journal of Micromechanics and Microengineering，2006，16 (2)：285.

[26] Kim K K，Pack D W. Microspheres for drug delivery，in biological and biomedical nanotechnology. New York：Springer，2006：19-50.

[27] Kinam P, Yoon Y. Microencapsulation technology. Encyclopedia of pharmaceutical technology. Third Edition. Informa Healthcare, 2006: 2315-2327.

[28] Kuang S S, Oliveira J C, Crean A M. Microencapsulation as a tool for incorporating bioactive ingredients into food. Critical Reviews in Food Science and Nutrition, 2010, 50 (10): 951-968.

[29] Lee W L, Seh Y C, Widjaja E, et al. Fabrication and drug release study of double-layered microparticles of various sizes. Journal of Pharmaceutical Sciences, 2012, 101 (8): 2787-2797.

[30] Manojlovic V , Djonlagic J, Obradovic B, et al. Immobilization of cells by electrostatic droplet generation: a model system for potential application in medicine. International Journal of Nanomedicine, 2006, 1 (2): 163-171.

[31] Matalanis A, Jones O G, McClements D J. Structured biopolymer based delivery systems for encapsulation, protection, and release of lipophilic compounds. Food Hydrocolloids, 2011, 25 (8): 1865-1880.

[32] Nag A , Han K S, Singh H. Microencapsulation of probiotic bacteria using pH-induced gelation of sodium caseinate and gellan gum. International Dairy Journal, 2011, 21 (4): 247-253.

[33] 中国食品科学技术学会益生菌分会．益生菌的科学共识（2020年版）．中国食品学报，2020，5：303-307.

[34] Davis C. Enumeration of probiotic strains: review of culture-dependent and alternative techniques to quantify viable bacteria. Journal of Microbiological Methods, 2014, 103: 9-17.

[35] Hansen S, Morovic W, De Meules M, et al. Absolute enumeration of probiotic strains *Lactobacillus acidophilus* NCFM and *Bifidobacterium animalis* subsp. *lactis* BI-04 via Chip-Based Digital PCR. Front Microbiol, 2018, 9: 704.

[36] Angelakis E, Million M, Henry M, et al. Rapid and accurate bacterial identification in probiotics and yoghurts by MALDI-TOF mass spectrometry. J Food Sci, 2011, 76: 568-572.

[37] Auty M, Gardinere G C, Mc Breaty S J, et al. Direct in situ viability assessment of bacteria in probiotic dairy products using viability staining in conjunction with confocal scanning laser microscopy. Appl Environ Microbiol, 2001, 67: 420-425.

[38] Bogovic-Matijasic B, Obermaier T, Rogelj I. Quantification of *Lactobacillus gasseri*, *Enterococcus faecium* and *Bifidobacterium infantis* in a probiotic OTC drug by real-time PCR. Food Control, 2010, 21: 419-425.

[39] Herbel S R, Lauzat B, von Nickisch-Rosenegk K M, et al. Species-specific quantification of probiotic lactobacilli in yoghurt by quantitative real-time PCR. J Appl Microbiol, 2013, 115: 1402-1410.

[40] Perndana J, Bereschenko L, Roghair M, et al. Novel method for enumeration of viable *Lactobacillus planatarum* WCFS1 cells after single droplet drying. Appl Environ Microbiol, 2012, 78: 8082-8088.

[41] Vinderola G, Reinheimer J, Salminen S. The enumeration of probiotic issues: from unavailable standardized culture media to a recommended procedure? International Dairy Journal, 2019, 96: 58-65.

[42] 石吉勇，吴胜斌，邹小波，等．高光谱技术融合平板菌落法同步计数酸奶中益生菌．食品科学，2018，24：102-107.

[43] 张娜娜，姜凯，赵渝，等．乳制品中益生菌的定量方法研究进展．上海师范大学学报（自然科学版），2017，05：751-756.

[44] Mc Brearty S, Ross R P, Fitzgerald G F, et al. Influence of two commercially available bifidobacteria cultures on Cheddar cheese quality. International Dairy Journal, 2001, 11: 599-610.

[45] Özer B, Uzun Y S, Kirmaci H A. Effect of microencapsulation on viability of *Lactobacillus acidophilus* LA-5 and *Bifidobacterium bifidum* BB-12 during Kasar cheese ripening. International Journal of Dairy Technology, 2008, 61: 237-244.

[46] Yilmaztekin M, Özer B H, Atasoy A F. Survival of *Lactobacillus acidophilus* LA-5 and *Bifidobacterium bifidum* BB-02 in white-brined cheese. International Journal of Food Science and Nutritionm, 2004, 55: 53-60.

[47] Cardarelli H R, Buriti F C A, Castro I A, et al. Inulin and oligofructose improve sensory quality and increase the probiotic viable count in potentially synbiotic petit-suisse cheese. LWT-Food Science and Technology,

2008，41：1037-1046.

[48] Fritzen-Freire C B，Muller C M O，Laurindo J O B，et al. The effect of direct acidification on the microbiological，physicochemical and sensory properties of probiotic Minas Frescal cheese. International Journal of Dairy Technology，2010，63：561-568.

[49] Tharmaraj N，Shah N P. Selective enumeration of *Lactobacillus delbrueckii* ssp. *bulgaricus*，*Streptococcus thermophilus*，*Lactobacillus acidophilus*，*bifidobacteria*，*Lactobacillus casei*，*Lactobacillus rhamnosus*，and *propionibacteria*. Journal of Dairy Science，2003，86：2288-2296.

[50] Darukaradhya J，Phillips M，Kailasapathy K. Selective enumeration of *Lactobacillus acidophilus*，*Bifidobacterium* spp.，starter lactic acid bacteria and non-starter lactic acid bacteria from Cheddar cheese. International Dairy Journal，2006，16：439-445.

[51] Ibrahim F，Ruvio S，Granlund L，et al. Probiotics and immunosenescence：cheese as a carrier. FEMS Immunology and medical microbiology，2010，59：53-59.

[52] Buriti F C A，Rocha J S，Saad S M I. Incorporation of *Lactobacillus acidophilus* in Minas fresh cheese and its implications for textural and sensorial properties during storage. International Dairy Journal，2005，15：1279-1288.

[53] Van de Casteele S，Vanheuverzwijn T，Ruyssen T，et al. Evaluation of culture media for selective enumeration of probiotic strains of *lactobacilli* and *bifidobacteria* in combination with yoghurt or cheese starters. International Dairy Journal，2006，16：1470-1476.

[54] IDF. Fermented and non-fermented milk products. Detection and enumeration of *Lactobacillus acidophillus*. In Culture media. Belgium：Bulletin of the IDF 306 Brussels，1995.

[55] Bergamini C V，Hynes E R，Quiberoni A，et al. Probiotic bacteria as adjunct starters：influence of the addition methodology on their survival in a semi-hard Argentinean cheese. Food Research International，2005，38：597-604.

[56] Ong L，Shah N P. Probiotic Cheddar cheese：influence of ripening temperatures on survival of probiotic microorganisms，cheese composition and organic acid profiles. LWT-Food Science and Technology，2009，42：1260-1268.

第七章

益生菌在其他方面的应用

第一节　益生菌在养殖业中的应用

益生菌在畜牧、家禽和水产养殖中具有较好的应用潜力，包括抑制致病菌、防治腹泻、缓解乳腺炎和子宫内膜炎等。在动物的饲料中加入一定量的益生菌制剂，喂食动物后，益生菌在动物体内进行有效定植、生长和繁殖，可以竞争生态位点，抑制病原菌生长，降低肠杆菌科细菌在胃肠道各部位的定植水平，保持动物肠道内微生态菌群平衡，起到维持机体健康的作用。为保证动物与养殖产品安全，我国对可添加至饲料中的益生菌菌种有明确规定。添加的益生菌菌种必须在《饲料添加剂品种目录》中，且使用范围必须符合相关规定，我国饲料中允许添加的微生物见表 7-1。

表 7-1　我国饲料中允许添加的微生物

菌种名称	适用范围
地衣芽孢杆菌、枯草芽孢杆菌、两歧双歧杆菌、粪肠球菌、屎肠球菌、乳酸肠球菌、嗜酸乳杆菌、干酪乳杆菌、德式乳杆菌乳酸亚种、植物乳杆菌、乳酸片球菌、戊糖片球菌、产朊假丝酵母、酿酒酵母、沼泽红假单胞菌、婴儿双歧杆菌、长双歧杆菌、短双歧杆菌、青春双歧杆菌、嗜热链球菌、罗伊乳杆菌、动物双歧杆菌、黑曲霉、米曲霉、迟缓芽孢杆菌、短小芽孢杆菌、纤维二糖乳杆菌、发酵乳杆菌、德氏乳杆菌保加利亚亚种	养殖动物
产丙酸丙酸杆菌、布氏乳杆菌	青贮饲料、牛饲料
副干酪乳杆菌	青贮饲料
凝结芽孢杆菌	肉鸡、生长育肥猪和水产养殖动物
侧孢短芽孢杆菌	肉鸡、肉鸭、猪、虾

一、益生菌在青贮饲料中的应用

青贮是一种保存越冬饲料作物的传统方法，是保存青绿多汁饲料营养成分最可靠、经济和简便的方法。青贮原料多以含糖量高的玉米秸秆和高粱秸秆为主，适口性好，汁水丰富，有发酵特有的香味，刺激家畜消化液的分泌和肠道蠕动，增强食欲和消化功能，促进精料和粗饲料营养物质更好地利用。

青贮的过程包括好氧阶段、发酵阶段、稳定阶段和启窖使用阶段，其中微生物的变化情况见表 7-2。植物经过压实密封，内部缺乏氧气，乳酸菌等益生菌在厌氧环境下将草料中的水溶性碳水化合物发酵成有机酸，形成低 pH 值环境，抑制病原微生物的生长，有利于防止青贮饲料变质并保留其营养价值。

表 7-2 青贮过程中微生物的变化情况

阶段	微生物变化情况
好氧阶段(3 d)	植物自身酶介导的有氧呼吸及蛋白质降解； 链球菌、明串珠菌等快速繁殖，抑制大肠杆菌，最后被乳杆菌替代； 氧气耗尽变成厌氧环境，pH 值降至 5 以下
发酵阶段(2～3 周)	厌氧及兼性厌氧菌(乳酸菌、肠球菌、酵母)大量繁殖； 同型与异型发酵共同存在； 产生大量有机酸抑制致病菌生长
稳定阶段(几个月至 1 年)	厌氧环境，有机酸积累和糖类物质匮乏，体系相对稳定状态； 乳酸菌和乳酸大量存在，抑制其他菌种繁殖； 乳酸反馈抑制乳酸菌的过量生长，不足时乳酸菌生长并产生乳酸
启窖使用阶段	启窖后部分青贮接触氧气，霉菌、酵母开始生长，消耗干物质，导致品质下降； 发酵阶段产生的短链脂肪酸(乙酸、丙酸和丁酸等)抑制霉菌和酵母生长； 这一过程与青贮工艺、干物质组成、糖组成和整个缓冲体系有关

影响青贮发酵的因素包括牧草水分含量、可溶性糖类、厌氧环境和工艺等。青贮过程中使用的菌种需具备产酸能力强、耐受高渗透压环境和无耐药性特征。具备上述特征的益生菌可以有效控制青贮的发酵过程，快速生长大量产酸抑制杂菌生长，防止青贮饲料在储藏期变质。

常用的同型发酵乳酸菌是粪肠球菌、嗜酸片球菌、植物乳杆菌和嗜酸乳杆菌，会产生大量乳酸，能很快降低青贮饲料的 pH 值，使青贮中酸度高而稳定，在高酸环境下降低肠杆菌、梭菌和好氧菌的活性。同型发酵乳酸菌不会产生二氧化碳，因此与未添加乳酸菌的青贮饲料相比，可以提高青贮饲料的干物质回收率。但同型发酵主要产生乳酸，产生其他挥发性脂肪酸很少，易引起青贮饲料的有氧腐败，添加异型发酵乳酸菌会产生高浓度的乙酸，抑制酵母菌和霉菌，从而提高青贮饲料的好氧稳定性。因此同型发酵菌和异型发酵菌需要共同作用于青贮中。

布氏乳杆菌是青贮饲料添加剂的优势菌种，厌氧发酵将乳酸转化为乙酸和 1,2-丙二醇，改善有氧稳定性，同时对动物生产性能没有影响。植物乳杆菌 MiLAB393 和植物乳杆菌 MiLAB14 产生抗酵母物质以抑制青贮饲料的有氧恶化，改善饲料质量。丁志刚等发现接种 20%地衣芽孢杆菌后，秸秆中的蛋白质含量呈现上升趋势，小麦秸秆和稻草中的中性洗涤纤维、酸性洗涤纤维、酸性木质素、粗纤维素下降，有效改善劣质粗饲料的品质。敖晓琳等运用植物乳杆菌发酵饲料用稻谷 30d 后，植物乳杆菌成为优势菌种，显著抑制能引起青贮腐败变质的好氧菌、霉菌、大肠杆菌，氨氮的产生量为对照组的一半。采用 V-Score 评价法对青贮样品进行感官评价为优良，这表明植物乳杆菌可以有效改善饲料稻青贮的品质。

接种益生菌青贮饲料不仅改善其发酵品质，还会对畜类动物的产奶量、干物质摄入量等生产性能产生影响。Yasuda 发现添加干酪乳杆菌的青贮饲料投喂荷斯坦奶牛后，其牛奶蛋白质、脂肪含量显著上升。Weinberg 等提出用于接种青贮饲料的益生菌可以在瘤胃液中存活，与瘤胃微生物相互作用，改变瘤胃发酵，增强瘤胃功能，并在小肠中提供益生作用。

尽管当前有部分报道显示益生菌青贮饲料含有大量有机酸，会改变青贮饲料的适口性，对动物采食量无影响或产生消极的影响，但是可以看出益生菌接种青贮饲料对动物生产性能具有促进作用，并得到许多试验研究的证实。猜测观测到不同的实验结果可能与菌株特异性、菌株添加量、靶动物种类和生理状态以及饲养管理环境等因素相关。

二、益生菌在畜禽类养殖中的应用

1. 猪的养殖

现代养猪生产时常使用林可霉素等抗生素，来提高猪对疾病的抵抗力与抗应激能力。但长期过度使用会导致猪肠道微生态的变化，降低对饲料的消化吸收等。肠道中的有害微生物会产氨、胺类、吲哚、亚硝酸等有毒物质，这些物质的吸收会降低宿主免疫力，导致各种疾病的发生。益生菌微生态制剂能通过调节肠道平衡，抑制有害微生物，刺激胃肠道的分化发育，提高养分的消化率。

(1) 提升猪生长性能

益生菌能够分解饲料中的营养物质，合成维生素和生物酶类，提高饲料生物学效价和消化率，促进生猪对营养成分的消化吸收，提升生长性能。在猪饲料中添加 0.5%～1.0%枯草芽孢杆菌、屎肠球菌和酵母菌的复合益生菌制剂后，能够提升猪群生长速度，降低腹泻率。李敏等发现发酵饲料有提高育肥猪生长性能的趋势，对胴体品质没有不良影响，综合多项指标表明，发酵饲料对猪肉质、风味及营养特性有较好的影响。

(2) 降低环境污染，提高饲料利用率

发酵床养猪法是在畜舍内敷设的厚垫料上饲养生猪，粪尿与垫料混合发酵，被微生物分解、消纳，无粪尿污水向外排出，形成无污染、无排放、无臭气的零排放清洁生产模式，从源头控制养猪造成的环境污染，达到环保目的。发酵床中添加芽孢杆菌、酵母菌和乳酸菌，与锯末、玉米秸和花生壳按比例混合后，添加麸皮、玉米面、粗盐和发酵菌液，充分混合发酵后用作料垫。饲养的长白猪增重 4.56%，料重比降低 0.12，抗体阳性率为 79.82%，显著高于非益生菌对照组。

(3) 治疗猪肠道感染性疾病

消化道疾病往往是仔猪早期发病和死亡的主要原因。产肠毒素大肠杆菌常被认为是新生仔猪和断奶仔猪感染性腹泻病的病原体。商业化养猪生产中，环境应激（如管理不当、饲料更换等）经常会引起猪群的肠道菌群紊乱，发生病原菌感染，肠道疾病、腹泻和感染疾病增多。最易引起应激反应的是断奶前后时期，期间会使用抗生素或饲喂高铜、高锌日粮，导致猪仔免疫力降低、药物残留和肉质下降等问题。目前已发现乳杆菌、肠球菌、芽孢菌和复合益生菌制剂对仔猪的腹泻率降低、抑制病原菌感染、提高T淋巴细胞转化率、改善肠黏膜坏死情况有促进作用。相关益生菌的治疗效果见表7-3。

表 7-3 益生菌治疗猪肠道感染性疾病

益生菌、益生元	功效
Lactobacillus casei CCM4160	减少新生仔猪腹泻综合征发生率
Lactobacillus casei	7d 仔猪细胞吞噬活性显著提升，结肠中 *E. coli* O8:K88 数量降低
Lactobacillus casei	7d 仔猪结肠中 *E. coli* O8:K88 显著降低
Lactobacillus plantarum、FOS	7d 仔猪空肠和结肠中 *E. coli* O8:K88 降低
Lactobacillus rhamnosus GG	有效改善 *E. coli* K88 诱导的断奶仔猪腹泻，IgA 和 TNF-α 分泌增加，降低 *E. coli* 诱导的血清 IL-6 的升高
Lactobacillus fermentum I5007	增强断奶仔猪 T 细胞分化，诱导回肠细胞因子表达
Enterococcus faecium SF68	降低 8 周龄猪大肠杆菌 β-溶血和 O141 血清型频率
Lactobacillus paracasei、FOS	显著增加乳杆菌、双歧杆菌、总厌氧菌和需氧菌数量，减少粪便中梭菌和肠杆菌数量；显著增加断奶仔猪 $CD4^+$ T 细胞和 B 细胞总数
Lactobacillus reuteri BSA131	有益于 1 月龄仔猪平均增重、饲料转化率及粪便肠道菌群减少
Bacillus cereus var. *toyoi*	断奶后，$CD25^+$ T 淋巴细胞和 γδ T 细胞增多，粪便中致病性大肠杆菌血清群的发生率降低

(4) 防治猪瘟疾病

猪瘟是由病毒引起的在猪群中发生的一种急性、热性和高度接触传染性疾病。猪瘟在世界各地养猪地区均有不同程度的流行，国际兽疫局将其列入A类传染病。近年来猪瘟流行发生了变化，出现非典型猪瘟、温和型猪瘟，这与猪瘟病毒的持续感染有关，导致免疫耐受性及抗体水平低下。苏布敦格日乐等从健康仔猪肠道和粪便中分离得到L6植物乳杆菌和E1粪肠球菌，制成冻干粉后喂食，10d后猪群猪瘟抗体效价显著提高，对猪瘟疫苗有免疫协调作用。

2. 反刍动物的养殖

我国农业农村部制定《兽用抗菌药使用减量化行动试点工作方案（2018—2021年）》中明确指出，饲料端“禁抗”，养殖端“减抗、限抗”，全面禁止抗生素作为促生长类饲料添加剂。因此，寻求能够替代抗生素的饲料添加剂成为世界性的研究热点。益生菌用于反刍动物的养殖已有30多年的历史，尤其是对于维持低龄反刍动物的肠道平衡有显著效果，对于成年反刍动物，在纤维素消化率提高、预防产奶期瘤胃酸中毒、饲料利用率提高等方面得到应用。

(1) 防治瘤胃酸中毒

成年反刍动物胃肠道系统较为稳定，瘤胃与肠道中微生物的特性和功能有所不同，但瘤胃微生物群落可能影响肠道微生物的主要功能。瘤胃微生物与宿主是共生关系，瘤胃微生物参与宿主的营养调控，如植物聚合物质的消化、短链脂肪酸的厌氧发酵、微生物蛋白质和维生素合成等。瘤胃酸中毒是由于长期过多饲喂谷类或糖类饲料后，导致瘤胃发酵异常，产生大量乳酸和有机酸，影响动物对养分的正常转化及利用，进而影响生殖、免疫、生长、泌乳等功能，目前奶牛常见疾病如蹄病、乳腺炎、子宫内膜炎和代谢疾病如酮病，都与瘤胃酸中毒引起的免疫机能下降和代谢失衡有关。根据瘤胃液 pH 值变化情况，瘤胃酸中毒分为急性酸中毒（pH＜5）和亚急性酸中毒（pH 5.0～5.6）。Nocek 等发现乳杆菌和粪肠球菌可以很好地维持瘤胃内 pH 值。嗜酸乳杆菌可以降低瘤胃中 D/L 乳酸水平并维持 pH 值在 6.0。日粮中添加 *A. oryzae* 和 *S. cerevisiae* 用于防治瘤胃酸中毒，添加酵母菌能够消耗瘤胃内的氧气，创造厌氧环境，使乳酸能被其他微生物利用。

(2) 治疗幼崽腹泻

腹泻是引起犊牛死亡的主要原因，其中产毒素的大肠杆菌是最常见的腹泻病原体。双歧杆菌、乳酸杆菌、芽孢杆菌等益生菌在幼龄反刍动物（小牛、羊羔）应用较普遍。它们通常以后肠为作用目标，起到稳定肠道菌群和降低病原微生物定植作用，对提高其生长性能、饲料转化率和减少腹泻等具有较好的促进效果。鼠李糖乳杆菌 LGG 已被证明对胃酸和胆汁有抗性，不产生 D-乳酸，可以口服菌液，对肠黏膜细胞有很强的黏附性，抑制细菌的酶活性，并产生抗菌物质。在犊牛出生后 3d 内应用干酪乳杆菌，发病率和治疗费用降低了 30%以上，死亡率降低了 50%以上。在羔羊的饲料中添加益生菌可以增加不同细菌种属的形成速度，与致病菌竞争黏附位点在肠道中定植。也有研究发现，丁酸梭菌能提高犊牛和育成牛的生长性能，降低腹泻率，改善抗氧化能力及免疫功能，这可能与丁酸能作为能源物质促进瘤胃上皮发育有关。常见益生菌在反刍牛群中的应用见表 7-4。

表 7-4 常见益生菌在反刍牛群中的应用

菌属	功效
L. gallinarum LCB 12, *L. acidophilus* NPC747, *E. faecium* EF9296	抗菌活性
L. casei, *E. faecium*, *L. acidophilus*, *P. freudenreichi*	刺激泌乳
S. cerevisiae CNCM-1077	微生物定植
L. rhamnosus strain GG, *L. casei*	治疗腹泻、痢疾
B. subtilis, *B. lichenformis*	增强免疫力

(3) 提高生长性能和泌乳能力

益生菌在牛肉生产中的应用包括保护应激犊牛和连续给药饲养场牛。初生牛犊常有应激反应，肠道微生物群发生改变，应激源包括断奶、运输、接种疫苗和新环境。张海涛等研究发现纳豆枯草芽孢杆菌能够提高犊牛的日增重、饲料转化率和降低料重比，进而提高动物的生长性能。Chiquette 等对产后 3～7 周的奶牛投喂 *Prevotella bryantii* 25A 后，乳脂含量上升。用酿酒酵母、嗜酸乳杆菌、植物乳杆菌、粪肠球菌联合饲养泌乳母牛，产奶量分别提高 1.08kg/d 和 0.90kg/d。符运勤等使用地衣芽孢杆菌单菌能提高 0～8 周龄犊牛的日增重和体躯指数，当地衣芽孢杆菌、枯草芽孢杆菌和植物乳酸杆菌复合使用时，效果提升。

(4) 治疗炎症

乳腺炎、蹄叶炎和子宫内膜炎是奶牛养殖过程中常见的三大炎症，目前对于炎症的主要治疗手段依赖于抗生素和激素，长期使用引起畜禽产品药物残留超标、耐药致病菌出现等问题。冯忠贵筛选阴道乳酸杆菌可以治疗奶牛慢性子宫内膜炎。芽孢杆菌对牛子宫内膜炎病原菌有明显的拮抗作用。盖艳玲等采用子宫灌注乳酸杆菌后，这些细菌利用子宫膜上的糖原酵解产生大量乳酸，使子宫内 pH 值下降，改变了病理状态的子宫环境，抑制子宫内病原微生物的生长繁殖，控制子宫黏膜炎症的发展。同时轻度刺激子宫黏膜以促进局部组织的血液循环，加速坏死及变性上皮细胞的脱落和子宫复原。Gregor Reid 等从阴道中分离得到两株乳酸杆菌，表现出治疗尿生殖道和肠道感染潜在的优异性，*L. rhamnosus* GR-1 能够高度吸附尿道上皮和阴道上皮细胞，抑制和黏附尿生殖道和肠道病原菌。*L. fermentum* RC-14 能产生 H_2O_2，表现出生物活性作用。黄介鑫对分娩后患子宫内膜炎奶牛投用研制的乳酸菌泡腾片，通过肠杆菌基因间重复序列 PCR (ERIC-PCR) 技术检测泡腾片对患病奶牛子宫分泌物中菌群结构变化的影响，结果显示，乳酸菌泡腾片治疗组扩增条带数量均有增加，且用药后第 8 天其扩增条带的数量、位置及优势条带均与健康对照组相似，提示乳酸菌有利于促进患病奶牛子宫内的菌群结构向趋于非致病的菌群结构转变，结合临床结果表明，乳酸菌泡腾片能够迅速补充患病奶牛子宫内乳酸菌的数量，从而抑制子宫内致病菌的增殖，并促使正常菌群结构的形成。

(5) 提高泌乳牛抗热应激能力

热应激可使奶牛采食量减少，体温升高，呼吸加快，对营养物质的吸收和利用降低，机体内分泌机能紊乱，产奶量明显下降。周振峰选择在炎热高湿的夏季，在奶牛精料中添加地衣芽孢杆菌饲喂泌乳奶牛，平均产奶量提高，乳蛋白和乳脂含量增加。Moallem 等在夏季按每千克干物质添加 1g 的量添加活性酵母，奶牛的干物质采食量和产奶量极显著增加。张弩将由干酵母和加硒酵母组成的益生菌制剂添加到奶牛日粮中，结果在牛舍平均温度 27.4℃、温湿度综合指数平均 77.32 的条件下，奶牛产奶量和干物质采食量提高了 8.36%和 10.05% ，肛温较对照组降低了 0.47℃。

3. 家禽的养殖

近几十年来，家禽疾病的预防和控制导致了兽药的大量使用。然而，抗菌物质在家禽中的应用可能会导致耐药性细菌或耐药基因进入人体而产生负面影响。如今发达国家家禽业的重点主要放在对消费者的安全和健康，以及尽量减少家禽业对环境的任何负面影响方面。为了实现这些目标，同时保持农场的高生产力，生物技术来源的制剂，如益生菌，被用来替代抗生素生长促进剂。

（1）防治消化道疾病感染

禽消化道疾病主要是细菌感染引起的常见传染病，具有难治愈、死亡率高、易复发等临床特点。由于病原菌种类多、血清型复杂和耐药菌株的产生，如何有效防治禽消化道疾病成为行业面临的严峻挑战。益生菌作为一种新型的饲用微生物添加剂，对调整胃肠道菌群具有重要意义。

乳酸杆菌、芽孢杆菌、肠球菌等是防治禽消化道疾病常见的益生菌。从健康鸡只盲肠中分离得到乳酸杆菌与肠球菌制备成复合菌制剂，能有效抑制鸡大肠杆菌和鸡白痢沙门菌的感染。李朝辉等发现枯草芽孢杆菌对雏鸡免疫器官的生长发育具有良好的促进作用，显著提高雏鸡外周血中 IgG 和黏膜免疫分泌 SIgA 抗体水平，增强雏鸡的体液免疫能力。郭欣怡研究显示，添加复合益生菌（乳酸菌、酵母菌和枯草芽孢杆菌）可以增强鸡肠道免疫功能，降低球虫卵囊排出量，阻止球虫在肠道的黏附作用，有效降低鸡球虫病的发病率。Feng 等发现肠炎沙门菌能够诱导仔鸡血清促炎细胞因子水平的增加，而饲喂益生菌可以有效增强机体抗炎细胞因子水平并降低沙门菌在肝脏和脾脏中的排出量。

（2）免疫系统与健康效应

益生菌通过与宿主免疫系统的相互作用，发挥免疫调节作用。这些相互作用可能导致先天免疫和抗原特异性抗体的增强，T 细胞的激活或抑制，细胞因子表达的改变，以及诱导宿主细胞表达抗菌肽。

益生菌应用于家禽的免疫调节特性研究很多。Haghighi 等发现嗜酸乳杆菌、双歧杆菌和粪肠球菌能够增加感染破伤风类毒素的鸡中天然血清 IgA、IgG 和 IgM 抗体表达。沙门菌液口服灌喂雏鸡建立炎症模型，瑞士乳杆菌、唾液酸杆菌和嗜酸乳杆菌有通过有诱导 $CD3^+$、$CD4^+$ 以白细胞浸润的形式刺激免疫系统的能力。Koenen 等报道植物乳杆菌和副干酪乳杆菌可提高鸡的总 IgG 和 IgM 浓度，并观察到肠道相关免疫细胞对沙门菌的吞噬活性增加。在脾细胞和盲肠扁桃体细胞中，经嗜酸乳杆菌处理后，STAT2 和 STAT4 基因被高度诱导，并且在盲肠扁桃体细胞中 STAT2、STAT4、IL-18、MyD88、IFN-α 和 IFN-γ 基因的表达被上调。禽类机体免疫的主要器官是脾脏、法氏囊和胸腺，而免疫器官重量的改变均直接反映着机体免疫功能的强弱。地衣芽孢杆菌和枯草芽孢杆菌可提高母鸡法氏囊指数，降低公鸡脾脏指数。酵母菌显著增加母鸡的法氏囊指数、胸腺指数以及公鸡的胸腺指数，而降低公鸡的脾脏指数。

（3）提高生产性能

益生菌制剂在一定程度上可以使家禽自身的消化酶的活性提高，通过自身代谢产生生长发育代谢所需要的营养物质，使得消化与吸收能力得到提升，促进家禽的生长发育性能。李天杰比较了不同益生菌对 600 羽罗曼粉壳蛋鸡的生长性能影响，利用荧光定量 PCR 检测肝脏中生长激素（GH）、生长激素受体（GHR）、胰岛素样生长因子和卵巢组织中雌激素受体 α-受体（ERα）和 β-受体（ERβ）、催乳素受体（PRLR）等的相对表达量。结果显示，戊糖片球菌在 3～9 周龄显著提高蛋鸡体重，GH 和 GHR 表达量上升；枯草芽孢杆菌使得个体产蛋高峰期延长，GHR、ERα 和 ERβ 表达量上升，PRLR 表达量下降。通过给肉鸡饲喂添加了 Probiol 益生菌制剂的饲料，体重增长 14.4%，存活率提高4%。

在养殖蛋鸡或鸭时，在其饲料中添加益生菌制剂能够使得蛋的品质得到改善。蛋形指数、蛋壳强度与蛋壳厚度是衡量禽蛋品质的重要指标。乳酸菌对鸡蛋品质影响较大，原因可能是通过乙酸和丙酸等脂肪酸促进矿物质吸收，促进家禽对钙的摄入而提高蛋重，达到提高鸡蛋品质的目的，益生菌的摄入还能提高家禽对类胡萝卜素的吸收，导致蛋黄颜色加深。补充干酪乳杆菌、地衣芽孢杆菌和枯草芽孢杆菌可增加产蛋量，随着益生菌添加量的增加，产蛋量呈线性增加。王向荣等在产蛋鸭饲料中添加150g/kg凝结芽孢杆菌（8×10^9CFU/g），蛋鸭产蛋率、平均蛋重、蛋白质含量和饲料转化率提高，蛋黄颜色改善，品质得到提升。

三、益生菌在水产养殖中的应用

水环境污染和抗生素滥用破坏了水产养殖业的生态平衡，为保证水产养殖的健康发展，寻找抗生素的安全替代物显得尤为重要。潜在的安全替代物包括益生菌制剂、酶制剂、中草药制剂和低聚糖等，其中益生菌制剂具有健康安全、无污染、效果显著等优势，越来越多不同来源的益生菌被应用到水产业。益生菌在水产中的益生作用主要是：

① 增强免疫，预防病害；

② 产生有益代谢产物，促进宿主生长；

③ 调控水质，抑制病原菌的生长；

④ 提高饲料效率及营养价值。

不同海水、淡水水产动物肠道菌群组成不同，细菌种类与丰度受养殖时间、食物组成、食性、饥饱状态及生活环境等影响。一般而言，海水水产动物肠道中细菌主要为芽孢杆菌属、弧菌属及肠杆菌属，菌群数量约为$10^6\sim10^8$CFU/g；淡水水产动物肠道中则以乳杆菌属、双歧杆菌属及气单胞菌属为主，菌群数量为$10^5\sim10^7$ CFU/g。海淡水产动物中肠道菌群组成见表7-5。

表7-5 海淡水产动物中肠道菌群组成

水产动物		菌属组成
海水	鲍属	弧菌属、玫瑰杆菌属、希瓦菌属、芽孢杆菌属、需盐杆菌属、火红菌属、古名菌属、嗜琼脂属
	鳗鲡属	弧菌属、芽孢杆菌属、链球菌属、肠杆菌科、葡萄球菌属、酵母菌
淡水	主要淡水鱼	乳杆菌属、双歧杆菌属、芽孢杆菌属、微球菌属、气单胞菌属、哈夫尼亚菌属、柠檬酸菌属、假单胞菌属、致病杆菌属
	经济鱼类	乳杆菌属、双歧杆菌属、芽孢杆菌属、葡萄球菌属、不动杆菌属、微球菌属、黄杆菌属、肠杆菌属、气单胞菌属、弧菌属

乳杆菌和双歧杆菌是鲫肠道的正常菌群。投喂益生菌制剂后，鲫肠道内好氧菌数量极显著减少，而乳杆菌数量呈极显著增加，表明乳杆菌能定植于鲫肠道从而有效改善鲫肠道菌群组成。同样，嗜酸乳杆菌也在一定程度上抑制吉富罗非鱼肠道内的大肠杆菌生长，提高超氧化物歧化酶（SOD）、酸性磷酸酶（ACP）及碱性磷酸酶（AKP）等非特

异性免疫指标来增强机体免疫力。在饲料中添加粪肠球菌投喂给罗非鱼后，肠道内乳酸菌显著增加，大肠杆菌数量减少。富含鼠李糖乳杆菌（10^5 CFU/g）的饲料投喂后，可有效调节虹鳟肠道菌群平衡，使肠道内乳杆菌、双歧杆菌等益生菌数量增加，同时有效抑制部分水产病原菌。将类芽孢杆菌和双歧杆菌组成复合型饲料投喂给凡纳滨对虾，发现凡纳滨对虾肠道菌群中以变形菌门为主，即可明显改变对虾肠道的菌群组成，降低弧菌总数，进而提高抗病力。

益生菌在水产养殖业的应用包括以下几个方面。

（1）抑制有害微生物

益生菌抑制水产动物肠道中有害微生物的机制和哺乳动物类似，通过与病原菌竞争营养物质和肠道附着位点，促进益生菌的大量繁殖，产生抗菌代谢物质，抑制致病微生物的生长，维持肠道微生态平衡。枯草芽孢杆菌和沼泽红假单胞菌对鲫鱼免疫机能有促进作用，能够抑制大肠杆菌、金黄色葡萄球菌、小肠耶尔森菌。通过高通量测序发现荚膜红细菌和蜡样芽孢杆菌对凡纳滨对虾中弧菌等有害菌抑制能力较强。

（2）改善水质环境

益生菌中的硝化细菌、光合细菌、硫化细菌和芽孢杆菌等净化微生物，能够通过氧化、硝化、反硝化、硫化、氨化、解硫、固氮等作用，迅速降低氨氮、亚硝氮、硫化氢等有害物质为CO_2、硝酸盐和磷酸盐等无机盐，有效改善养殖水体。当水环境 pH 值大于 4.5 时，益生菌发酵产生亚硝酸还原酶，将亚硝酸盐降解为无毒的氨；当水环境 pH 值小于 4.0 时，代谢产生的有机酸是去除亚硝酸盐的主要因素，pH 值越低，去除速度越快。同时有机酸还能抑制养殖水体中致病菌和腐败菌的生长繁殖，分解有害物质，避免水体富营养化。

（3）促进水产动物生长

益生菌通过影响肠道通透性、肠神经系统和肠运转时间，增强肠道对营养物质的吸收和转化，从而达到增产的目的。益生菌及其复合制剂可以增强机体碳水化合物、蛋白质、矿物质等代谢，释放游离氨基酸和葡萄糖为微生物提供营养，促进浮游动物生长，增强水产动物免疫力，提高水产动物产量。乳酸芽孢 M3 复合益生菌可显著增加草鱼生长性能，改善水质和养殖环境。10^4 CFU/mL 的芽孢杆菌复合益生菌能有效提升泥蟹幼蟹的生长率和生长性能。常见的水产养殖益生菌产品及其功能如表 7-6 所示。

表 7-6　常见水产养殖益生菌产品及其功能

产品	应用对象	功能	菌种组成
TOARAZE	鳗鱼和虾饲料添加剂	抑制胃肠道病原体，提高饲料利用率和水产动物生长速度，改善水质，提高产量	*Enterococcus faecalis* T-110, *Clostridium butyricum* TO-A, *Bacillus mesentericus* TO-A
Pro-3000 系列	水、饲料	减少应激，提高存活率	*B. subtilis*, *B. licheniformis*, *Lactobacillus acidophilus*, *Saccharomyces cerevisiae*

续表

产品	应用对象	功能	菌种组成
BACTOCELL®	鲑鱼和虾饲料添加剂	提升产量	*Pediococcus acidilactici* CNCM MA18/5M
Alchem Poseidon	水、饲料添加剂	增强非特异性免疫因子	*B. subtilis*, *Lb. acidophilus*, *Cl. Butyricum*, *S. cerevisiae*
Efinol® PT	虾鱼池微生物、饲料涂层	降低应激，减少疫情暴发期间死亡率，提高生长均匀性和产量，维持良好微生物平衡和水质条件	*B. subtilis*, *B. licheniformis*, *B. coagulans*, *Lb. acidophilus*, *S. faecium*, *S. cerevisia*
Efinol® L	水	降低应激，提高存活率，发育更强壮的幼体	*B. subtilis*, *B. licheniformis*, *Lb. acidophilus*, *S. cerevisiae*

第二节　益生菌在非乳制品中的应用

一、益生菌在发酵肉制品中的应用

肉的发酵本是一种原始的肉类储藏手段，随着人们对其独特风味和良好储藏特性的认识，逐步演化为一种肉制品的加工方法。发酵肉制品的种类较多，传统的中式肉制品中的腊肠、腊肉、火腿都伴随着自身微生物的自然发酵，这些产品通常被称为腌肉制品，具有悠久的生产历史，它的肉质紧密坚实，色泽红白分明，滋味咸鲜可口，风味独特，便于携运而且耐储藏。起源于欧洲的干式或半干式发酵香肠，属于高档次的西式肉制品，是发酵肉制品的典型代表，已经完成了从传统的自然发酵向定向接种培育的工业化生产的转变。

发酵肉制品有以下特点：色泽美观，由于微生物和酶的作用，使得肉制品发色充分，具有鲜亮的玫红色；味美且易于消化吸收，由于蛋白质、脂肪、糖类等大分子物质被微生物或其生长产生的酶所降解，产生大量的肽、氨基酸和挥发性脂肪酸等小分子物质，改善了肉制品的风味，同时，也使肉制品易于消化吸收。另外，由于微生物的作用，除去肉本来的腥、膻等不良风味，使消费者容易接受；发酵肉制品中亚硝酸盐残留量大大降低，发酵肉制品通过乳酸菌的生长，降低 pH 值，有效抑制致病菌和腐败菌的生长和繁殖，并且在产品生产过程中杀死一些有害的寄生虫，提高了食用安全性。

发酵肉制品是经过益生菌发酵，精心加工而成的高档肉制品，具有独特的酵香风味，营养高，消化率高，还具有保健的功能。发酵肉制品由于 pH 值低，水分活度低和益生菌生态优势，所以能长期很好的保藏。利用益生菌发酵微生态环境不仅有效保质，同时改善风味，赋予良好的品质和保健功能。低温肉制品杀菌制熟温度低，较好地保持了肉的营养和风味，但易腐败，保质期短。发酵肉制品的分类根据各国的分类标准不同因地而异，发酵肉制品通常大多见到的是发酵香肠。从广义方面讲，发酵肉制品也包括我国传统制作的发酵火腿和腌腊肉制品。发酵香肠是指将猪肉或牛肉绞碎，与动物脂肪、盐、糖、发酵剂和香辛料等均匀混合后，灌进肠衣，经微生物发酵成熟而制成的肉制品。发酵肉经过微生物发酵，具有稳定的微生物特性和典型的发酵香味。

按生产地将发酵肉制品分为塞尔维拉香肠、黎巴嫩大香肠、欧洲干香肠等；按生产过程中的脱水程度分为半干香肠（含水量33%或更高，主要有夏季香肠、图林根香肠、黎巴嫩大红肠等）和干发酵肠（含水量30%或更低，主要有热那亚式萨拉米香肠、意大利腊肠等）；按发酵程度分为低酸度香肠（通过盐和低温控制杂菌，pH值在5.5或以上，如法国、意大利的萨拉米香肠等）和高酸度香肠（通过添加发酵剂或添加已发酵的香肠，pH值在5.4或以下的香肠）。发酵火腿是经大块肉加工而成的肉制品，分为中式发酵火腿（如金华火腿、如皋火腿等）和西式发酵火腿（带骨火腿和去骨火腿）。腌腊肉制品主要包括广东、四川、湖南的腊肉，浙江、四川、上海的咸肉，江苏、南京、江西大余县（南安）的板鸭，湘西侗族地区的酸肉。

发酵肉制品的一般加工工艺为：原料肉预处理→拌料（添加辅料和接种发酵剂）→灌装→发酵→干燥成熟→烟熏→成品。

发酵火腿类的工艺流程为：原料肉预处理（修整、切割、挤血等）→拌料→腌制→成型→干燥成熟→烟熏→成品。

发酵灌肠制品的工艺流程为：原料肉处理→混匀辅料→腌制（发酵剂）→搅匀→灌制→漂洗、发酵、烘烤→成品→包装

发酵肉制品是采用微生物发酵技术，将原料肉经特定的微生物作用，产酸使pH值下降，并经过低温失水使产品的水分活度（A_w）降低，从而增加产品的保藏性能的一大类肉制品。除在乳品中，益生菌在其他食品中也有使用，包括发酵肉制品。虽然这个概念并不新鲜，只有少数厂家生产益生乳酸菌发酵香肠。与乳制品行业相比，肉制品加工更多的是依赖于手工操作，机械化程度低，造成了很多类似于微生物污染等不确定因素的出现。所以说，在生产发酵肉制品时，必须对菌种和原料严格筛选，并采取严格的管理措施。发酵肉制品可以作为益生菌良好的载体。应用于肉制品中的乳酸菌还尽量满足：在肉制品中分离到的菌株为最佳，且能在肉制品中存活（例如抗高渗透压能力），尽量使用现有成熟的市售益生菌，考虑该益生菌在生产工艺上的可用性，以及成品的感官性状是否可被消费者接受。发酵肉的特点如下。

(1) 易消化，新风味，高营养

通过微生物发酵在代谢过程中产生的蛋白酶，将肉中的蛋白质分解成氨基酸和肽，同时降解产生大量的风味物质，如酸类、醇类、杂环化合物、氨基酸和核苷酸等。这些风味物质使发酵肉制品具有独特的酵香风味，不但大大提高了发酵肉制品的消化性能，而且增加了其营养价值。

(2) 色泽鲜艳，不易变色

利用微生物的发酵（如葡萄糖发酵产生乳酸）使肉品pH值降至4.8～5.2。在H^+的作用下，NO_2^-分解的NO与肌红蛋白结合，生成亚硝基肌红蛋白，使肉品呈腌制的特有色泽。另外，发酵过程中产生的H_2O_2还原为H_2O和O_2，防止了肉的氧化和变色。

(3) 抑制有害毒素，降低生物胺含量

发酵中的发酵剂产生的细菌素、H_2O_2 及有机酸、醇等都具有一定的杀菌作用，可以抑制肉毒梭菌的繁殖和毒素的分泌，同时能够降低脱羧酶的活性，避免生物胺的形成。

(4) 抗癌

肠道内腐生菌分解食物、胆汁等，产生许多有害代谢产物（如色氨酸产生的甲基吲哚和胺、氨、硫化氢），这些物质是潜在的致癌物。此外，腐生菌还能将一些致癌前体物质转化为致癌物。发酵肉制品中的双歧杆菌及其他乳酸菌等均能抑制腐生菌的生长和以上致癌物质的生成，起到防癌的作用。

(5) 保证食品安全，延长产品货架期

通过接种筛选出来的益生菌微生物，可竞争性地抑制致病菌和腐败菌的作用，起到杀菌作用。益生菌微生态环境保证产品的安全性并延长产品货架期。在常温下发酵肉制品的保质期普遍可以达到保存 6 个月，金华火腿保质期可达 1 年以上。

(6) 质构益变，增进口感

经过发酵的肉制品肉质鲜嫩，口感舒适，这是由于微生物及酶的发酵导致其结构发生良性变化形成的。表 7-7 列出了国外发酵肉制品中分离的乳酸菌。

表 7-7 国外发酵肉制品中分离的乳酸菌

菌种	产品
L. curvatus/plantarum/brevis；*P. pentosaceus/acidilactici*；*Leuc. mesenteroides*	Salchichsen 和 Chorizo 肠(西班牙)
L. sakei/curvatus	Soppressata(意大利)
L. sakei/curvatus/plantarum；*Lac. lactis*	Ciauscolo 萨拉米肠(意大利)
L. sakei/plantarum/brevis； *P. pentosaceus*；*Leuc. carnosum/mesenteroides*	发酵肠(意大利)
L. sakei/curvatus/plantarum/pentosus/rhamnosus/brevis/paracasei/alimentarius/fermentum/bavaricus；*Lac. lactis*；*E. faecium*；*P. pentosaceus/acidilactici*；*Leuc. mesenteroides*	发酵肠(东南欧地区)
L. sakei/plantarum/paraplantarum/brevis/Zeae/rhamnosus/paracasei；*E. faecium*；*Leuc. mesenteroides*；*W. cibaria/viridescens*；*P. acidilactici/pentosaceus*	Alheira 发酵肠(葡萄牙)
L. sakei/curvatus/plantarum/bavaricus	发酵肠(西班牙)
L. sakei/curvatus/plantarum；*Carnobacterium* sp.；*Enterococcus* sp.	萨拉米肠(希腊)
L. sakei/curvatus；*Pediococcus* sp.	Chorizo(西班牙)
L. sakei/curvatus/bavaricus；	那不勒斯萨拉米肠(意大利)

续表

菌种	产品
L. sakei/curvatus/plantarum/casei/brevis alimentarius	发酵肠(意大利)
L. sakei/plantarum/curvatus; *Leuc. carnosum/gelidum/pseudomesenteroides*; *P. pentosaceus*	Salsiccia 和 Soppressata(意大利)
L. sakei/curvatus/plantarum/paracasei	Soppressata(意大利)
L. sakei/curvatus/plantarum	弗留利萨拉米肠(意大利)
L. sakei/curvatus/plantarum/buchneri/paracasei; *E. faecium*; *Pediococcus* sp.; *Leuconostoc* sp.	发酵肠(希腊)
L. sakei/curvatus/plantarum; *E. faecium*	Fuet 和 Chorizo(西班牙)
L. sakei/curvatus/casei; *E. casseliflavus*; *Leuc. mesenteroides*; *Lac. lactis*	新鲜肠(意大利)
L. sakei/curvatus/plantarum/brevis/paraplantarum; *Lac. lactis*; *E. pseudoavium*; *Leuc. citreum/mesenteroides*; *W. hellenica*	弗留利萨拉米肠(意大利)
L. sakei/curvatus/plantarum/casei/paraplantarum; *Lac. lactis*; *Leuc. citreum/mesenteroides*; *E. faecium/pseudoavium*; *Weissella* sp.	发酵肠(匈牙利、希腊和意大利)
L. sakei/curvatus/paracasei; *Lac. garviae*	弗留利萨拉米肠(意大利)
L. sakei/curvatus/plantarum; *Enterococcus*	发酵肠(阿根廷)
L. sakei/plantarum/paracasei/pentosus/brevis/rhamnosus; *Lac. lactis*; *E. faecium*; *Leuconostoc* sp.	发酵肠(希腊)
L. sakei/curvatus; *Leuc. mesenteroides*	Chorizo,fuet 和 Salchichf(西班牙)

二、益生菌在果蔬发酵制品中的应用

1. 发酵豆制品

益生菌在豆制品发酵中的应用由来已久，包括酸豆乳、大豆益生菌冰激凌、发酵布丁豆腐和大豆干酪等。从发酵豆制品中分离出的益生菌以乳酸菌为主，包括乳酸乳球菌、弯曲乳杆菌、发酵乳杆菌、嗜酸乳杆菌等，以及少量酵母菌。发酵豆制品具有丰富的生物活性物质，包括大豆多肽和大豆异黄酮等，构成发酵豆制品独特的生理功效，如抗氧化、降血压、抑菌、溶解血栓和抗癌等。

(1) 降血糖

α-葡萄糖苷酶抑制剂是一类能够延缓肠道糖类吸收从而达到治疗糖尿病的口服降糖药物。植物乳杆菌 ST-Ⅲ发酵蒸煮大豆具有显著的 α-葡萄糖苷酶抑制活性，在 2%接种量、37℃条件下发酵效果最优。在优化条件下，ST-Ⅲ发酵豆浆获得的麦芽糖酶抑制物显著高于蒸煮大豆。部分乳酸菌和双歧杆菌具有分泌 β-葡萄糖苷酶能力，在发酵豆浆过程中可以将大豆异黄酮糖苷转化成生物活性更高的大豆异黄酮苷元（图 7-1)，从而起到预防心脑血管疾病、降低血脂和血糖的功效。Otieno 等对比了外源性 β-葡萄糖苷酶（杏仁中提取）和产 β-葡萄糖苷酶菌株（双歧杆菌和乳酸菌）对豆奶中大豆异黄酮糖苷的转化作用。外源性 β-葡萄糖苷酶转化效率高，但存在成本高、不能回收利用的缺点。因此筛选高 β-葡萄糖苷酶活性益生菌发酵豆奶制品成为研究热点之一。Raimondi 等研究了 8 个双歧杆菌属 22 个不同菌株在含大豆苷（20mg/L）的 MRS 培养基内对大豆苷的生物转化作用，其中青春双歧杆菌 MB116（*Bifidobacterium adolescentis* MB116）在生长稳定期早期表现了最高的酶活，为 0.92U/mg。

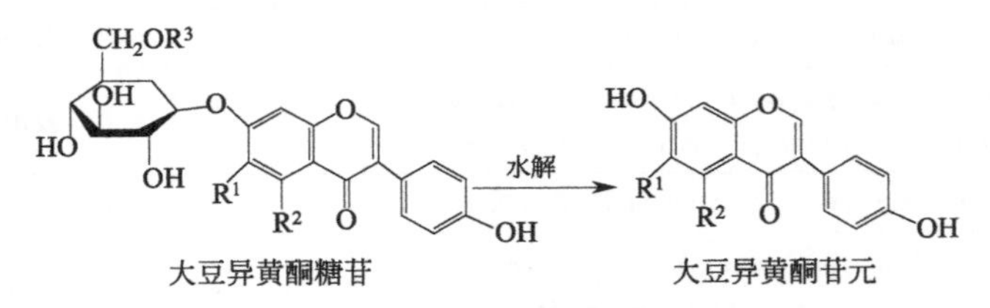

图 7-1 大豆异黄酮糖苷的水解

(2) 改善产品品质

植物乳杆菌 Lp6 固态发酵酶解豆粉，显著提高了蛋白质的体外消化率，增加小分子肽、游离氨基酸和还原糖含量，显著减少总糖、水苏糖和棉子糖等胀气因子含量，同时还能降低豆粉中胰蛋白酶抑制因子、植酸和脲酶等抗营养因子的含量。干酪乳杆菌 Zhang（*L. casei* Zhang）和动物双歧杆菌 V9（*B. animalis* V9）在豆奶中生长良好，且以 1∶1 混合接种发酵可有效缩短发酵时间，贮藏期间活菌数均可在 10^8 CFU/g 以上，并保持良好的稳定性。植物乳杆菌 B1-6 发酵含有 2.5%茯砖茶汁豆浆制作的新型益生菌茶豆腐，可显著提高益生菌豆腐的质构、感官特性和抗氧化活性。利用鼠李糖乳杆菌、玉米乳杆菌和副干酪乳杆菌发酵豆清液，分离得到的抗氧化肽对羟基自由基、ABTS 自由基、DPPH 自由基清除的 EC_{50} 分别提高了 1.2 倍、4.75 倍和 2.16 倍。

2. 发酵果蔬汁

市场常见的发酵果蔬汁（液）多为日本、韩国、德国等国家包括 Rela、Vita Biosar 等制造。我国的发酵果蔬汁生产起步晚、产业化规模不大，种类较少。益生菌果蔬汁加工工艺包括自然发酵和乳酸菌发酵两种方法。生产中一般以人工添加乳酸菌的发酵法较为常用。可以对果蔬进行先发酵后取汁，也可以先榨汁再接种乳酸菌发酵，生产工艺流程如图 7-2 所示。

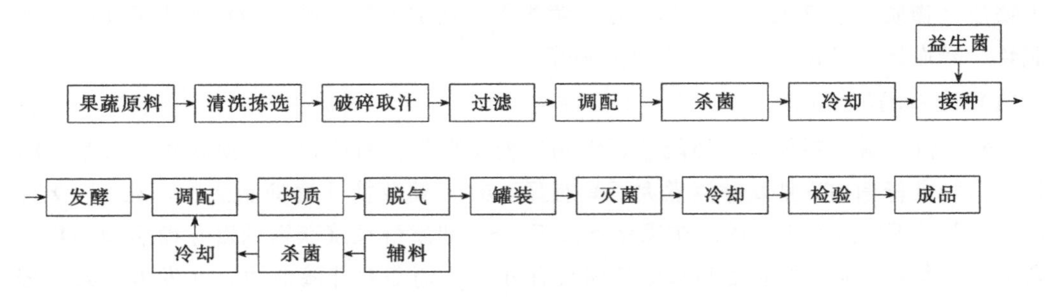

图 7-2 益生菌发酵果蔬汁生产工艺流程

多菌种协同发酵在果蔬发酵中广泛存在，分为异型发酵阶段和同型发酵阶段。前期异型乳酸发酵菌快速生长并主导发酵，为同型乳酸发酵菌株创造有利的生长代谢环境，发酵 5d 后异型乳酸发酵菌株迅速消失，随后同型乳酸发酵菌株主导和完成后期发酵，形成发酵果蔬的良好风味和产品特性。益生菌在果蔬加工中的作用包括以下几种：增加果蔬产品的营养价值；改善果蔬产品的风味；改善果蔬产品的贮藏性；提高果蔬产品的医疗保健功效；丰富产品的种类，满足消费者的需求。益生菌发酵果蔬汁的功效包括抗氧化能力、调节肠道菌群和提高免疫力等。

（1）抗氧化能力

细胞内氧化损伤会导致细胞和组织受损，这些氧化损伤主要由自由基和反应性氧类引起。在多种疾病的发生发展过程中，氧化应激都起着重要作用。有研究报道，诺丽果汁发酵液具有抗氧化能力，其抗氧化作用主要来自多酚类等特殊物质单独或协调作用。Yang 等发现洋葱发酵后能够增加槲皮素的含量，其在 DPPH 实验中具有极强的抗氧化能力。D. Kim 等报道，米麸发酵提取物具有较高的自由酚含量，能够抑制 ROS 的产生，上调脂肪细胞因子的表达。T. Ramesh 等对人参发酵提取物在脂类过氧化和主要器官抗氧化方面的作用进行了研究，发现能够增强小鼠器官超氧化物歧化酶、过氧化氢酶和谷胱甘肽过氧化物酶等多种酶的活性，改善机体抗氧化能力，减小氧化压力以及抑制由此引发的生理紊乱。

（2）调节肠道菌群

植物果蔬发酵液在调理肠道菌群方面具有积极作用。以双歧杆菌发酵的果蔬发酵液对常见肠道致病菌具有抑制作用，其中苹果汁发酵液对伤寒沙门菌、志贺菌、乙型副伤寒沙门菌和金黄色葡萄球菌都具有抑制作用。另一项研究发现，连续 8 周每天饮用 60 mL 植物发酵液能够显著增加肠内双歧杆菌和乳酸菌的数量，并显著降低产气荚膜杆菌的数量，表明植物发酵液能有效地调节肠道菌群。利用鼠李糖乳杆菌、唾液乳杆菌和副干酪乳杆菌制备的发酵果蔬汁能明显抑制大肠杆菌的黏附，各提取组分均减少由大肠杆菌黏附引起的乳酸脱氢酶升高。

（3）提高免疫力

研究发现，双歧杆菌发酵的果蔬发酵液能显著增强 T 淋巴细胞的增殖能力，从而提高机体细胞免疫功能。发酵菌株的细胞壁上具有肽聚糖，能通过激活黏膜免疫细胞而增加局部免疫抗体。增强免疫能力动物实验表明，双歧杆菌发酵的果蔬发酵液能够显著增强巨噬细胞吞噬功能，增加血清溶血素抗体水平和 DTH 程度。

3. 泡菜

益生菌在泡菜中的应用主要为乳酸菌。四川泡菜发酵过程中，乳酸菌利用原料中的糖，在密闭的泡菜坛中通过发酵产生乳酸及其他风味物质，从而赋予四川泡菜独特的风味。发酵过程中乳酸积累，导致坛内 pH 值降低，抑制腐败菌生长。泡菜中乳酸菌种类及含量直接影响到泡菜的质量。从泡菜中分离到的乳酸菌主要有明串珠菌属、乳球菌属、乳杆菌属、肠球菌属、片球菌属、链球菌属和魏斯菌属等。

四川泡菜的制作方式包括盐溶液泡渍发酵和老卤水泡制。传统四川泡菜是以盐水泡制新鲜蔬菜，经厌氧发酵而成，坛内盐水长期反复使用，在泡菜坛内形成乳酸菌为主体的复合菌群，俗称“老卤水”。以老卤水制作的泡菜，口感风味较佳，但由于老卤水需要长时间循环发酵获得，且不同的老卤水制作的泡菜难以标准化，因此该法很难应用于工业化产业。影响泡菜品质的主要因素有盐度、温度、酸度、气体成分和蔬菜品种等。

乳酸菌发酵可有效改善泡菜感官品质。使用乳杆菌主导发酵时，发酵蔬菜中维生素C的损失少，挥发性物质总含量最高，其中酯类、醛类物质含量相对较高，有效改善风味。乳酸菌发酵产生的乳酸和亚硝酸还原酶等物质，还能降解亚硝酸盐含量，提高营养健康价值。邹华军等以芥菜为原料，研究了人工接种乳酸菌发酵泡菜和自然发酵泡菜中亚硝酸盐含量的变化，发现乳酸菌发酵剂制备的泡菜中亚硝酸盐出现时间比较早，峰值较低，尤以植物乳杆菌和肠膜明串珠菌混合发酵效果最佳。

三、其他发酵制品

1. 淀粉类制品

国内外有很多关于益生菌在淀粉类发酵食品的研究报道，如老面馒头、面包、米粉等，主要用于增加比容、改善质构特性、提升感官品质、延缓老化等。其对淀粉类制品的改善效果与采用的原料、菌种和工艺等有关。

(1) 增加比容

比容表征馒头和面包的松软度，比容越大，越柔软。益生菌（以乳酸菌为主）发酵馒头和面包比容增加的机理可能为：

① 多种微生物协同生长发酵，产生 CO_2 气体；

② 乳酸产生的低 pH 值环境激活蛋白酶和淀粉酶，改变蛋白质和淀粉结构，进而改善面团的持气性；

③ 适度的酸化使面团面筋结构软化且弹性增强；

④ 乳酸菌等产生的胞外多糖可以形成网络结构，与面筋网络相互作用，提高持气稳定性。

F. D Bello 等向面团中加入植物乳杆菌 FST1.7 制备小麦粉面包，测得比容为 4.02 mL/g，显著高于乳酸/乙酸混合液发酵面包的比容。具有类似效果的益生菌还有保加利亚乳杆菌、嗜热链球菌、干酪乳杆菌、瑞士乳杆菌和马克斯克鲁维酵母等。

(2) 改善质构特性

益生菌发酵馒头的品质与菌种有关。植物乳杆菌 XL3 和植物乳杆菌 Biogreen300 产酸能力较强，利用其发酵馒头时，过量的酸会破坏面筋网络结构，导致质构变差。Rizzello 等使用植物乳杆菌 T6B10 和红乳杆菌 T0A16（*Lactobacillus rossiae* T0A16）混合发酵藜麦面包的硬度显著小于酵母发酵。徐一涵等利用植物乳杆菌发酵的马铃薯面条硬度和最大剪切力增大、黏度减小，发酵面条品质提升。植物乳杆菌发酵 12h 可增加燕麦面条的硬度，耐咀嚼性提高，蒸煮损失率降低。Zhu 等利用植物乳杆菌和罗伊乳杆菌发酵米粉，其硬度、咀嚼性、弹性和回复性均显著增加。

(3) 提升感官品质

发酵淀粉类制品风味物质主要来源于：

① 原料本身自带；

② 微生物发酵产生的醇、酸、酯、醛和酮等；

③ 醇类和有机酸反应生成的酯类芳香物质；

④ 蛋白质降解生成风味前体物质，如挥发性风味氨基酸。

乳酸菌发酵馒头的挥发性风味物质含量和种类显著增多，包括一些独特的挥发性物质，如2-乙基己醇、棕榈酸、乙酸己酯、4-庚烯醛等。何晓赟等发现异型发酵的短乳杆菌、罗伊乳杆菌、干酪乳杆菌和鼠李糖乳杆菌等比同型发酵的格氏乳杆菌、戊糖片球菌和乳糖乳球菌更有助于馒头风味的改善，前者有浓郁的麦芽味、水果气味、酒味和乳酸味，主要风味物质是乙醇、乙酸和酯类，后者主要是壬醛和2,3-丁二酮等醛类和酮类物质。Rizzello等研究发现，植物乳杆菌发酵的大豆面包可消除其豆腥味，其外观、色泽、风味和口感均比酵母发酵的感官评分高。

（4）延缓老化

淀粉老化是指经过糊化的淀粉在较低温度下放置后，会变得不透明甚至凝结而沉淀，是糊化的逆过程。老化的主要表现为硬度、老化焓值增加和水分迁移等。益生菌尤其是乳酸菌可以延缓老化速度，原因是：

① 乳酸菌代谢的酸类物质把支链淀粉水解成低分子量糊精，抑制支链淀粉回生；

② 基质中淀粉酶和蛋白酶活性激活，与乳酸菌协同降解淀粉和蛋白质，交联作用减弱；

③ 菌株分泌的胞外多糖可以作为增稠剂，减少水分的迁移。

Torrieri等发现当产胞外多糖乳酸菌发酵酸面团的添加量为30%时，可以减缓面包老化焓值增加和水分迁移的速率。

2. 调味品

在酱油酿造过程中，通过人工接种耐盐乳酸菌，代谢产生多种有机酸能够增加酱油风味，同时有助于酵母菌的生长，缩短酱油酿造的生产周期。优质酱油含有十多种氨基酸、B族维生素和锌、铁、钙等微量元素，有益于人体健康。

食醋酿造需经糖化、酒精发酵和醋酸发酵过程，乳酸菌是整个食醋酿造过程所必需的主要微生物群。食醋中含有醋酸、乳酸、柠檬酸、苹果酸、氨基酸类、脂类、酯类、醛类、糖类、多酚类、黄酮类等风味和健康营养物质，其中乳酸是食醋中的第二大有机酸物质，具有平衡醋酸刺激性气味、优化食醋风味功能。短乳杆菌L-02、发酵乳杆菌L-03和罗伊乳杆菌L-05强化能增加米醋中酯类、醇类、酮类和含氮类挥发性风味物质的种类和含量。

参考文献

[1] Gadde U，Oh S T，Lee Y S，et al. The effects of direct-fed microbial supplementation，as an alternative to antibiotics，on growth performance，intestinal immune status，and epithelial barrier gene expression in broiler chickens. Probiotics and antimicrobial proteins，2017，9（4）：397-405.

[2] Sharma A N，Kumar S，Tyagi A K. Effects of mannan-oligosaccharides and *Lactobacillus acidophilus* supplementation on growth performance，nutrient utilization and faecal characteristics in Murrah buffalo calves. Journal of Animal Physiology & Animal Nutrition，2018，102（3）：679-689.

[3] Agazzi A, Tirloni S, Stella S et al. Effects of species-specific probiotic addition to milk replacer on calf health and performance during the first month of life. Annals of Animal Science, 2014, 14 (1): 101-115.

[4] 刘荣昌，刘旭锟，刘道泉，等．农村畜牧养殖现状与发展建议．现代农业科技，2018，(18)：226-231.

[5] Xu H, Huang W, Hou Q, et al. The effects of probiotics administration on the milk production, milk components and fecal bacteria microbiota of dairy cows. Science Bulletin, 2017, 62 (11): 767-774.

[6] Sheikh G G, Ganai A M, Ahmad Sheikh A, et al. Rumen microflora, fermentation pattern and microbial enzyme activity in sheep fed paddy straw based complete feed fortified with probiotics. Biological Rhythm Research, 2019, 7 (15): 1-12.

[7] Cui Y, Wang Q, Chang R, et al. Intestinal barrier functionnon-alcoholic fatty liver disease interactions and possible role of gut microbiota. Journal of Agricultural and Food Chemistry, 2019, 67 (10): 2754-2762.

[8] Faehnrich B, Pastor A, Heide C, et al. Effects of isoquinoline alkaloids from macleaya cordata on physiological, immunological and inflammatory parameters in healthy beagles: Alkaloids in dog nutrition. Journal of Animal Physiology and Animal Nutrition, 2019, 103 (2): 661-667.

[9] Kim D H, Kim S, Lee J H, et al. *Lactobacillus acidophilus* suppresses intestinal inflammation by inhibiting endoplasmic reticulum stress. Journal of Gastroenterology and Hepatology, 2019, 34 (1): 178-185.

[10] Hager C L, Isham N, Schrom K P, et al. Effects of a novel probiotic combination on pathogenic bacterial-fungal polymicrobial biofilms. MBIO, 2019, 10 (2): 8-19.

[11] Aymerich T, Rodríguez M, Garriga M, et al. Assessment of the bioprotective potential of lactic acid bacteria against Listeria monocytogenes on vacuum-packed cold-smoked salmon stored at 8℃. Food Microbiology, 2019, 83: 64-70.

[12] Zhang Q L, Liu Q, Liu S, et al. A new nodavirus is associated with covert mortality disease of shrimp. Journal of General Virology, 2014, 95 (12): 2700-2709.

[13] Lafferty K D, Harvell C D, Conrad J M, et al. Infectious diseases affect marine fisheries and aquaculture economics. Annual Review of Marine Science, 2015, 7 (1): 471-496.

[14] Bharti N, Yadav D, Barnawal D, et al. *Exiguobacterium oxidotolerans*, a halotolerant plant growth promoting rhizobacteria, improves yield and content of secondary metabolites in *Bacopa monnieri* (L.) Pennell under primary and secondary salt stress. World Journal of Microbiology and Biotechnology, 2013, 29 (2): 379-387.

[15] 范寰，王建国，孟繁瑞，等．不同发酵方法对预防鸡大肠杆菌病中药药效的影响．天津农业科学，2015，21 (9)：51-56.

[16] 李朝辉，孙龙，王健，等．枯草芽孢杆菌和黄芪多糖对雏鸡免疫力的影响．吉林畜牧兽医，2019，40 (1)：5-8.

[17] 郭欣怡．一起鸡球虫病的诊断及复合益生菌的治疗效果．黑龙江畜牧兽医，2017，(4)：125-126.

[18] Fegn J C, Wang L H, Zhou L X, et al. Using in vitro immunomodulatory properties of lactic acid bacteria for selection of probiotics against *Salmonella* infection in broiler chicks. PLoS One, 2016, 11 (1): 1-14.

[19] Podolian Y M. The effect of probiotics on broiler chickens growth and efficiency. Ukrainian Journal of Ecology, 2016, 6 (3): 141-148.

[20] Zhang Q, Yu Z, Yang H, et al. The effects of stage of growth and additives with or without cellulase on fermentation and in vitro degradation characteristics of *Leymus chinensis* silage. Grass and Forage Science, 2016, 71 (4): 595-606.

[21] 周振峰．地衣芽孢杆菌对奶牛泌乳性能的影响．中国奶牛，2006，5：13-14.

[22] Moallem U, Lehrer H, Livshitz L, et al. The effects of live yeast supplementation to dairy cows during the hot season on production, feed efficiency, and digestibility. Journal of Dairy Science, 2009, 92 (1): 343-351.

[23] 丁志刚，郭亮，蒋建军，等．地衣芽孢杆菌对小麦秸秆和稻草品质的影响．扬州大学学报：农业与生命科学版，2010，2：82-86.

[24] 敖晓琳，蔡义民，胡爱华，等．接种植物乳杆菌（*Lactobacillus plantarum*）对小规模饲料稻青贮品质的影响．微生物学通报，2014，41 (6)：1125-1131.

［25］ Yang E J，Kim S I，Park S Y，et al. Fermentation enhances the in vitro antioxidative effect of onion（*Allium cepa*）via an increase in quercetin content. Food and Chemical Toxicology，2012，50（6）：2042-2048.

［26］ Ramesh T，Kim S W，Sung J H，et al. Effect of fermented *Panax ginseng* extract（GINST）on oxidative stress and antioxidant activities in major organs of aged rats. Experimental Gerontology，2012，47（1）：77-84.

［27］ Wang N F. Effect of lactic acid fermented soyabean meal on the growth performance，intestinal microflora and morphology of weaned piglets. Journal of Animal and Feed Sciences，2007，16：75.

［28］ Xie Y F，Han X M，Wang H K，et al. Anti-diabetic potential of soymilk fermented by *Lactobacillus paracasei* TK1501 isolated from naturally fermented congee. Fresenius Environmental Bulletin，2018，27（6）：4381-4388.

［29］ Otieno D O，Ashton J F，Shah N P. Isoflavone phytoestrogen degradation in fermented soymilk with selected β-glucosidase producing *L. acidophilus* strains during storage at different temperatures. International Journal of Food Microbiology，2007，115（1）：79-88.

［30］ 张青，王记成，魏爱彬，等．益生菌干酪乳杆菌 Zhang 和双歧杆菌 V9 发酵豆乳的研究．乳业科学与技术，2010，33（1）：1-5.

［31］ Otisno D O，Shah N P. A comparison of changes in the transformation of isoflavones in soymilk using varying concentrations of exogenous and probiotic-derived endogenous β-glucosidases. Journal of Applied Microbiology，2007，103：601-612.

［32］ Raimondi S，Roncaglia L，Lucia D M，et al. Bioconversion of soy isoflavones daidzin and daidzein by *Bifidobacterium* strains. Appl Microbiol Biotechnol，2009，81：943-950.

［33］ 汪瑨芃，管瑛，芮昕，等．茯砖茶添加对益生菌豆腐凝胶特性及抗氧化功能的影响．食品科学，2016，6（15）：25-30.

［34］ Adediwura T F，Emmambux M N，Elna M B，et al. Improvement of maize bread quality through modification of dough rheological properties by lactic acid bacteria fermentation. J Cereal Sci，2014，60（3）：471-476.

［35］ Dal Bello F，Clarke C I，Ryan L A M，et al. Improvement of the quality and shelf life of wheat bread by fermentation with the antifungal strain *Lactobacillus plantarum* FTS 1. 7. J Cereal Sci，2007，5：309-318.

［36］ Rizzello C G，Lorusso A，Montemurro M，et al. Use of sourdough made with quinoa（*Chenopodium quinoa*）flour and autochthonous selected lactic acid bacteria for enhancing the nutritional，textural and sensory features of white bread. Food Microbiol，2016，56：1-13.

［37］ 徐一涵，陈玉婧，张建华．植物乳杆菌发酵对马铃薯全粉面条品质的影响．食品与发酵工业，2019，45（3）：124-129.

［38］ Zhu J H，Chen Y，Lu C H，et al. Study on optimization of removing cadmium by *Lactobacillus* fermentation and its effect on physicochemical and quality properties of rice noodles. Food Control，2019，106：106740.

［39］ 何晓赟，闫博文，赵建新，等．乳酸菌发酵对馒头香气特征的影响．现代食品科技，2017，33（1）：179-190.

［40］ Li Y，Zhao H，Zhao M，et al. Relationships between antioxidant activity and quality indices of soy sauce：an application of multivariate analysis. Food Science and Technology，2010，45：133-139.

［41］ Wang Z M，Lu Z M，Yu Y J，et al. Batch-to-batch uniformity of bacterial community succession and flavor formation in the fermentation of Zhenjiang aromatic vinegar. Food Microbiology，2015，50：64-69.

［42］ 邓永健，陆震鸣，张晓娟，等．不同乳酸菌对液态发酵米醋总酸及风味物质的影响．食品科学，2019，41（22）：97-102.

第八章

益生菌的使用规范和有关法规

2001年FAO/WHO定义益生菌为活的微生物，当摄取足够数量时，对宿主健康有益。定义包涵益生菌的3个核心特征：足够数量、活菌状态、有益健康功能。目前这一定义得到国际益生菌与益生元科学联合会、欧洲食品与饲料菌种协会、加拿大卫生部、世界胃肠病学组织和欧洲食品安全局等组织机构的认可。2018年我国修订的《益生菌类保健食品申报与审评规定（征求意见稿）》也已采纳这一概念。尽管益生菌公认为是安全的（generally recognized as safe，GRAS），但其安全性与功效缺少科学评价标准，因此各个国家和地区对益生菌的应用进行了立法管理，并建立相应的使用规范与法规。益生菌食品中加入的菌种以乳杆菌属和双歧杆菌属的菌种为主。

第一节　国际组织和地区的有关法规

一、联合国粮农组织和世界卫生组织

2002年，联合国粮农组织（FAO）和世界卫生组织（WHO）发布了《食品益生菌评价指南》，被各国管理部门、学术界和产业界普遍采用。益生菌评价流程如图8-1所示。

该指南指出，益生菌作用具有菌株特异性，因此株水平识别非常重要，包括特定的健康作用、准确的检测和流行病学研究，但嗜热链球菌和保加利亚乳杆菌保加利亚亚种不必到株水平。对于其他菌种，如有科学资料支持，也可以不到株水平。

1. 菌株鉴定方法

菌株鉴定建议联合运用基因分型试验与表型试验。推荐的菌株鉴定方法有糖发酵及产物分析、DNA杂交、16S rRNA序列分析、脉冲场分析、DNA随机扩增多态性分析、质粒分型等。

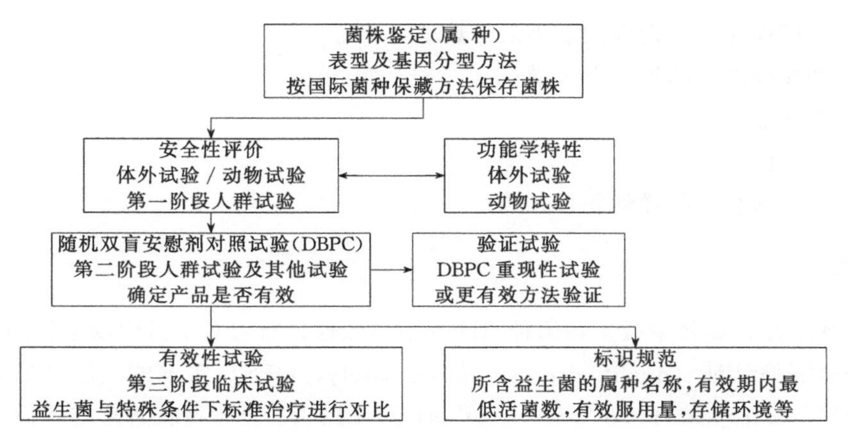

图 8-1 益生菌评价流程

2. 益生菌筛选体外试验

体外试验是评价益生性微生物安全性的必需试验，有助于菌株鉴定和益生效应的阐明。推荐的益生菌筛选体外试验有：对胃酸、胆酸耐受性分析，黏膜/人上皮细胞黏附性分析，对致病菌的抗菌活性分析，降低致病菌黏附能力分析，胆盐水解酶活性分析，阴道用益生菌对杀精子剂的耐药性等。

3. 益生菌安全测定试验

一直以来，乳酸杆菌和双歧杆菌被认为是安全的。但益生菌理论上存在四类副作用：系统感染、有害代谢活性、对易感染个体过分的免疫刺激和基因转移。FAO/WHO 推荐的益生菌安全测定试验包括：抗生素耐药性谱测定，评价代谢活性物（D-乳酸盐的产生等），评价人体试验副作用，对益生菌潜在未知的有害效应的流行病学检测，产毒菌种需测定其产毒能力，如已知菌株具有溶血毒性，必须测定其溶血活性。

4. 动物试验或人体试验

体外试验与实际人体消化系统存在较大差异，体外试验结果无法等同于益生菌的实际功效。动物试验能够验证体外试验结果，可以作为参考，但最终还是需要大规模和更深入的人体或临床试验予以确认。FAO/WHO 推荐在人体临床试验前先进行动物试验。

临床评价的标准方法包括安全性、功效、有效性和监测四个阶段。安全性研究参见本书相关内容。第二阶段的功效研究多采用随机双盲安慰剂对照试验进行研究，统计学意义的解释需与生物学结果相结合。食品中的益生菌一般不做第三阶段试验，若声明该益生菌具有改善疾病特征，则需要进行试验且结果能够给予支持。建议第二、三阶段的人体试验应至少重复一次以证实结果。

5. 保健声明及标识

目前许多国家对益生菌食品只允许作一般性保健声明，FAO/WHO 建议应允许有特殊的保健声明，但必须符合指南提出的科学性依据。如某益生菌“可降低婴幼儿轮状病毒腹泻的发生率和严重性”的特殊声明会比“增进儿童健康”的一般性声明提供更多的信息。同时还建议在产品标签上显示以下内容：

① 益生菌属、种、株名称，菌株名不能诱导消费者产生误解；

② 每个菌株在保质期内的最小活菌数；
③ 达到保健功能的推荐摄入量；
④ 保健功能；
⑤ 贮存条件；
⑥ 消费者与公司的详细联系方式。

二、欧盟

为实现食品、饲料中微生物菌种风险评估一致性，欧盟对于微生物菌种的风险评估是通过安全资格认证（qualified presumption safety，QPS）实现的（图 8-2），由欧洲食品安全局（European Food Safety Authority，EFSA）负责授权管理与评估。

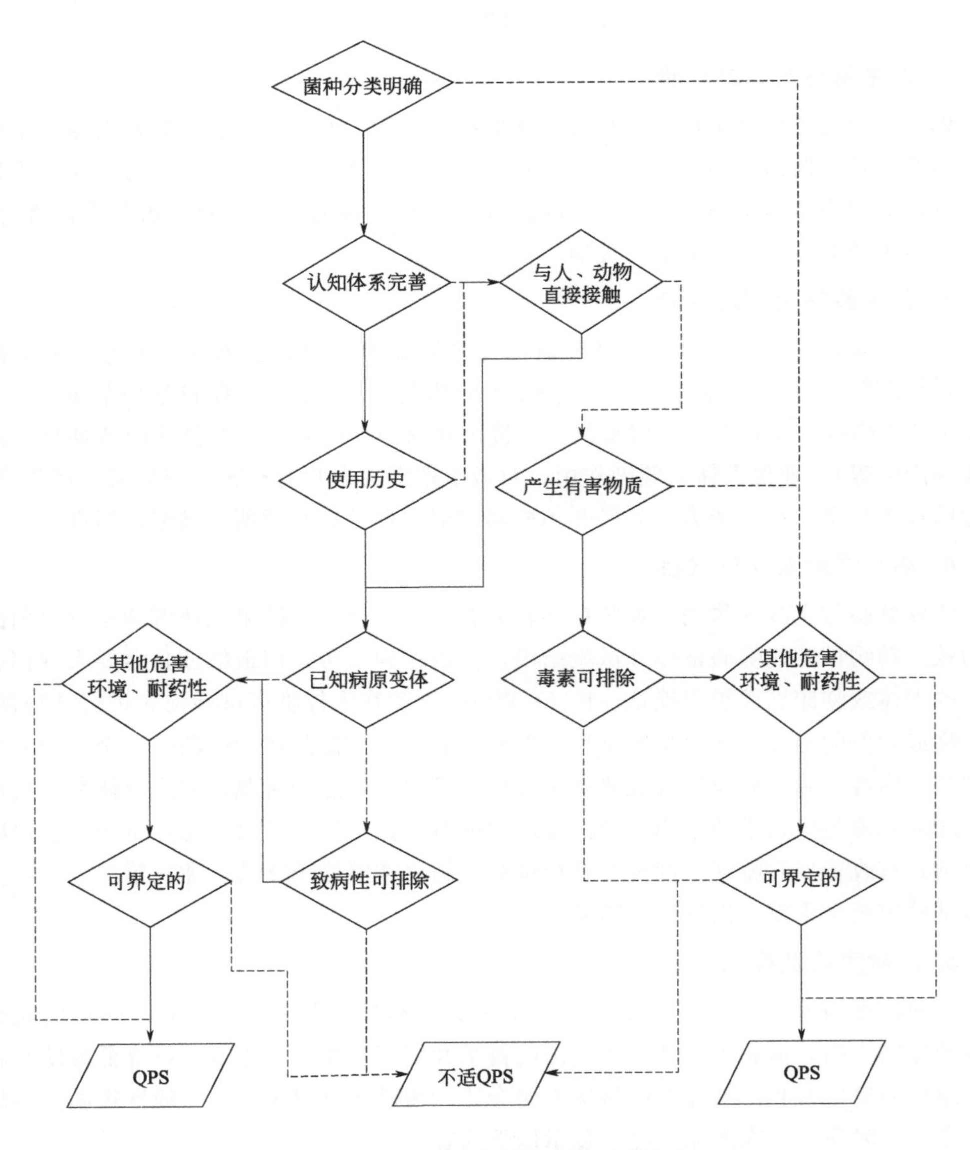

图 8-2　QPS 评估流程（实线代表是，虚线代表否）

1. QPS 的评估

QPS 是微生物菌种安全性评估的指南，其评估原则基于菌种分类、人体认知、使用历史、鉴定、潜在的安全性评估等展开。QPS 评估通常是种水平的最高分类单元，不对株水平做评估，株水平评估由相应的科学委员会负责。分类明确、认知体系完善、无致病性和毒素产生或可排除的菌种，纳入 QPS 列表。

生物危害评估小组（EFSA Panel on Biological Hazards，BIOHAZ）负责对有意用于饲料和/或食品的微生物制剂清单来源进行安全评估，基于最新的科学进展评估 QPS 名单，定期更新 QPS 列表。该名单每 6 个月增加一次，最新的小组声明于 2019 年 12 月通过。这些补充内容作为科学意见的更新发布。2019 年更新的 QPS 列表中共包含 27 个属 103 个种。

2. 健康宣称管理

欧盟的健康声明是依据 2007 年生效的《EC1924/2006 营养与健康声明法案》要求，申请提交欧盟成员国，由 EFSA 评估给出科学意见，再经过欧盟委员会的批准，以官方公报的形式发布。该法规将健康声明定义为“任何涉及食品或食品成分与健康之间关系的说明、建议或相关内容”，只有符合提议规定的声明才被认可。健康声明具体包括：

① 营养素或其他物质在身体生长、发育和功能中的作用；

② 心理和/或行为功能；

③ 减肥或控制体重或减少饥饿感或增加饱腹感或减少从饮食中获得的能量。

2012 年，欧盟委员会规定除了涉及减少疾病及儿童发育和健康的健康声明之外，允许在食品上作出健康声明。

2017 年，欧盟委员会发布 G/TBT/N/EU/450 通报，根据法规 EC 1924/2006《食品中营养和健康声明法规》，修订减少儿童疾病和有利于儿童健康发展的食品营养和健康声明规定，并对条例 EC 432/2012“建立食品健康声明许可清单要求”进行修订。目前关于食品营养素的健康声明共有 238 项，其中有 1 项关于活性酸奶发酵剂，添加至少 10^8CFU/g 到发酵乳制品中能改善乳糖消化能力。

QPS 列表中明确具有健康宣称的菌株如表 8-1 所示。

表 8-1 QPS 菌株健康宣称

菌株	健康宣称
Bifidobacterium bifidum CNCM I-3426	健康食品宣传：在日常生活中保持健康成年人的正常免疫功能
Bifidobacterium longum LA 101，*Lactobacillus helveticus* LA 102，*Lactococcus lactis* LA 103 和 *Streptococcus thermophilus* LA 104	健康食品宣传：减少肠道不适，增加排便频率，改善肠道功能
Lactobacillus fermentum CECT5716	以健康为目标的食品
Lactobacillus paracasei CBA L74	以健康为目标的食品
Lactobacillus plantarum 299v	针对健康的食品宣传：植物乳杆菌 299v 促进非血红蛋白铁吸收的增加

续表

菌株	健康宣称
Lactobacillus plantarum DSM 21380	健康食品宣传:通过降低血压来保持心血管健康
Lactobacillus rhamnosus GG (ATCC 53103)	健康食品宣传:有助于减少由单纯疱疹病毒感染引起的唇疱疹在健康易感人群中的复发
Lactobacillus rhamnosus IMC 501® 和 *Lactobacillus paracasei* IMC 502®	以健康为目标的食品
Saccharomyces cerevisiae CNCM I-3799	以健康为目标的食品

3. 益生菌饲料法规标准

欧盟基本食品法 EC178/2002 是食品与饲料法规、管理条例、指南等制定的基础和基本指导原则。自 2002 年起，欧洲议会、欧盟理事会和欧盟委员会制定了一系列的条例、指令、法规等（图 8-3），用于规范饲料市场运行。

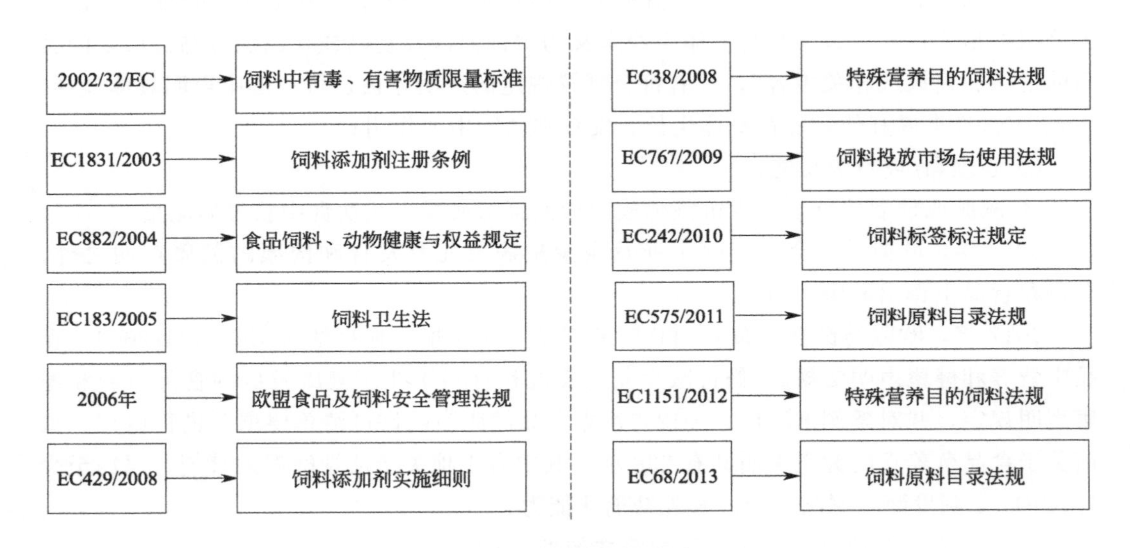

图 8-3　欧盟饲料法规体系

目前，欧盟饲料中允许添加的菌株主要作为青贮饲料添加剂和肠道菌群稳定剂用途，包括芽孢杆菌属、肠球菌属、乳杆菌属等，详细清单见表 8-2。需要注意的是，所添加的菌株均是种水平上的，即只能添加相应的菌株。

表 8-2　欧盟饲料中允许添加的菌株

属名	种名
芽孢杆菌属(*Bacillus*) 枯草芽孢杆菌 地衣芽孢杆菌	*Bacillus subtilis* *Bacillus licheniformis*
肠球菌属(*Enterococcus*) 屎肠球菌	*Enterococcus faecium*

续表

属名	种名
乳杆菌属(*Lactobacillus*)	
嗜酸乳杆菌	*Lactobacillus acidophilus*
短乳杆菌	*Lactobacillus brevis*
布氏乳杆菌	*Lactobacillus buchneri*
干酪乳杆菌	*Lactobacillus casei*
食二酸乳杆菌	*Lactobacillus diolivorans*
香肠乳杆菌	*Lactobacillus farciminis*
发酵乳杆菌	*Lactobacillus fermentum*
开非尔乳杆菌	*Lactobacillus kefiri*
副干酪乳杆菌	*Lactobacillus paracasei*
植物乳杆菌	*Lactobacillus plantarum*
鼠李糖乳杆菌	*Lactobacillus rhamnosus*
乳球菌属(*Lactococcus*)	
乳酸乳球菌	*Lactococcus lactis*
片球菌属(*Pediococcus*)	
乳酸片球菌	*Pediococcus acidilactici*
戊糖片球菌	*Pediococcus pentosaceus*
丙酸杆菌属(*Propionibacterium*)	
丙酸杆菌	*Propionibacterium acidipropionici*
酵母菌(*Saccharomyces*)	
酿酒酵母菌	*Saccharomyces cerevisiae*

第二节　美国等国家的有关法规

一、美国

在美国，益生菌是由FDA下属的食品安全与营养应用中心（Center for Food Safety and Applied Nutrition，CFSAN）来管理和监督的。益生菌在进入市场前必须通过GRAS的认可。GARS是generally recognized as safe公认为安全的缩写。公认为安全的物质必须是经过专家科学评估而确定的在特定条件下使用是安全的。企业向FDA进行GRAS申报时，菌种一般会具体到株水平，同时限定其用途。但企业或个人进行GRAS申报是自愿行为，并非强制性，因此GRAS清单并不全面，无法覆盖所有可能合法的GRAS物质。

1. GRAS清单中的菌株

截至2020年4月，美国FDA记载的GRAS物质有903条记录，包括蛋白质、脂肪、碳水化合物、酶制剂、微生物和代谢产物等，其中涉及益生乳酸菌种的记录超过60条，主要的菌属信息见表8-3。

表 8-3 GRAS 主要的菌属信息

属名/种名	菌株编号
双歧杆菌属(*Bifidobacterium*)	
长双歧杆菌(*B. longum*)	BB536、BORI、BB536
动物双歧杆菌(*B. animalis* subsp. lactis)	AD011、UABla-12、BB-12、R0421、HN019、Bi-07、Bl-04、B420、Bf-6
两歧双歧杆菌(*B. bifidum*)	BGN4、R0071
长双歧杆菌(*B. longum* subsp. *infantis*)	R0033
短双歧杆菌(*B. breve*)	M-16V
乳杆菌属(*Lactobacillus*)	
嗜酸乳杆菌(*L. acidophilus*)	DDS-1、NCFM、La-14、NP 28、NP51
植物乳杆菌(*L. plantarum*)	ECGC 13110402、Lp-115、299v
鼠李糖乳杆菌(*L. rhamnosus*)	LGG、HN001
副干酪乳杆菌(*L. paracasei*)	F19、F-19e
发酵乳杆菌(*L. fermentum*)	CECT5716
弯曲乳杆菌(*L. curvatus*)	DSM 18775
瑞士乳杆菌(*L. helveticus*)	R0052
干酪乳杆菌(*L. casei*)	Lpc-37、Shirota
罗伊乳杆菌(*L. reuteri*)	NCIMB 30242、DSM 17938、NCIMB 30242
保加利亚乳杆菌(*L. bulgaricus*)	未记载菌株号,作为发酵剂使用
芽孢杆菌属(*Bacillus*)	
枯草芽孢杆菌(*B. subtilis*)	DE111、168
凝结芽孢杆菌(*B. coagulans*)	GBI-30，6086、SANK 70258、SBC37-01、SNZ1969、IS2、LA-1
地衣芽孢杆菌(*B. licheniformis*)	未记载菌株号,用途为产 α-淀粉酶
解淀粉芽孢杆菌(*B. amyloliquefaciens*)	未记载菌株号,用途为产淀粉麦芽糖酶
苏云金芽孢杆菌(*B. thuringiensis*)	未记载菌株号,用途为产磷脂酶 C
环状芽孢杆菌(*B. circulans*)	未记载菌株号,用途为产 β-半乳糖苷酶
Bacillus deramificans	未记载菌株号,用途为产支链淀粉酶
短芽孢杆菌(*B. brevis*)	未记载菌株号,用途为产乙酸脱羧酶(acetolate decaroxylase)
短小芽孢杆菌(*B. pumilus*)	未记载菌株号,用途为用于香蕉深加工洗涤剂
链球菌属(*Streptococcus*)	
唾液链球菌(*S. salivarius*)	M18、K12
嗜热链球菌(*S. thermophilus*)	Th4
片球菌属(*Pediococcus*)	
乳酸片球菌(*P. acidilactici*)	NP3
肉杆菌属(*Carnobacterium*)	
广布肉杆菌(*C. divergens*)	M35
麦芽香肉杆菌(*C. maltaromaticum*)	CB1
酒球菌属(*Oenococcus*)	
酒酒球菌(*O. oeni*)	未记载菌株号,含有乳酸酶编码基因
丙酸菌属(*Proprionibacterium*)	
费氏丙酸菌(*P. freudenreichii* subsp. shermanii)	未记载菌株号,作为发酵剂使用

2. GRAS 的评定流程

FDA 鼓励企业和个人提交 GRAS 申报材料，FDA 根据科学程序对提交材料进行评估，决定是否进入 GRAS 名单。同时 FDA 对已进入 GRAS 清单的物质会持续跟踪评估，若后续发现在一定条件下存在安全问题时，会及时更正清单，并以书面函形式通知申请人。GRAS 申报材料包括：物质及其应用的简洁描述，物质鉴定和特性及可用于特定用途的理由，物质的化学、毒理学和微生物学信息，其他可支持的证据等。

在收到 GRAS 申请的 30d 内，FDA 通过书面形式通知申请者收到申请，并在 90d 内出具回复函。从普遍存在性、普遍可利用性和普遍可接受性对材料进行评估，包括以下几点。

① GRAS 的安全标准和食品添加剂的安全标准是否一致；

② 技术性证据是否可作为 GRAS 物质评定的科学程序；

③ 通过在食品中普遍使用历史确认是否可作为 GRAS 物质。

FDA 的回复包括Ⅰ类没有意见；Ⅱ类提供材料不全或提供的数据信息不足以支持该物质；Ⅲ类应申请者要求，停止评估。

3. 食品用益生菌菌种的管理规范

2012 年，《美国药典》与《美国食品化学品法典》提出用作食品成分的益生菌的推荐标准，并将其包括在新的附录ⅩⅤ中。该标准列出了食品行业中重要的细菌、酵母和真菌等，共包含 35 属，常见益生菌详细信息见表 8-4。

表 8-4　部分食品用益生菌菌种名单

属名	种名
双歧杆菌(*Bifidobacterium*)	*B. animalis* subsp. *lactis*, *B. longum*, *B. breve*, *B. bifidum*, *B. adolescentis*
乳杆菌属(*Lactobacillus*)	*L. acidophilus*, *L. delbruecki* subsp. *bulgaricus*, *L. casei*, *L. casei* subsp. *rhamnosus*, *L. lactis*, *L. paracasei*, *L. plantarum*, *L. reuteri*, *L. rhamnosus*, *L. fermentum*, *L. sakei*
肠球菌属(*Enterococcus*)	*E. faecalis*, *E. faecium*
乳球菌属(*Lactococcus*)	*L. lactis*, *L. lactis* subsp. *cremoris*
明串珠菌属(*Leuconostoc*)	*L. mesenteroides*
酒球菌属(*Oenococcus*)	*O. oeni*
片球菌属(*Pediococcus*)	*P. acidilactici*
链球菌属(*Streptococcus*)	*S. thermophilus*

4. 美国益生菌健康声明

FDA 对于声明的管理分为含量声明、结构/功能声明及与降低疾病风险相关的健康声明，相应的要求也趋于严格。

在美国，益生菌被广泛用于食品和膳食补充剂，常见的含量声明有“含有××亿活菌”。

结构/功能声明主要指调节免疫功能，调节肠道平衡，提高免疫能力和整体健康，每天使用对身体健康有益，欧美临床试验证明保持肠道健康对人体有益。这类声明由生产厂家负责提供资料证实声明合理性，使用该声明后30d内通知FDA，该类许多声明无须提前向FDA申报、审批，可在任何食品上出现。但评价原则与上述FAO/WHO《食品益生菌评价指南》是一致的。许多作为膳食补充剂的益生菌都作了类似的声明，如达能Actimel的声明是“每日食用帮助增强机体天然防御能力，并使您的身体处于最佳状态”，细胞技术公司嗜酸乳杆菌（cell tech acidophilus）的声明是“帮助创造有益微生物群落的最佳生存环境，从而显著改善代谢和机体健康”

健康声明分为获得批准的健康声明和基于官方声明的健康声明。基于标签与教育法案批准的健康声明目前批准了16个，如“膳食脂肪与癌症”“膳食饱和脂肪和胆固醇与冠心病风险”“钙与骨质疏松症，以及钙、维生素D与骨质疏松症”等。健康声明要求需符合以下条件：描述成分对疾病的影响程度；正确描述成分与疾病之间的关系；声明能够让人们理解到在每日总膳食中该成分的相对重要性。

二、加拿大

加拿大作为世界上最早对功能性食品有明确法律规定的国家之一，在功能性食品的管理方面有着丰富的经验。加拿大将益生菌类功能性食品称为天然健康产品，核心管理法规为《天然健康产品条例》（Natural Health Products Regulations），管理部门是加拿大卫生部的下属机构天然和非处方健康产品局（NHPD）。2009年发布了《食品中益生菌应用指南》（Guidance Document-The Use of Probiotic Microorganisms in Food），针对益生菌在食品中健康声明、安全性和稳定性进行指导。

1. 益生菌类普通食品

食品中益生菌的健康声明参照《Food and Drugs Act》食品营养宣传执行，如“促进规律性”和“改善营养吸收和帮助消化”等具体声明，不得宣称“改善肠道健康”和“支持免疫功能/系统”等广泛性的非具体声明。功能声明仅限于维持或支持与良好的健康或性能相关的身体功能，必须得到科学支持，只有在能量和必需营养素在维持身体健康和正常生长发育所必需的功能方面所起的普遍公认作用下，才可以接受广泛的非具体的声明。益生菌健康声明的食品标签原则要求如下：“益生菌”及类似表述应随附已证明的益生效果说明；食物中所声明的益生菌功效需清楚说明，不虚假、不具误导性、不具欺骗性或可能造成错误的印象；明确表明益生菌或混合培养物的拉丁名称（即属和种）和菌株；活菌数应予以声明，适用于单独或混合益生菌产品。

列入名单的双歧杆菌和乳杆菌种可以进行一般性的健康声明。例如：“益生菌帮助建立健康的肠道菌群”等声明用语。涉及治疗疾病相关的声明则需要按照天然健康产品的法规进行注册，从而获得特定的健康声明的批准。批准的产品可在天然健康产品数据库网页查询到。申请的益生菌产品多为单一菌株或多菌株配方组合，其批准的声明用语也比较多样化，有利于产品根据不同受众人群和市场需求选用不同的声明用语。例如，嗜酸乳杆菌NCFM®联合乳双歧杆菌Bi-07™，批准的声明有“减少感冒症状及持续时间（例如：发热、流鼻涕、咳嗽）”等；嗜酸乳杆菌La-14™联合鼠李糖乳杆菌HN001™，批准的声明有“帮助恢复和维持健康阴道菌群”等。

2. 益生菌类天然健康产品

对于益生菌类天然健康产品的管理，加拿大以《食品和药品法案》为框架，以《天然健康产品条例》为核心发布了一系列配套管理的标准法规，包括《天然健康产品途径》《天然健康产品许可申请的管理》和《进行现代健康声明的天然健康产品许可办法》等。

基于掌握的天然健康产品信息以及相关国际标准和药典信息的积累，加拿大卫生部建立天然健康产品专论。专论规定了名称、来源、用量范围、适宜人群和质量要求等标准化信息，包括单一成分专论和产品专论，益生菌属于后者。目前发布的专论已超过270个。专论中对于益生菌的食用量要求为不得少于10^7CFU/d，规定61株益生菌菌种（株）安全性及量效，只要益生菌天然健康产品中益生菌菌种（株）符合该专论要求，即可以使用该专论中规定的健康声明。

根据《产品注册证发证后指导文件》（Post Licensing Guidance Document）规定，加拿大益生菌天然健康产品注册变更允许变更菌株号，变更过程申请人须提交安全性及量效证据，而当变更菌株号后的成品符合加拿大关于益生菌专论要求，即符合专论的相同菌种菌株变更，可引用该专论信息作为提供安全性及量效证据，免去试验或提供相应证据要求。

3. 天然健康产品健康声明管理

健康声明分为针对严重、一般性和轻微疾病健康状态三类。根据健康声明的不同，申请者需提交不同程度的安全性和功效性证据，如图8-4所示。低风险类别产品不支持暗示治疗或预防主要疾病的声明；高风险类别产品支持治疗或预防主要疾病的声明；中风险类别介于两者之间。

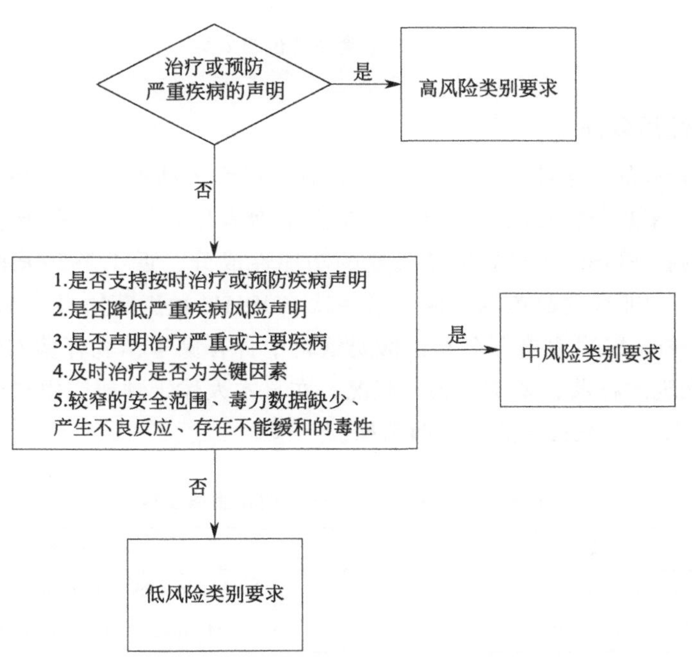

图8-4 天然健康产品安全性和功效性证据风险评估

《食品和药品法案》规定，天然健康产品不允许对规范 A（Schedule A）所列严重疾病的治疗进行声明，包括：癌症、高血压、糖尿病等。《标签要求检查表》规定加拿大天然与非处方健康产品管理局（NNHPD）不再审查标签广告词，需由申请人确保天然健康产品标签信息符合要求即可。

天然健康产品上市管理采取分级注册管理方式，按照安全性和功能声明证据确定性高低，分为Ⅰ类、Ⅱ类和Ⅲ类。Ⅰ类确定性最高，采取简化注册管理方式，10d 审核评估；Ⅱ类采取注册管理方式，30d 审核评估；Ⅲ类不确定性最高，采取严格注册管理方式，6 个月审核评估。

三、日本

日本是较早发展功能食品的国家，相应的法规管理也比较完善。食品的健康声明分为食品营养功能声明和特定保健用食品（food for specialized health use，FOSHU）的声明（图 8-5）。食品营养功能声明规定了营养和矿物质含量的范围与标签标准。特定保健用食品是一类对人体有保健功效，并得到相关部门批准的允许在产品标签上声明保健功效的产品。一些益生菌产品在日本已经被批准为 FOSHU，没有益生菌可以被称为食品营养功能声明。

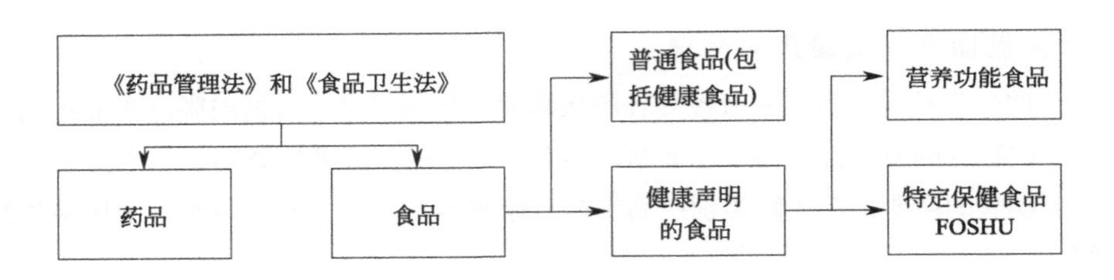

图 8-5　日本食品地位与分类

1. 特定保健用食品

2001 年日本颁布《保健机能食品制度》，日本厚生劳动省负责 FOSHU 的注册批准程序，2009 年，保健功能食品的许可权移交至消费者厅。目前已有千余种产品获得批准。益生菌是制备 FOSHU 产品中最重要的功能性成分。近年来 FOSHU 产品销售额占据日本 32.9%功能性食品市场份额。第一款 FOSHU 益生菌饮料于 1996 年 5 月获得批准。来自 Takanashi 乳品有限公司的酸奶饮料中含有鼠李糖乳杆菌 GG，有助于增加肠道双歧杆菌和乳酸杆菌，调节胃肠道状况，在日本人体干预研究中得到科学证明。表 8-5 列举了部分属于 FOSHU 的益生菌菌株。

表 8-5　部分属于 FOSHU 的益生菌菌株

益生菌株	生产商
Lb. rhamnosus GG	Tanaknashi Milk Products Co. Ltd
B. longum BB536	Morinaga Milk Industry Co. Ltd

续表

益生菌株	生产商
Lb. delbrueckii subsp. *bulgaricus* 2038	Meiji Dairies Corporation
Lb. casei Shirota YIT9029	Yakult Honsha
B. breve strain Yakult	Yakult Honsha
B. lactis FK120	Fukuchan milk
B. lactis LKM512	Kyodo Milk Industry Co. Ltd
Lb. acidophilus CK92	Matsutani Chemical Products Co. Ltd
Lb. helveticus CK60	Matsutani Chemical Products Co. Ltd
Lb. casei NY1301	Nissin York Co. Ltd
Lb. gasseri SP strain	Nippon Milk Community Co. Ltd
B. lactis BB-12	Koiwai Dairy Products Co. Ltd
B. lactis BB-12	Azumino Food Co. Ltd
B. lactis BB-12	Yotsub Co. Ltd
B. lactis BB-12	Ikaruga Milk Co. Ltd
Lb. johnsonii LC-1	Nestec Ltd

2. 健康声明

FOSHU 现有的健康宣称包括胃肠道状况、矿物质吸收、血压调节、血液胆固醇调节、骨骼健康、牙齿健康和血糖水平调整。益生菌 FOSHU 产品标签上允许的健康声明是保守的，尽管 FOSHU 的健康声明已经在法律上得到了批准，但食品成分在治疗、治疗或预防疾病方面的有效性是禁止声明的，仍然局限于“改善肠胃状况”声明。

近年来，日本修订发布了《功能声明食品备案指南》，由食品制造商自行负责产品的安全性和功能有效性，产品在上市前 60d 提交至消费者事务局进行备案。备案的产品均在消费者事务局网站公布。目前已公布了 971 件功能声明食品，益生菌产品也在其中。例如，含有乳双歧杆菌 HN019^{TM} 的产品，备案的功能声明为“可改善微生物菌群，促进排便，改善便秘”。

3. 获得许可流程

FOSHU 的审批包括标准化 FOSHU、合格 FOSHU 和减少疾病 FOSHU。目前益生菌仍局限于标准化的 FOSHU，没有合格 FOSHU 和降低疾病风险 FOSHU。益生菌获得 FOSHU 批准的 3 个基本要求：

① 包括临床研究在内的科学证据的有效性；

② 根据历史消费模式数据和人体试验评估的安全性；

③ 有效益生功能成分的分析测定。

益生菌 FOSHU 申报需要提供以下材料：

① 带标签和健康声明的整个包装样品；

② 可证明产品和/或其功能性成分的临床和营养证明的文件；
③ 证明产品和/或其功能性成分摄入量的临床和营养证明的文件；
④ 有关产品及其功能成分安全性的文件；
⑤ 关于产品及其功能成分稳定性的文件；
⑥ 关于产品及其功能成分的物理和生物特性文件；
⑦ 功能成分的定性/定量分析测定方法，产品中成分的分析化验结果；
⑧ 产品营养成分和能量含量分析报告；
⑨ 生产方法说明、工厂设备清单和质量控制体系说明。

四、韩国

在韩国益生菌是以健康功能食品原料为名义进行应用的。《健康功能食品法典》（以下简称《法典》）出台规定，韩国食品药品安全局（South Korea Ministry of Food and Drug Safety，MFDS）负责批准并制定健康功能食品的原料名单，列入名单中的原料，即可进行相应的声明，不需要注册审批。已列入原料名单的益生菌种有乳杆菌、双歧杆菌、乳球菌等，菌株名单见表 8-6。此外，该《法典》明确规定益生菌活菌数不得低于 10^8 CFU/g。

表 8-6 韩国健康功能食品法典中益生菌名单

属名	种名
Lactobacillus	*L. acidophilus*, *L. casei*, *L. gasseri*, *L. delbrueckii* ssp. *Bulgaricus*, *L. helveticus*, *L. fermentum*, *L. paracasei*, *L. plantarum*, *L. reuteri*, *L.* rhamnosus, *L. salivarius*
Lactococcus	*Lc. lactis*
Enterococcus	*E. faecium*, *E. faecalis*
Streptococcus	*S. thermophilus*
Bifidobacterium	*B. bifidum*, *B. breve*, *B. longum*, *B. animalis* spp. *lactis*

《法典》规定了每种功能成分的标准和规范，包括制造标准、规范、最终产品的具体要求和测试方法。益生菌功能原料规格要求产品色泽独特，无异味，益生菌数量不低于标签量、大肠菌群阴性。健康声明为帮助维持健康的肠胃菌群和肠道功能，推荐摄入量为 $10^8 \sim 10^{10}$ CFU/d。

在韩国，健康功能食品批准的健康声明包括一般性健康声明及特定批准的健康声明。批准的一般性健康声明主要是帮助维持健康胃肠道菌群及帮助维持健康的肠道功能。对于特定批准的健康声明，需要进行注册审批，时间较长，要求严格，仅有申请人的产品允许进行健康声明。益生菌的特定健康声明明确到菌株水平，如清酒乳杆菌 LP-133 特定的健康声明为“帮助改善皮肤过敏”。

第三节 中国的有关法规

食品安全标准是唯一强制执行的食品标准，按照《食品安全法》管理，其他食品标准均不得制定为强制执行的标准，按照《标准化法》管理。我国最早关于益生菌的法律法规是基于《中华人民共和国食品卫生法》制定的。随着保健食品行业的飞速发展，1996年卫生部颁布了《保健食品管理办法》。为了规范益生菌类保健食品的评审程序，先后出台了《保健食品注册管理办法（试行）》和《益生菌类保健食品评审规定》法规。2007年颁布实施的《新资源食品管理办法》将益生菌作为新资源食品原料允许在食品加工中得以应用。目前我国益生菌菌种的使用大致可以分为：可以用于食品的、可以用于婴幼儿食品的和可用于保健食品的菌种三类。

一、可用于食品的菌种管理规范

在2010年，卫生部组织制定了《可用于食品的菌种名单》，在此之后新菌种按照《新资源食品管理办法》执行。新食品原料安全性审查流程如图8-6所示。不断有新菌种列入新资源食品名单，截至2020年4月，可用于食品的菌种名单如表8-7所示，共有10属、36种的微生物允许添加到食品中。

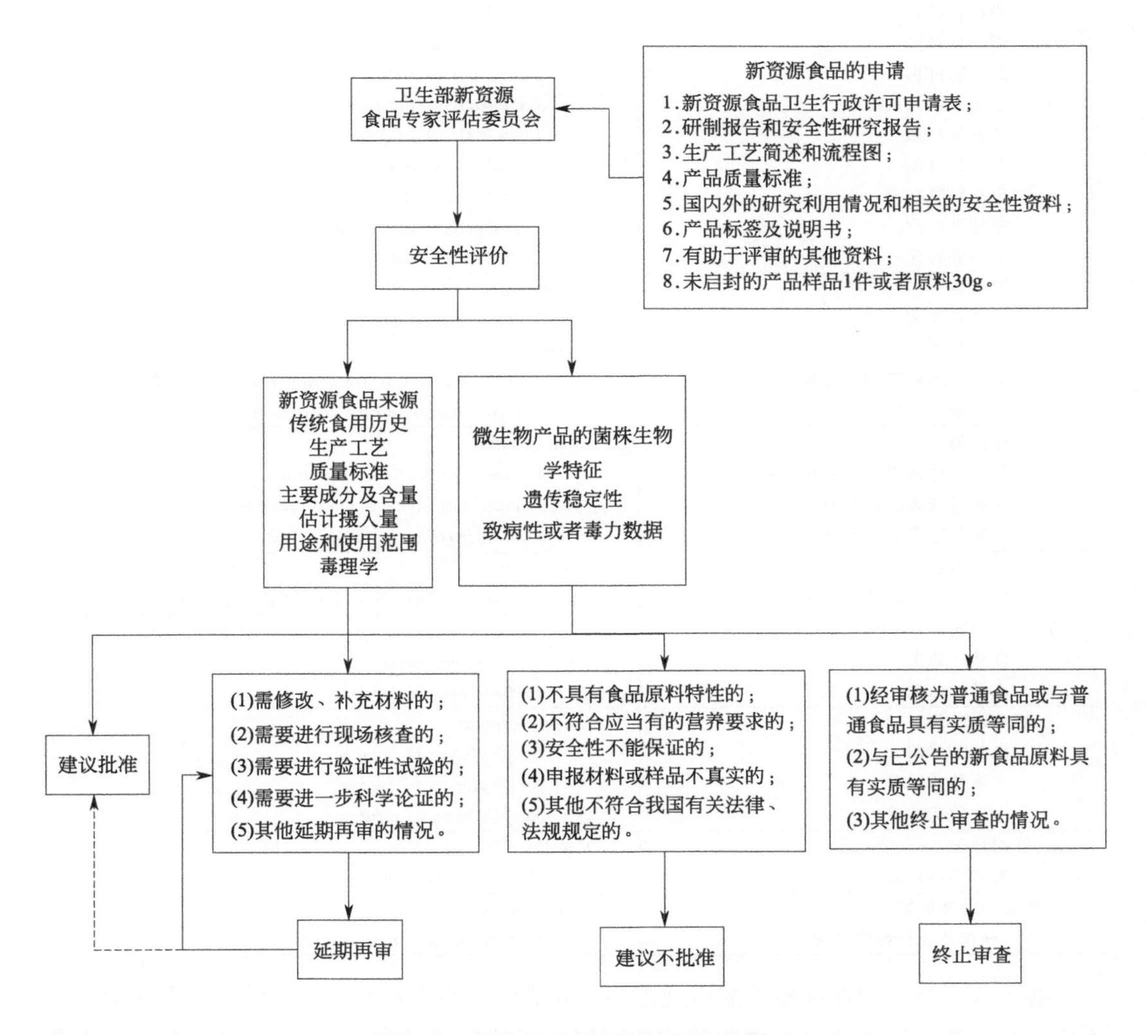

图8-6 新食品原料安全性审查流程

表 8-7　可用于食品的菌种名单

名称	拉丁学名
1. 双歧杆菌属	*Bifidobacterium*
青春双歧杆菌	*Bifidobacterium adolescentis*
动物双歧杆菌(乳双歧杆菌)	*Bifidobacterium animalis*
两歧双歧杆菌	*Bifidobacterium bifidum*
短双歧杆菌	*Bifidobacterium breve*
婴儿双歧杆菌	*Bifidobacterium infantis*
长双歧杆菌	*Bifidobacterium longum*
2. 乳杆菌属	*Lactobacillus*
嗜酸乳杆菌	*Lactobacillus acidophilus*
干酪乳杆菌	*Lactobacillus casei*
卷曲乳杆菌	*Lactobacillus crispatus*
弯曲乳杆菌	*Lactobacillus curvatus*
德式乳杆菌保加利亚亚种	*Lactobacillus delbrueckii* subsp. *Bulgaricus*
德式乳杆菌乳酸亚种	*Lactobacillus delbrueckii* subsp. *lactis*
发酵乳杆菌	*Lactobacillus fermentium*
格氏乳杆菌	*Lactobacillus gasseri*
瑞士乳杆菌	*Lactobacillus helveticus*
约氏乳杆菌	*Lactobacillus johnsonii*
副干酪乳杆菌	*Lactobacillus paracasei*
植物乳杆菌	*Lactobacillus plantarum*
罗伊乳杆菌	*Lactobacillus reuteri*
鼠李糖乳杆菌	*Lactobacillus rhamnosus*
唾液乳杆菌	*Lactobacillus salivarius*
清酒乳杆菌	*Lactobacillus sakei*
3. 链球菌属	*Streptococcus*
嗜热链球菌	*Streptococcus thermophilus*
4. 丙酸杆菌属	*Propionibacterium*
费氏丙酸杆菌谢氏亚种	*Propionibacterium freudenreichii* subsp. *shermanii*
产丙酸丙酸杆菌	*Propionibacterium acidipropionici*
5. 乳球菌属	*Lactococcus*
乳酸乳球菌双乙酰亚种	*Lactococcus lactis* subsp. *diacetyl*
乳酸乳球菌乳脂亚种	*Lactococcus lactis* subsp. *cremoris*
乳酸乳球菌乳酸亚种	*Lactococcus lactis* subsp. *lactis*
6. 明串珠菌属	*Leuconostoc*
肠膜明串珠菌肠膜亚种	*Leuconostoc msenteroides* subsp. *mesenteroides*
7. 片球菌属	*Pediococcus*
乳酸片球菌	*Pediococcus lactis*
戊糖片球菌	*Pediococcus pentosaceus*
8. 葡萄球菌属	*Staphylococcus*
肉葡萄球菌	*Staphylococcus carnosus*
木糖葡萄球菌	*Staphylococcus xylosus*
小牛葡萄球菌	*Staphylococcus vitulinus*
9. 芽孢杆菌	*Bacillus*
凝结芽孢杆菌	*Bacillus coagulans*
10. 克鲁维酵母属	*Kluyveromyces*
马克斯克鲁维酵母菌	*Kluyveromyces marxianus*

益生菌不属于营养标签标准中规定的营养成分，不应在营养标签成分表中标示，且不应进行功能声明或者营养成分的功能声明，应该按照《食品安全国家标准 预包装食

品标签通则》(GB 7718—2011)的要求客观真实地进行标示。配合上述菌种在食品中的使用与监管，我国现行有效的国家标准是《食品安全国家标准 食品微生物学检验 乳酸菌检验》(GB 4789.35—2016)和《食品安全国家标准 食品微生物学检验 双歧杆菌检验》(GB 4789.34—2016)。

益生菌在发酵乳制品中的应用多为乳酸菌，因此乳酸菌饮料按照《食品安全国家标准 饮料》(GB 7101—2015)执行，发酵乳和风味发酵乳按照《食品安全国家标准 发酵乳》(GB 19302—2010)执行。目前乳酸菌发酵乳制品规定的乳酸菌的活菌数均不小于 10^6CFU/mL(g)。益生菌菌粉制剂，又称益生菌固体饮料，目前还没有具体的法规标准执行，企业生产可按照《固体饮料》(GB/T 29602—2013)标准或各自制定的企业标准执行。

国家卫生计生委所属卫生监督中心承担新食品原料安全性评估材料的申报受理、组织开展安全性评估材料的审查等工作。根据《新食品原料申报与受理规定》和《新食品原料安全性审查规程》的要求，安全性评估材料如下：

① 申请表；

② 新食品原料研制报告；

③ 安全性评估报告；

④ 生产工艺；

⑤ 执行的相关标准(包括安全要求、质量规格、检验方法等)；

⑥ 标签及说明书；

⑦ 国内外研究利用情况和相关安全性评估资料；

⑧ 有助于评审的其他资料。

二、可用于婴幼儿食品的益生菌管理规范

2011年，卫生部组织对已批准的可用于食品的菌种进行安全性评估，制定了《可用于婴幼儿食品的菌种名单》，后又新增了3株可以用于婴幼儿食品的菌种，见表8-8。

表 8-8 可用于婴幼儿食品的菌种名单

序号	菌种名称	拉丁学名	菌株号
1	动物双歧杆菌	*Bifidobacterium animalis*	Bb-12
2	乳双歧杆菌	*Bifidobacterium lactis*	Bi-07
3	乳双歧杆菌	*Bifidobacterium lactis*	HN019
4	嗜酸乳杆菌	*Lactobacillus acidophilus*	NCFM
5	鼠李糖乳杆菌	*Lactobacillus rhamnosus*	LGG
6	鼠李糖乳杆菌	*Lactobacillus rhamnosus*	HN001
7	罗伊乳杆菌	*Lactobacillus reuteri*	DSM17938
8	发酵乳杆菌	*Lactobacillus fermentum*	CECT5716
9	短双歧杆菌	*Bifidobacterium breve*	M-16V

《食品安全国家标准 婴儿配方食品》(GB 10765—2010)、《食品安全国家标准 较大婴儿和幼儿配方食品》(GB 10767—2010)和《食品安全国家标准 特殊医学用途婴儿配方食品通则》(GB 25596—2010)引进CAC等相关规定，明确规定产品中活性益生菌的活菌数应不低于 10^6CFU/g(mL)。

选择可用于婴幼儿食品菌种的原则：

① 人体消化道的正常菌群或在食品中经常能分离到的菌种；

② 有大量数据证明菌种的安全性并通过安全性评估；

③ 已在世界各国长期广泛使用；

④ 益生菌的功能在株水平上有特异性，应在菌株名单；

⑤ 通过大量临床试验证明对宿主有益。

三、可用于保健食品的益生菌管理规范

益生菌类保健食品是指能够促进肠道菌群生态平衡，对人体起有益作用的微生态产品。益生菌菌种必须是人体正常菌群的成员，可利用其活菌、死菌及其代谢产物。益生菌类保健食品必须安全可靠即食用安全，无不良反应；生产用菌种的生物学、遗传学、功效学特性明确和稳定。可用于保健食品的益生菌菌种名单由国家食品药品监督管理总局公布，先后颁布了《保健食品注册管理办法（试行）》（已废除）和《益生菌类保健食品申报与审评规定（试行）》。《益生菌类保健食品申报与审评规定（试行）》的目的是保证益生菌类保健食品的安全性和功效性，对益生菌保健食品作了详细的定义和诸多方面的限定。但由于规定中益生菌的定义、安全性评价要求等项目均与国际不接轨，因此目前该规定正在修订中。

1. 可用于保健食品的益生菌菌种名单

2005 年国家食品药品监督管理局印发《营养素补充剂申报与审评规定（试行）》等 8 个相关规定的通告，为规范益生菌类保健食品的审批，确保益生菌类保健食品的食用安全，公布了可用于保健食品的益生菌菌种名单，该益生菌名单内所列菌种均为乳酸菌，名单如表 8-9 所示。益生菌类保健食品在其保质期内每种菌的活菌数目不得少于 10^6 CFU/mL（g）。

表 8-9 可用于保健食品的益生菌菌种名单

菌种名称	拉丁学名
青春双歧杆菌	*Bifidobacterium adolescentis*
两歧双歧杆菌	*Bifidobacterium bifidum*
短双歧杆菌	*Bifidobacterium breve*
婴儿双歧杆菌	*Bifidobacterium infantis*
长双歧杆菌	*Bifidobacterium longum*
嗜酸乳杆菌	*Lactobacillus acidophilus*
干酪乳杆菌干酪亚种	*Lactobacillus casei* subsp. *casei*
德氏乳杆菌保加利亚亚种	*Lactobacillus delbrueckii* subsp. *bulgaricus*
罗伊乳杆菌	*Lactobacillus reuteri*
嗜热链球菌	*Streptococcus thermophilus*

2. 益生菌类保健食品申报与审评规定

《益生菌类保健食品申报与审评规定（试行）》中明确规定，生产益生菌类保健食品所用菌种（株）的生物学、遗传学、功效学特性应明确和稳定，代谢产物必须无毒无害，同时还应具有充足的研究数据和科学共识支持其具有保健功能。对于使用不在国家

卫生行政部门发布的可用于食品的菌种（株）之外的菌种（株）生产保健食品的，应提供菌种（株）的致病性试验、耐药性试验等安全性评价报告。益生菌类保健食品的申报需要提供以下证明：

① 产品配方及配方依据中应包括确定的菌种属名、种名及菌种号，菌种的属名、种名应有对应的拉丁文；

② 菌种的培养条件（培养基、培养温度等）；

③ 菌种来源及国内外安全食用资料；

④ 经卫生部检定机构出具的菌种检定报告；

⑤ 菌种的安全性评价资料（包括毒力试验）；

⑥ 菌种的保藏方法；

⑦ 对经过驯化、诱变的菌种，应提供驯化、诱变的方法及驯化剂、诱变剂等资料；

⑧ 以死菌和/或其代谢产物为主要功能因子的保健食品应提供功能因子或特征成分的名称和检测方法；

⑨ 生产企业的技术规范和技术保证；

⑩ 省级卫生行政部门对生产企业现场审查的审核意见。

由于保健食品不同于普通食品，除了满足营养需求之外，还要对人体起有益作用。益生菌菌株的活性与健康益处有关。国际上对于该类产品的活菌数总数要求虽不一致，但均高于 10^6CFU/mL（g），如 WGO 推荐摄入量为 10^9～10^{10}CFU/d。因此在 2018 年的征求意见稿中，针对“第八条 益生菌类保健食品在其保质期内每种菌的活菌数目不得少于 10^6CFU/mL（g）”会做相应修改。

《保健食品用菌种致病性评价程序（征求意见稿）》2019 版致病性评价程序如图 8-7 所示。

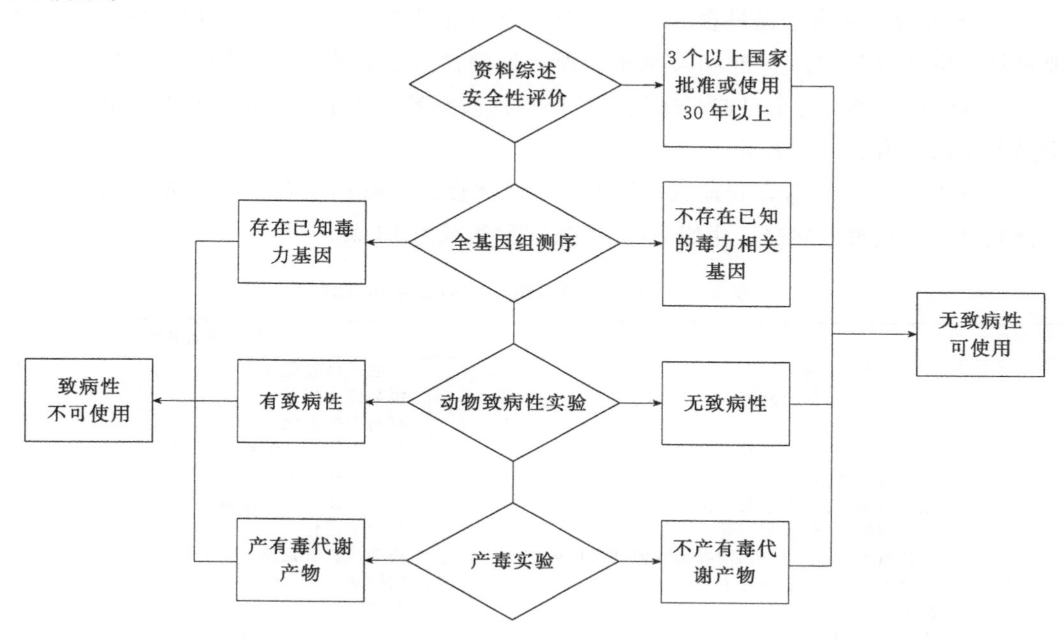

图 8-7　致病性评价程序

从资料综述安全性评价、全基因组测序、动物致病性实验和产毒实验方面进行评价。存在以下两种情况时，需结合国内外使用历史和安全性评价资料、国内外文献综述、生产工艺、生产条件、终产品中生产菌种的存在情况等进行综合判断。

① 全基因组序列中发现存在已知毒力基因，但动物实验显示不具有致病性，或产毒实验未检测到已知的有毒活性代谢产物；

② 全基因组序列中未发现存在已知的毒力基因（或毒素合成关键基因），但动物实验显示具有致病性，产毒实验未检测到已知的有毒活性代谢产物。

四、营养健康声明

在中国，益生菌是以“新食品原料”的名义在食品中进行应用，营养健康声明按照《食品安全国家标准　预包装食品营养标签通则》（GB 28050—2011）执行，包括营养声明和营养成分功能声明，此条例不适用于保健类食品。营养声明是指对食物营养特性的描述和声明，包括含量声明和比较声明。

益生菌类保健食品包括普通食品、口服液、粉剂、胶囊、片剂等。功能声明为调节肠道菌群、增强免疫力和通便等。2018 年，原食品药品监管总局发布了《关于规范保健食品功能声明标识的公告》（2018 年第 23 号），明确了保健食品功能声明标识的有关事项。

① 未经人群食用评价的保健食品，其标签说明书载明的保健功能声明前增加“本品经动物实验评价”的字样，涉及多项保健功能声明的保健食品，应根据动物实验评价及人群食用评价情况，按上述要求分别进行标注。例如，保健功能“A”，仅经动物实验评价；保健功能“B”，仅经人群食用评价；保健功能“C”，经动物实验及人群食用评价。标注为“［保健功能］A、B、C（经动物实验评价，具有 A 的保健功能）”。

② 此前批准上市的保健食品生产企业，应当在其重新印制标签说明书时，按上述要求修改标签说明书。至 2020 年底前，所有保健食品标签说明书均需按此要求修改。

③ 自 2021 年 1 月 1 日起，未按上述要求修改标签说明书的，按《中华人民共和国食品安全法》有关规定查处。

2019 年国家市场监督管理总局征求调整保健食品保健功能意见，对表 8-10 所示的保健功能进行调整和删减，由原有的 21 条宣称删减为 18 条。

表 8-10　保健食品保健功能的调整和删减

序号	原功能名称	调整后功能名称
1	免疫调节/增强免疫力	有助于增强免疫力
2	抗疲劳/缓解体力疲劳	缓解体力疲劳
3	抗氧化	有助于抗氧化
4	改善骨质疏松/增加骨密度	有助于促进骨健康
5	改善胃肠功能/通便	有助于润肠通便
6	改善胃肠功能/调节肠道菌群	有助于调节肠道菌群
7	改善胃肠功能/促进消化	有助于消化
8	改善胃肠功能/对胃黏膜损伤有辅助保护功能	辅助保护胃黏膜
9	耐缺氧/提高缺氧耐受力	耐缺氧
10	减肥	有助于调节体脂
11	美容/祛黄褐斑	有助于改善黄褐斑
12	美容/祛痤疮	有助于改善痤疮

续表

序号	原功能名称	调整后功能名称
13	美容/改善皮肤水分	有助于改善皮肤水分状况
14	改善记忆/辅助改善记忆	辅助改善记忆
15	清咽润喉/清咽	清咽润喉
16	改善营养性贫血/改善缺铁性贫血	改善缺铁性贫血
17	改善视力/缓解视疲劳	缓解视觉疲劳
18	改善睡眠	有助于改善睡眠
19	美容（改善皮肤油分）/改善皮肤油分	删除
20	促进生长发育/改善生长发育	删除
21	促进泌乳	删除

五、益生菌的科学共识

在国家“健康中国 2030”等战略的推动下，益生菌市场规模快速扩大，2018 年我国已形成近千亿元的产业及庞大的市场。但在益生菌产业快速发展的过程中，存在着益生菌概念使用不当、核心菌株模糊不清、功能性质难以科学界定等诸多问题，致使益生菌在我国的健康发展存在潜在的隐患和风险。基于此，中国食品科学技术学会益生菌分会对益生菌进行科学解读并形成科学共识，目前已更新至《益生菌的科学共识（2020 版）》。

2019 版科学共识主要观点如下：

① 足够数量、活菌状态和有益健康功能为益生菌的核心特征；

② 益生菌的健康功能应建立在科学严谨的临床试验评价和循证医学证据基础上，人类对益生菌功效的探索是一个长期、严谨、科学的过程；

③ 益生菌的安全性已得到权威机构的认可；

④ 益生菌功效的发挥具有菌株和人群特异性；

⑤ 益生菌产业化应用需要经过科学严谨的流程验证；

⑥ 加强公众科普教育，科学合理消费益生菌相关产品。

2020 年版新增加完善益生菌标准法规体系观点。如何做到既不限制益生菌产业创新，又避免监管缺失，成为益生菌行业面临的重要挑战。未来需要逐步完善与益生菌相关的标准法规体系，以化解益生菌行业发展中的诸多科学问题，激发行业更大的创新活力。

参考文献

[1] Guidelines for the evaluation of probiotics in food. London Ontario：Food and Agriculture Organization (FAO) /World Health Organization (WHO)，2002：1-11.

[2] EFSA. Scientific Opinion on the maintenance of the list of QPS biological agents intentionally added to food and feed. EFSA Journal，2013，11 (11)：3449-3556.

[3] EU432/2012. Commission Regulation (EU) No. 432/2012 of 16 May 2012 establishing a list of permitted health claims made on foods，other than those referring to the reduction of disease risk and to children's development and health. Official Journal of the European Union，2012.

[4] The United States Rharmacopeial Convention. USP Food Chemicals Codex 8th Edition，Appendix XV：Microbial food cultures including probiotics. Maryland：Rockville，2012.

[5] 赵婷，姚粟，葛媛媛，等．美国食品工业用菌种法规标准简介．食品与发酵工业，2014，40 (4)：108-113.

[6] 田明，赵静波，张孜仪．加拿大天然健康产品管理的模式及启示．食品工业科技，2019，40（10）：355-359.

[7] 中华人民共和国国家食品药品监督管理总局．国家食品药品监督管理总局关于实施《食品安全国家标准 保健食品》有关问题的公告（2015 年第 104 号）．2015.

[8] 中华人民共和国卫生部．卫生部关于印发真菌类和益生菌类保健食品评审规定的通知（卫法监发〔2001〕84 号）．2004.

[9] 中华人民共和国卫生部．新资源食品管理办法（卫生部令第 56 号）．2007.

[10] 中华人民共和国卫生部．关于公布可用于婴幼儿食品的菌种名单的公告（2011 年第 25 号）．2011.

[11] 中华人民共和国国家卫生和计划生育委员会．国家卫生计生委印发《新食品原料申报与受理规定》和《新食品原料安全性审查规程》．2013.

[12] 中华人民共和国国家卫生和计划生育委员会．新食品原料安全性审查管理办法（国家卫生和计划生育委员会令第 1 号）．2013.